"十四五"新工科应用型教材建设项目成果

21世纪技能创新型人才培养系列教材
21世纪机械设计制造系列

数控机床装调与维修技术

主　编◎李海清　吕　洋　韩金利
副主编◎王卫东　郑秀丽　杲春芳　郭海青
何勇林　季维军　李　娜　刘秀利
潘　军　潘　强　田亚丁　王利峰
王文超　杨小华　袁鑫宏　袁宇新
张超凡　张　权　钟荣林　赵永彪
付　强
主　审◎魏　林

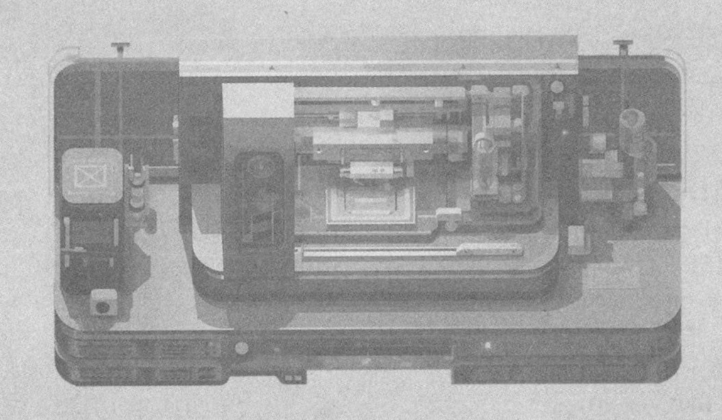

中国人民大学出版社
·北京·

图书在版编目（CIP）数据

数控机床装调与维修技术 / 李海清，吕洋，韩金利主编. -- 北京：中国人民大学出版社. 2023.8

21 世纪技能创新型人才培养系列教材. 机械设计制造系列

ISBN 978-7-300-31976-6

Ⅰ. ①数… Ⅱ. ①李… ②吕… ③韩… Ⅲ. ①数控机床－安装－教材②数控机床－调试方法－教材③数控机床－维修－教材 Ⅳ. ① TG659

中国国家版本馆 CIP 数据核字（2023）第 130666 号

"十四五"新工科应用型教材建设项目成果

21 世纪技能创新型人才培养系列教材 · 机械设计制造系列

数控机床装调与维修技术

主 编 李海清 吕 洋 韩金利

副主编 王卫东 郑秀丽 杲春芳 郭海青 何勇林 季维军 李 娜 刘秀利

潘 军 潘 强 田亚丁 王利峰 王文超 杨小华 袁鑫宏 袁宇新

张超凡 张 权 钟荣林 赵永彪 付 强

主 审 魏 林

Shukong Jichuang Zhuangtiao yu Weixiu Jishu

出版发行 中国人民大学出版社

社 址 北京中关村大街 31 号 邮政编码 100080

电 话 010－62511242（总编室） 010－62511770（质管部）

010－82501766（邮购部） 010－62514148（门市部）

010－62515195（发行公司） 010－62515275（盗版举报）

网 址 http://www.crup.com.cn

经 销 新华书店

印 刷 中煤（北京）印务有限公司

开 本 787 mm × 1092 mm 1/16 版 次 2023 年 8 月第 1 版

印 张 18.25 印 次 2023 年 8 月第 1 次印刷

字 数 416 000 定 价 65.00 元

前言 PREFACE

党的二十大报告指出，教育、科技、人才是全面建设社会主义现代化国家的基础性、战略性支撑。教育是国之大计、党之大计。职业教育是我国教育体系的重要组成部分，肩负着“为党育人、为国育才”的神圣使命。本教材以习近平新时代中国特色社会主义思想为指导，深入贯彻落实党的二十大精神，将思想道德建设与专业素质培养融为一体，着力培养爱党爱国、敬业奉献，具有工匠精神的高素质技能人才。

正确使用、保养和维修数控机床是设备正常运转的前提。数控机床集现代机械制造、自动控制、计算机技术、精密测量等多种技术于一体，与普通机床相比，在维修理论、技术和手段上有着较大的差异。随着国内数控机床的广泛使用，数控机床维修成为制造业非常重要和紧缺的技术。

本书以配置 FANUC 0i Mate D 系统的数控机床和试验台为对象，以具体的工作任务为载体，以任务训练为核心，以相关知识为基础，将“教、学、练”有机结合，通过完成 FANUC 数控系统接口与硬件连接、FANUC 数控机床电气控制系统连接与调试、FANUC 数控系统参数设置、FANUC 数控机床 PMC 编写与调试和数控机床精度检测与维护等项目的学习，学生可以较为系统和完整地掌握数控机床的机械、电气装配和调试，数控系统参数设置，数控机床各功能模块 PMC 的编写与调试，数控机床的精度检测与调整等知识，对数控机床的工作原理能有一个全面的认识，逐步形成数控机床装调与维修的思路，掌握解决问题的方法，达到充分掌握数控机床装调与维修技术的教学效果。

本书由浙江工业职业技术学院的李海清、亚龙智能装备集团股份有限公司的吕洋、山西机电职业技术学院的韩金利担任主编。渤海船舶职业学院魏林教授担任主审。具体编写分工如下：李海清编写项目一；吕洋编写项目二中的任务一、二；郭海青（山西机电职业技术学院）编写项目二中的任务三；韩金利编写项目二中的任务四；杨小华（丽水职业技术学院）编写项目二中的任务五；王卫东（浙江工业职业技术学院）编写项目三中的任务一并录制视频资源；刘秀利（绍兴技师学院）编写项目三中的任务二；杲春芳（宝鸡职业技术学院）编写项目三中的任务三；潘军（绍兴技师学院）编写项目三中的任务四；潘强（湖北工业职业技术学院）编写项目三中的任务五；何勇林（江西制造职业技术学院）编写项目三中的任务六；张超凡（漯河职业技术学院）编写项目三中的任务七；田亚丁（新乡职业技术学院）编写项目三中的任务八；郑秀丽（浙江工贸职业技术学院）编写项目四中的任务一；袁鑫宏（浙江机电职业技术学院）编写项目四中的任务二；季维军（金华职业技术学院）编写项目四中的任务三；张权（绍兴职业技术学院）编写项目四中的任务四；

赵永彪（石嘴山工贸职业技术学院）编写项目四中的任务五；王利峰（西安职业技术学院）编写项目四中的任务六；钟荣林（惠州工程职业学院）编写项目四中的任务七；袁宇新（成都工贸职业学院）编写项目五中的任务一；王文超（郑州铁路职业学院）编写项目五中的任务二；李娜（陕西国防工业职业技术学院）编写项目五中的任务三；付强（亚龙智能装备集团股份有限公司）编写项目五中的任务四并录制视频资源；李海清负责配套教学资源的整理和制作，并统稿。

本书在编写过程中，参考了数控机床装调与维修方面诸多教材、数控系统和机床检测工量具的相关说明书和调试手册等，得到了亚龙智能装备集团股份有限公司的大力支持，编者对以上文献作者和公司深表谢意。

限于编者水平，加上数控技术发展迅速，书中难免有疏漏和不足之处，敬请广大读者和同仁提出宝贵意见。

编者

目录 CONTENTS

目录

项目一　FANUC 数控系统接口与硬件连接

项目引入

在学习数控机床机电装调与故障维修理论和操作技能的过程中，应该熟悉数控系统的基本操作、数控系统各硬件组成的接口的含义和作用，并掌握数控系统的硬件连接。能够进行数控系统外围设备的硬件连接与故障诊断，掌握相关硬件接口故障的排查。

育人目标

学生应了解当前常见的数控系统和这些系统的功能，掌握 FANUC 数控系统硬件各接口的含义和作用，掌握 FANUC 数控系统硬件连接，为后续相关任务和操作打下基础，最终培养从事机床操作工、机床装调维修工等职业的素质和技能，并具备从事相关岗位的职业能力和可持续发展能力。

职业素养

在 FANUC 数控系统接口与硬件连接中，引导学生对课程产生高度的认同感，学习课程时要有严谨的态度、精益求精的追求、与其他同学团结协作的意识以及高度的专业认同感，着力培养学生精益求精的大国工匠精神，激发学生科技报国的家国情怀和使命担当。

任务一　FANUC 数控系统认识

任务描述

日本发那科公司（FANUC）针对中国数控机床市场迅速发展的趋势、数控机床的水平和使用特点，推出了 CNC 系统 0i-D/0i Mate-D。该系统源自 FANUC 目前在国际市场上销售的高端 CNC 30i/31i/32i 系列，性能上比 0i-C 系列提高了许多：硬件上采用了更高速的

CPU，提高了CNC的处理速度；标配了以太网；控制软件根据用户的需要增加了一些控制与操作功能，特别是一些适于模具加工和汽车制造行业应用的功能，如纳米插补、用伺服电动机做主轴控制、电子齿轮箱、存储卡上程序编辑、PMC的功能块等。因此该系统是高性价比、高可靠性、高集成度的小型化系统。本任务主要介绍FANUC数控系统的产生、组成和系统面板与基本操作。

任务目标

1. 了解FANUC数控系统的系列与特点。
2. 了解FANUC数控系统的基本构成。
3. 了解FANUC数控系统的组成部件。
4. 了解FANUC数控系统的功能。
5. 了解FANUC数控系统的面板与基本操作。

任务实习

一、实物观察

在教师的带领下，参观数控加工实训场地、数控系统综合实训室等（见图1-1-1），认识和了解数控机床的组成、操作、工作过程等，并了解FANUC数控系统的基本构成和功能。

图1-1-1 数控加工实训室、数控系统综合实训室

二、FANUC 数控系统的基本构成

1. FANUC 0i-D 数控系统的基本构成

（1）FANUC 0i-MD 数控系统基本构成，如图 1－1－2 所示。

（2）FANUC 0i-TD 车削系统基本构成（双路径），如图 1－1－3 所示。

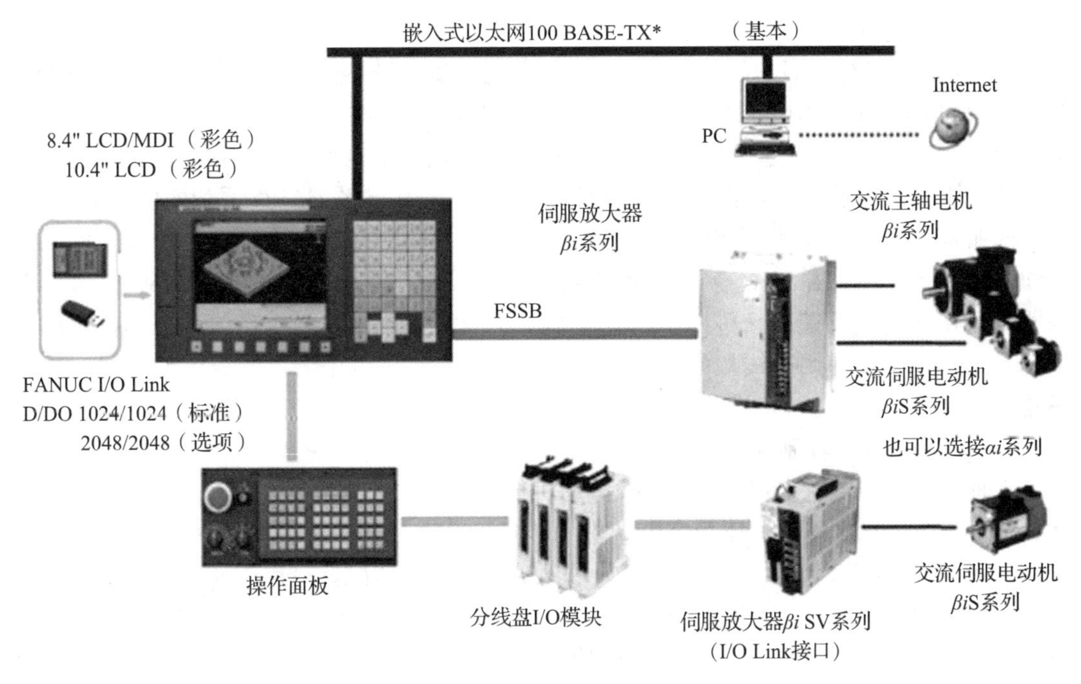

图 1－1－2　FANUC 0i-MD 数控系统基本构成

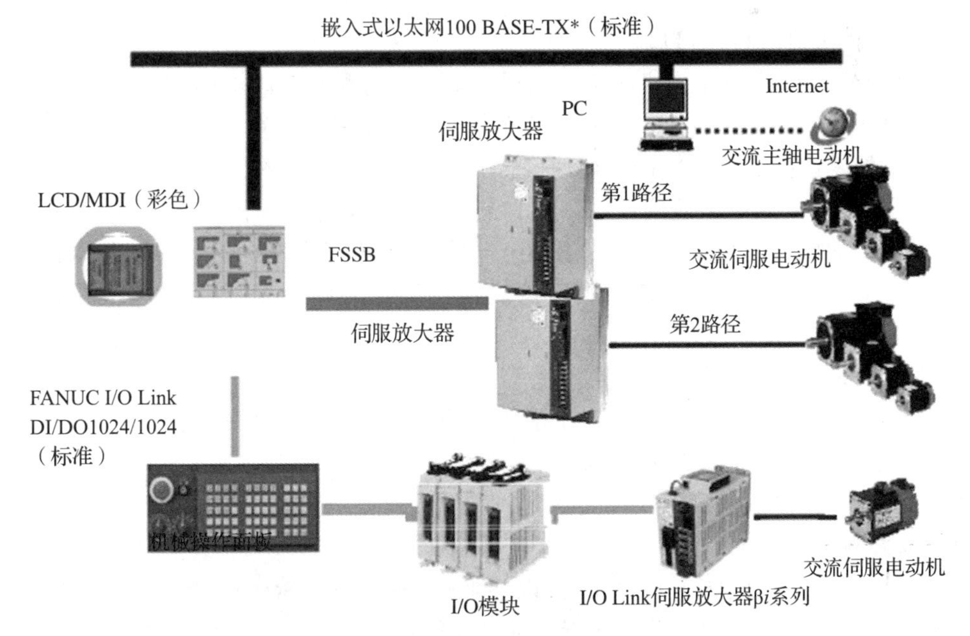

图 1－1－3　FANUC 0i-TD 车削系统基本构成

2. FANUC 数控系统组成

（1）显示器与 MDI 键盘。

系统的显示器可用 8.4" 或 10.4" 的 LCD（液晶）彩色显示器，还可选用触摸屏显示器。在显示器的右面或下面有 MDI（手动数据输入）键盘，横置、竖置均可，用于操作 CNC 系统。

（2）进给伺服。

经 FANUC 串行伺服总线 FSSB，用一条光缆与多个进给伺服放大器（*βi*/*αi* 系列）相连。进给伺服电动机使用 *βi*S/*αi*S 系列电动机。0i-MD 最多可接 5 个进给轴电机；0i-TD 可接 4 个；0i-TD 双通道可连接 8 个。*βi* 系列的放大器是伺服电动机和主轴电动机一体化的驱动器，体积结构紧凑，价格实惠。用户根据需要可选用 *αi* 系列或 *βi* 系列的伺服电动机。

伺服电动机上装有脉冲编码器，*βi*S 电动机为 130 000 脉冲 / 转；*αi*S 电动机标配为 1 000 000 脉冲 / 转（当 CNC 有纳米插补功能时，需配 16 000 000 脉冲 / 转的电机）。编码器既可用作速度反馈，又可用作位置反馈。用圆编码器作位置反馈的系统称为半闭环控制。系统还支持使用直线尺的全闭环控制。位置检测器可用增量式编码器或绝对式编码器。

（3）主轴电动机控制。

主轴电动机控制有串行接口（主轴电动机的指令用二进制数据串行传送）和模拟接口（CNC 输出 0 ～ 10V 模拟电压指令电动机的转数）两种。串行口只能用 FANUC 主轴驱动器和 *βi* 系列或 *αi* 系列主轴电动机。主轴电动机上的磁性传感器可用于速度反馈。加工螺纹时主轴上要装 *αi* 位置编码器，C 轴控制时要装 BZi（分辨率：360 000/ 转）或 CZi（分辨率：3 600 000/ 转）编码器，以便精确地检测主轴回转的角度位置，主轴定向或定位时也需用位置编码器。0i-D 系统有多主轴控制功能，最多可以同时运行 3 个主轴（双路径 0i-T）。

（4）机床强电的 I/O 点接口。

0i-D 系统用 I/O 模块作为机床强电信号的驱动，标配可连 1 024 个输入点和 1 024 个输出点，可选输入 / 输出各 2 048 点。I/O 模块用串行数据口 I/O Link 与 CNC 单元连接。串行口的好处是连接简单、数据传输速度快、可靠性高。与 CNC 连接后，每一个 I/O 点被分配为唯一的输入 / 输出地址，每一个 I/O 点唯一地址连接一个机床的强电控制执行元件的工作点，如操作面板上的按键、按钮、开关、指示灯或强电柜中的继电器触点、接触器触点、电磁阀等，由 PMC 的顺序逻辑控制。FANUC 有标准的机床操作面板（如图 1－1－2 所示），用户可以选用。

（5）I/O Link *βi* 系列伺服放大器。

使用经 I/O Link 口连接的 *βi* 系列伺服放大器驱动的 *βi* 电动机，用于驱动外部机械，如换刀、交换工作台、上下料装置等。

（6）数据输入 / 输出接口。

1）以太网接口。

主板上安装的（嵌入）以太网、以太网插板、Data Server（数据服务器）板和 PCMCIA 网卡可根据使用情况进行选择。0i-D 系统标配的（主板上嵌入的）是 100 Base 的以太网电路。FANUC 0i-TD 的以太网如图 1－1－4 所示。

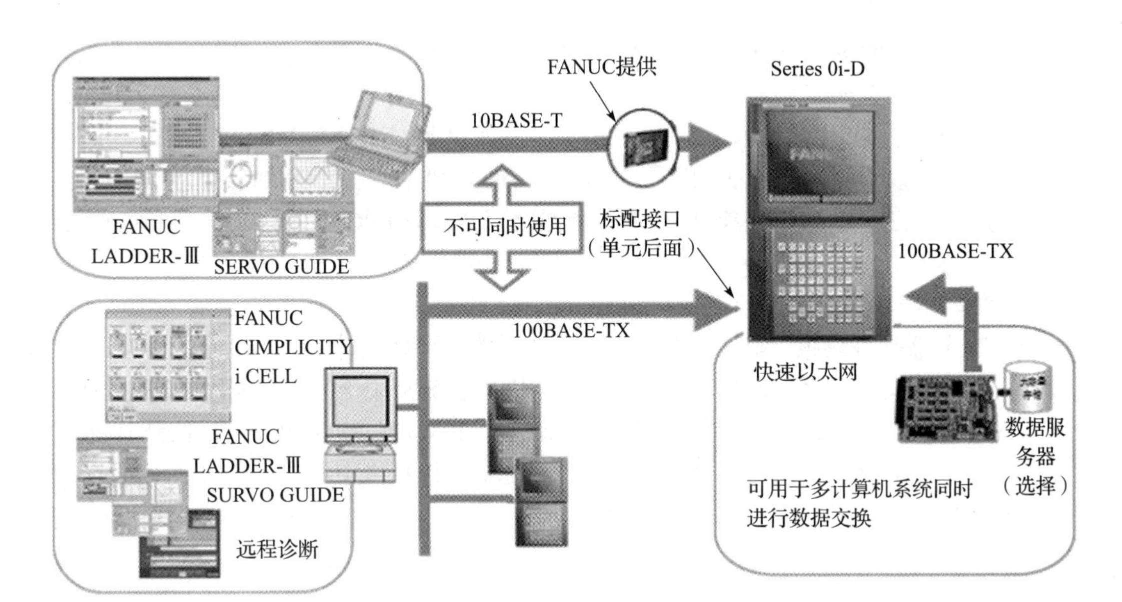

图 1－1－4　FANUC 0i-TD 的以太网

0i-Mate D 只可使用 PIMCIA 卡，一般使用 FANUC LADDER- Ⅲ调试机床的梯形图程序或在模具加工时使用 SERVO GUIDE 调试机床的加工运行特性和机床的动态精度。

以下功能需要通过快速以太网实现：DNC 运行；CNC 画面显示（计算机与 CNC 单元经网线连接后在计算机上使用 CSD 软件显示 CNC 的画面）；机床远程诊断功能；CNC 主动消息通知功能。

以太网的使用相当简单，用户只需准备装在计算机上的通信软件或专用的功能软件，并设定计算机和 CNC 的通信地址，计算机侧在以太网连接的 Internet 协议（TCP/IP）属性中设定，CNC 侧在 LCD 显示器上有网址设定的专门画面。

2）现场网络接口。

现场网络用于将 CNC 系统（CNC 机床）与多台外部机械或专用设备连成加工单元，常用于现代化的柔性加工线，如汽车行业的发动机、变速器等大规模流水加工生产线。现场网络处理的信息多是 I/O 开关点信号，信号点数多，要求传输速度快（有些需实时处理），传送距离长，必须可靠。

0i-D 可配的现场网络有：FL-Net（日本常用）；Profibus-DP（欧洲常用）和 Device-Net（美国常用）。FL-Net 是日本电气制造商协会标准，为无主的工作方式，在联网的各设备之间交换数据。新的 FL-Net 集成了以太网的功能，所以传输速度高。Profibus（主、从）是欧洲标准的现场总线，传输速度为 12Mbit/s。

3）RS-232C 接口。

RS-232C 接口用于在 CNC 与外部设备间传送数据。系统可配两个 RS-232C 接口，经 RS-232C 接口可与计算机或 3" 磁盘驱动器等设备连接。

4）PCMCIA 接口。

在 PCMCIA 接口中插入 ATA 卡。ATA 卡有两种，一种是上面介绍的以太网卡，另一种是存储卡。0i-D 的存储卡体积更小，容量更大，容量可达 2Gb。使用存储卡可以在CNC系统和计算机之间传送各种数据（如程序、参数、刀补量、宏变量、PMC数据等）和进行DNC加工。目前大多用户已经熟悉了使用PCMCIA存储卡或以太网与外界进行数据交换或DNC加工，这样做，传送速度比使用RS-232C接口快，可靠性也高。在一般工厂环境下，使用RS-232C接口时的波特率为4 800bit/s，传送距离一般只有数米，太长则会使字符传输错误或数据丢失。用PCMCIA接口，可避免此种问题。

5）数据服务器（Data Server）。

数据服务器是一块板，其上有以太网电路和大容量闪存卡接口，如图1－1－5所示。数据服务器用于安装闪存卡，其容量可达2Gb，因此它被常用于大容量程序的DNC加工，比如复杂模具的加工。其每个程序段编程的移动距离非常短，程序相当长，且要求加工速度快。用数据服务器上的以太网可以高速、批量地从主计算机中不时地获得加工程序，并存于闪存卡中，再连续地执行。

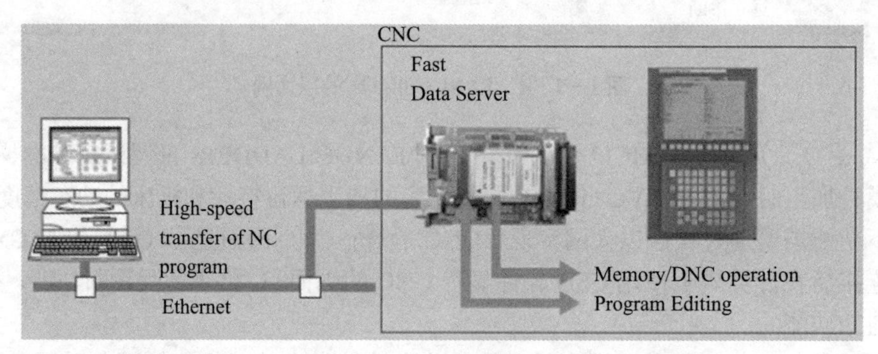

图1－1－5　数据服务器

3. FANUC数控系统面板与操作

（1）基本面板。

如图1－1－6所示，FANUC 0i Mate-TD数控系统的操作面板可分为LED显示区、MDI键盘区（包括字符键和功能键等）、软键开关区和存储卡接口。

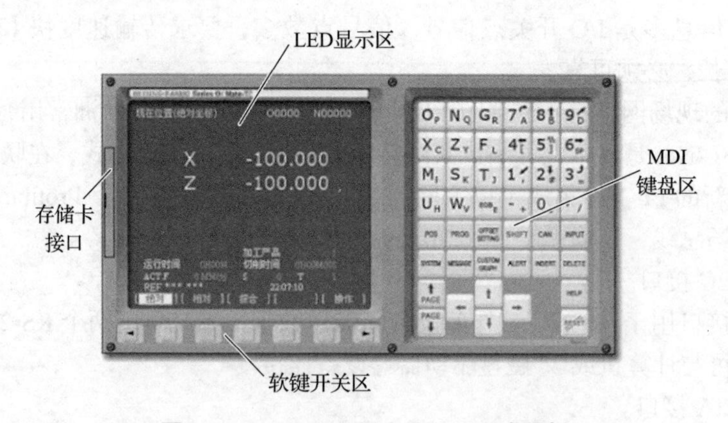

图1－1－6　FANUC 0i Mate-TD主面板

（2）操作面板如图 1－1－7 所示。

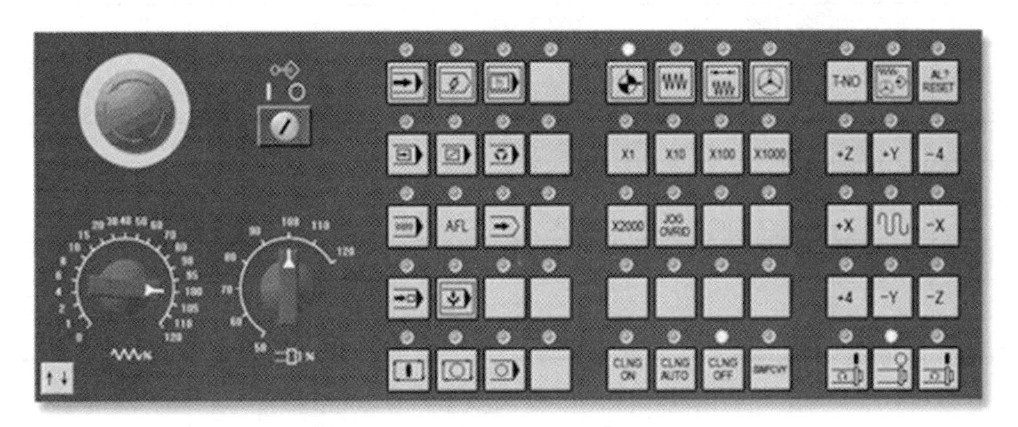

图 1－1－7　FANUC 0i Mate-TD 操作面板

任务实施

一、分小组进行工作

（1）熟悉 FANUC 数控系统的构成。
（2）熟悉 FANUC 数控系统的组成。
（3）熟悉常用 FANUC 数控系统的性能规格。
（4）熟悉 FANUC 数控系统的面板与操作。

二、任务训练

根据对 FANUC 数控机床的观察，分小组找出 FANUC 数控机床各组成的作用和特点、数控系统名称、CNC 序列号、主要特点等，并将信息填入表 1－1－1 和表 1－1－2 中。

表 1－1－1　FANUC 数控机床信息

序号	数控机床组成	作用	主要特点

表 1-1-2　FANUC 数控系统信息

序号	FANUC 数控系统名称	CNC 序列号	主要特点

任务二　FANUC 数控系统硬件接口

任务描述

如图 1-2-1 所示，FANUC 0i-D 数控系统高度集成，它通过 FSSB 总线实现伺服控制，通过 I/O Link 实现对输入 / 输出模块的管理，也可以实现对数字主轴和模拟主轴的控制，通过网络接口、RS-232 接口、USB 接口进行数据交换。

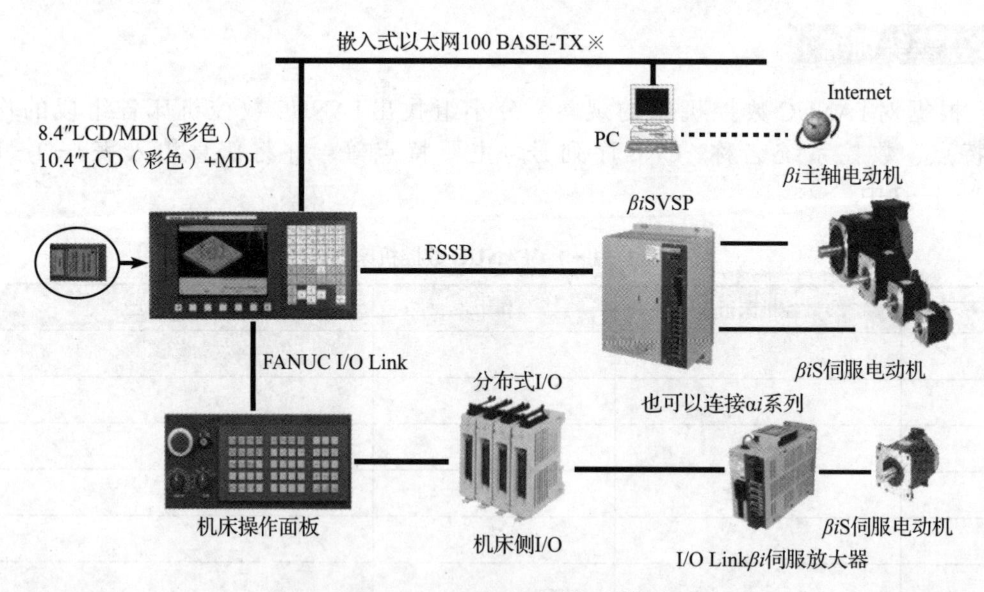

图 1-2-1　FANUC 0i-D 数控系统配置图

数控系统主板主要提供以下功能：系统电源；主 CPU；系统软件、宏程序梯形图及参数的存储；PMC 控制；I/O Link 控制；伺服及主轴控制；MDI 及显示控制；等等。

本任务主要学习 FANUC 数控系统各硬件接口及其作用，掌握数控系统相关工作过程和原理，能够进行数控系统硬件相关故障诊断与排查。

任务目标

1. 掌握 FANUC 0i-D 数控系统各部件的作用和组成。
2. 了解数控系统各部件的作用和接口连接方式。
3. 能够确认系统硬件的名称和型号。
4. 能够识别和连接系统的接口。

任务实习

一、实物参观

在教师的带领下，参观数控系统综合实训室，认识 FANUC 数控系统主要的硬件单元，如图 1－2－2 所示。

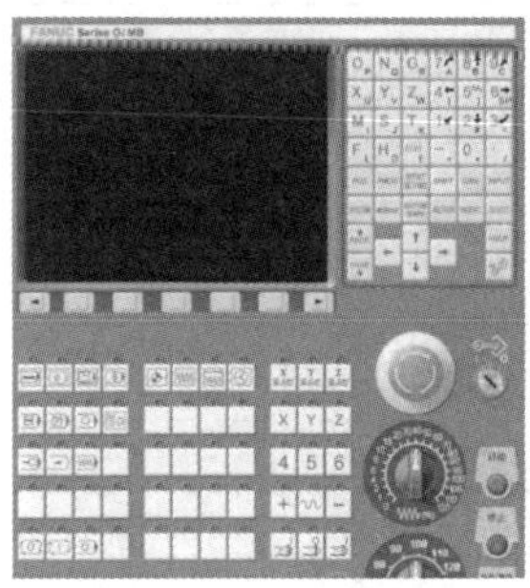
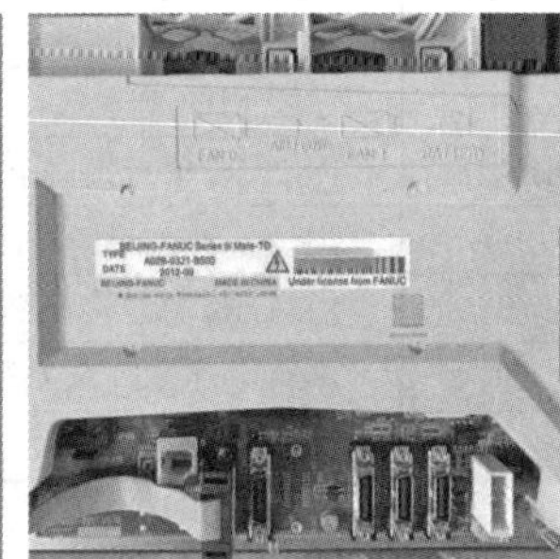

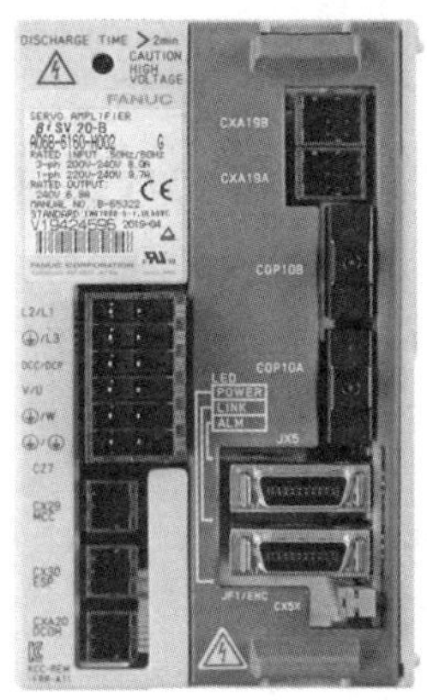

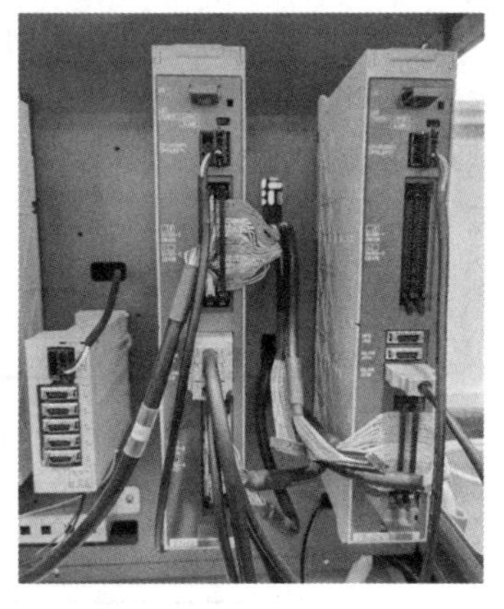

图 1－2－2　FANUC 0i－D 数控系统相关硬件

二、数控系统相关接口

FANUC 数控系统及各接口含义如图 1－2－3 所示。FANUC 0i Mate-TD 数控系统接口的端口号及用途见表 1－2－1。

1.2　FANUC 数控系统各接口介绍

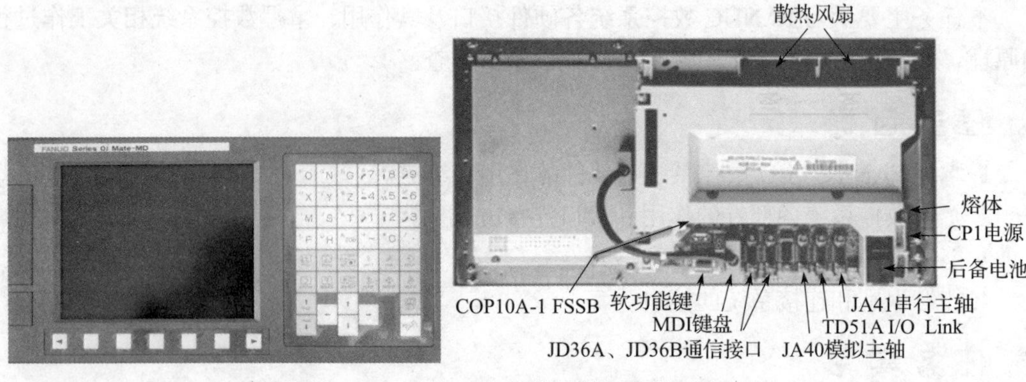

图 1-2-3　FANUC 数控系统及各接口含义

表 1-2-1　FANUC 0i Mate-TD 数控系统接口的端口号及用途

序号	端口号	用途
1	COP10A	伺服 FSSB 总线接口，此口为光缆口
2	CD38A	以太网接口
3	CA122	系统软键信号接口
4	JA2	系统 MDI 键盘接口
5	JD36A/JD36B	RS232C 串行接口 1/2
6	JA40	模拟主轴控制信号接口 / 高速跳转信号接口
7	JD51A	I/O Link 总线接口
8	JA41	串行主轴接口 / 位置编码器接口
9	CP1	系统电源输入（DC 24V）

风扇、电池、软键、MDI 等在系统出厂时均已连接好，不用改动，但要检查在运输的过程中是否有地方松动，如果有，则需要重新连接牢固，以免出现异常现象。

1. CP1 DC24V 输入

数控系统需要外部提供 +24V 直流电源，电源电压必须满足输入电压 +24VDC ± 10%，允许输入瞬间中断持续时间为 10ms（输入幅值下降 100%）或 20ms（输入幅值下降 50%）。电源接口连接图如图 1-2-4 所示，电源接口端子说明见表 1-2-2。

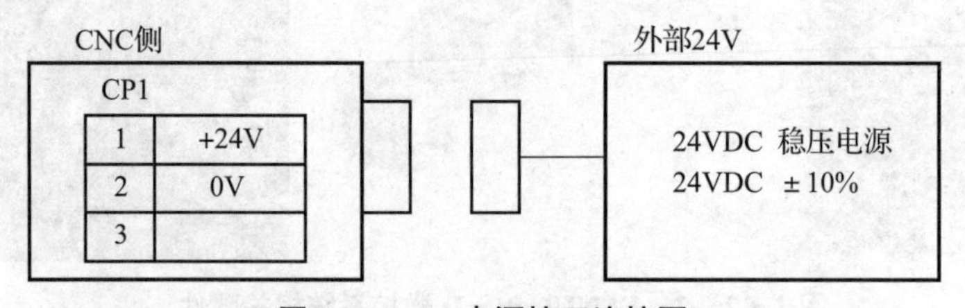

图 1-2-4　电源接口连接图

表 1-2-2　电源接口端子说明

端子号	信号名	信号说明
1	+24V	电源直流 24V
2	0V	0V
3		

2. 通信接口 JD36A、JD36B

通信接口 JD36A、JD36B 接法如图 1－2－5 所示。

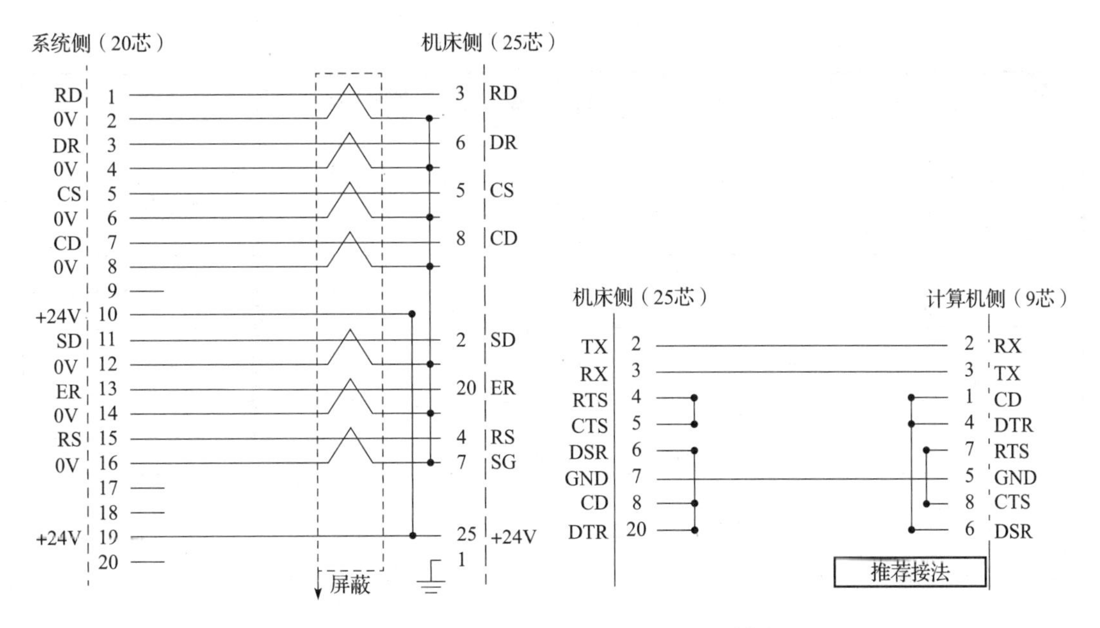

图 1－2－5　通信接口 JD36A、JD36B 接法

为防止计算机的串口漏电导致 NC 的接口烧坏，要在接口上加光电隔离器，尽量不使用 RS-232 接口进行数据传输和 DNC 加工，应当使用存储卡接口，传输速度快，不需要另外的传输软件，且不会烧坏接口。

可以通过 RS-232 接口与输入 / 输出设备（计算机）等相连，将 CNC 程序、参数等各种信息输入到 NC 中，或从 NC 中输出给输入 / 输出设备的接口。RS-232 接口与输入 / 输出设备相连的示意图如图 1－2－6 所示。

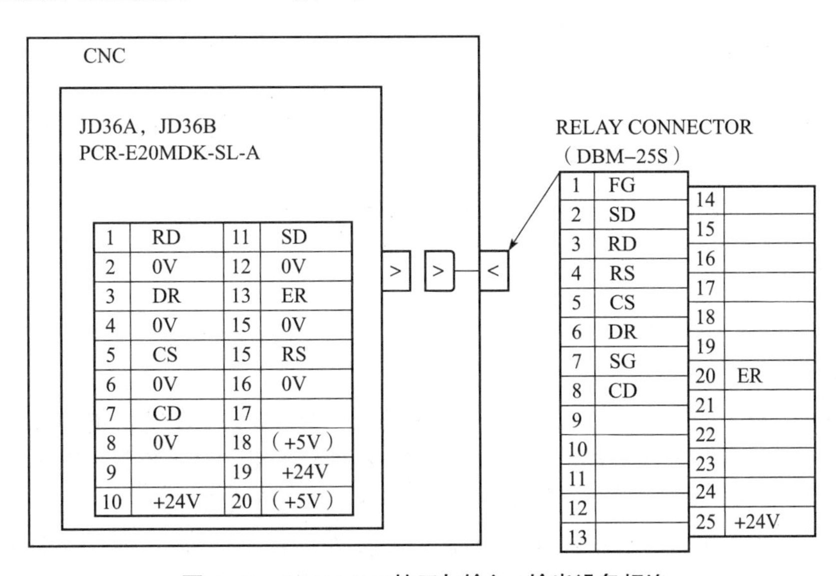

图 1－2－6　RS-232 接口与输入 / 输出设备相连

RS-232 接口还可以传输梯形图或监控 DNC 加工运行。图 1－2－6 中 JD36A、JD36B 引脚信号说明见表 1－2－3。

表 1－2－3　JD36A、JD36B 引脚信号说明

脚号	信号	信号说明	脚号	信号	信号说明
1	RD	接收数据	11	SD	发送数据
2	0V	直流 0V	12	0V	
3	DR	数据设置准备好	13	ER	准备好
4	0V		14	0V	
5	CS	使能发送	15	RS	请求发送
6	0V		16	0V	
7	CD	检查数据	17		
8	0V	直流 0V	18	（+5V）	
9			19	+24V	
10	+24V	直流 24V	20	（+5V）	

注意：没有标记信号名称的管脚不要连接任何线。

RS-232 传输线如图 1－2－7 所示。

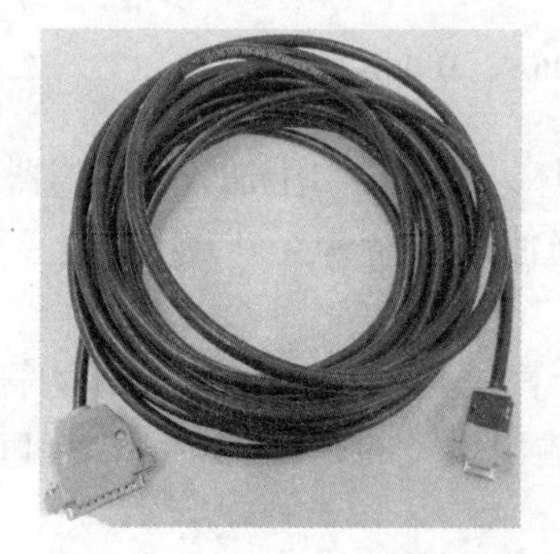
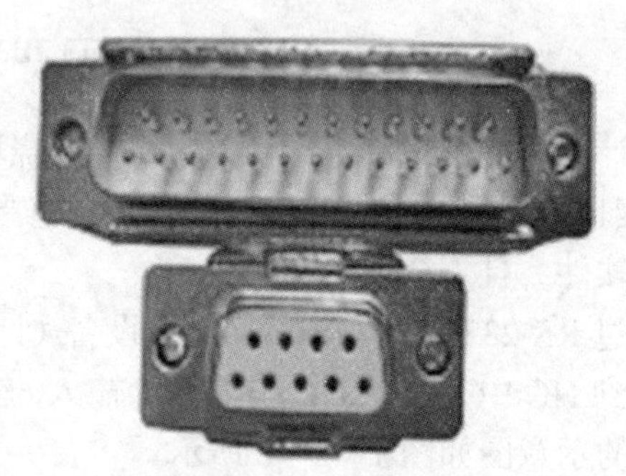

图 1－2－7　RS-232 传输线

注意事项：

（1）禁止带电插拔数据线，插拔时至少有一端是断电的，否则极易损坏机床和计算机的 RS-232 接口。

（2）使用台式机时一定要将计算机外壳与机床地线连接，以防漏电烧坏机床串口。

（3）当传输不正常时，波特率可以设得低一些，如 4 800bit/s，但要注意计算机侧要与机床侧设置一致。

（4）机床侧与计算机侧同时关机。

3. JD51A I/O 模块通信

JD51A 接口是连接到 I/O Link 的。注意按照从 JD51A 到 I/O 模块的 JD1B 的顺序连接，以便于 I/O 信号与数控系统交换数据。按照从 JD51A 到 JD1B 的顺序连接，即从数控系统的 JD51A 开始，到 I/O Link 的 JD1B 为止，下一个 I/O 设备也是从前一个 I/O Link 的 JD1A 到下一个 I/O Link 的 JD1B。如果不是按照这种顺序，则会出现通信错误而检测不到 I/O 设备的情况。JD51A 到 I/O 模块的 JD1B 的顺序连接如图 1－2－8 所示。

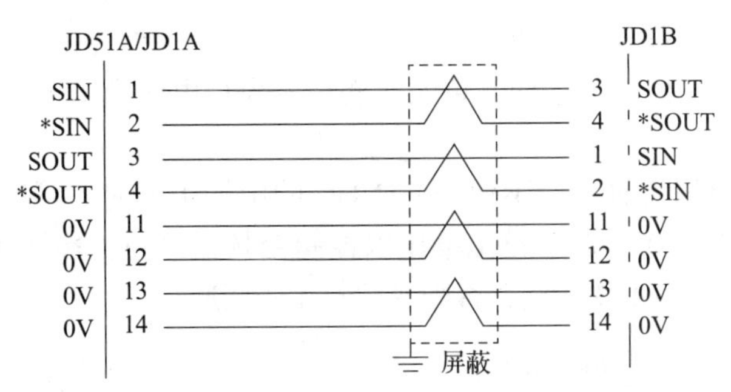

图 1-2-8　JD51A 到 I/O 模块的 JD1B 的顺序连接

对于 I/O Link 的所有单元来说，JD1A 和 JD1B 的引脚分配都是一致的。

I/O Link 的电缆连接如图 1-2-9 所示。

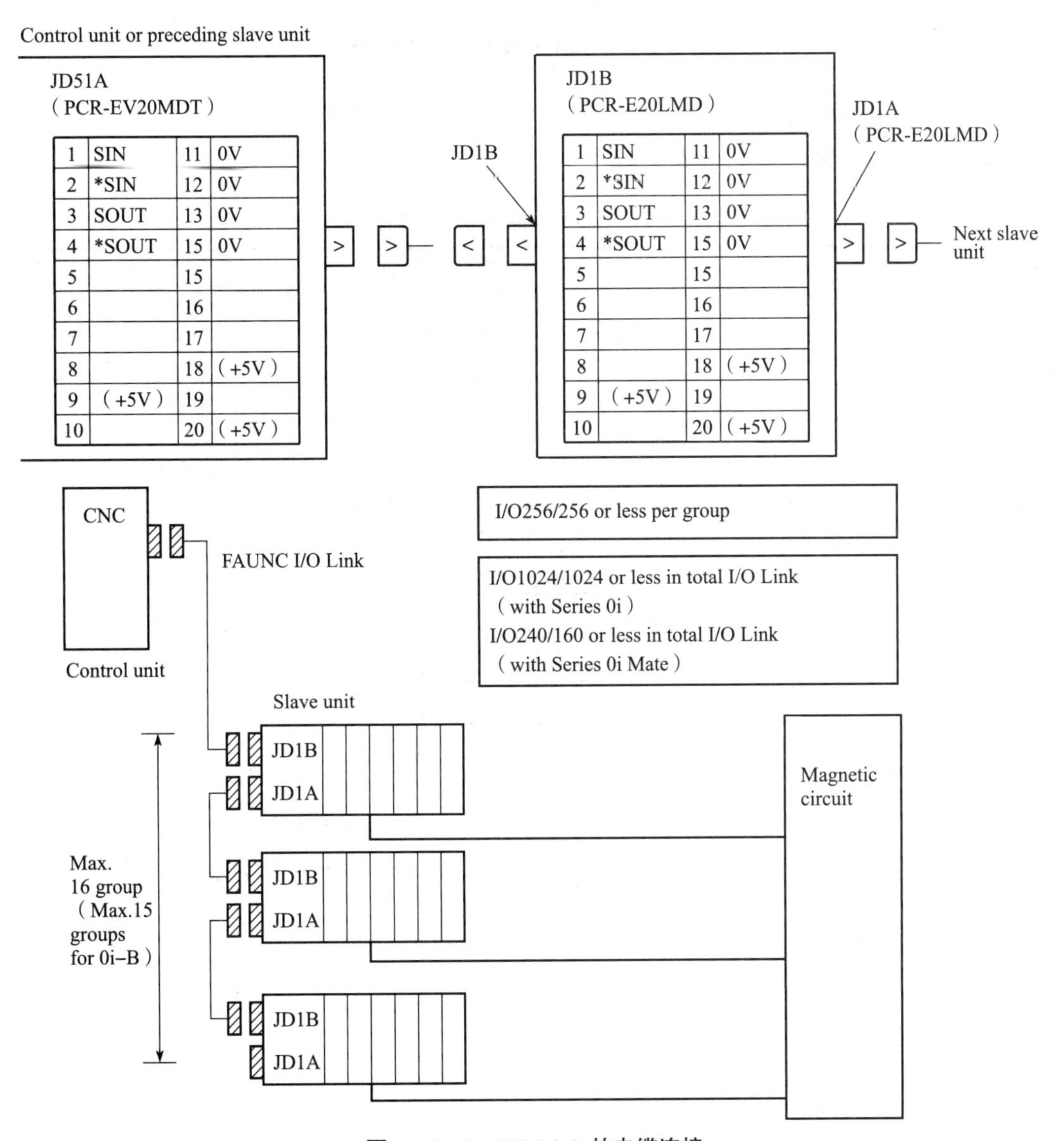

图 1-2-9　I/O Link 的电缆连接

4. 模拟主轴控制信号接口 JA40

主速指令接口用于模拟主轴伺服单元或变频器模拟电压的给定。JA40 模拟主轴输出或高速调整信号 HDI。

机床厂家使用模拟主轴，而不使用 FANUC 的串行主轴时，可以选择模拟主轴接口 JA40。系统向外部提供 0 ～ 10V 模拟电压以控制变频器调速，接线如图 1－2－10 所示，注意使用单极性时，极性不要接错，否则变频器无法调速。

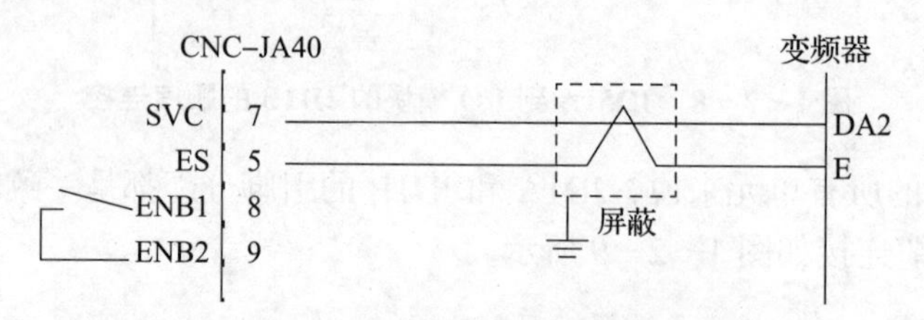

图 1－2－10　JA40 模拟主轴输出接线

图 1－2－10 中的 ENB1 和 ENB2 用于外部控制，一般不使用。

JA40 插座引脚信号说明见表 1－2－4。

表 1－2－4　JA40 插座引脚信号说明

脚号	信号	信号说明	脚号	信号	信号说明
1			11		
2	0V		12		
3			13		
4			14		
5	ES	公共端	15		
6			16		
7	SVC	主轴指令电压	17		
8	ENB1	主轴使能信号	18		
9	ENB2	主轴使能信号	19		
10			20		

注意：

（1）SVC 和 EC 为主轴指令电压和公共端，ENB1 和 ENB2 为主轴使能信号。

（2）当 SVC 有效时，ENB1 和 ENB2 接通。当使用 FANUC 主轴伺服单元时，不使用这些信号。

（3）额定模拟电压输出如下：

输出电压：（0 ～ ±10V）

输出电流：2mA（最大）

输出阻抗：100Ω

NC 与模拟主轴的连接如图 1－2－11 所示。

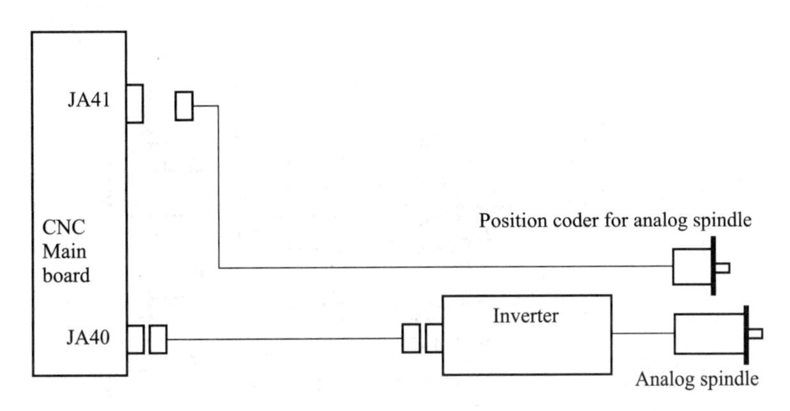

图 1－2－11　NC 与模拟主轴的连接

JA40 接口如图 1－2－12 所示。当 JA40 用于高速跳转信号 HDI 时，接线图如图 1－2－13 所示。

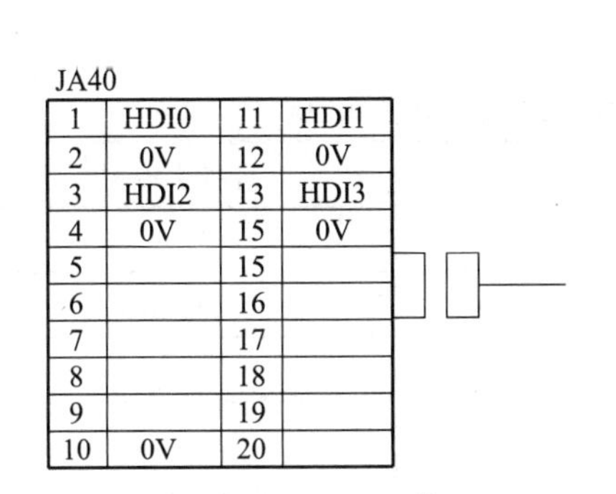

JA40

1	HDI0	11	HDI1
2	0V	12	0V
3	HDI2	13	HDI3
4	0V	15	0V
5		15	
6		16	
7		17	
8		18	
9		19	
10	0V	20	

图 1－2－12　JA40 接口

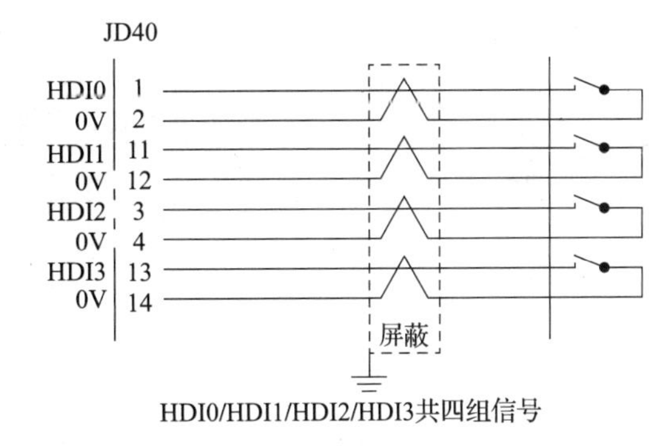

图 1－2－13　JA40 用于高速跳转信号 HDI 时的接线图

5. 串行主轴接口 / 位置编码器接口 JA41

当数控系统采用模拟主轴时，JA41 接口为主轴编码器反馈接口，其连接如图 1－2－14 所示。

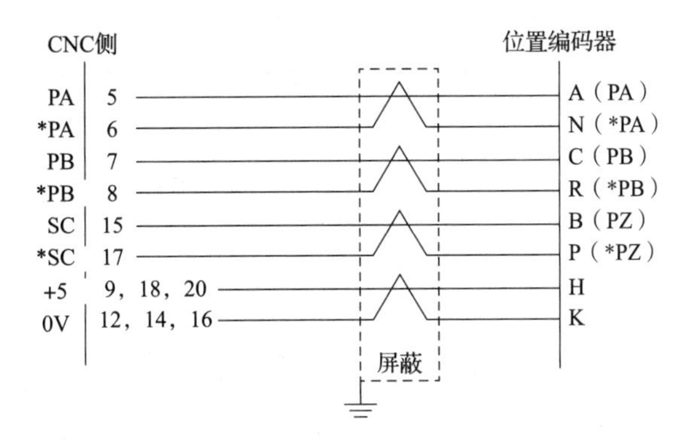

图 1－2－14　JA41 接口为主轴编码器反馈接口时的连接

当数控系统采用串行主轴时，JA41 接口为串行主轴接口，如图 1－2－15 所示。

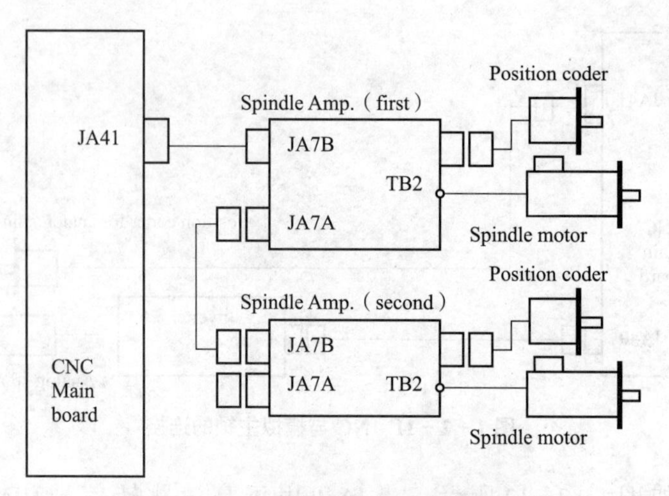

图 1－2－15　串行主轴 JA41 接口的连接

串行主轴或位置编码器接口 JA41 引脚信号说明见表 1－2－5，其与主轴放大器模块（JA7B）的连接如图 1－2－16 所示。

表 1－2－5　串行主轴或位置编码器接口 JA41 引脚信号说明

脚号	信号	信号说明	脚号	信号	信号说明
1	（SIN）		11		
2	（*SIN）		12	0V	0V 电压
3	（SOUT）		13		
4	（*SOUT）		14	0V	
5	PA	位置编码器 A 相脉冲	15	SC	位置编码器 C 相脉冲
6	*PA	位置编码器 *A 相脉冲	16	0V	
7	PB	位置编码器 B 相脉冲	17	*SC	位置编码器 *C 相脉冲
8	*PB	位置编码器 *B 相脉冲	18	+5V	
9	+5V	+5V 电压	19		
10			20	+5V	

注意：( ) 中信号用于串行主轴，模拟主轴不使用此信号。

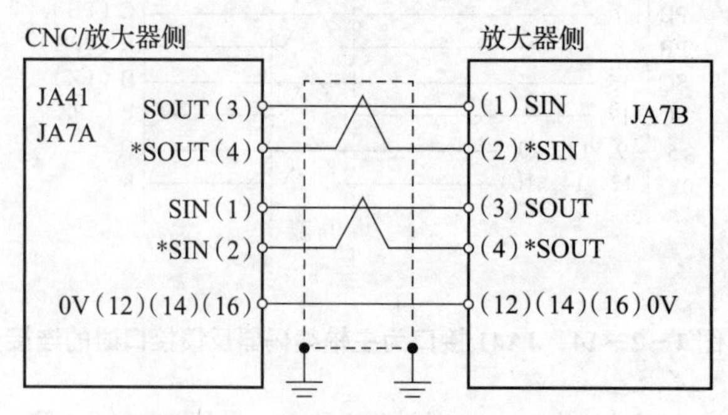

图 1－2－16　JA41 与 JA7B 连接

6. 伺服 FSSB 总线接口 COP10A

FANUC 数控系统伺服控制采用光缆完成与伺服单元的连接，其连接均采用级连结构，FSSB 总线连接如图 1－2－17 所示，伺服与系统之间 FSSB 总线连接如图 1－2－18 所示。

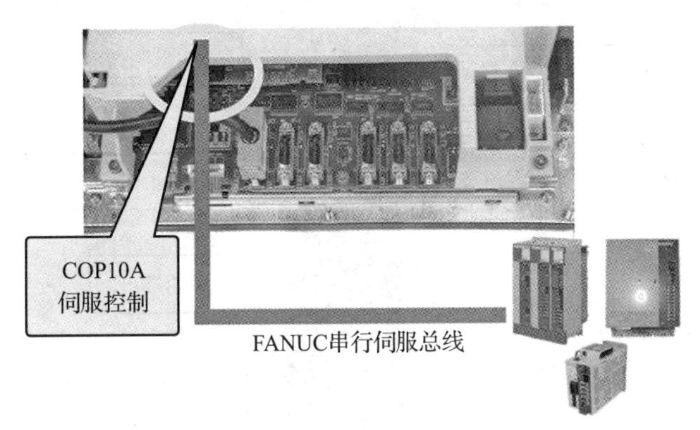

图 1－2－17　FSSB 总线连接

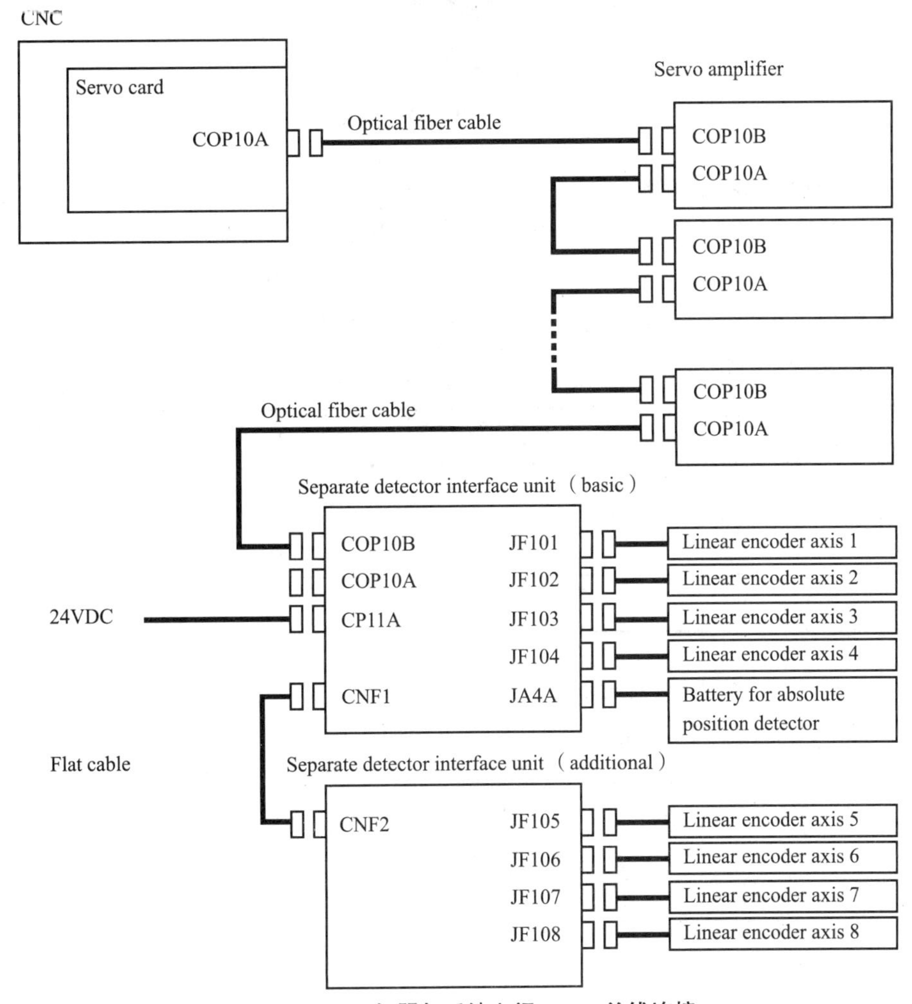

图 1－2－18　伺服与系统之间 FSSB 总线连接

三、I/O 模块

I/O 模块如图 1－2－19 所示。

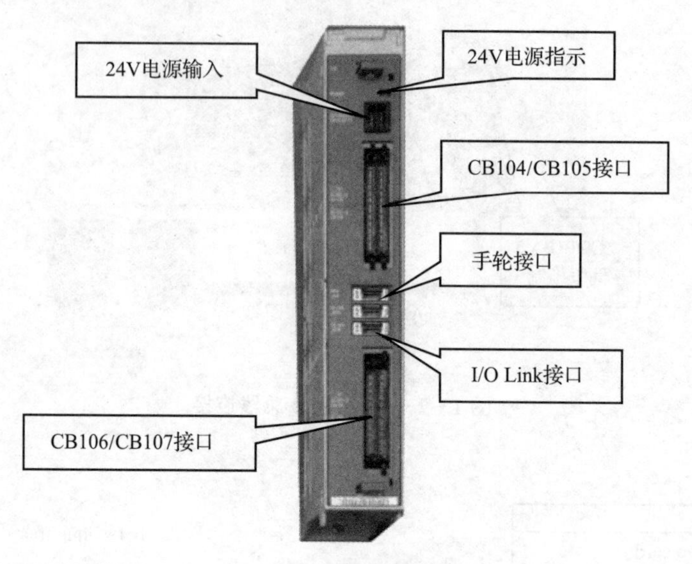

图 1－2－19　I/O 模块

1. CP1/CP2 DC24V 输入

数控系统需要外部提供 +24V 直流电源，电源电压必须满足输入电压 +24VDC ± 10%，允许输入瞬间中断持续时间为 10ms（输入幅值下降 100%）或 20ms（输入幅值下降 50%）。电源接口连接图如图 1－2－4 所示，电源接口说明见表 1－2－6。

表 1－2－6　电源接口说明

端子号	信号名	信号说明
1	+24V	电源直流 24V
2	0V	0V
3		

2. CB104 ～ CB107 I/O 模块输入输出信号连接图

表 1－2－7 为连接器 CB104、CB105、CB106、CB107 管脚说明，表中的 m、n 是对该模块进行地址分配后“MODULE”界面的首地址。图 1－2－20 中的 B01 脚 +24V 是输出信号，该管脚输出 24V 电压，不要将外部 24V 电源接入该管脚。

表 1-2-7 CB104～CB107 管脚说明

CB104			CB105			CB106			CB107		
	A	B		A	B		A	B		A	B
01	0V	+24V	01	0V	+24V	01	0V	+24V	01	0V	+24V
02	Xm+0.0	Xm+0.1	02	Xm+3.0	Xm+3.1	02	Xm+4.0	Xm+4.1	02	Xm+7.0	Xm+7.1
03	Xm+0.2	Xm+0.3	03	Xm+3.2	Xm+3.3	03	Xm+4.2	Xm+4.3	03	Xm+7.2	Xm+7.3
04	Xm+0.4	Xm+0.5	04	Xm+3.4	Xm+3.5	04	Xm+4.4	Xm+4.5	04	Xm+7.4	Xm+7.5
05	Xm+0.6	Xm+0.7	05	Xm+3.6	Xm+3.7	05	Xm+4.6	Xm+4.7	05	Xm+7.6	Xm+7.7
06	Xm+1.0	Xm+1.1	06	Xm+8.0	Xm+8.1	06	Xm+5.0	Xm+5.1	06	Xm+10.0	Xm+10.1
07	Xm+1.2	Xm+1.3	07	Xm+8.2	Xm+8.3	07	Xm+5.2	Xm+5.3	07	Xm+10.2	Xm+10.3
08	Xm+1.4	Xm+1.5	08	Xm+8.4	Xm+8.5	08	Xm+5.4	Xm+5.5	08	Xm+10.4	Xm+10.5
09	Xm+1.6	Xm+1.7	09	Xm+8.6	Xm+8.7	09	Xm+5.6	Xm+5.7	09	Xm+10.6	Xm+10.7
10	Xm+2.0	Xm+2.1	10	Xm+9.0	Xm+9.1	10	Xm+6.0	Xm+6.1	10	Xm+11.0	Xm+11.1
11	Xm+2.2	Xm+2.3	11	Xm+9.2	Xm+9.3	11	Xm+6.2	Xm+6.3	11	Xm+11.2	Xm+11.3
12	Xm+2.4	Xm+2.5	12	Xm+9.4	Xm+9.5	12	Xm+6.4	Xm+6.5	12	Xm+11.4	Xm+11.5
13	Xm+2.6	Xm+2.7	13	Xm+9.6	Xm+9.7	13	Xm+6.6	Xm+6.7	13	Xm+11.6	Xm+11.7
14			14			14			14		
15			15			15			15		
16	Yn+0.0	Yn+0.1	16	Yn+2.0	Yn+2.1	16	Yn+4.0	Yn+4.1	16	Yn+6.0	Yn+6.1
17	Yn+0.2	Yn+0.3	17	Yn+2.2	Yn+2.3	17	Yn+4.2	Yn+4.3	17	Yn+6.2	Yn+6.3
18	Yn+0.4	Yn+0.5	18	Yn+2.4	Yn+2.5	18	Yn+4.4	Yn+4.5	18	Yn+6.4	Yn+6.5
19	Yn+0.6	Yn+0.7	19	Yn+2.6	Yn+2.7	19	Yn+4.6	Yn+4.7	19	Yn+6.6	Yn+6.7
20	Yn+1.0	Yn+1.1	20	Yn+3.0	Yn+3.1	20	Yn+5.0	Yn+5.1	20	Yn+7.0	Yn+7.1
21	Yn+1.2	Yn+1.3	21	Yn+3.2	Yn+3.3	21	Yn+5.2	Yn+5.3	21	Yn+7.2	Yn+7.3
22	Yn+1.4	Yn+1.5	22	Yn+3.4	Yn+3.5	22	Yn+5.4	Yn+5.5	22	Yn+7.4	Yn+7.5
23	Yn+1.6	Yn+1.7	23	Yn+3.6	Yn+3.7	23	Yn+5.6	Yn+5.7	23	Yn+7.6	Yn+7.7
24	D0COM	D0COM	24	D0COM	D0COM	24	D0COM	D0COM	24	D0COM	D0COM
25	D0COM	D0COM	25	D0COM	D0COM	25	D0COM	D0COM	25	D0COM	D0COM

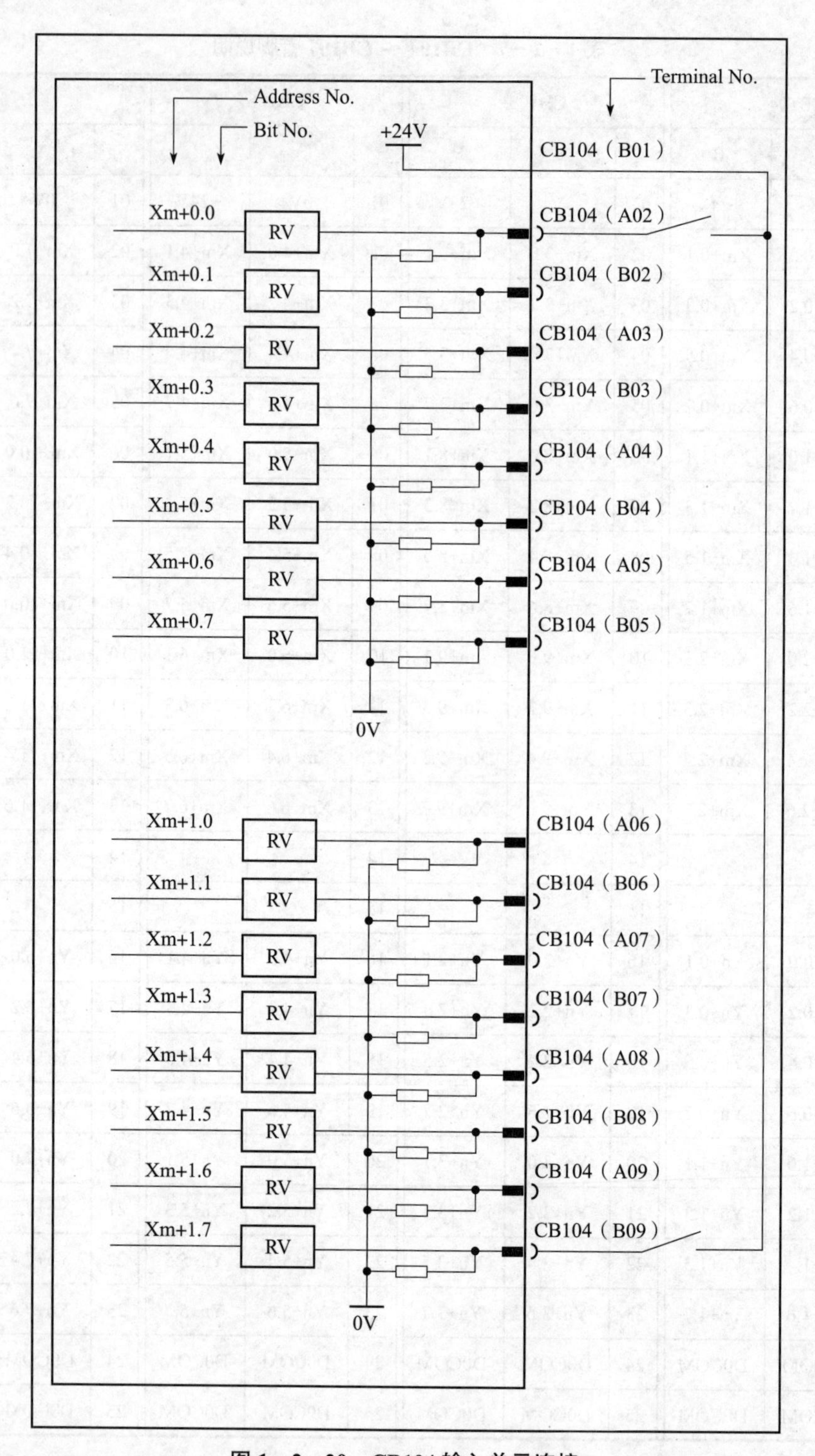

图 1－2－20　CB104 输入单元连接

如果需要使用连接器的 Y 信号，则将 24V 电源输入 DOCOM 管脚，如图 1－2－21 所示。

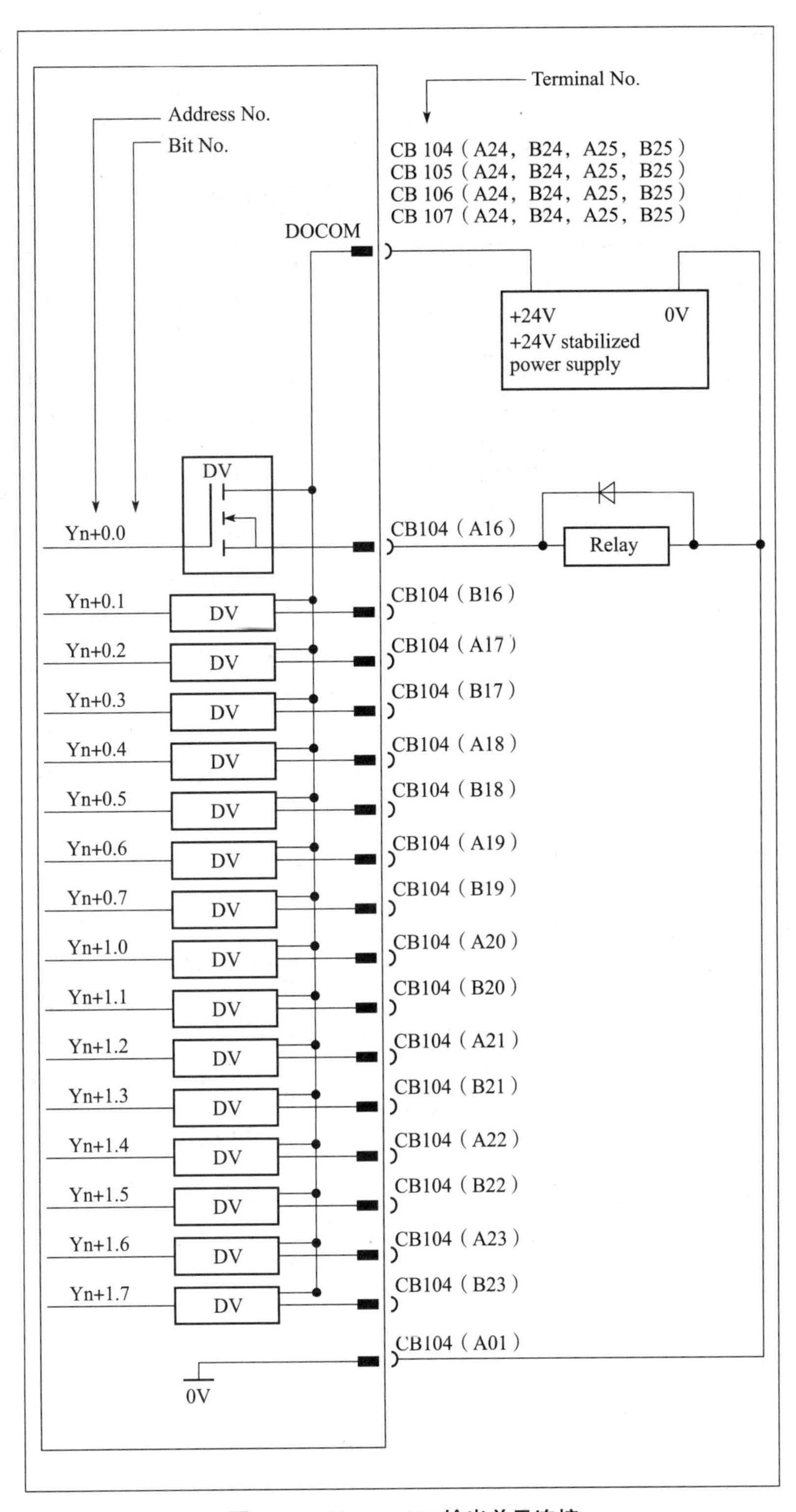

图 1－2－21　CB104 输出单元连接

如果需要使用 Xm+4.0 的地址，不要悬空 COM4 管脚，建议将 0V 电源接入 COM4 管脚，如图 1－2－23 所示。

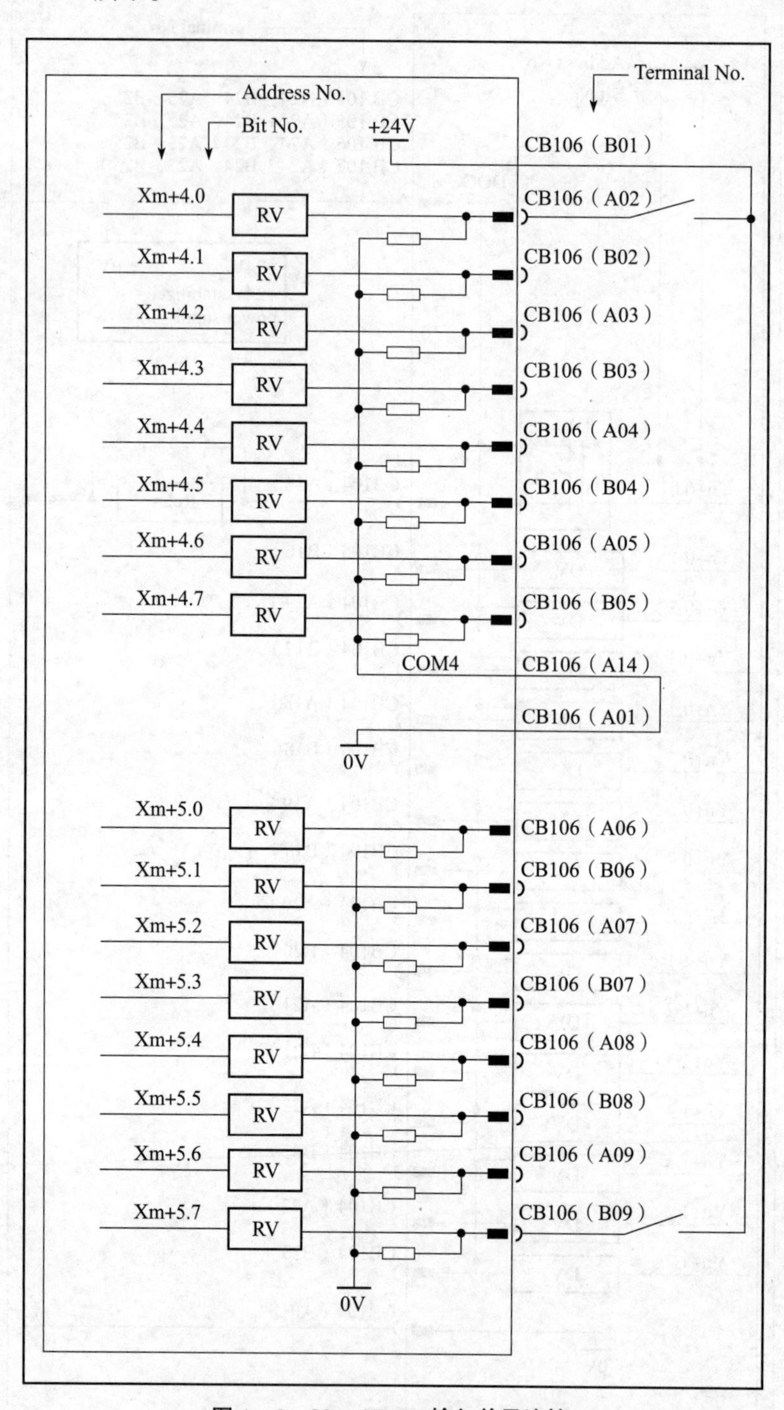

图 1－2－22　CB106 输入单元连接

对于地址 Xm+4.0，既可以选择源极型，也可以选择漏极型，通过连接 24V 电源或者 0V 电源来判断。COM4 必须被连接到 24V 电源或者 0V 电源，而不能悬空，从安全标准观点来看，推荐使用漏极型信号，图 1－2－22 为使用漏极型信号的范例。

3. JA3 手轮接口

该接口用于连接手轮。I/O 侧和手轮侧管脚连接如图 1 - 2 - 23 所示，JA3 手轮接口与手轮连接如图 1 - 2 - 24 所示。

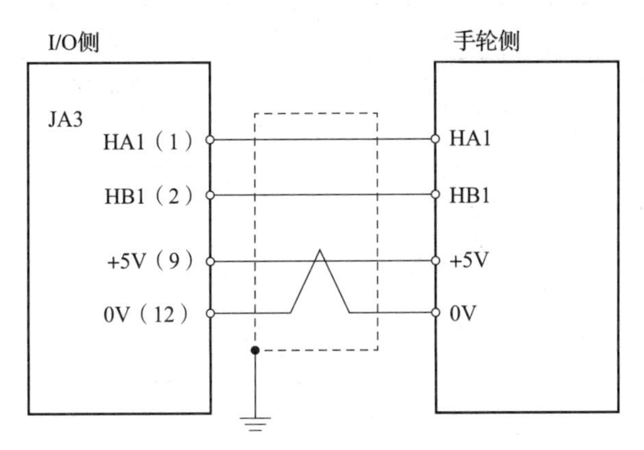

图 1 - 2 - 23　手轮管脚连接

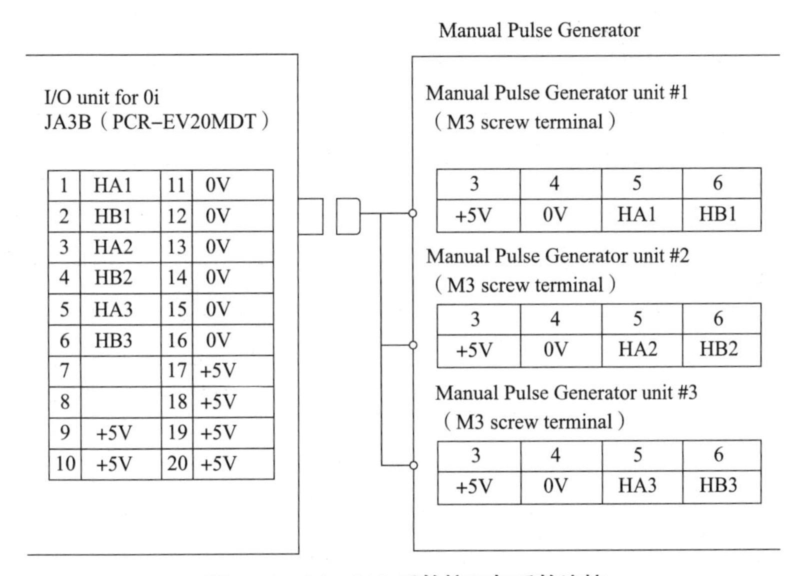

图 1 - 2 - 24　JA3 手轮接口与手轮连接

注意：手轮信号易受到干扰，请使用双绞线进行焊接。

4. JD1A/JD1B I/O 模块通信

本接口与数控系统的 JD51A 接口连接。

四、操作面板

CE56/CE57 I/O 模块输入 / 输出信号见表 1 - 2 - 8。

表 1－2－8　CE56/CE57 I/O 模块输入 / 输出信号

CE56			CE57		
	A	B		A	B
01	0V	+24V	01	0V	+24V
02	Xm+0.0	Xm+0.1	02	Xm+3.0	Xm+3.1
03	Xm+0.2	Xm+0.3	03	Xm+3.2	Xm+3.3
04	Xm+0.4	Xm+0.5	04	Xm+3.4	Xm+3.5
05	Xm+0.6	Xm+0.7	05	Xm+3.6	Xm+3.7
06	Xm+1.0	Xm+1.1	06	Xm+4.0	Xm+4.1
07	Xm+1.2	Xm+1.3	07	Xm+4.2	Xm+4.3
08	Xm+1.4	Xm+1.5	08	Xm+4.4	Xm+4.5
09	Xm+1.6	Xm+1.7	09	Xm+4.6	Xm+4.7
10	Xm+2.0	Xm+2.1	10	Xm+5.0	Xm+5.1
11	Xm+2.2	Xm+2.3	11	Xm+5.2	Xm+5.3
12	Xm+2.4	Xm+2.5	12	Xm+5.4	Xm+5.5
13	Xm+2.6	Xm+2.7	13	Xm+5.6	Xm+5.7
14	DICOM0		14		DICOM5
15			15		
16	Yn+0.0	Yn+0.1	16	Yn+2.0	Yn+2.1
17	Yn+0.2	Yn+0.3	17	Yn+2.2	Yn+2.3
18	Yn+0.4	Yn+0.5	18	Yn+2.4	Yn+2.5
19	Yn+0.6	Yn+0.7	19	Yn+2.6	Yn+2.7
20	Yn+1.0	Yn+1.1	20	Yn+3.0	Yn+3.1
21	Yn+1.2	Yn+1.3	21	Yn+3.2	Yn+3.3
22	Yn+1.4	Yn+1.5	22	Yn+3.4	Yn+3.5
23	Yn+1.6	Yn+1.7	23	Yn+3.6	Yn+3.7
24	DOCOM	DOCOM	24	DOCOM	DOCOM
25	DOCOM	DOCOM	25	DOCOM	DOCOM

其中 CE56 和 CE57 管脚中的 B01 脚 +24V 输出 24V 信号，不要将外部 24V 电源接入该管脚。如果需要使用连接器的 Y 信号，请将 24V 电源接入 DOCOM 管脚。

CE56 的 DICOM0 和 CE57 的 DICOM5 建议接至 0V 电源，CE56 连接如图 1－2－25 所示。

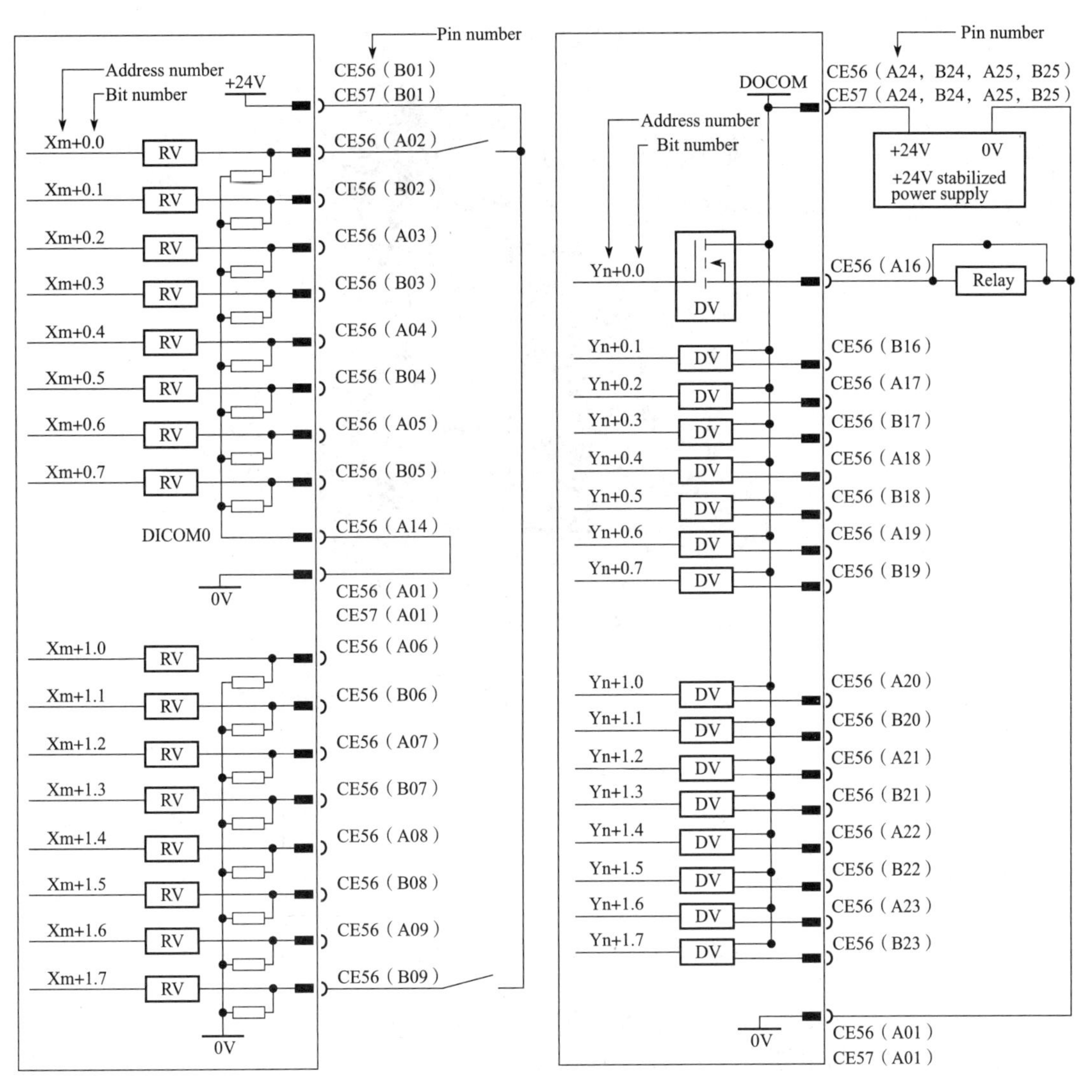

图 1－2－25　CE56 连接

五、伺服放大器

1. *βi* 系列伺服放大器

如图 1－2－26 所示为 *βi* SV20 伺服放大器，其各组成说明如下：

（1）L1/L2/L3：AC220V 电源输入接口。

（2）DCC/DCP：外接制动电阻，浪涌吸收器。

（3）U/V/W：伺服电动机动力线接口。

（4）CX29 MCC：当放大器准备就绪后，内部继电器就会自动吸合。

（5）急停接口 CX30：急停接口 CX30 的如图 1－2－27 所示。

注意：当与多个单体放大器相连时，仅需要处理第一个放大器的 ESP 信号。

（6）CXA20：外接制动电阻过热信号接口。

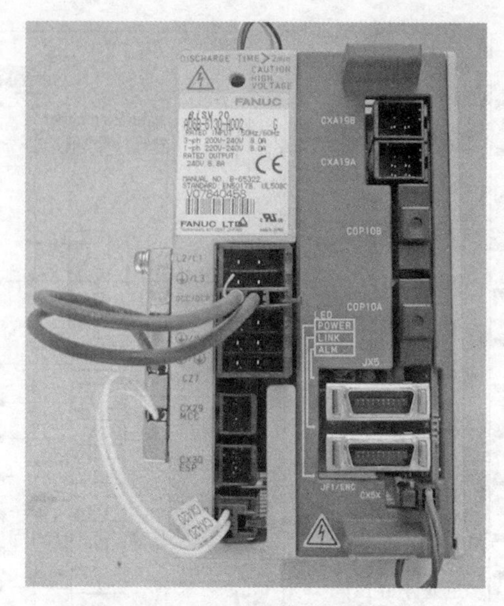

图 1-2-26　*βi* SV20 伺服放大器

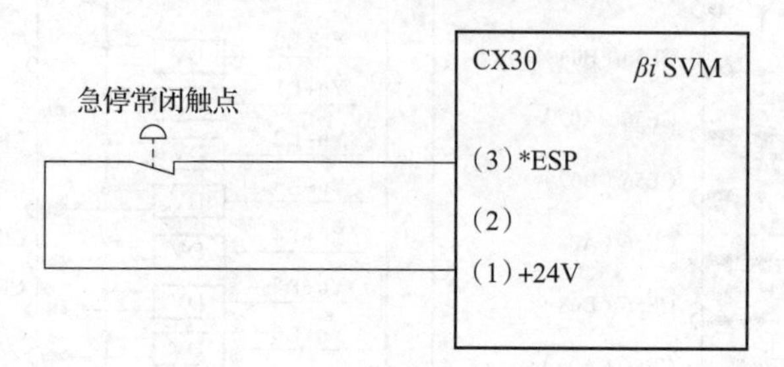

图 1-2-27　急停接口 CX30 连接

（7）放大器跨接电缆 CXA19A/CXA19B。放大器跨接电缆，请按管脚一一对接。每个放大器使用独立的电池供电，（B3）BAT 不对接，其中 A3 为 ESP 的通信，必须对接通信。

（8）FSSB 光缆连接线接口 COP10A/COP10B。FSSB 光缆连接线，遵循 B 进 A 出的原则，即系统总是从 COP10A 连到 COP10B。

（9）伺服电动机编码器反馈信号接口 JF1/ENC，其与伺服电动机的连接如图 1-2-28 所示。

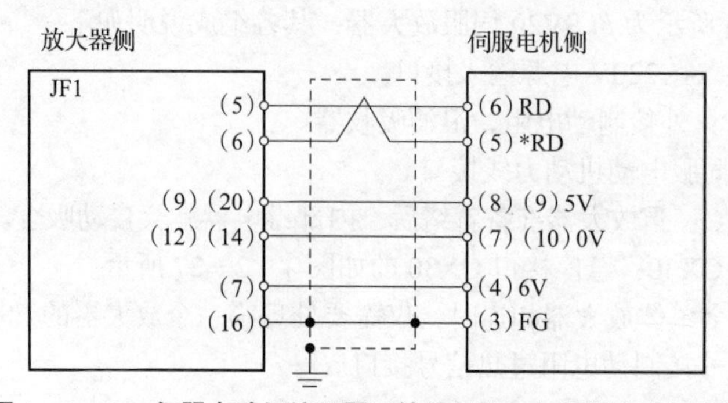

图 1-2-28　伺服电动机编码器反馈信号接口与伺服电动机连接

（10）CX5X：绝对型位置编码器电池接口。与电池连接或在使用分离型电池盒时，与下一个伺服模块的 CX5Y 连接。

2. *βi* SVSP 伺服放大器

如图 1－2－29 所为 *βi* SVSP 伺服放大器，其接口说明如表 1－2－9 所示。

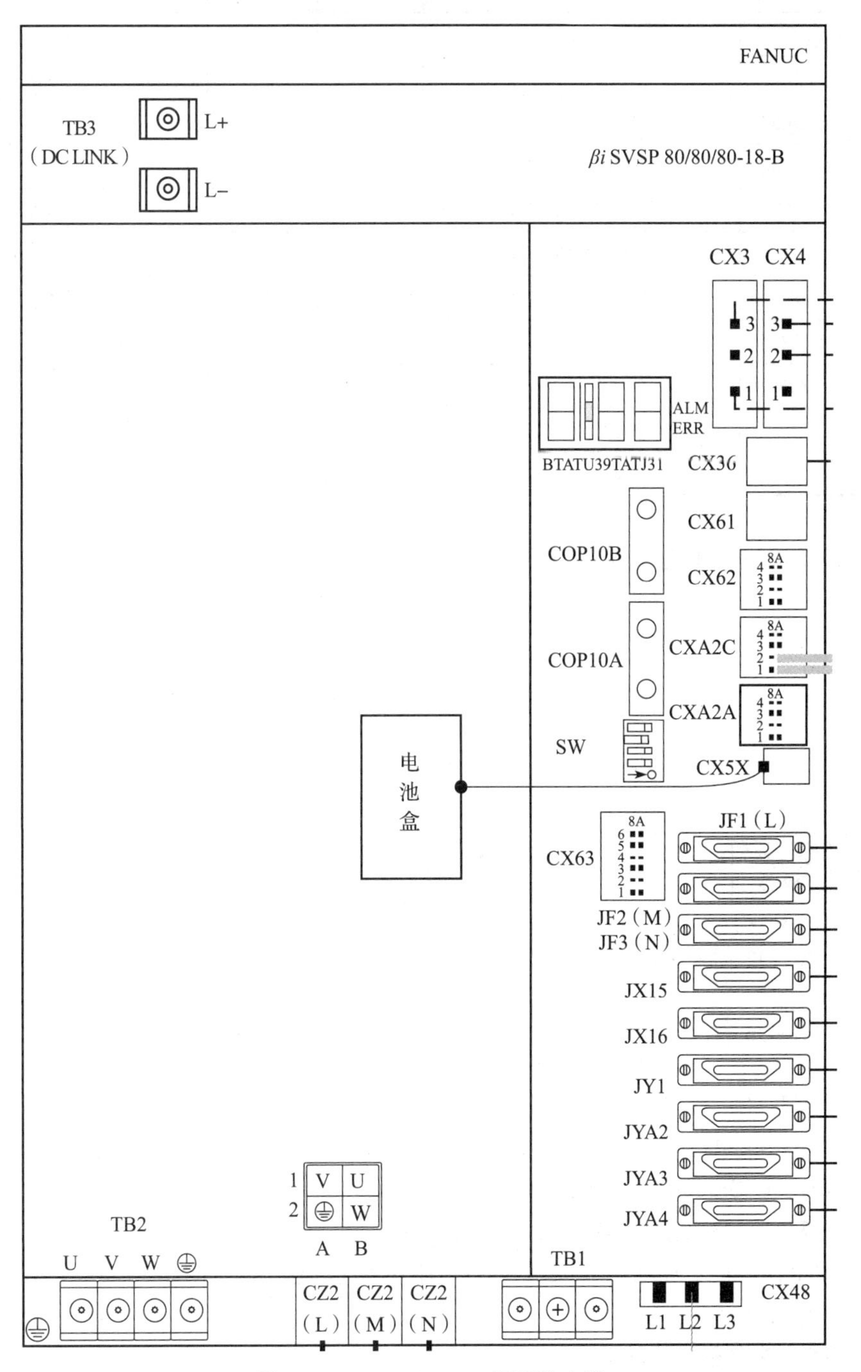

图 1－2－29　*βi* SVSP 伺服放大器

表 1-2-9　*βi* SVSP 伺服放大器接口说明

序号	信号	信号说明	序号	信号	信号说明
1	STATUS1	主轴状态灯	14	JA7A	主轴接口输出
2	STATUS2	伺服状态灯	15	JYA2	主轴传感器 Mi、MZi
3	CX3	主电源 MCC 控制信号	16	JYA3	α 位置编码器，外部 1 转信号
4	CX4	紧停信号（ESP）	17	JYA4	未用
5	CXA2C	24V 直流电源输入	18	TB3	直流母线端子排
6	COP10B	伺服 FSSB I/F	19		直流母线充电灯
7	CX5X	绝对型位置编码器电池	20	TB1	主电源连接端子
8	JF1	脉冲编码器：L 轴	21	CZ2L	伺服电动机动力线：L 轴
9	JF2	脉冲编码器：M 轴	22	CZ2M	伺服电动机动力线：M 轴
10	JF3	脉冲编码器：N 轴	23	CZ2N	伺服电动机动力线：N 轴
11	JX6	断电备份模块	24	TB2	主轴电动机动力线
12	JY1	负载表，主轴表	25		接地端子
13	JA7B	主轴接口输入			

（1）CX3 接口：主电源 MCC 控制信号，如图 1-2-30 所示，当放大器准备就绪后，其内部继电器就会自动吸合。

（2）CX4 接口：紧停信号（ESP），如图 1-2-31 所示。

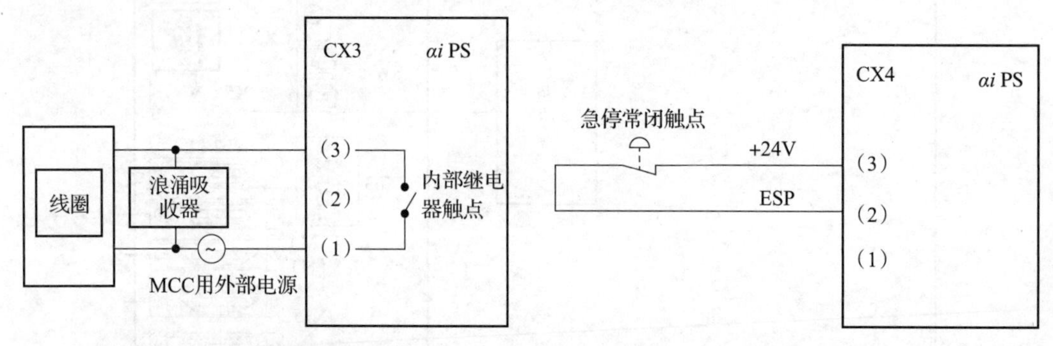

图 1-2-30　CX3 接口连接　　图 1-2-31　CX4 接口连接

（3）CXA2C 接口：24V 直流电源输入，如图 1-2-32 所示。

（4）COP10B/COP10A 接口：FSSB 光缆连接线，遵循 B 进 A 出，系统总是从 COP10A 连到 COP10B。FSSB 光缆连接如图 1-2-18 所示。

（5）CX5X 接口：绝对型位置编码器电池接口。

（6）JF1/2/3 接口：L 轴、M 轴、N 轴伺服电动机编码器反馈信号接口，JF1/2/3 接口连接参考图 1-2-29。

（7）JX6：断电备份模块。

（8）JY1：主轴电动机状态监控接口，如图 1-2-33 所示。

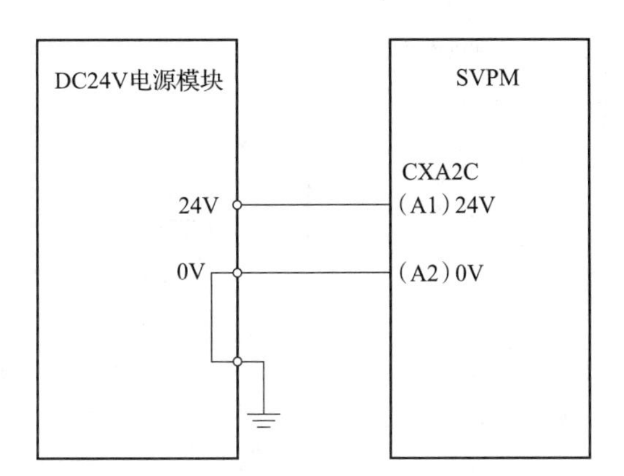

图 1-2-32　CXA2C 接口连接

（9）JA7B/JA7A：主轴接口输入 / 主轴接口输出，用于 CNC 与主轴放大器之间的通信，如图 1-2-16 所示。

（10）JYA2：主轴传感器 Mi、Mzi 接口及主轴电动机编码器接口，如图 1-2-34 所示。

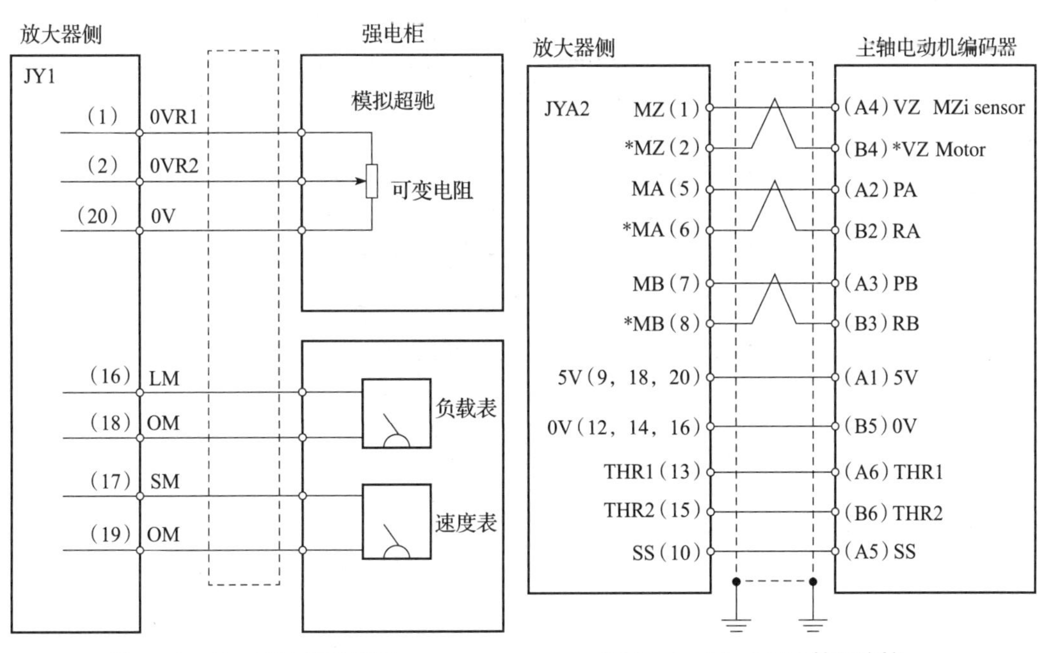

图 1-2-33　JY1 接口连接　　　　图 1-2-34　JYA2 接口连接

注意：如果使用 Mi 编码器，则无需接 1、2、9、18、12、14 这几个管脚，导线规格为 0.5mm^2。

（11）JYA3：主轴位置编码器接口、α 位置编码器、外部 1 转信号，如图 1-2-35 所示。

3. *αi* 伺服放大器

（1）PSM 模块接口。

FANUC 系统 α 系列电源模块如图 1-2-36 所示。

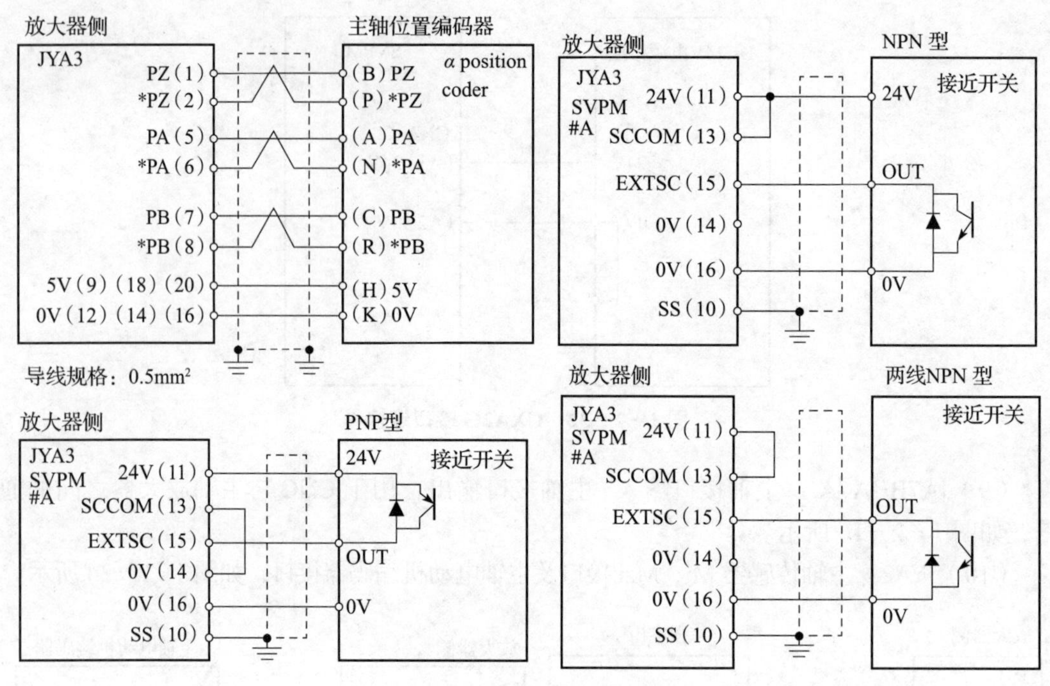

图 1－2－35　JYA3 接口连接

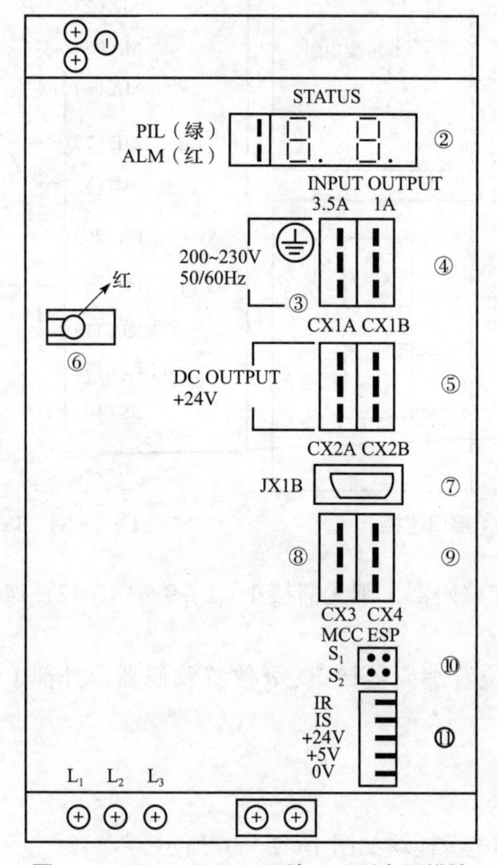

图 1－2－36　FANUC 系统 α 系列电源模块

1）DC Link 盒：直流电源（DC300V）输出端，该接口与主轴模块、伺服模块的直流输入端连接。

2）状态指示窗口（STATUS）：

PIL（绿色）：表示电源模块控制电源工作；

ALM（红色）：表示电源模块故障；

--：表示电源模块未启动；

00：表示电源模块启动就绪；

##：表示电源模块报警信息。

3）CX1A：控制电路电源输入 200V、3.5A。

4）CX1B：交流 200V 输出。

5）CX2A/CX2B：均为直流 +24V 输出。

6）直流母排电压显示（充电指示灯）：该指示灯完全熄灭后才能对模块电缆进行各种操作。

7）JX1B：模块之间的连接接口。该接口与下一个模块的接口 JX1A 相连，进行各模块之间报警及使能信号的传递。最后一个模块的 JX1B 必须用短接盒（5、6 脚）将模块间的使能信号短接，否则系统会报警。

8）CX3：主电源 MCC（常开点）控制信号接口。该接口一般用于电源模块三相交流电源输入主接触器的控制。

9）CX4：*ESP 急停信号接口。该接口一般与机床操作面板急停开关的常闭点相接。不用该信号时，必须将 CX4 短接，否则系统处于急停报警状态。

10）S1、S2：再生制动电阻的选择开关。

11）检测脚的测试端：IR/IS 为电源模块交流输入（L1、L2）的瞬时电流值；24V、5V 分别为控制电路电压的检测端。

12）L1、L2、L3：三相交流电源 200 V 输入，一般与三相伺服变压器输出端连接。

（2）伺服模块 SVM。

伺服模块 SVM 如图 1－2－37 所示。

其连接器和接线端子说明如表 1－2－10 所示。

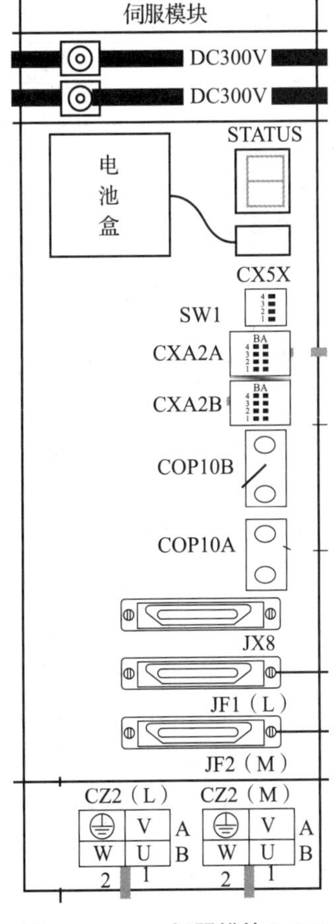

图 1－2－37　伺服模块 SVM

表 1－2－10　伺服模块 SVM 连接器和接线端子说明

序号	名称	显示	备注
1	DC Link 端子		TB1
2	DC Link 放电指示 LED		（警告）
3	状态指示 LED	状态	
4	SVM 内装型绝对编码器电池位置	电池	
5	SVM 内装型绝对编码器电池插头	CX5X	
6	来自 PSM 的输入连接器	CXA2B	24VDC 电源
7	输出连接器	CXA2A	

续表

序号	名称	显示	备注
8	FSSB 光缆输入连接器	COP10B	
9	FSSB 光缆输出连接器	COP10A	
10	信号检测连接器	JX8	
11	脉冲编码器连接器：L 轴	ENC1/JF1	
12	脉冲编码器连接器：M 轴	ENC2/JF2	
13	电机电源线连接器：L 轴	CZ2（L）	SVM1，CZ2
14	电机电源线连接器：M 轴	CZ2（M）	
15	地线孔		

注意：当 LED 灯亮的时候，不要碰模块部件或连接电缆。

（3）SPM 模块。

SPM-15 主轴模块如图 1－2－38 所示。SPM-15 主轴模块各指示灯和接口信号的定义如下：

1）TBl：直流电源输入端。该接口与电源模块的直流电源输出端、伺服模块的直流输入端连接。

2）STATUS：表示 LED 状态。用于表示伺服模块所处的状态，出现异常时，显示相关的报警代码。

3）CX1A：交流 200V 输入接口。该端口与电源模块的 CXlB 端口连接。

4）CX1B：交流 200V 输出接口。

5）CX2A：直流 24V 输入接口。一般地，该接口与电源模块的 CX2B 连接，接收急停信号。

6）CX2B：直流 24V 输出接口。一般地，该接口与下一个伺服模块的 CX2A 连接，输出急停信号。

7）LED：直流回路连接充电状态指示灯。在该指示灯完全熄灭后，方可对模块电缆进行各种操作，否则有触电危险。

8）JX4：伺服状态检查接口。该接口用于连接主轴模块状态检查电路板。通过主轴模块状态检查电路板可获取模块内部信号的状态（脉冲发生器盒位置编码器的信号）。

9）JX1A：模块连接接口。该接口一般与电源的 JX1B 连接，起通信作用。

10）JX1B：模块连接接口。该接口一般与下一个伺服模块的 JX1A 连接。

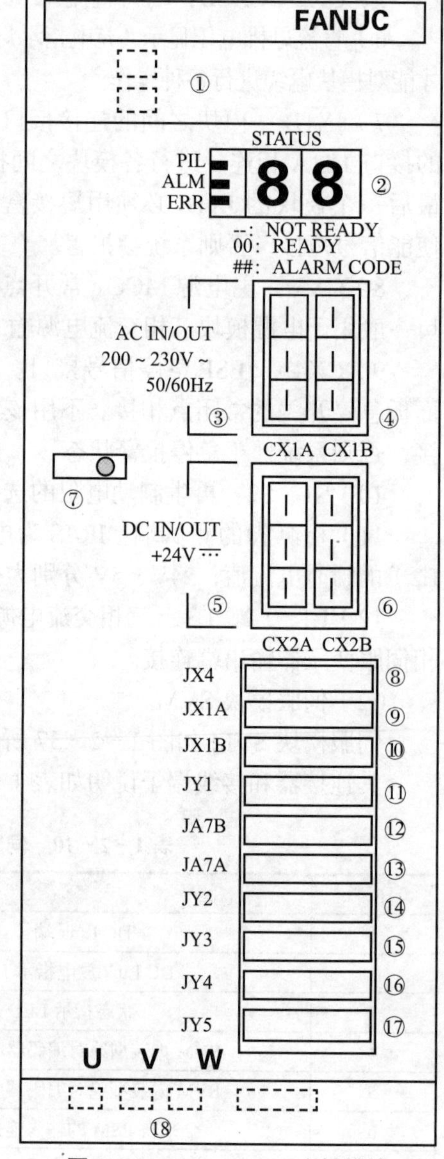

图 1－2－38　SPM-15 主轴模块

11）JY1：主轴负载功率表和主轴转速表连接接口。

12）JA7B：通信串行输入连接接口。该接口与控制单元的 JA7A（SPDL-1）接口相连。

13）JA7A：通信串行输出连接接口。该接口与下一主轴（若有的话）的 JA7B 接口连接。

14）JY2：脉冲发生器，内置探头和电动机 CS 轴探头连接接口。

15）JY3：磁感应开关和外部单独旋转信号连接接口。

16）JY4：位置编码器和高分辨率位置编码器连接接口。

17）JY5：主轴 CS 轴探头和内置 CS 轴探头。

18）三相交流变频电源输出端。该接口与相对应的伺服电动机连接。

任务实施

分小组查看 FANUC 数控系统硬件，了解各硬件接口及其作用，并将信息填写于表 1－2－11 中。

表 1－2－11　FANUC 数控系统硬件接口

序号	FANUC 数控系统硬件名称	接口标识	接口作用

任务三　FANUC 数控系统硬件连接

任务描述

从硬件来看，数控系统主要由数控系统主板、电源模块、主轴模块、伺服模块、I/O 模块等构成，数控系统通过接口和这些模块连接，然后通过这些模块来驱动数控机床执行部件，从而使数控机床按照指令要求有序地进行工作。

本任务主要学习 FANUC 数控系统的硬接线，以及数控系统硬件相关故障的诊断与排查。

任务目标

1. 理解和掌握 FANUC 数控系统的 FSSB 的硬件连接。
2. 理解和掌握 FANUC 数控系统的 I/O Link 的硬件连接。
3. 理解和掌握 FANUC 数控系统的伺服放大器的硬件连接。
4. 理解和掌握 FANUC 数控系统的主轴硬接线连接。
5. 理解和掌握 FANUC 数控系统的手轮连接。

任务实习

一、实物参观

在教师的带领下，让学生到数控加工实训室、数控系统综合实训室和数控机床拆装实训室等场地进行实物参观，了解 FANUC 数控系统各硬件的连接，如图 1－3－1 所示。

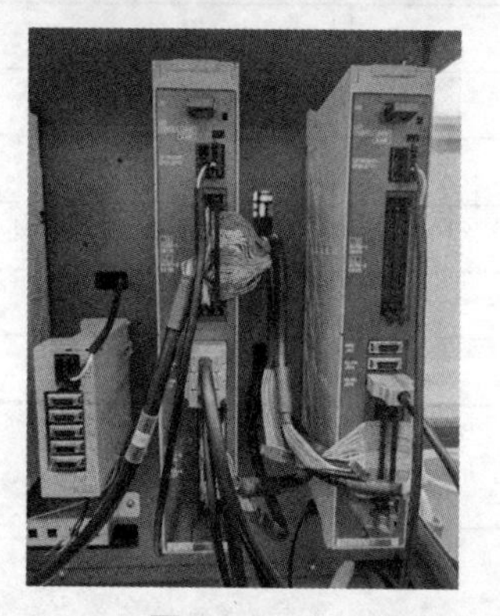

图 1－3－1　FANUC 0i Mate-D 各模块连接图

二、伺服放大器相关硬接线连接

FANUC 伺服控制系统的连接，无论是 αi 或 βi 的伺服，在外围连接电路上具有很多相似的地方，它们大致分为光缆连接、控制电源连接、主电源连接、急停信号连接、MCC 连接、主轴指令连接、伺服电动机主电源连接和伺服电动机编码器连接。

1. βi 多轴驱动器的硬接线连接

（1）FANUC 数控系统的 FSSB 的硬件连接（如图 1－3－2 所示）。

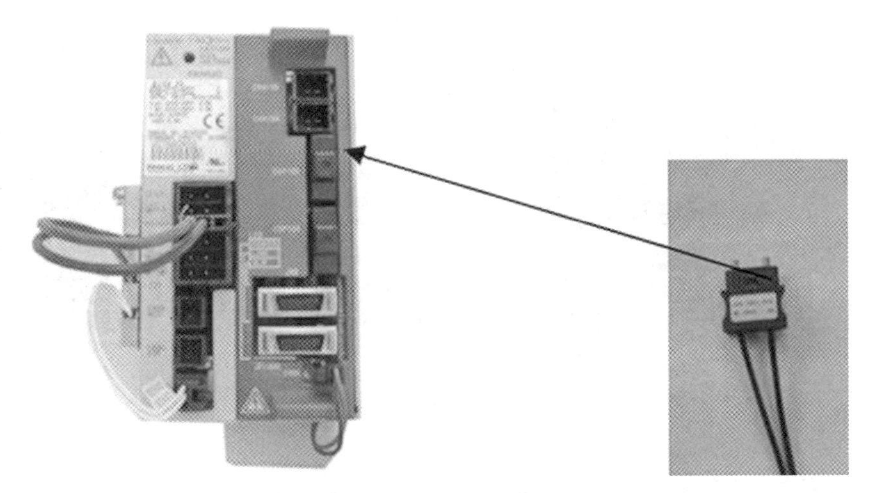

图 1－3－2　FSSB 硬件连接

FANUC 数控系统的 FSSB 采用光缆通信，在硬件连接方面，遵循 B 进 A 出的原则，即 COP10A 为总线输出，COP10B 为总线输入，需要注意的是光缆不能硬折，以免损坏。

数控系统、X 轴放大器、Z 轴放大器的 FSSB 总线的连接如图 1－3－3 所示。

（2）控制电源的连接。

控制电源采用 DC24V 电源，主要用于伺服控制电路的电源供电。在上电顺序中，推荐优先给伺服放大器供电，如图 1－3－4 所示。

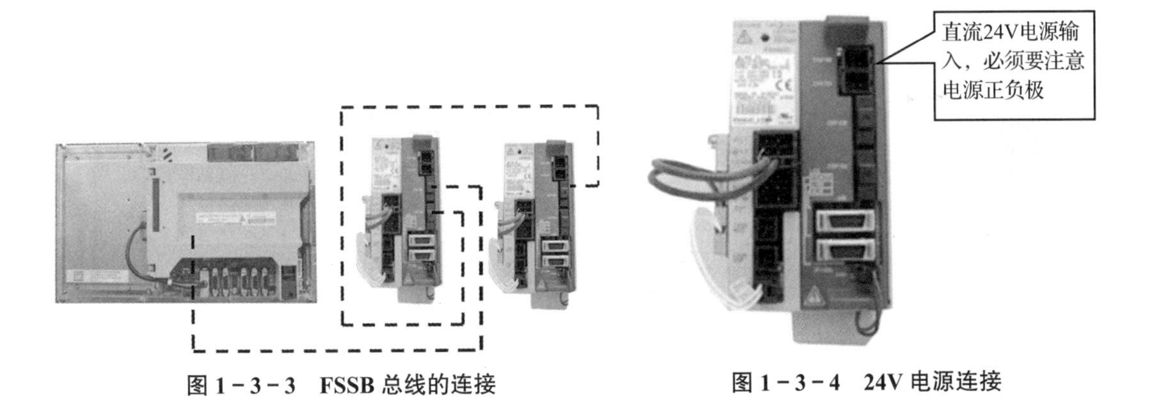

图 1－3－3　FSSB 总线的连接　　图 1－3－4　24V 电源连接

（3）主电源连接。

主电源用于伺服电动机动力电源的变换，如图 1－3－5 所示。

（4）急停与伺服上电控制回路的连接。

当 FSSB 总线与 I/O Link 的连接完成后，还需要对急停回路与伺服上电回路进行连接，这样才能构成一个简单的数控机床控制回路。

该部分主要用于对伺服主电源的控制与伺服放大器的保护，如在发生报警、急停等情况下能够切断伺服放大器主电源，如图 1－3－6 和图 1－3－7 所示。

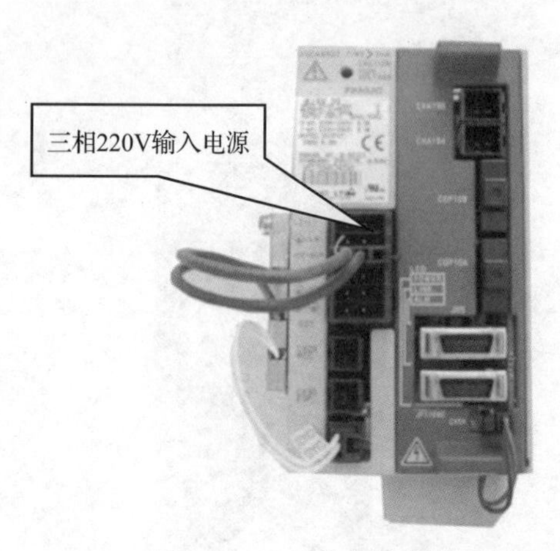

图 1-3-5　主电源连接

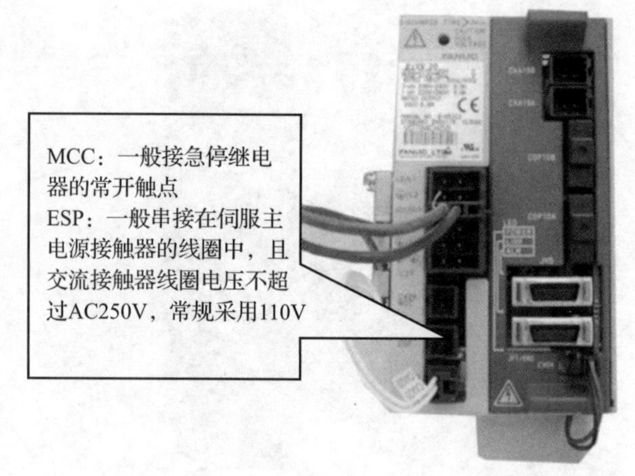

图 1-3-6　急停与 MCC 连接

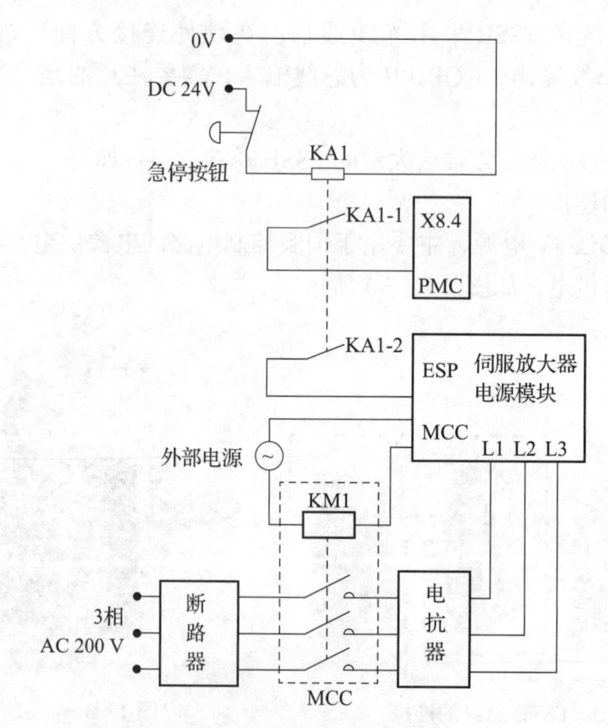

图 1-3-7　急停原理图

1）急停控制回路。

急停控制回路一般由两部分构成，一个是 PMC 急停控制信号 X8.4，另外一个是伺服放大器的 ESP 端子，这两个部分中任意一个断开就会报警，ESP 断开出现 SV401 报警，X8.4 断开出现 ESP 报警。但这两个部分全部是通过一个元件来处理的，就是急停继电器。

2）伺服上电回路。

伺服上电回路是给伺服放大器主电源供电的回路，伺服放大器的主电源一般采用三相 220V 的交流电源，通过交流接触器接入伺服放大器，交流接触器的线圈受到伺服放大器的 CX29 的控制，当 CX29 闭合时，交流接触器的线圈得电吸合，将放大器通入主电源。

（5）伺服电动机动力电源的连接。

伺服电动机动力电源的连接主要包含伺服主轴电动机与伺服进给电动机的动力电源连接。伺服主轴电动机的动力电源采用接线端子的方式进行连接，伺服进给电动机的动力电源采用接插件方式进行连接，在连接过程中，一定要注意顺序的正确性。如图 1－3－8 所示。

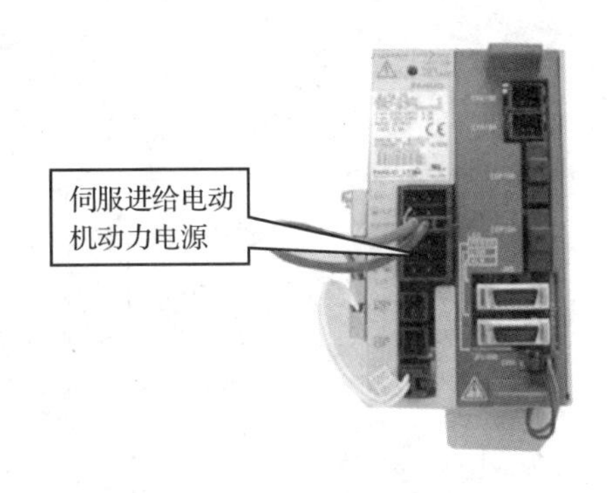

图 1－3－8　伺服电动机动力电源的连接

（6）伺服电动机反馈的连接。

伺服电动机反馈的连接主要包含伺服进给电动机的反馈连接，伺服进给电动机的反馈接口接 JF1 等接口，如图 1－3－9 所示。

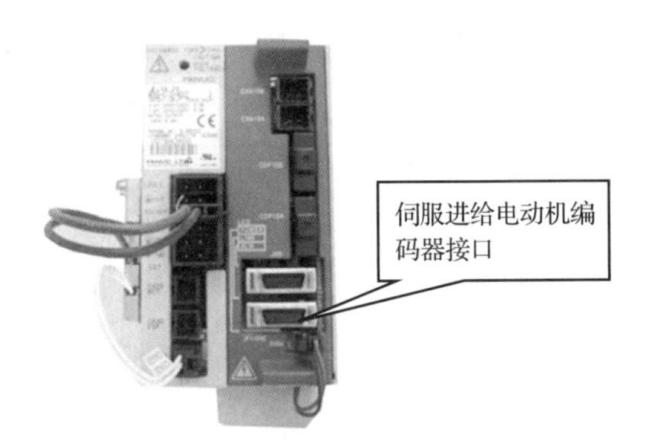

图 1－3－9　伺服电动机反馈的连接

注意：伺服电动机在连接的过程中，禁止进行轴向敲击。

2. α 系列电源模块、主轴模块和伺服放大器硬接线连接

α 系列伺服放大器硬接线连接如图 1－3－10 所示。

三、FANUC 数控系统的 I/O Link 的硬件连接

FANUC 数控系统的 PMC 是通过专用的 I/O Link 与系统进行通信的，PMC 在进行 I/O 信号控制的同时，还可以实现手轮与 I/O Link 轴的控制。其外围的连接很简单，且很有规律，同样是从 A 到 B，即系统侧的 JD51A（0i C 系统为 JD1A）接到 I/O 模块的 JD1B，JA3 或者 JA58 可以连接手轮。I/O Link 的电缆连接如图 1－3－11 所示。

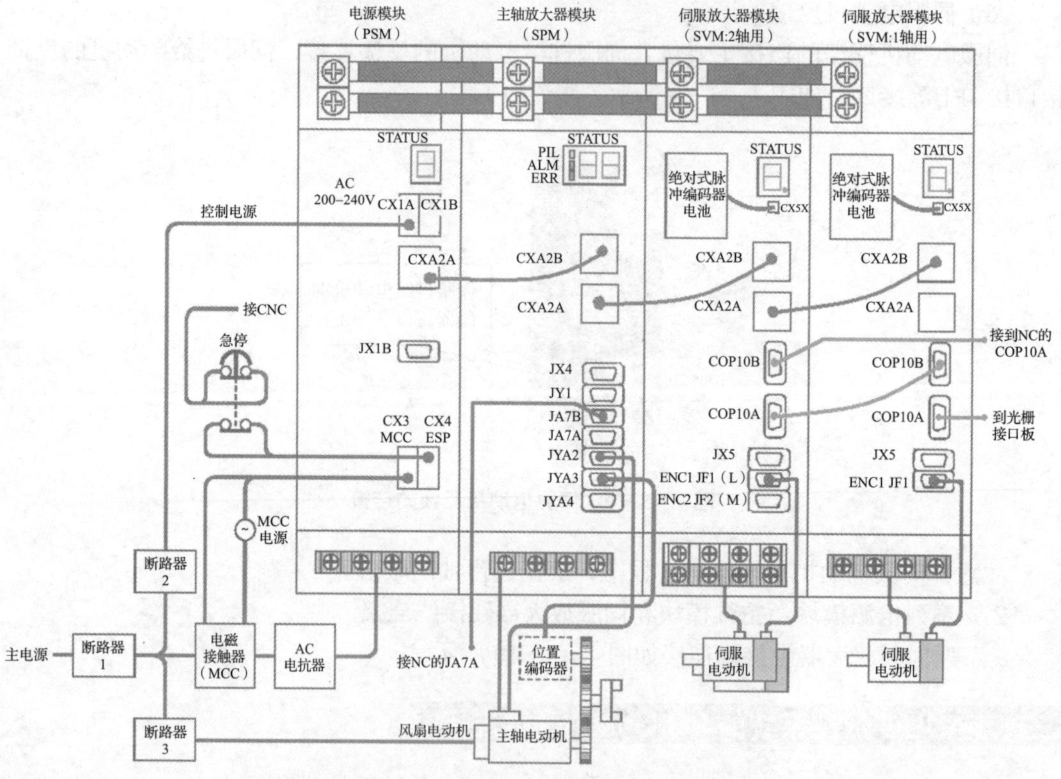

图 1－3－10　α 系列伺服放大器硬接线连接

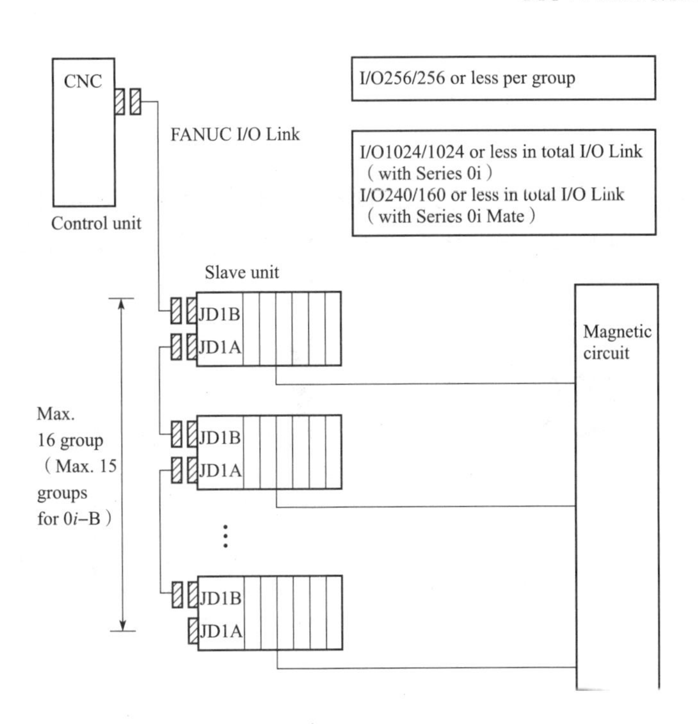

图 1－3－11　I/O Link 的电缆连接

FANUC 数控系统的 I/O Link 的硬件连接如图 1－3－12 所示。

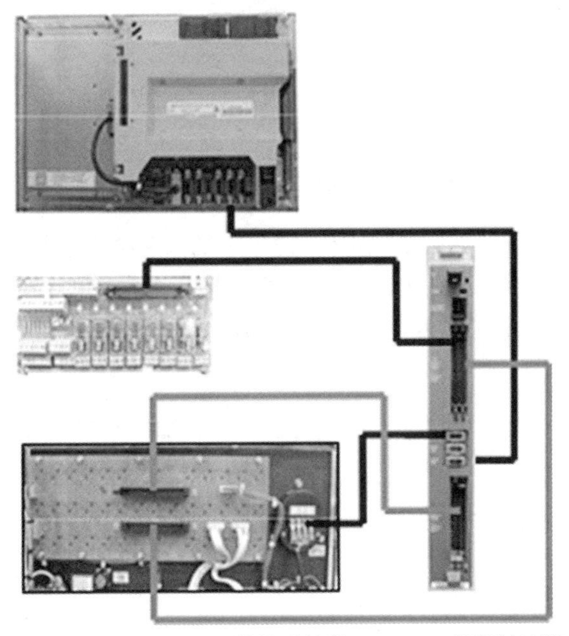

图 1－3－12　FANUC 数控系统的 I/O Link 的硬件连接

四、手轮的连接

（1）当 0i-D 系统仅使用 I/O 单元 A，而不再连接其他模块时（如图 1－3－13 所示），可按以下方式进行设置：

X 从 X0 开始用键盘输入：0.0.1.OC02I；

Y 从 Y0 开始用键盘输入：0.0.1./8。

（2）用标准机床面板时，除了机床的面板，一般机床侧还有 0i 用 I/O 单元 A 或其他 I/O 板以及手轮，如图 1－3－14 所示。手轮可接在 I/O Link 总线上任一 I/O 模块的 JA3 上，但是在模块分配时要注意分配给连接手轮的模块的字节大小。

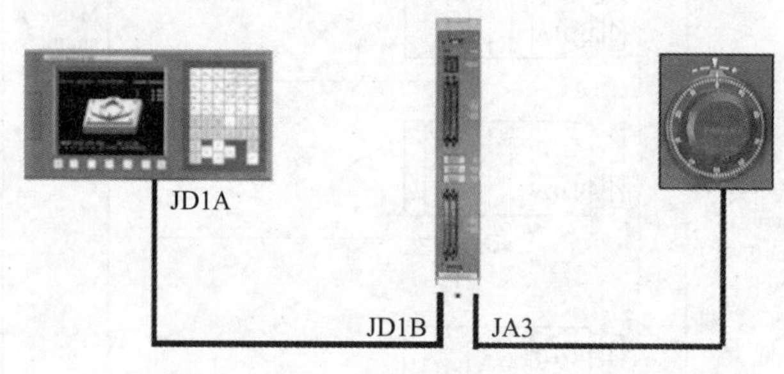

图 1－3－13　I/O 单元 A 连接手轮

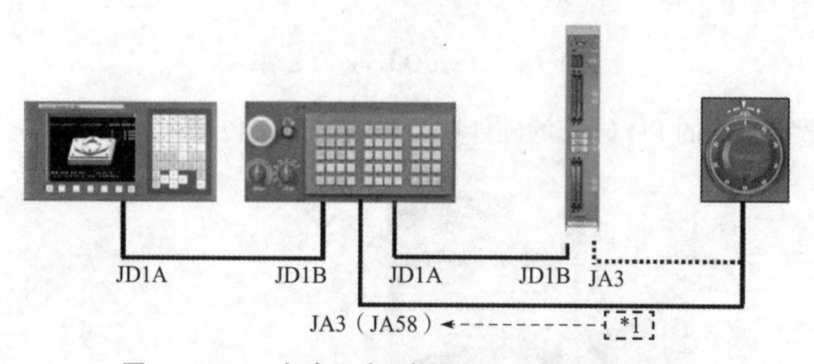

图 1－3－14　包含机床面板和 I/O 单元式连接手轮

标准机床操作面板是一个 96/64 输入 / 输出点的 I/O 模块，其背面带有两个可连接手轮的接口，分别为 JA3 和 JA58。JA3 为可同时连接三个手轮的手轮接口，如图 1－3－15 所示。而 JA58 仅有一个手轮接入信号，其余的信号用于通用的 I/O 点，通常使用悬挂式手轮时，手轮接于此口。

JA3

1	HA1	11	
2	HB1	12	0V
3	HA2	13	
4	HB2	14	0V
5	HA3	15	
6	HB3	16	0V
7		17	
8		18	+5V
9	+5V	19	
10		20	+5V

3	4	5	6
+5V	0V	HA1	HB1

Manual pulse generator #1
（M3 Screw）

3	4	5	6
+5V	0V	HA1	HB1

Manual pulse generator #2
（M3 Screw）

3	4	5	6
+5V	0V	HA1	HB1

Manual pulse generator #3
（M3 Screw）

图 1－3－15　JA3 连接多个手轮

五、FANUC 系统硬件连接图

（1）0i Mate-MD/TD 综合接线图（βi 单体型放大器＋模拟主轴），如图 1－3－16 所示。

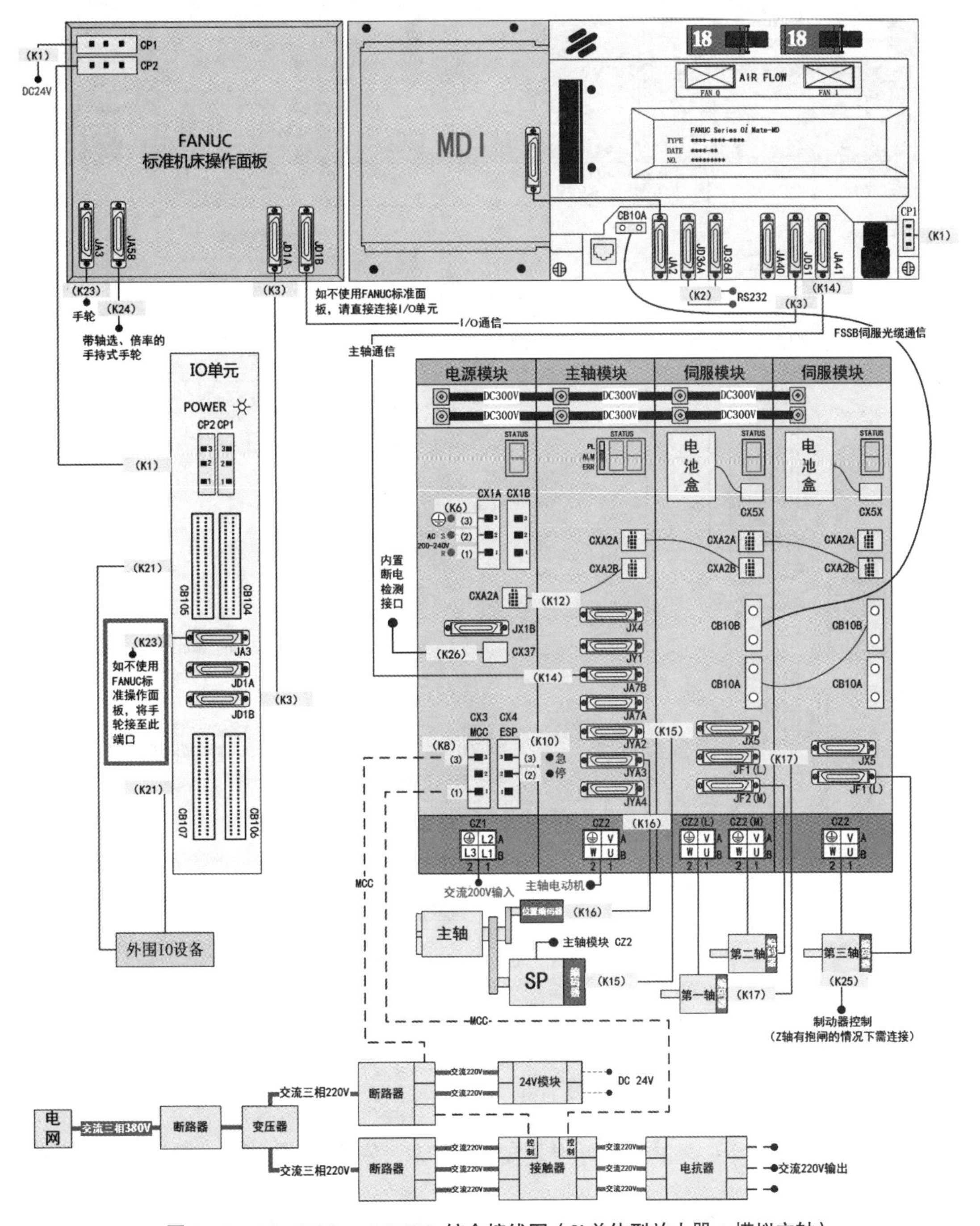

图 1－3－16　0i Mate-MD/TD 综合接线图（βi 单体型放大器＋模拟主轴）

（2）0i Mate-MD/TD 综合接线图（βi 一体型放大器＋串行主轴），如图 1－3－17 所示。

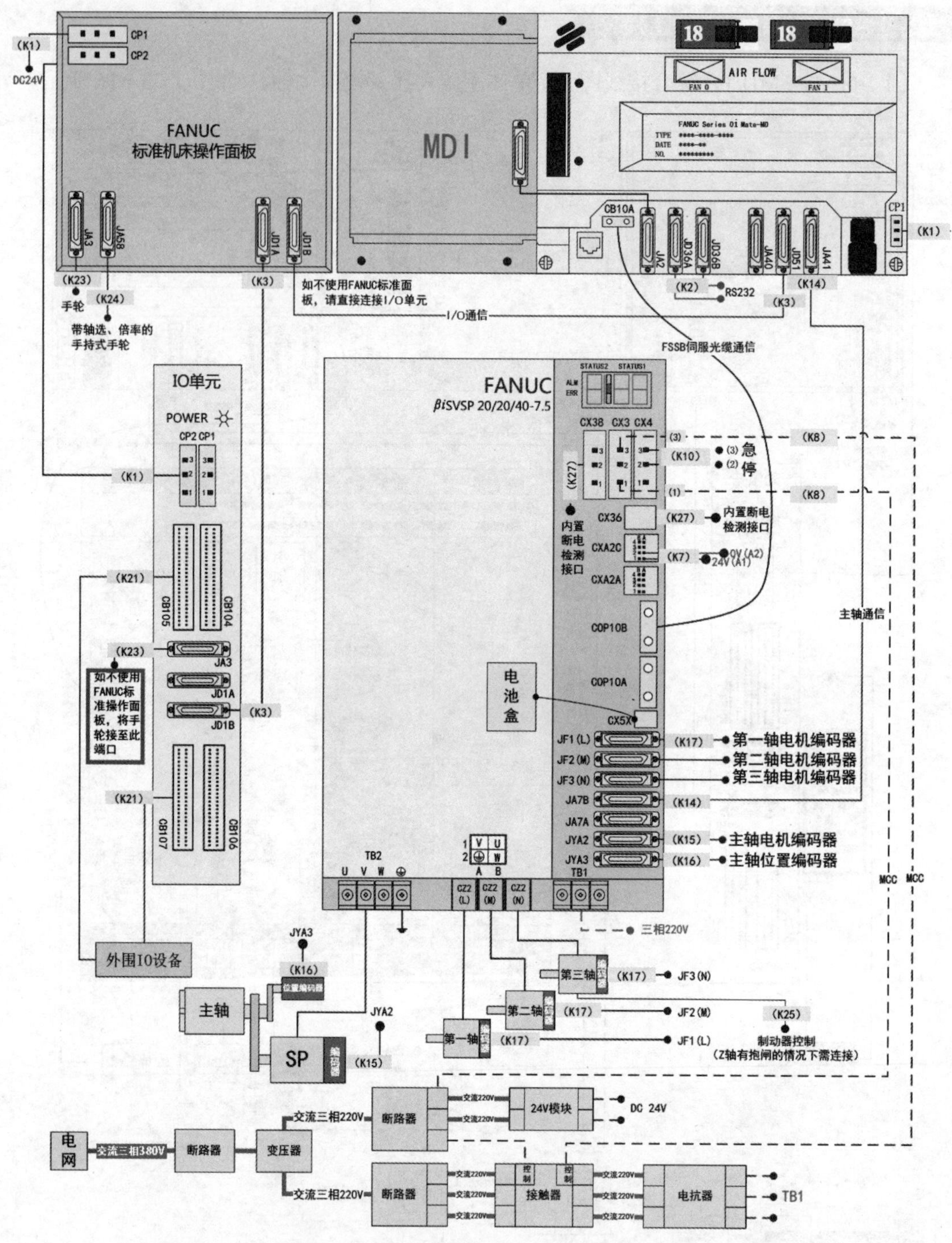

图 1－3－17　0i Mate-MD/TD 综合接线图（*βi* 一体型放大器＋串行主轴）

（3）0i Mate-MD/TD 综合接线图（*βi* 单体型放大器＋模拟主轴），如图 1－3－18 所示。

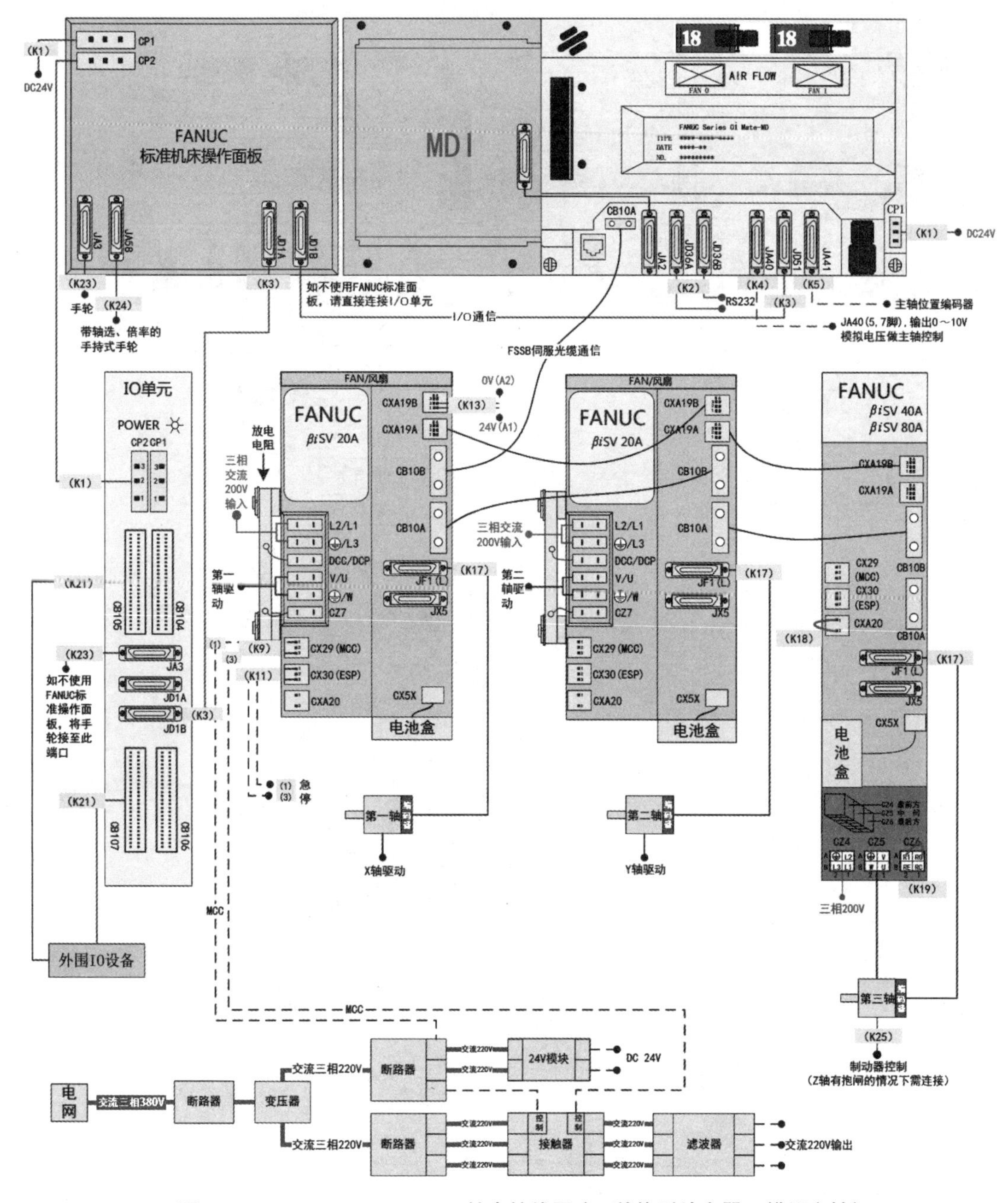

图 1-3-18 0i Mate-MD/TD 综合接线图（βi 单体型放大器+模拟主轴）

（4）0i Mate-MD/TD 综合接线图（βi 双体型放大器+模拟主轴），如图 1-3-19 所示。

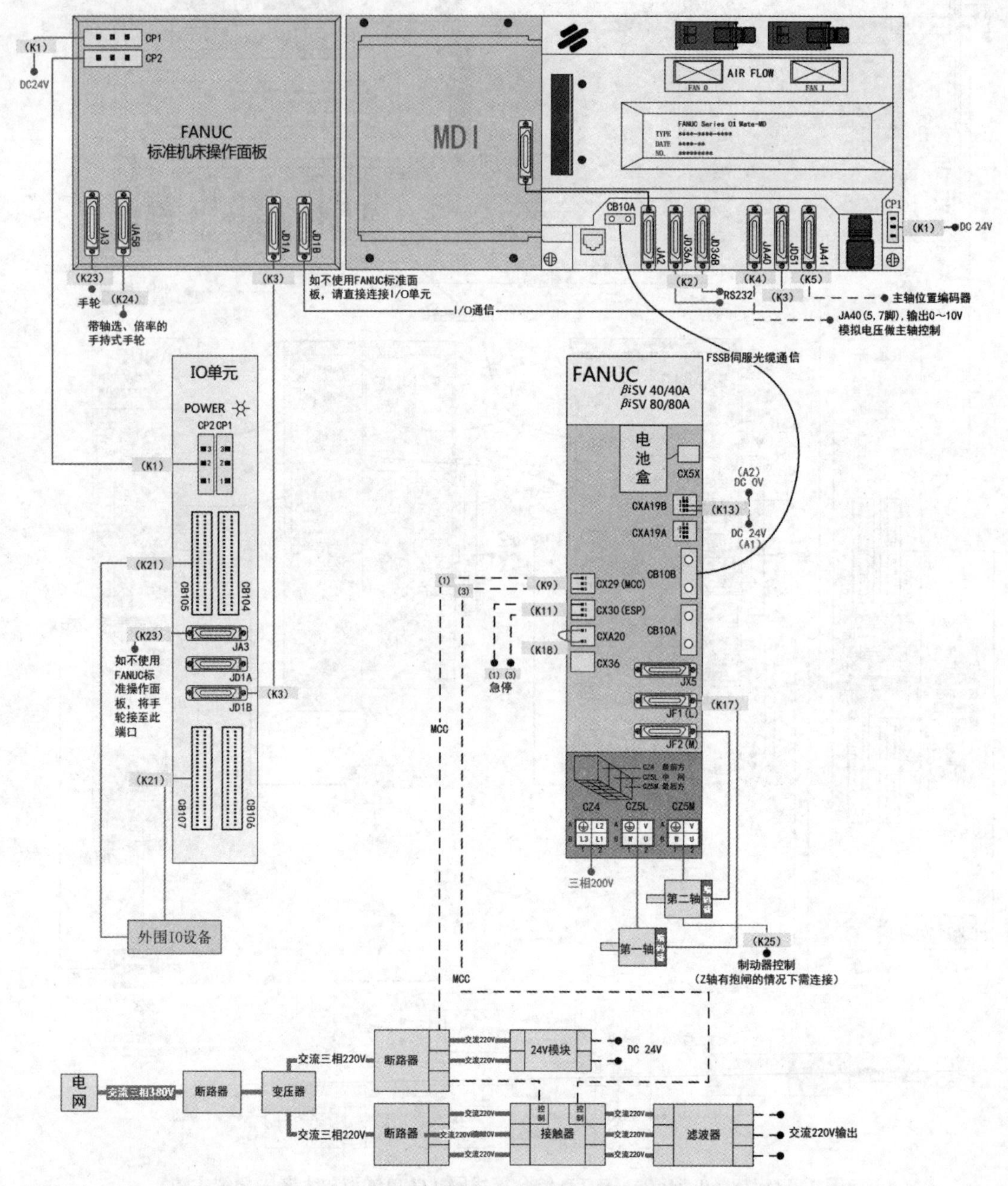

图 1－3－19　0i Mate-MD/TD 综合接线图（*βi* 双体型放大器＋模拟主轴）

任务实施

分小组按步骤进行以下操作：

（1）完成数控系统与伺服放大器之间的硬接线连接。

（2）完成数控系统与主轴变频器之间的硬接线连接。

（3）完成数控系统 I/O Link 的连接。

项目二　FANUC 数控机床电气控制系统连接与调试

项目引入

数控机床是集机、电、液、气于一体的机电一体化装备，数控机床电气控制系统是其核心，它能否可靠运行，直接关系到整个设备是否能正常运行。当电气控制系统发生故障时，应迅速诊断故障，排除事故，使其恢复正常，同时进行预防性维护，这对于提高数控设备运行效率非常重要。本项目以典型的数控机床各功能模块电气连接与调试为学习载体，分任务介绍了数控系统电源、急停电路连接与调试、数控机床冷却电路连接与调试、数控机床主传动系统的电气连接与调试、数控机床进给传动系统的电气连接与调试、数控机床自动换刀装置的电气连接与调试等。

育人目标

要求学生了解数控机床电源的特点，在实际生产中能识别电源单元的种类和规格，掌握电源、急停电路的连接与调试、冷却电路的连接与调试、主传动系统电路的连接与调试、进给传动系统电路的连接与调试、数控车床四工位刀架电路的连接与调试等，能够诊断和排除数控机床常见电气连接故障，掌握其方法和电气原理，最终培养学生从事数控机床电气装调、机床装调维修工等职业所需的素质和技能，并具备从事相关岗位的职业能力和可持续发展能力。

职业素养

数控机床的电气控制系统连接与调试对知识和技能相结合的要求较高，知识点较多，技能水平要求高，也是企业实际生产需求较为迫切的一项专业技能。通过本项目的学习和训练，解决在机床电气连接和调试中遇到的问题和困难，使学生养成认真负责的工作态度和求真务实的科学精神，引导学生在学习的过程中要有严谨的态度、精益求精的追求、与其他同学团结协作的意识，着力培养学生精益求精的大国工匠精神、科技报国的家国情怀和使命担当的民族精神。

任务一 数控系统电源、急停电路连接与调试

任务描述

在数控机床的组成部分中，开关电源将 AC220V 转为 DC24V 提供给数控系统、I/O 模块、继电器板、伺服单元、主轴驱动单元等。数控机床 CNC 电源和急停电路通常是比较容易发生故障的单元。

2.1 FANUC 数控车床的启动、停止、急停电路

任务目标

1. 能读懂数控机床电气原理图。

2. 能识别和选用元器件，核查其型号与规格是否符合电气原理图要求，进行电气元件的选用。

3. 能够通过任务要求和施工图纸选用所需的电工工具，罗列材料清单。

4. 了解电源单元的类型及其规格。

5. 能够更换电源单元熔断器。

6. 掌握数控系统电源、急停电路的连接与调试。

任务实习

一、实物参观

在教师的带领下，让学生观看数控机床相关组成的电源单元和急停操作。

二、数控机床急停操作

急停控制回路是数控机床必备的安全保护措施之一，当机床处于紧急情况时，操作人员按下机床急停控制按钮，机床瞬间停止移动。

数控装置启动急停处理时（NC 装置显示出“ESP”报警），伺服切断动力电源，数控系统停止运动指令，机床处于安全状态，最大限度地保护人身和设备安全。

当机床出现急停状态时，通常在系统页面上显示“EMG”“ALM”报警，如图 2-1-1 所示。

三、数控系统电源和急停相关电气原理图

在数控机床中，数控系统电源和急停相关电气原理图如图 2-1-2、图 2-1-3、图 2-1-4、图 2-1-5 所示。

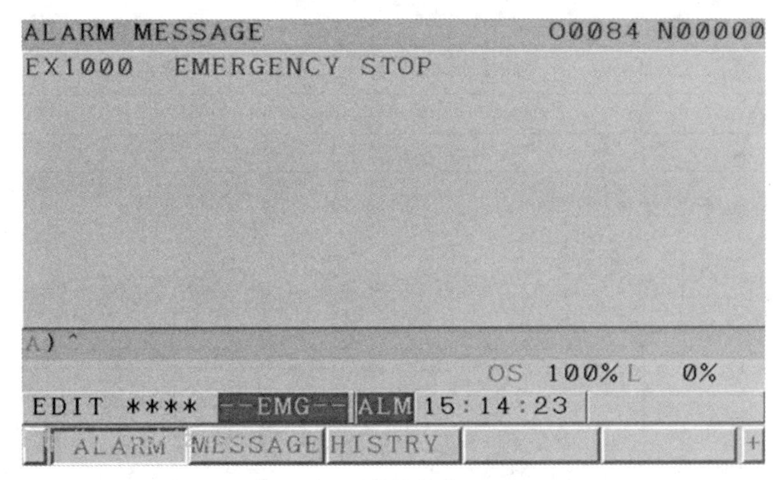

图 2－1－1　急停状态显示页面

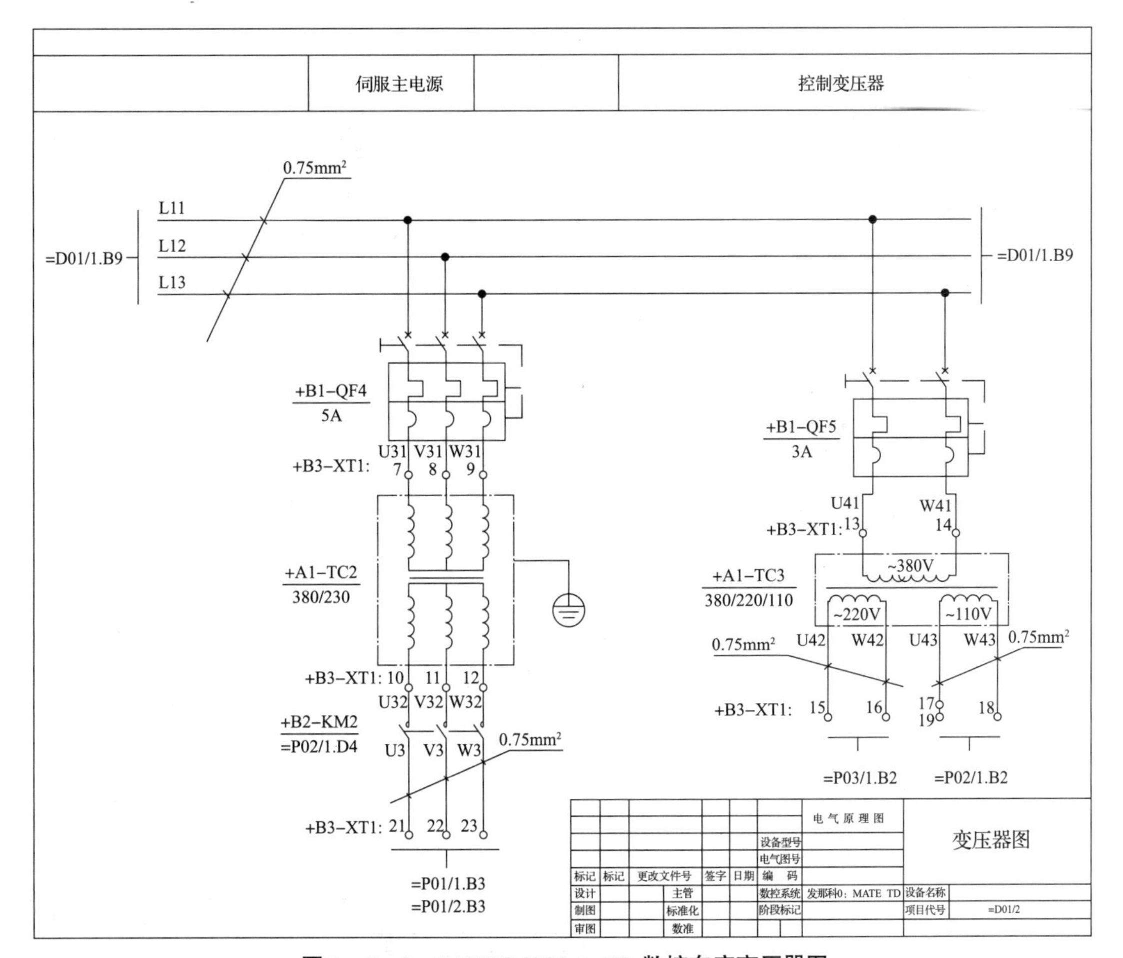

图 2－1－2　FANUC 0i Mate-TD 数控车床变压器图

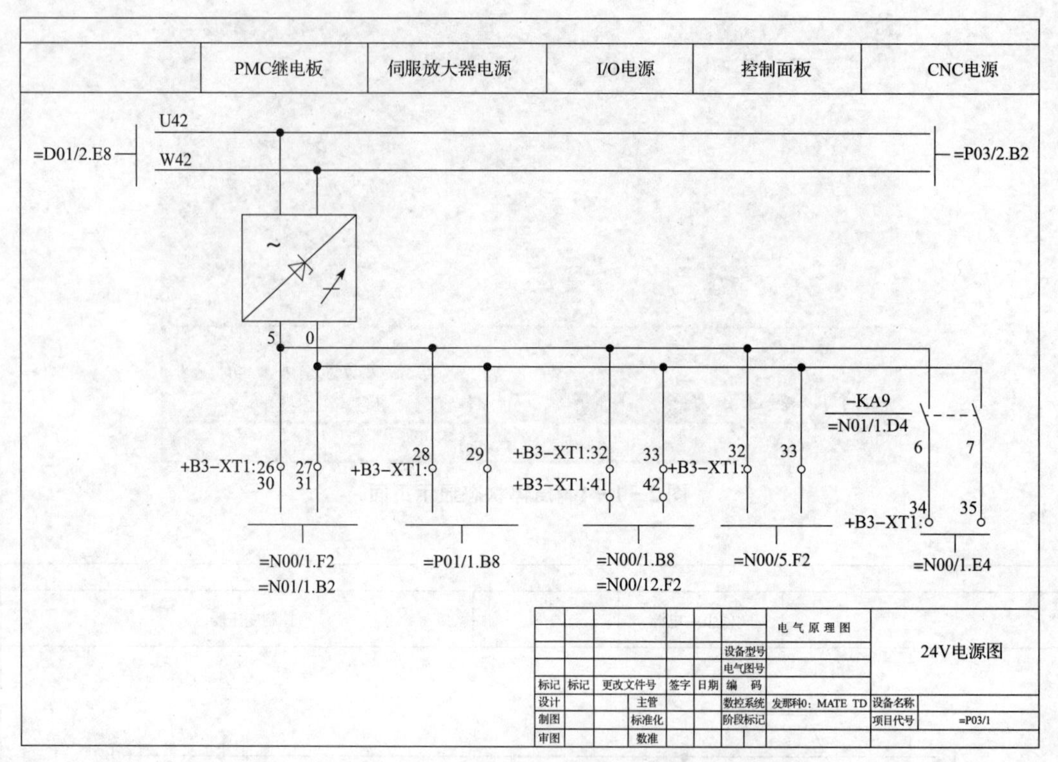

图 2-1-3　FANUC 0i Mate-TD 数控车床 24V 电源图

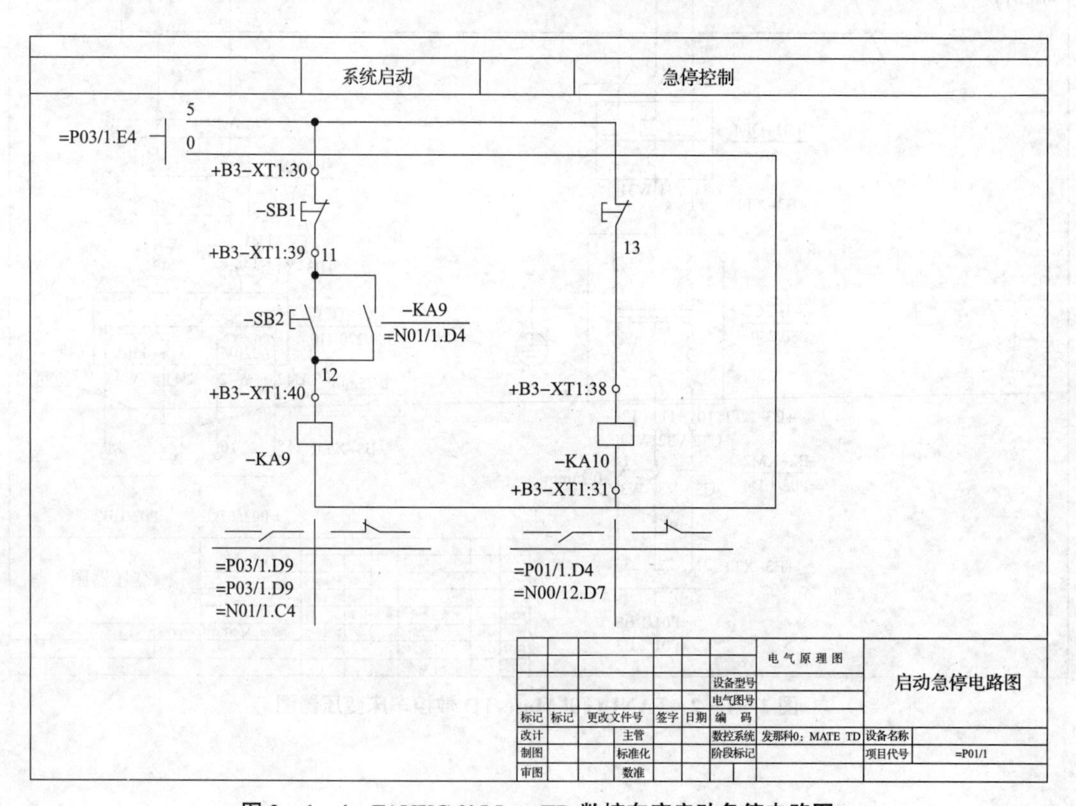

图 2-1-4　FANUC 0i Mate-TD 数控车床启动急停电路图

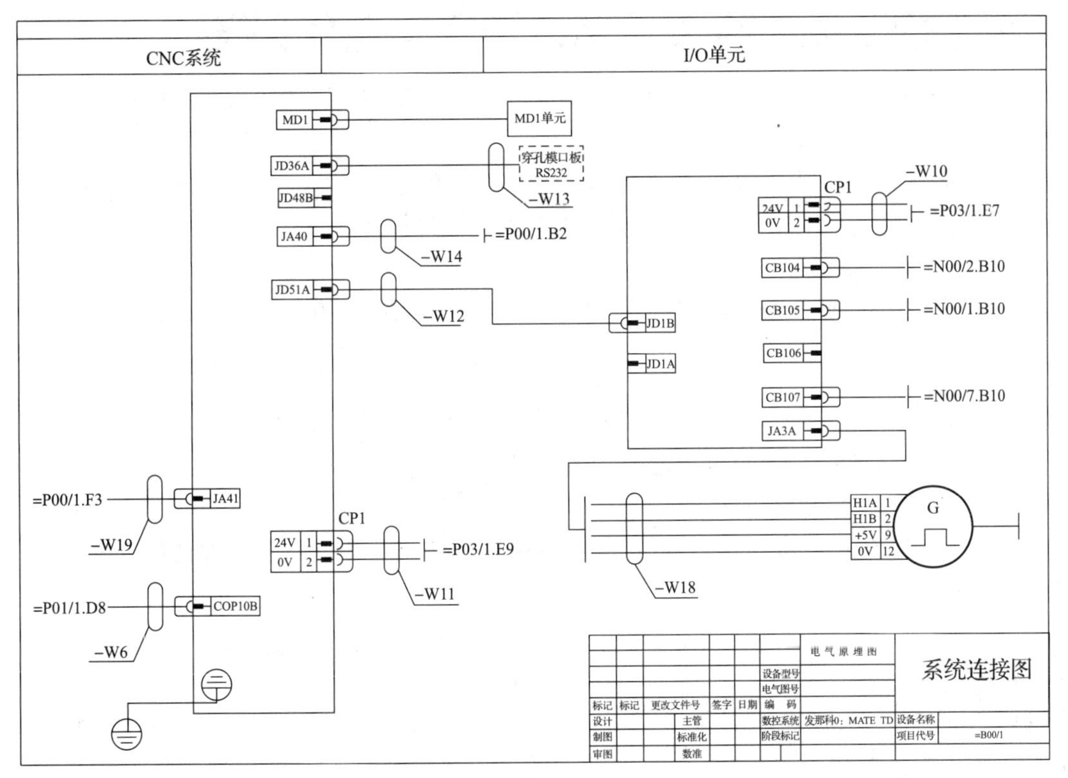

图 2-1-5 FANUC 0i Mate-TD 数控车床系统连接图

FANUC 0i Mate-TD 数控机床电源连接图如图 2-1-6 所示。

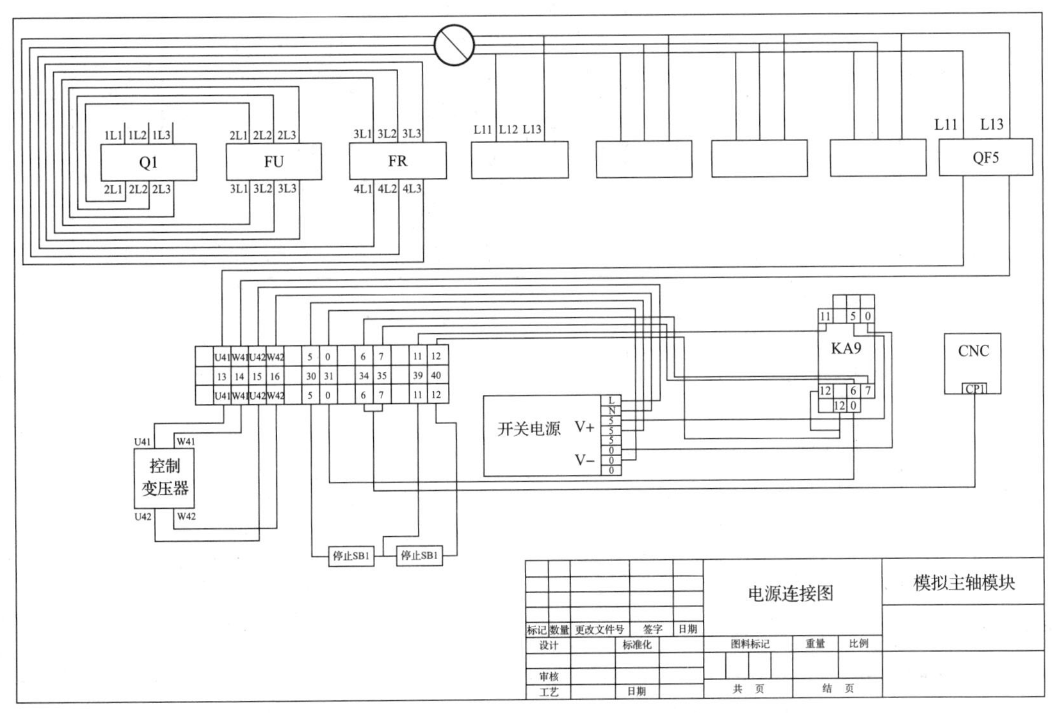

图 2-1-6 FANUC 0i Mate-TD 数控机床电源连接图

四、数控机床 CNC 电源单元不能供电的故障分析与维修方法

当数控机床 CNC 电源不能接通，电源工作指示灯不亮时，应检查是否由于以下因素造成的。

（1）电源单元的保险 F1、F2 被熔断。

这是由于输入高电压，或者电源单元本身的元器件损坏导致的。

（2）输入电压低。

请检查输入电源单元的电压，电压的容许值为 AC 200V+10%，50Hz ± 1Hz。

（3）电源单元内有元器件损坏。

任务实施

（1）读懂并理解 FANUC 0i Mate-D 数控机床电源、急停电气原理图，并绘制电气连接图；

（2）完成 FANUC 0i Mate-TD 数控机床数控系统电源、急停模块电路的电气连接。评分见表 2-1-1。

表 2-1-1　数控系统电源、急停模块电路的电气连接评分表

项目	项目配分	评分点	配分	扣分说明	得分	项目得分
电气连接	80	电气连接	60	1. 不按原理图接线每处扣 5 分； 2. 布线不进线槽、不美观，主电路、控制电路每根扣 4 分； 3. 接点松动、露铜过长、压绝缘层，标记线号不清楚、遗漏或误标，引出端无压端子每处扣 2 分； 4. 损伤导线绝缘层或线芯，每根扣 2 分； 5. 线号未标或错标每处扣 1 分。		
			20	1. 检查线路连接有错误每处扣 2 分； 2. 上电前未检测短路、虚接、断路；上电中未采用逐级上电等每项扣 5 分； 3. 首次通电前不通知现场技术人员检查扣 5 分。		
职业素养与安全	20	设备操作规范	4			
		材料利用率、接线及材料损耗率	4			
		工具、仪器、仪表使用情况	4			
		竞赛现场安全、文明情况	4			
		团队分工协作情况	4			
合计						

任务二 数控机床冷却电路连接与调试

任务描述

数控机床冷却功能在机床的切削加工中很重要，在金属切削过程中，通常加入冷却液，可以有效减缓刀具的磨损，提高工件的表面质量，带走切削中产生的大量的热量，以减小对机床加工精度的影响。

任务目标

1. 能读懂数控机床电气原理图。

2. 能识别和选用元器件，核查其型号与规格是否符合电气原理图要求，进行电气元器件的选用。

3. 能够通过任务要求和施工图样选用所需的电工工具，罗列材料清单。

4. 掌握数控机床冷却电路的连接与调试。

任务实习

一、实物参观

在教师的带领下，进行 FANUC 数控机床冷却功能的开、关演示，并由教师简单介绍其电气控制原理，如图 2－2－1 所示。

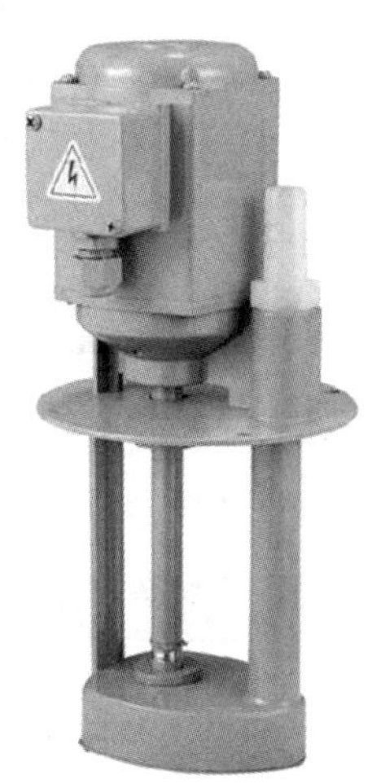

图 2－2－1　数控机床加工和冷却泵

二、数控加工中冷却液的作用

数控机床的车削加工是金属加工中最常见、应用最广泛的加工方式。切削液的使用对金属切削加工起着重要的作用。在金属切削过程中，刀具与工件、刀具与切屑的界面间产生很大的摩擦，使切削力、切削热和工件变形增加，导致刀具磨损，同时也影响工件已加工表面的质量。切削液的作用主要体现在以下四个方面：

（1）切削液具有冷却作用。

由于切削液自身的冷却能力，其直接冷却作用不但可以降低切削温度，减少刀具磨损，延长刀具寿命，而且还可以防止工件热膨胀，减小对加工精度的影响，以及冷却已加工表面、抑制热变质层的产生。

（2）切削液具有润滑作用。

切削液的润滑作用是指减小前刀面与切屑、后刀面与工件表面之间的摩擦、磨损及熔着、粘附的能力。在一定条件下，使用一定的切削液，可以减小刀具前、后面的摩擦，因而能增加刀具寿命，并获得较好的表面质量，更重要的是减少积屑瘤（即刀瘤）。

（3）切削液具有清洗作用。

在切削过程中产生细碎的切屑、金属粉末及砂轮的砂粒粉末（加工铸铁、珩磨、精磨时特别多）粘附在刀具、二件加工表面和机床的运动部件之间，从而造成机械擦伤和磨损，导致工件表面质量变坏，刀具寿命和机床精度降低。因此，要求切削液具有良好的清洗作用，在使用时往往给予一定的压力，以提高冲刷能力，及时将细碎切屑、砂粒、粘结剂的粉末冲走。

（4）切削液具有防锈作用。

在机床加工过程中，工件和机床容易受周围介质（如水分、氧气、手汗、酸性物质及空气中的灰尘等）侵袭而产生锈蚀。在高温、高湿季节或潮湿地区，锈蚀尤为突出。同时根据我国加工的金属制件在车间里周转时间长的现状，必须要求切削液本身不但对机床、刀具和工件不产生锈蚀，而且对金属制品应具有良好的防锈性能。

切削液良好的综合性能在数控车床的金属切削中发挥着巨大的作用。合理地选用切削液可以延长刀具寿命，保证和提高加工精度，防止工件和机床腐蚀或生锈，提高切削加工效率，降低能耗和生产成本。

三、数控机床冷却功能相关电气原理图

FANUC 0i Mate-TD 数控机床冷却主电路如图 2-2-2 所示。FANUC 0i Mate-TD 数控机床冷却控制电路及 PLC 信号如图 2-2-3 所示。

四、数控机床冷却功能相关电气连接图

FANUC 0i Mate-TD 数控机床冷却功能连接图如图 2-2-4 所示。

任务实施

（1）读懂并理解 FANUC 0i Mate-TD 数控机床冷却电气原理图，并绘制电气连接图。

（2）完成 FANUC 0i Mate-TD 数控机床冷却功能模块电路的电气连接，评分见表 2-2-1。

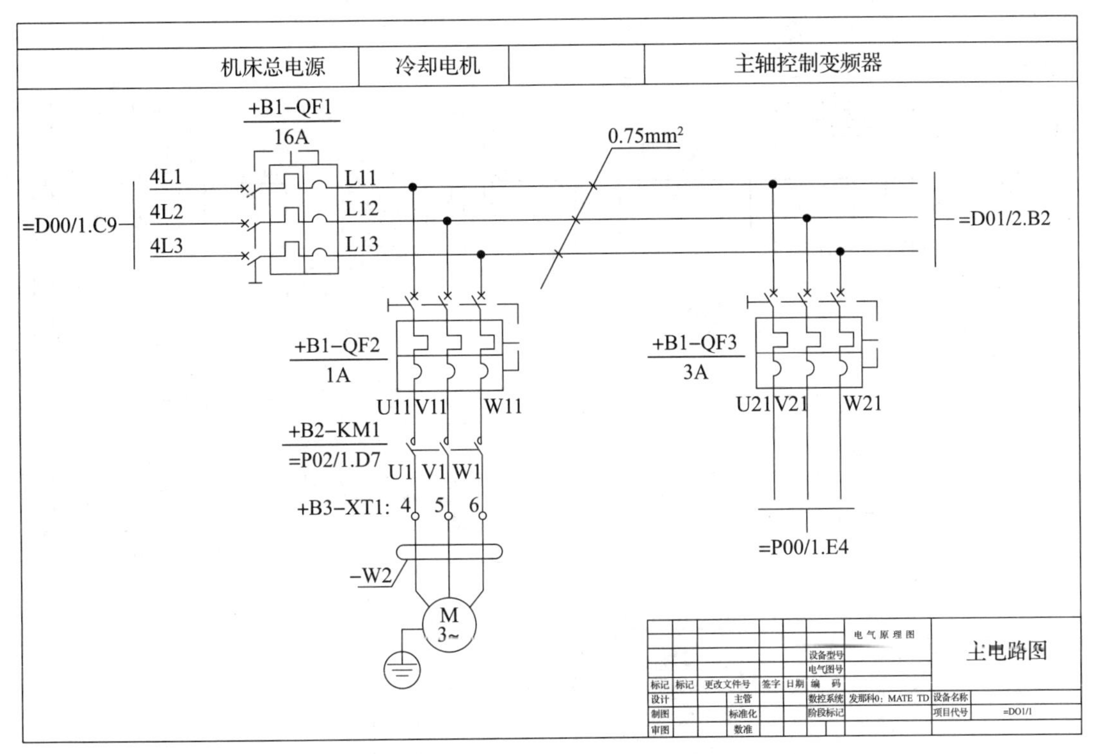

图 2-2-2 FANUC 0i Mate-TD 数控机床冷却主电路

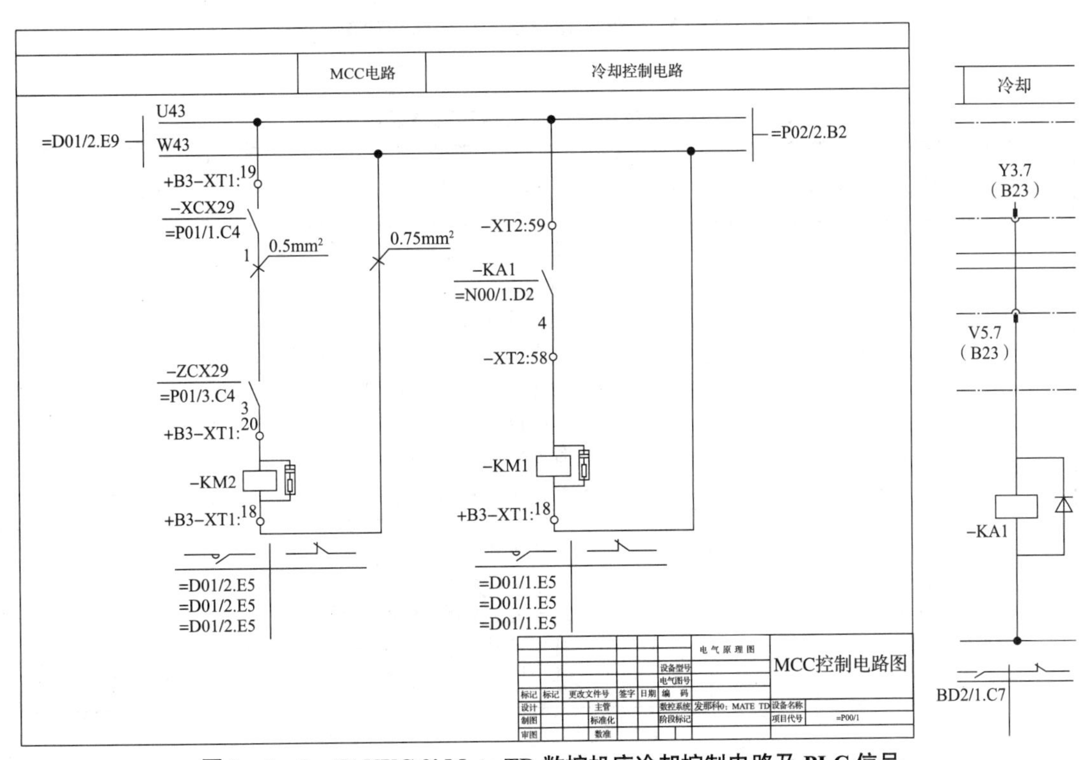

图 2-2-3 FANUC 0i Mate-TD 数控机床冷却控制电路及 PLC 信号

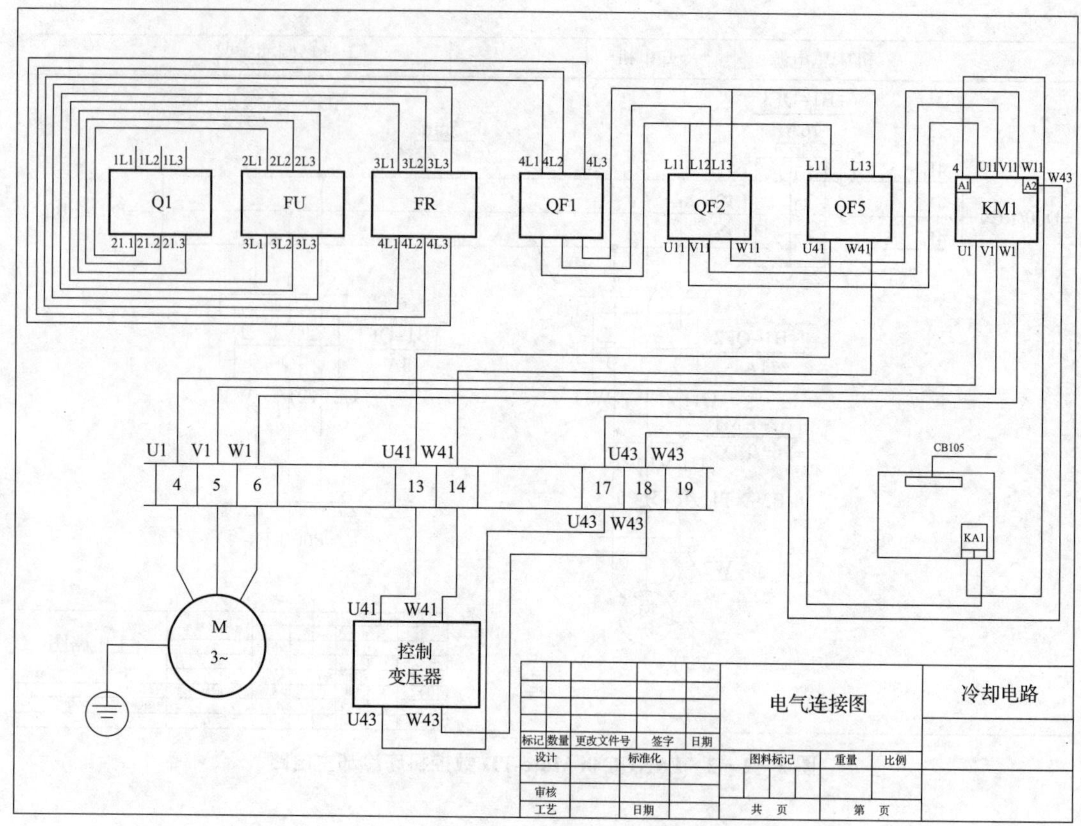

图 2-2-4 FANUC 0i Mate-TD 数控机床冷却功能连接图

表 2-2-1 数控机床冷却电路的电气连接评分表

项目	项目配分	评分点	配分	扣分说明	得分	项目得分
电气连接	80	电气连接	60	1. 不按原理图接线每处扣 5 分； 2. 布线不进线槽、不美观，主电路、控制电路每根扣 4 分； 3. 接点松动、露铜过长、压绝缘层，标记线号不清楚、遗漏或误标，引出端无压端子每处扣 2 分； 4. 损伤导线绝缘层或线芯，每根扣 2 分； 5. 线号未标或错标每处扣 1 分。		
			20	1. 检查线路连接有错误每处扣 2 分； 2. 上电前未检测短路、虚接、断路；上电中未采用逐级上电等每项扣 5 分； 3. 首次通电前不通知现场技术人员检查扣 5 分。		

续表

项目	项目配分	评分点	配分	扣分说明	得分	项目得分
职业素养与安全	20	设备操作规范	4			
		材料利用率、接线及材料损耗率	4			
		工具、仪器、仪表使用情况	4			
		竞赛现场安全、文明情况	4			
		团队分工协作情况	4			
合计						

任务三 数控机床主传动系统的电气连接与调试

任务描述

主轴驱动系统用于控制机床主轴的旋转运动，为机床主轴提供驱动功率和切削力。主轴驱动系统是一个速度控制系统，需要关心的是其是否有足够大的功率、足够宽的恒功率调节范围及速度调节范围。

FANUC 0i Mate 系统主轴控制可分为主轴串行输出和主轴模拟输出。用模拟量控制的主轴驱动单元（如变频器）和电动机称为模拟主轴，主轴模拟输出接口只能控制一个模拟主轴。按串行方式传送数据（CNC 给主轴电动机的指令）的接口称为串行输出接口，主轴串行输出接口能够控制两个串行主轴，必须使用 FANUC 的主轴驱动单元和电动机。

通过对数控机床主传动系统的电气连接与调试，理解数控机床的电气控制原理，有助于对数控机床主传动系统的常见故障进行诊断与排除。

任务目标

1. 能读懂数控机床电气原理图。

2. 能识别和选用元器件，核查其型号与规格是否符合电气原理图要求，进行电气元器件的选用。

3. 能够通过任务要求和施工图样选用所需的电工工具，罗列材料清单。

4. 掌握数控机床主传动系统电路的连接与调试。

任务实习

一、实物参观

在教师的带领下，让学生到数控机床拆装实训室或者数控系统综合实训室，进行FANUC 数控机床主传动系统电气系统的认识，其主轴相关组件如图 2-3-1 所示。

图 2-3-1　主轴相关组件

二、FANUC 数控机床主轴速度控制原理

（1）模拟主轴速度控制。

在数控机床主轴驱动系统中，采用变频调速技术调节主轴的转速，该技术具有高效率、宽范围、高精度的特点，变频器被广泛应用于交流电机的调速中。

三相异步电动机感应电动机的转子转速的公式为：

$$n=60f_1(1-s)/p$$

式中：f_1：定子供电频率（电源频率），单位为 Hz；

p：电动机定子绕组极对数；

s：转差率。

从上式可看出，电动机转速与频率近似成正比，改变频率可以平滑地调节电动机转速。

（2）改变电动机转速的方法。

1）改变极对数 p，电动机的转速可有级变速；

2）改变转差率 s；

3）改变频率 f_1。

在数控机床中，交流电动机的调速常采用变频调速的方式，其频率的调节范围是很宽的，可在 0 ～ 400Hz（甚至更高频率）之间任意调节，因此主轴电动机转速可以在较宽的范围内调节。在模拟主轴输出有效的情况下，数控机床只可以使用主轴转速指令控制和基于 PMC 的主轴速度指令控制。

三、变频主轴的电气连调

变频主轴接线图如图 2-3-2 所示。

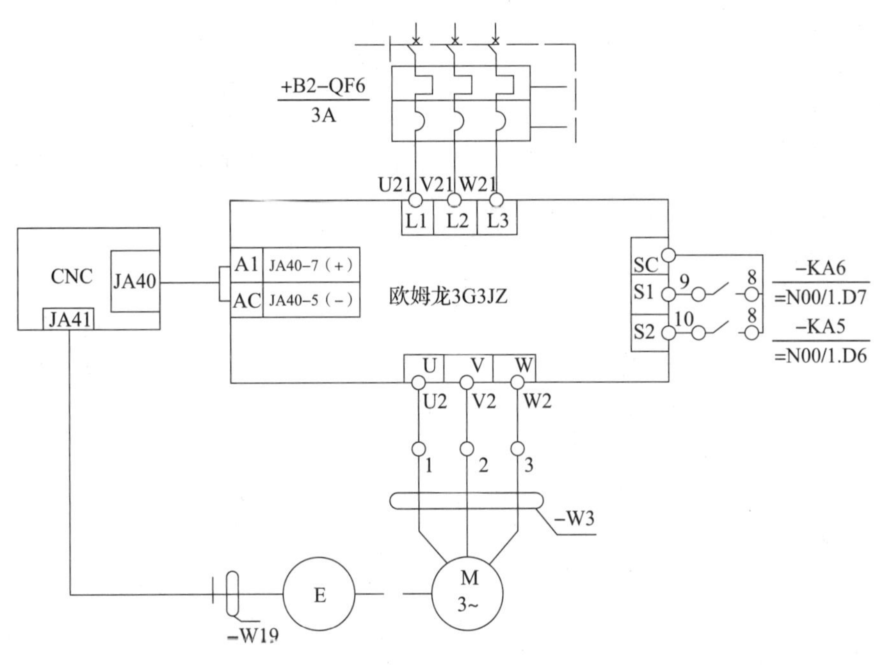

图 2–3–2　变频主轴接线图

三相 380V 交流电压通过断路器 QF6 接到变频器的电源输入端 L1、L2、L3 上，变频器的输出电压 U、V、W 接到主轴电动机 M 上。QF6 是电源总开关，且具有短路和过载保护的作用。正反转控制通过 S1、S2、SC 端实现，当 S1 和 SC 之间连通时，变频器做正向运转；当 S2 和 SC 之间连通时，变频器做反向运转。A1、AC 连接到数控系统的模拟量主轴的速度信号接口 JA40，CNC 输出的速度信号（0 ～ 10V）与变频器的模拟量频率设定端 A1、AC 连接，控制主轴电动机的运行速度。主轴位置编码器信号接口 JA41 连接主轴的编码器，将主轴的转速反馈给数控系统，实现主轴模块与 CNC 系统的信息传递。

四、串行主轴的电气连调

不同数控系统的串行数字控制的主轴驱动装置是不同的，下面以 FANUC 公司系列产品为例，说明主轴驱动装置的功能连接、设定及调整。

图 2–3–3 为 α 系列主轴模块的连接电路，三相动力电源通过伺服变压器（将 AV380V 转换成 AC200V）输送到电源模块的控制电路输入端、电源模块主电路的输入端以及作为主轴电动机的风扇电源。JY2 连接到内装了 A、B 相脉冲发生器的主轴电动机，JY2 作为主轴电动机的速度反馈及主轴电动机过热检测信号接口。JY4 连接到主轴的独立编码器，实现主轴位置及速度的控制，完成数控机床的主轴与进给的同步控制及主轴的准停控制等。CX4 连接到数控机床操作面板的系统急停开关，实现硬件系统急停信号的控制。

五、FANUC 0i Mate-TD 数控车床模拟主轴电气原理图

FANUC 0i Mate-TD 数控系统连接如图 2–3–4 所示，FANUC 0i Mate-TD 数控系统主轴电路图如图 2–3–5 所示。

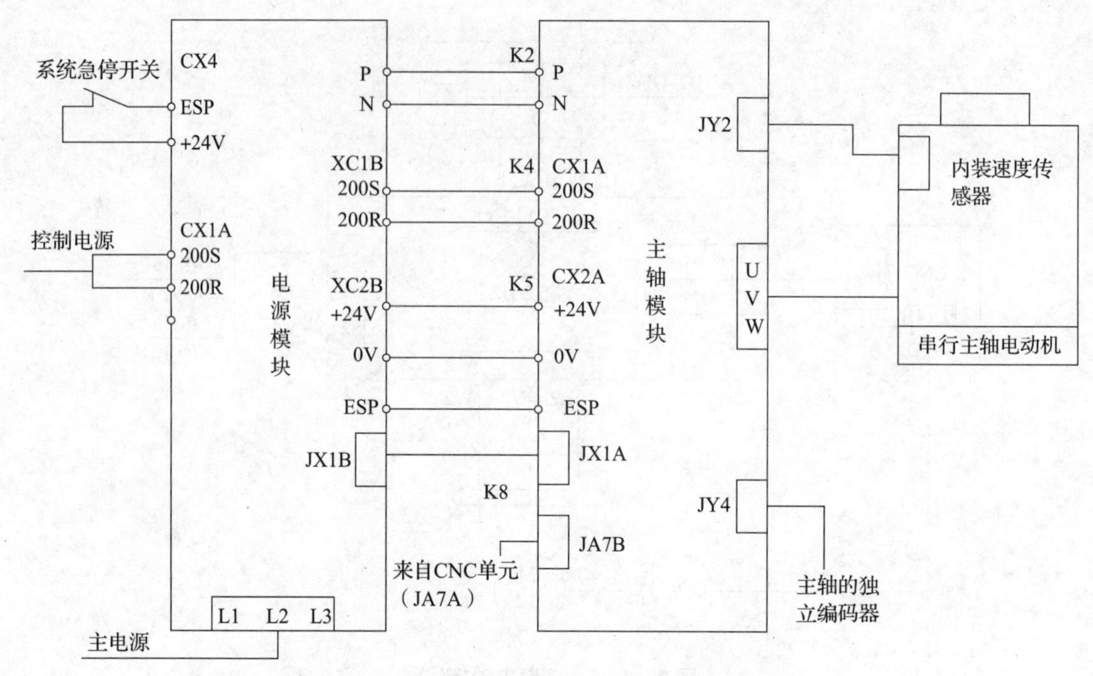

图 2-3-3　FANUC 系统 α 系列主轴模块的连接电路

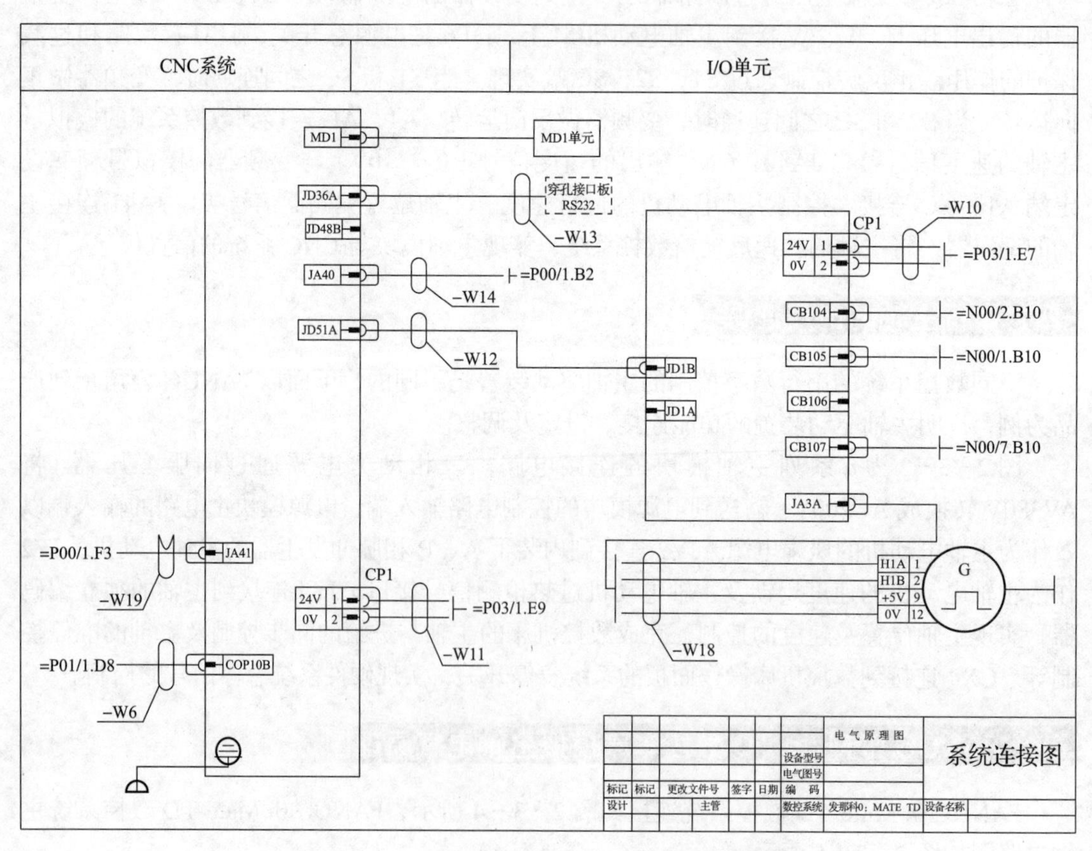

图 2-3-4　FANUC 0i Mate-TD 数控系统连接图

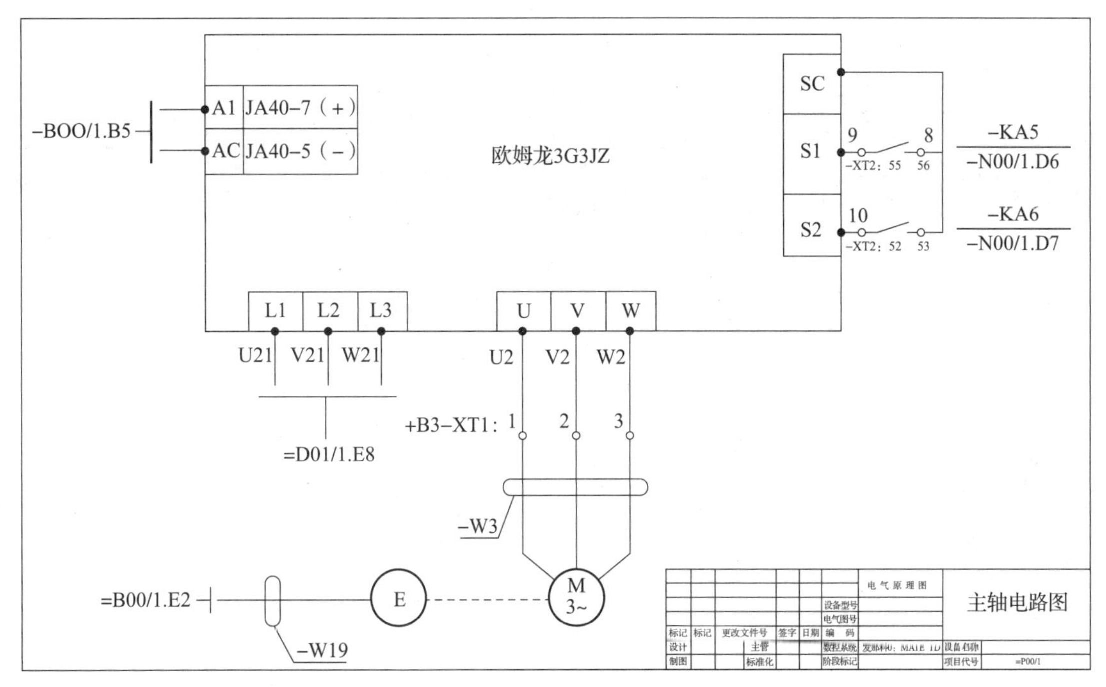

图 2–3–5　FANUC 0i Mate-TD 数控系统主轴电路图

六、FANUC 0i Mate-TD 数控系统模拟主轴电气连接图

FANUC 0i Mate-TD 数控系统连接示意图如图 2–3–6 所示。FANUC 0i Mate-TD 数控系统模拟主轴电气连接图如图 2–3–7 所示。

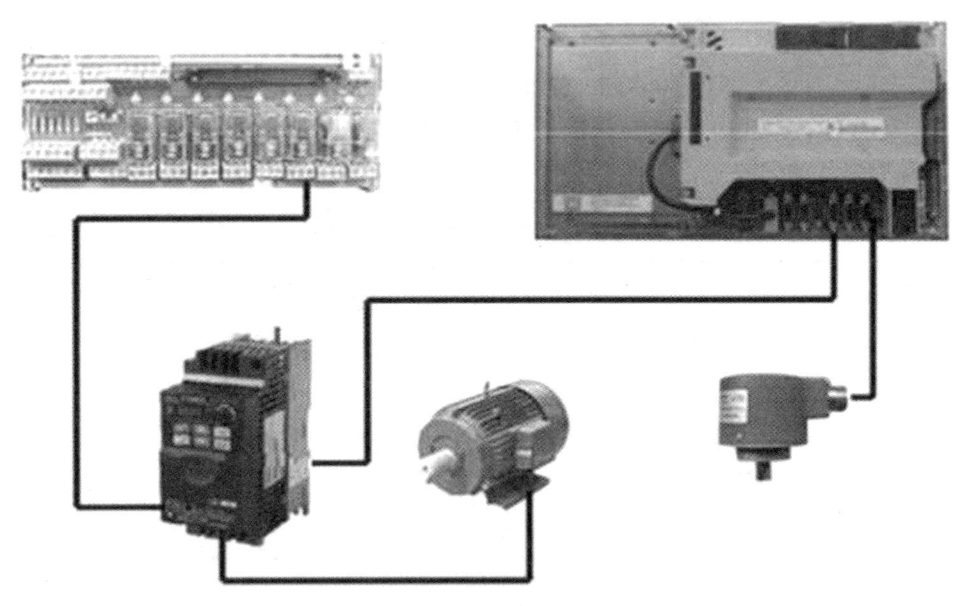

图 2–3–6　FANUC 0i Mate-TD 数控系统连接示意图

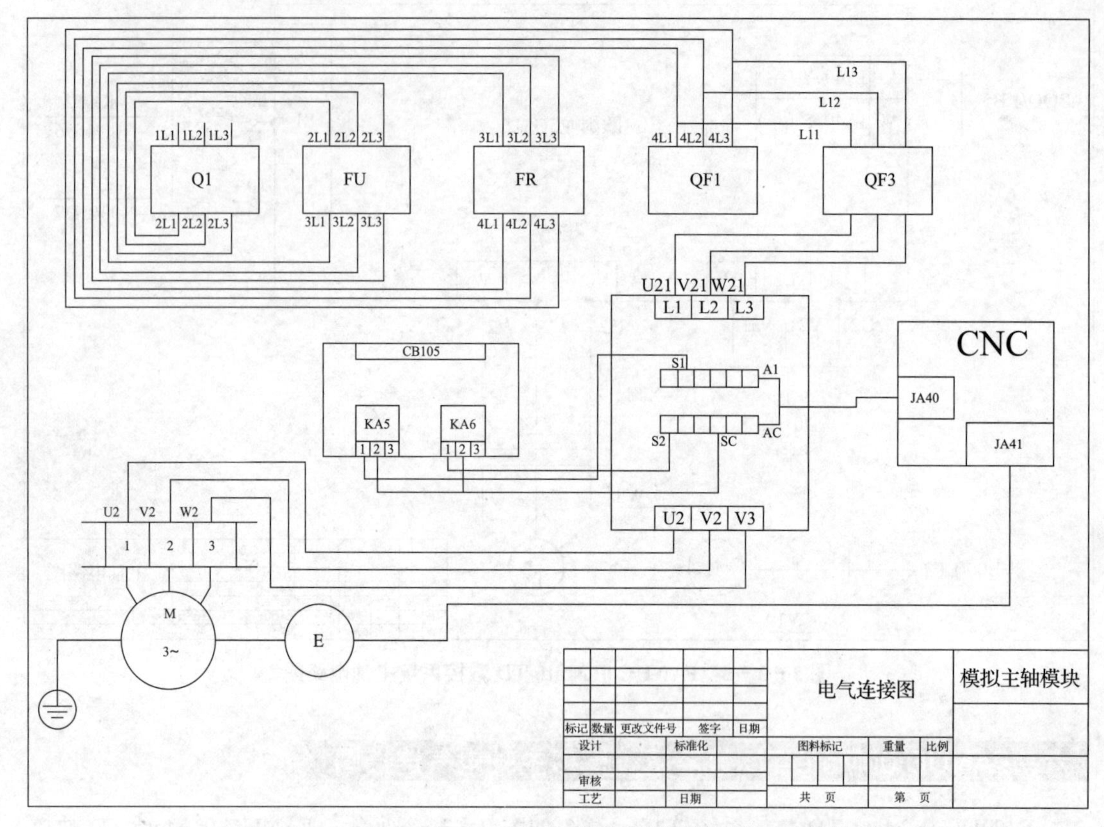

图 2－3－7　FANUC 0i Mate-TD 数控系统模拟主轴电气连接图

任务实施

（1）读懂并理解 FANUC 0i Mate-TD 数控机床主轴电气原理图，并绘制电气连接图。

（2）完成 FANUC 0i Mate-TD 数控系统主轴功能模块电路的电气连接。

1）按照电气原理图完成变频主轴的连接，评分见表 2－3－1。

表 2－3－1　变频主轴的连接评分表

项目	项目配分	评分点	配分	扣分说明	得分	项目得分
电气连接	40	电气连接	20	1. 不按原理图接线每处扣 5 分； 2. 布线不进线槽、不美观，主电路、控制电路每根扣 4 分； 3. 接点松动、露铜过长、压绝缘层，标记线号不清楚、遗漏或误标，引出端无压端子每处扣 2 分； 4. 损伤导线绝缘层或线芯，每根扣 2 分； 5. 线号未标或错标每处扣 1 分。		
			20	1. 检查线路连接有错误每处扣 2 分； 2. 上电前未检测短路、虚接、断路；上电中未采用逐级上电等每项扣 5 分； 3. 首次通电前不通知现场技术人员检查扣 5 分。		

续表

项目	项目配分	评分点	配分	扣分说明	得分	项目得分
功能验证	40	功能实现	40	1. 手动方式下，实现主轴正转功能，未实现扣 10 分； 2. 手动方式下，实现主轴反转功能，未实现扣 10 分； 3. MDI 方式下，实现主轴正转功能，未实现扣 10 分； 4. MDI 方式下，实现主轴反转功能，未实现扣 10 分。		
职业素养与安全	20	操作规范	4			
		材料利用率	4			
		工具使用情况	4			
		现场安全、文明情况	4			
		团队分工协作情况	4			
合计						

2）设置变频器参数。

需要设置的参数见表 2－3－2。

表 2－3－2　变频器参数设置

参数号	一般设定值	说明
N2.00	2	频率指令输入 A1 端子有效
N2.01	2	控制回路端子（2 线和 3 线）
N1.09	0.5	加速时间
N1.10	0.5	减速时间

3）试运行。

在 MDI 方式下输入 M03 S1000，按循环启动键，电动机运转，如图 2－3－8 所示。

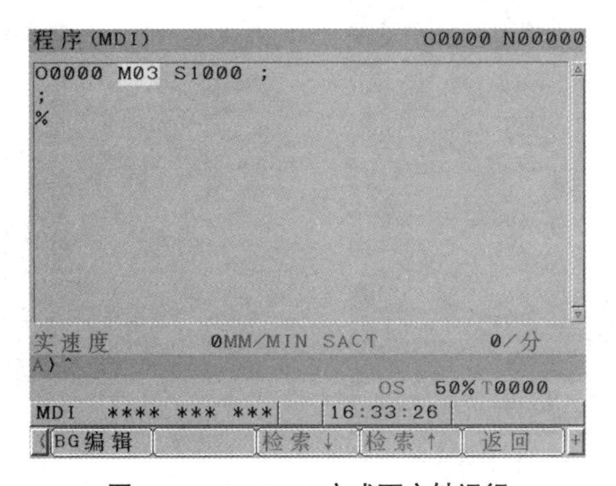

图 2－3－8　MDI 方式下主轴运行

任务四 数控机床进给传动系统的电气连接与调试

任务描述

2.4 FANUC-0i-mate-MD 伺服轴电路

通过对 FANUC 数控机床进给传动系统电气连接与调试的学习，了解伺服驱动单元、伺服电动机与编码器的特点，能够完成伺服驱动单元的连接与更换，并能从原理上理解和掌握数控机床进给传动系统电气控制。

任务目标

1. 能读懂数控机床电气原理图。

2. 能识别和选用元器件，核查其型号与规格是否符合电气原理图要求，进行电气元器件的选用。

3. 能够通过任务要求和施工图样选用所需的电工工具，罗列材料清单。

4. 掌握数控机床进给传动系统电路的连接与调试。

5. 能解决数控机床维修过程中与进给传动相关的电气故障。

任务实习

一、实物参观

在教师的带领下，让学生到数控系统综合实训室，进行 FANUC 0i Mate-D 数控机床进给传动系统电气控制回路的连接观察，进给伺服放大器连接如图 2-4-1 所示，*βi* SV20 伺服放大器如图 2-4-2 所示。

图 2-4-1　进给伺服放大器连接

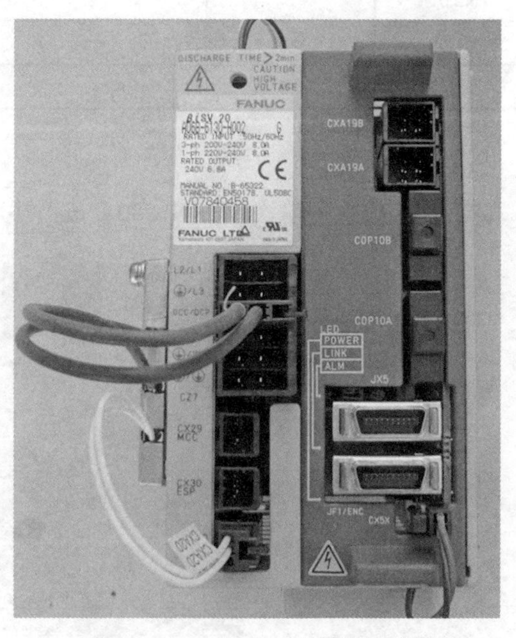

图 2-4-2　*βi* SV20 伺服放大器

二、FANUC 0i Mate-TD 数控车床伺服进给系统相关电气原理图

FANUC 0i Mate-TD 数控车床伺服进给系统相关电气原理图，如图 2-4-3～图 2-4-9 所示。

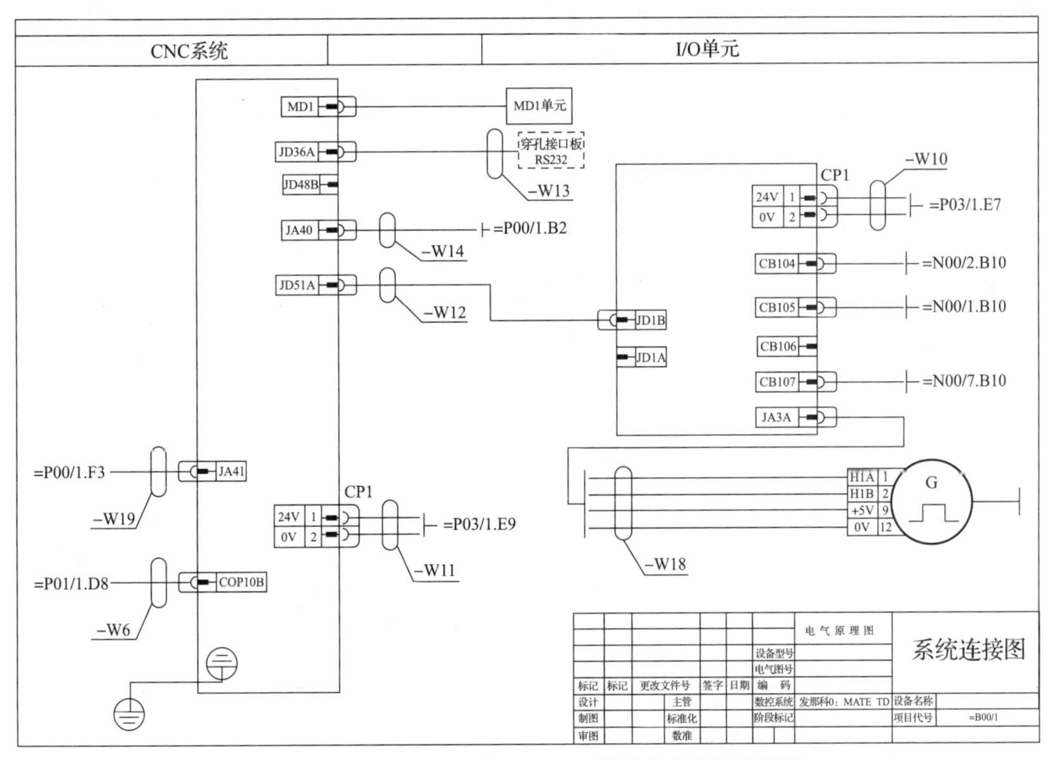

图 2-4-3 FANUC 0i Mate-TD 数控车床系统连接图

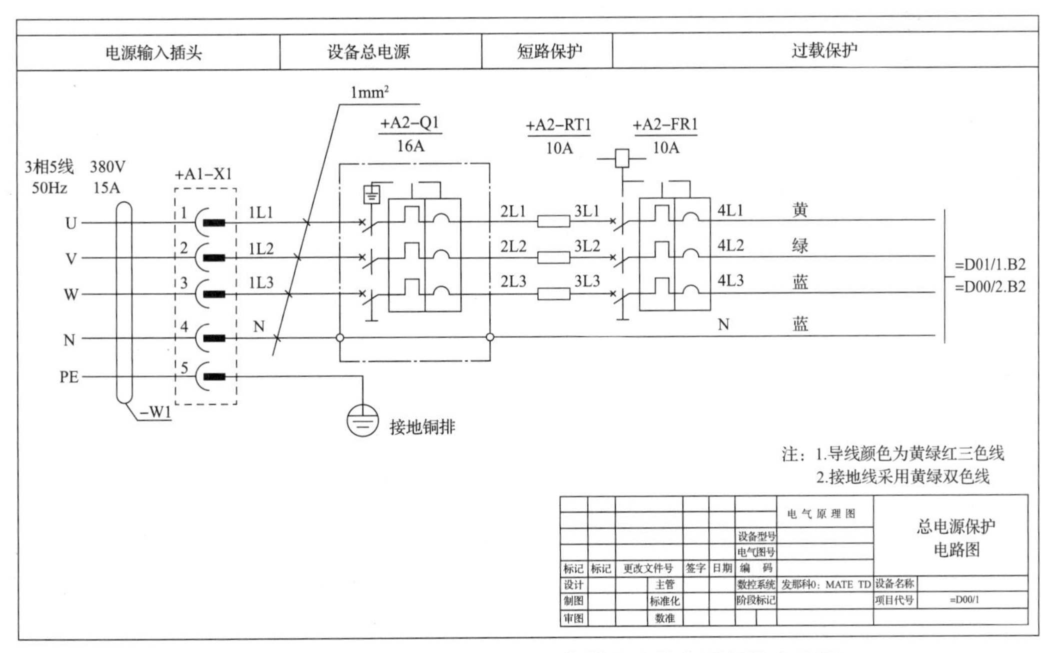

图 2-4-4 FANUC 0i Mate-TD 数控车床总电源保护电路图

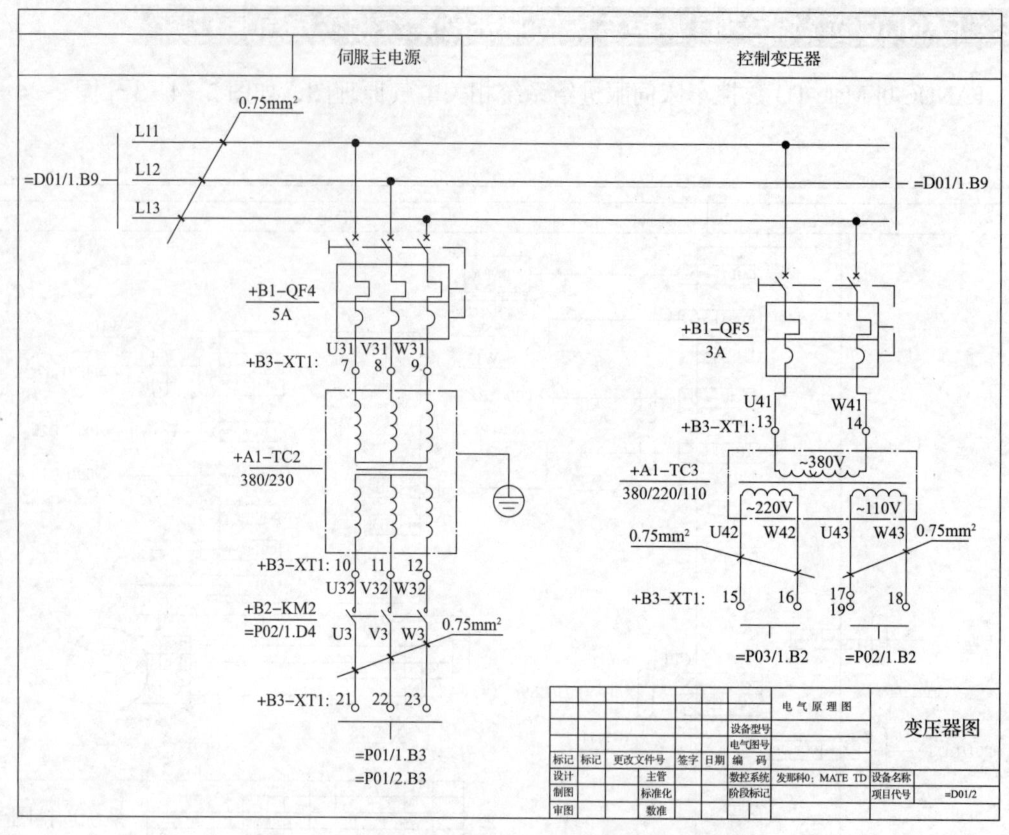

图 2－4－5　FANUC 0i Mate-TD 数控车床变压器图

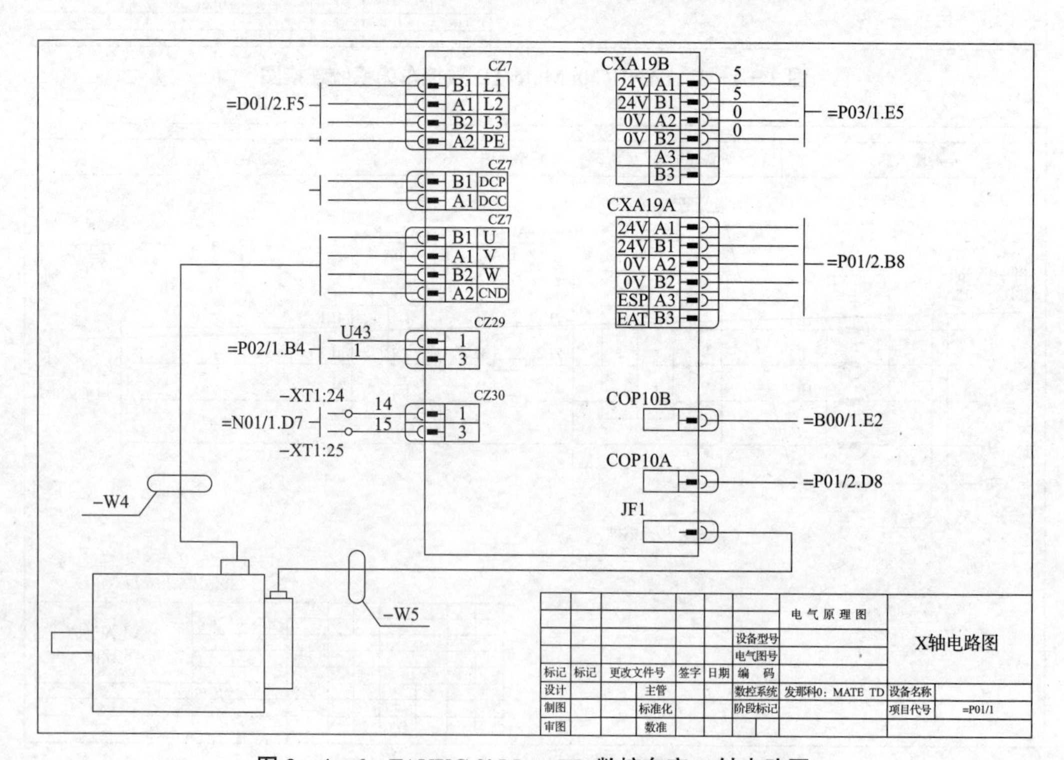

图 2－4－6　FANUC 0i Mate-TD 数控车床 X 轴电路图

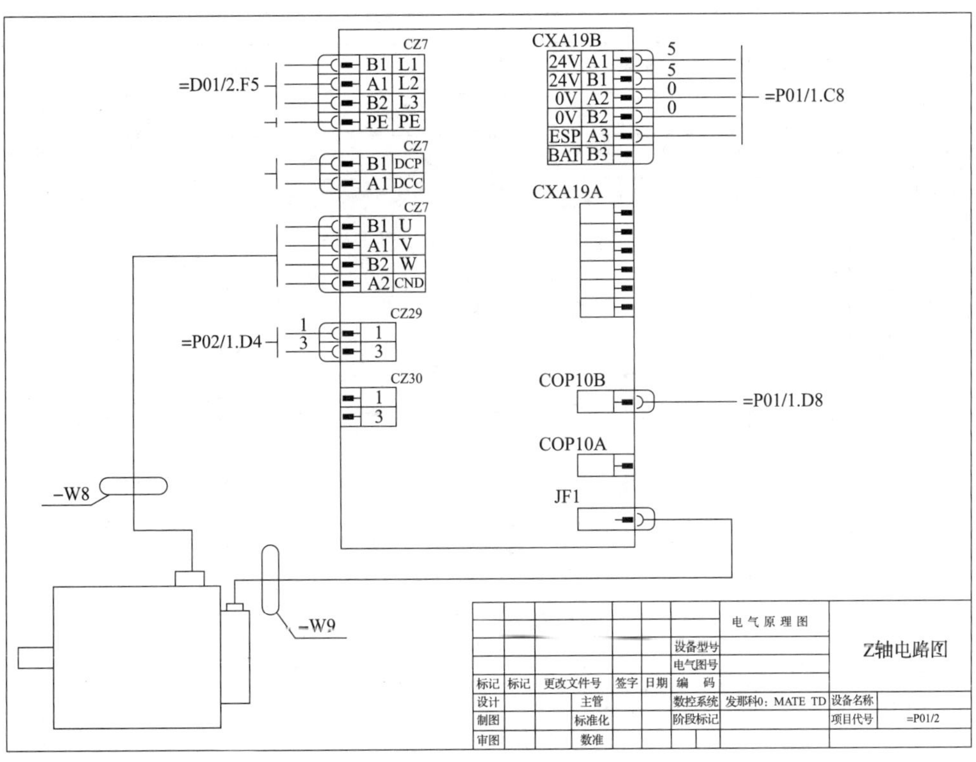

图 2－4－7　FANUC 0i Mate-TD 数控车床 Z 轴电路图

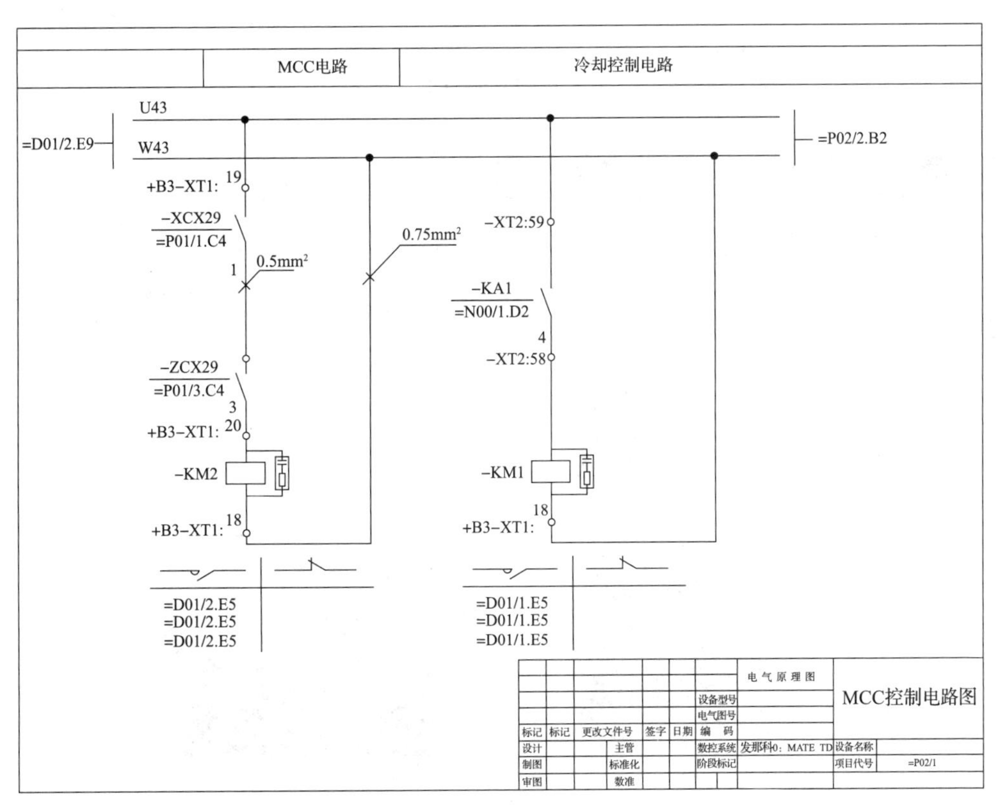

图 2－4－8　FANUC 0i Mate-TD 数控车床 MCC 控制电路图

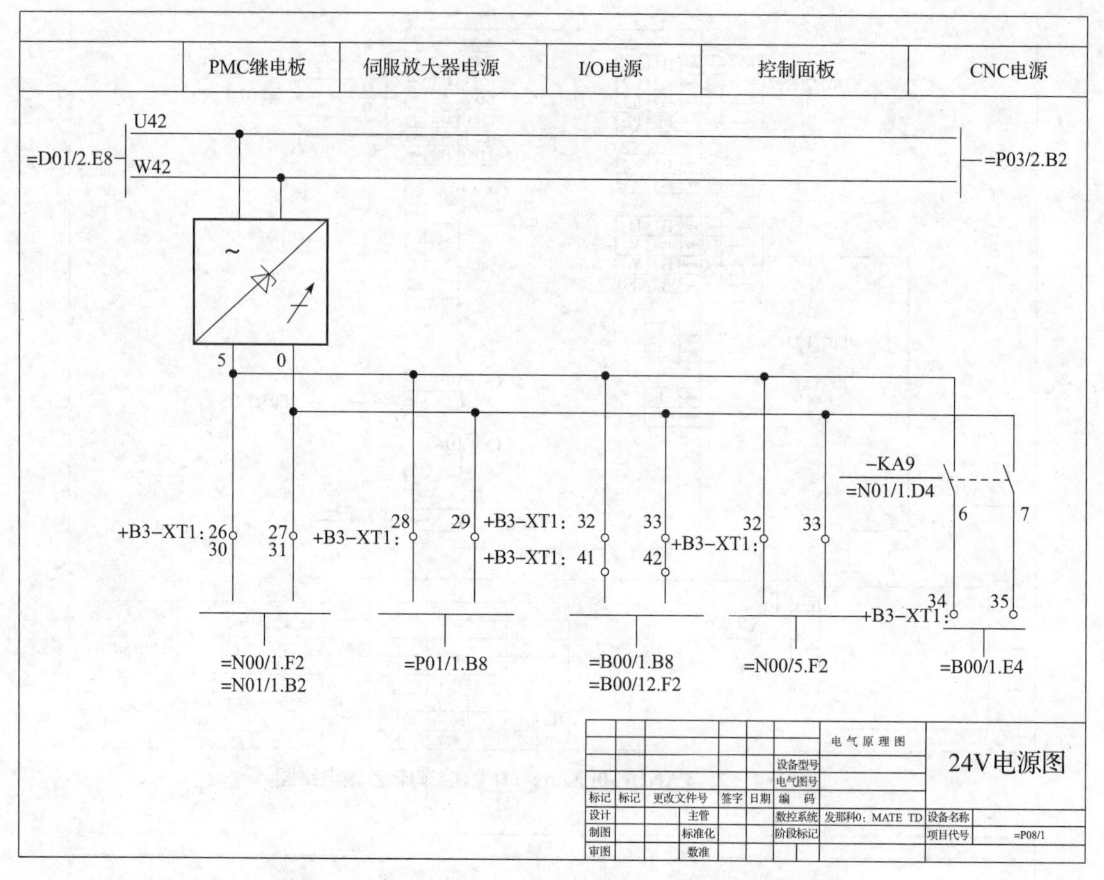

图 2-4-9　FANUC 0i Mate-TD 数控车床 24V 电源图

三、FANUC 0i Mate-TD 数控车床伺服进给系统相关电气连接

（1）系统、X 轴放大器、Z 轴放大器的 FSSB 总线的连接如图 1-3-3 所示。

（2）伺服放大器需要连接的电缆包含伺服电动机动力电缆、伺服电动机反馈电缆，如图 2-4-10 所示。

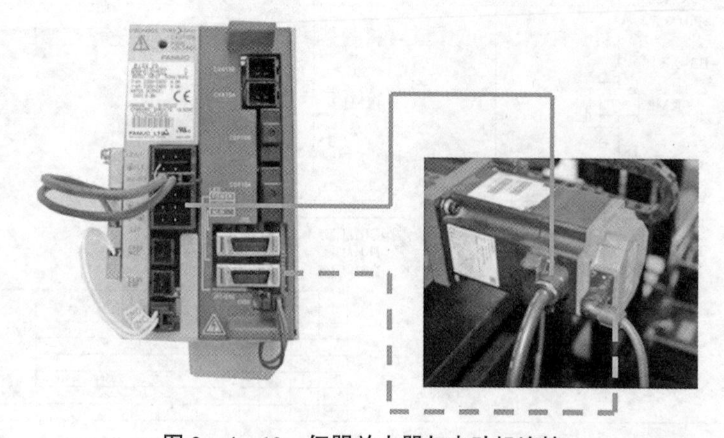

图 2-4-10　伺服放大器与电动机连接

（3）FANUC 0i Mate-TD 数控车床进给伺服模块电气连接图如图 2－4－11 所示。

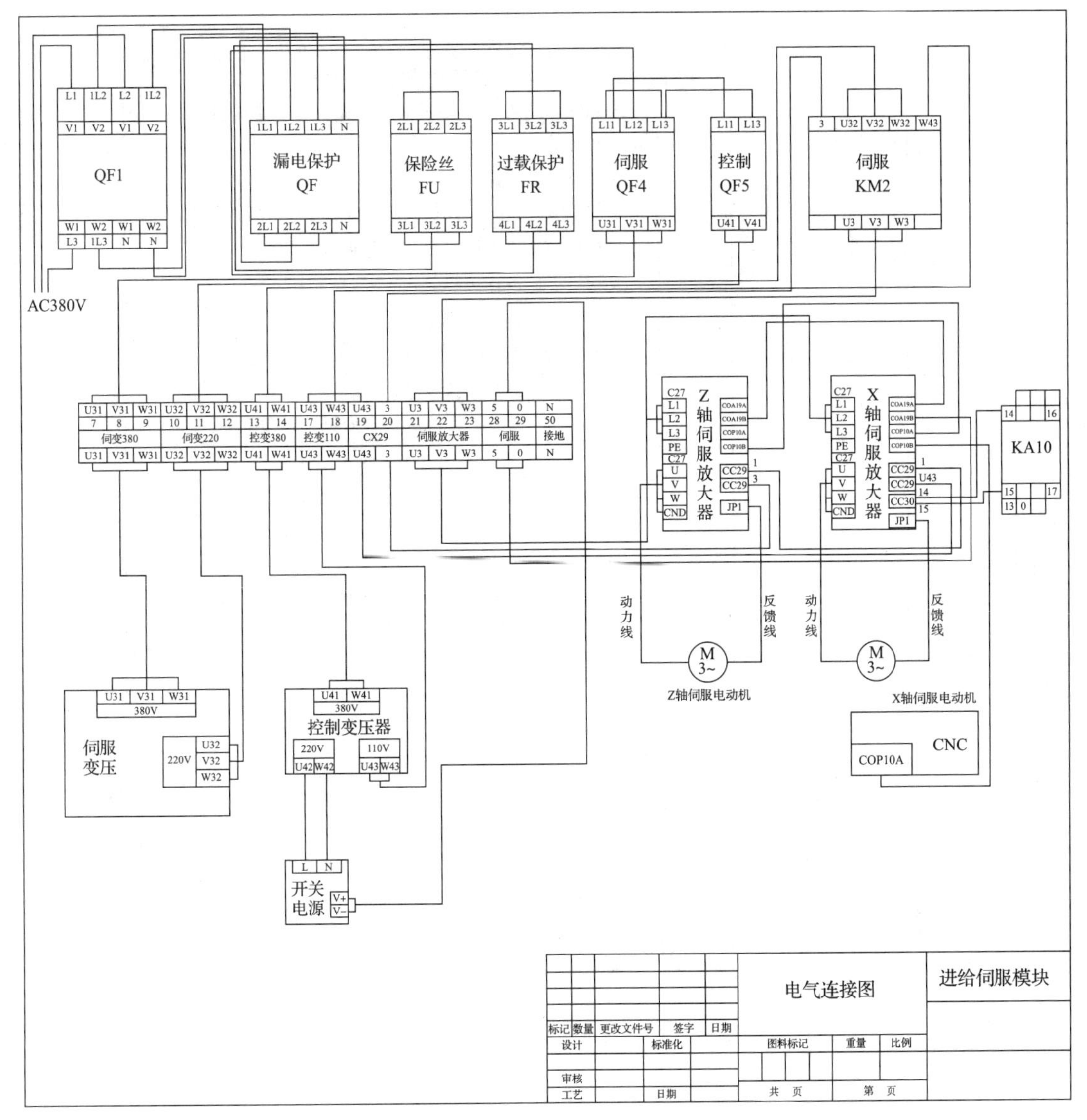

图 2－4－11　FANUC 0i Mate-TD 数控车床进给伺服模块电气连接图

任务实施

（1）读懂数控机床进给传动电气元器件装配图、电气原理图、电气连接图。

（2）按照电气原理图完成 FANUC 0i Mate-TD 数控机床的伺服进给系统的电气连接与调试。

（3）对数控机床的进给传动电气控制系统进行一般功能的调试。

（4）排除常见数控机床进给传动系统电气连接的相关故障。

本任务实施的评分见表 2－4－1。

表 2-4-1　数控机床进给传动系统电气连接与调试评分表

项目	项目配分	评分点	配分	扣分说明	得分	项目得分
电气连接	40	电气连接	20	1. 不按原理图接线每处扣 5 分； 2. 布线不进线槽、不美观，主电路、控制电路每根扣 4 分； 3. 接点松动、露铜过长、压绝缘层，标记线号不清楚、遗漏或误标，引出端无压端子每处扣 2 分； 4. 损伤导线层绝缘或线芯，每根扣 2 分； 5. 线号未标或错标每处扣 1 分。		
			20	1. 检查线路连接有错误每处扣 2 分； 2. 上电前未检测短路、虚接、断路；上电中未采用逐级上电等每项扣 5 分； 3. 首次通电前不通知现场技术人员检查扣 5 分。		
功能验证	40	功能实现	40	1. 手动方式下，实现 X/Y/Z 轴的进给运动，未实现每轴扣 10 分； 2. 手动方式下，进给轴运动方向正确，未实现每轴扣 5 分； 3. MDI 方式下，实现 X/Y/Z 轴的进给运动，未实现每轴扣 10 分； 4. MDI 方式下，进给轴运动方向正确，未实现每轴扣 5 分。		
职业素养与安全	20	操作规范	4			
		材料利用率，接线及材料损耗率	4			
		工具、仪器、仪表使用情况	4			
		竞赛现场安全、文明情况	4			
		团队分工协作情况	4			
合计						

任务五　数控机床自动换刀装置的电气连接与调试

任务描述

数控机床为了能在工件一次装夹中完成多个工步，缩短辅助时间，减少工件因多次安装引起的误差，都带自动换刀装置。数控机床的自动换刀装置是机床的重要组成部分，用于安装和夹持刀具。它的结构和性能直接影响机床的切削性能和效率。本任务将学习数控机床刀架的结构和自动换刀装置的电气连接与调试。

任务目标

1. 能读懂数控机床电气原理图。

2. 能识别和选用元器件，核查其型号与规格是否符合电气原理图要求，进行电气元器件的选用。

3. 能够通过任务要求和施工图样选用所需的电工工具，罗列材料清单。

4. 掌握数控机床刀架工作过程和控制电路的连接与调试。

5. 能解决数控机床刀架常见的电气故障。

任务实施

一、实物参观

在教师的带领下，让学生到数控加工实训场地或数控系统综合实训室，观看数控车床四工位刀架的换刀过程，并由教师简单介绍四工位刀架的工作原理。数控车床四工位刀架如图 2－5－1 所示。

图 2－5－1　数控车床四工位刀架

二、典型刀架结构拆装及结构分析

1. 典型刀架分类

数控机床使用的刀架是最简单的自动换刀装置，按照结构形式划分可以分为排刀式刀架、转盘式刀架、转塔式刀架等。按照驱动形式划分可以分为液压驱动刀架和电机驱动刀架。

目前，国内数控机床刀架以电动为主，分为转塔式和转盘式两种。转塔式刀架有四、六工位两种形式，主要用于简易数控机床；转盘式刀架有八、十等工位，可正、反方向旋转，就近选刀，用于全功能数控机床。另外，转盘式刀架还有液压刀架和电机驱动刀架。电动刀架是数控机床重要的传统结构，合理地选配电动刀架，并正确实施控制，能够有效地提高劳动生产率，缩短生产准备时间，消除人为误差，提高加工精度与保持加工精度的一致性等。

2. 电动刀架的工作原理

LDB4 电动刀架的机械结构如图 2-5-2 所示。电动刀架采用蜗轮蜗杆传动，由销盘、内端齿盘、外端齿盘组合成的三端齿定位机构实现定位和锁紧，上刀体转位时无须抬起，从而避免了冷却液以及切屑对刀架转位的侵扰。具体的换刀动作及控制过程为：CNC 发出换刀信号，控制正转继电器动作，刀架电机正转，通过左右联轴器带动蜗杆，蜗杆带动蜗轮 15，蜗轮通过键连接带动螺杆 7 旋转，螺母 9 开始上升，同时螺杆 7 带动离合盘 5 转动，离合销 6 在离合盘 5 平面上滑动。当螺母 9 上升至一定高度时，三端齿啮合脱开，离合销 6 进入离合盘 5 的槽中，此时螺杆 7 带动离合盘 5、离合销 6、螺母 9、上刀体 10、外端齿 13 及反靠销 8 开始转位，反靠销 8 从反靠盘 17 槽中脱出，即上刀体 10 开始换刀动作。当上刀体 10 转到所需刀位时，发讯盘上的霍尔元件与磁钢座 23 上的磁钢 2 对正，霍尔元件电路发出到位信号，正转继电器松开、反转继电器吸合，刀架电机开始反转，螺杆 7 带动离合盘 5、离合销 6、反靠销 8、上刀体 10 反转。当反靠销 8 在反靠盘 17 平面上移动经过反靠槽时，反靠销 8 被弹簧弹入反靠槽。由于反靠销 8 进入反靠槽，反靠销 8 直角面与反靠槽直角面相互顶住（刀架完成粗定位，此时离合盘 5 在螺杆 7 的带动下继续反转，离合销 6 从离合盘 5 的槽中脱出，螺母 9 开始下降，直至三端齿完全啮合。此时精定位完成，刀架锁紧，反转时间到，反转继电器松开，电机停止转动，延时继电器动作，切断电源，电机停转，并向 CNC 发出应答信号，加工程序开始。

由以上分析可知刀架动作顺序为：换刀信号—正转继电器吸合—电机正转—螺母抬起—上刀体转位—到位信号—正转继电器松开、反转继电器吸合—电机反转—粗定位—螺母下降—精定位、刀架锁紧—反转继电器松开—电机停转—应答信号—加工程序进行。

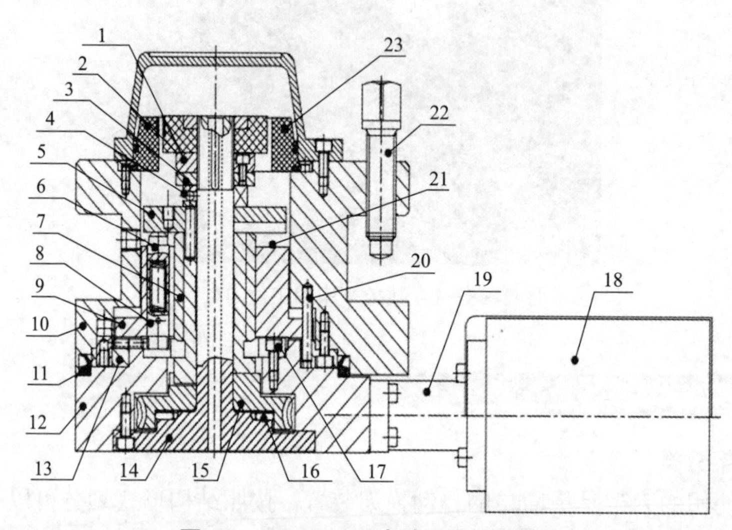

图 2－5－2　LDB4 电动刀架机械结构

1—锁紧螺母；2—磁钢；3—止退圈；4—平面轴承；5—离合盘；6—离合销；7—螺杆；8—反靠销；9—螺母；10—上刀体；11—防护罩；12—下刀体；13—外端齿；14—中轴；15—蜗轮；16—滚针轴承；17—反靠盘；18—电机罩；19—连接座；20—导柱销；21—F 面；22—压刀螺钉；23—磁钢座

三、FANUC 0i Mate-TD 数控机床四工位刀架模块电气原理图

2.5　FANUC 数控车床刀架电气连接

数控机床四工位刀架模块相关电气原理图：刀架正反转主电路如图 2－5－3 所示，刀架正反转控制电路如图 2－5－4 所示，刀架正反转控制 PMC 输出电路图如图 2－5－5 所示，刀位信号 PMC 输入电路图如图 2－5－6 所示。

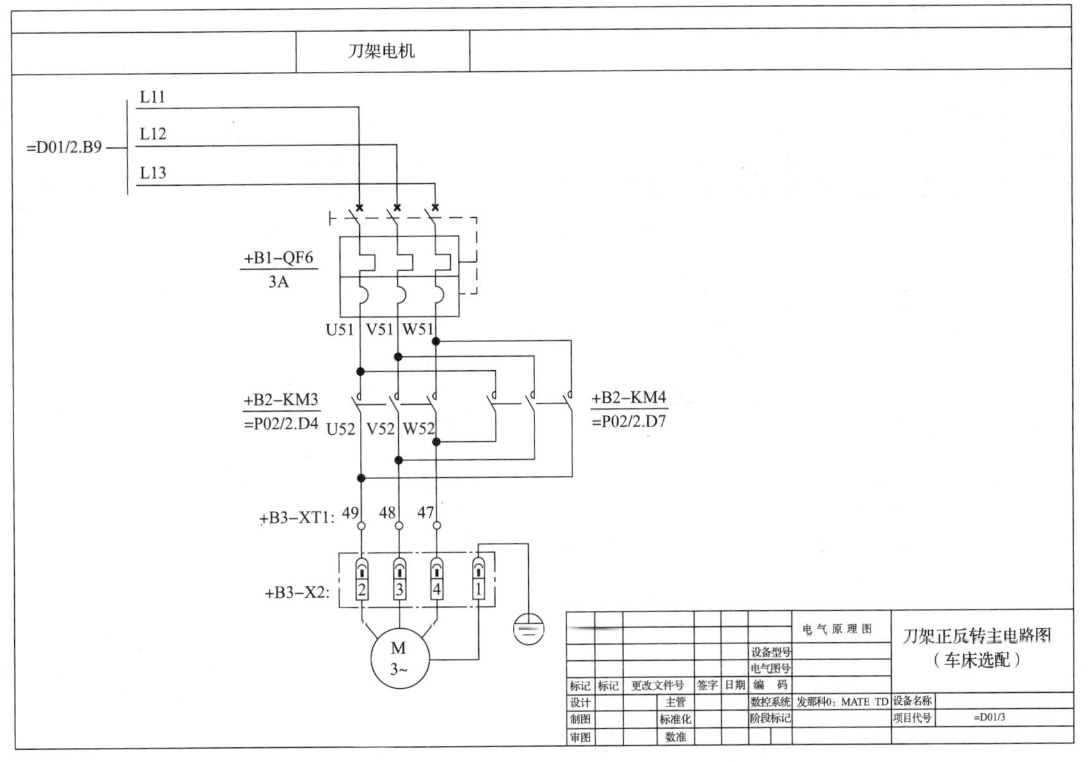

图 2-5-3　数控机床四工位刀架正反转主电路

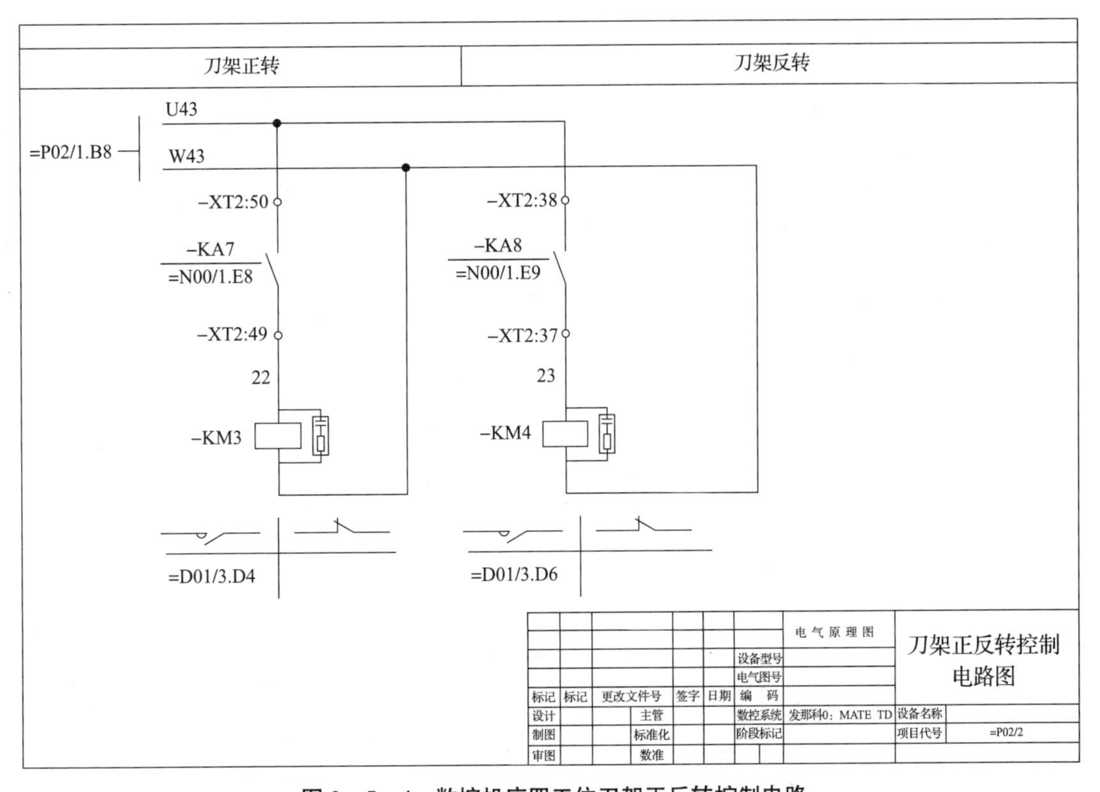

图 2-5-4　数控机床四工位刀架正反转控制电路

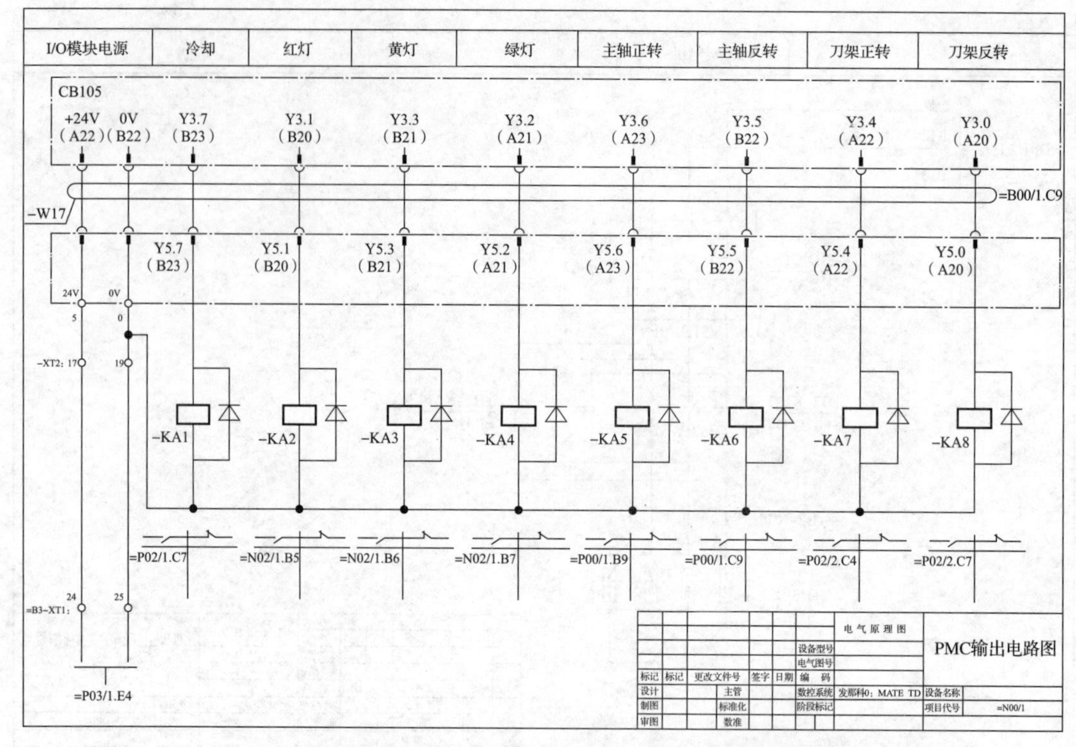

图 2-5-5　数控机床四工位刀架正反转控制 PMC 输出电路图

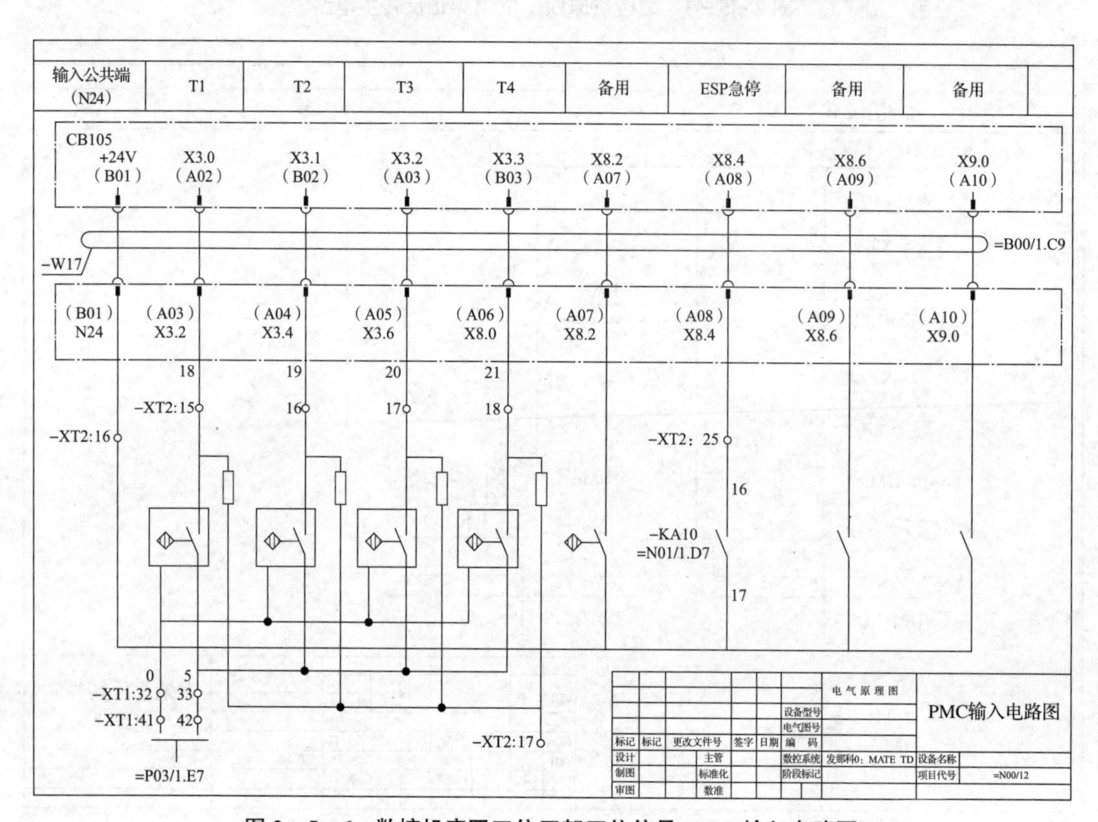

图 2-5-6　数控机床四工位刀架刀位信号 PMC 输入电路图

四、FANUC 0i Mate-TD 数控机床四工位刀架模块电气连接图

FANUC 0i Mate TD 数控机床四工位刀架模块电气连接图如图 2-5-7 所示。

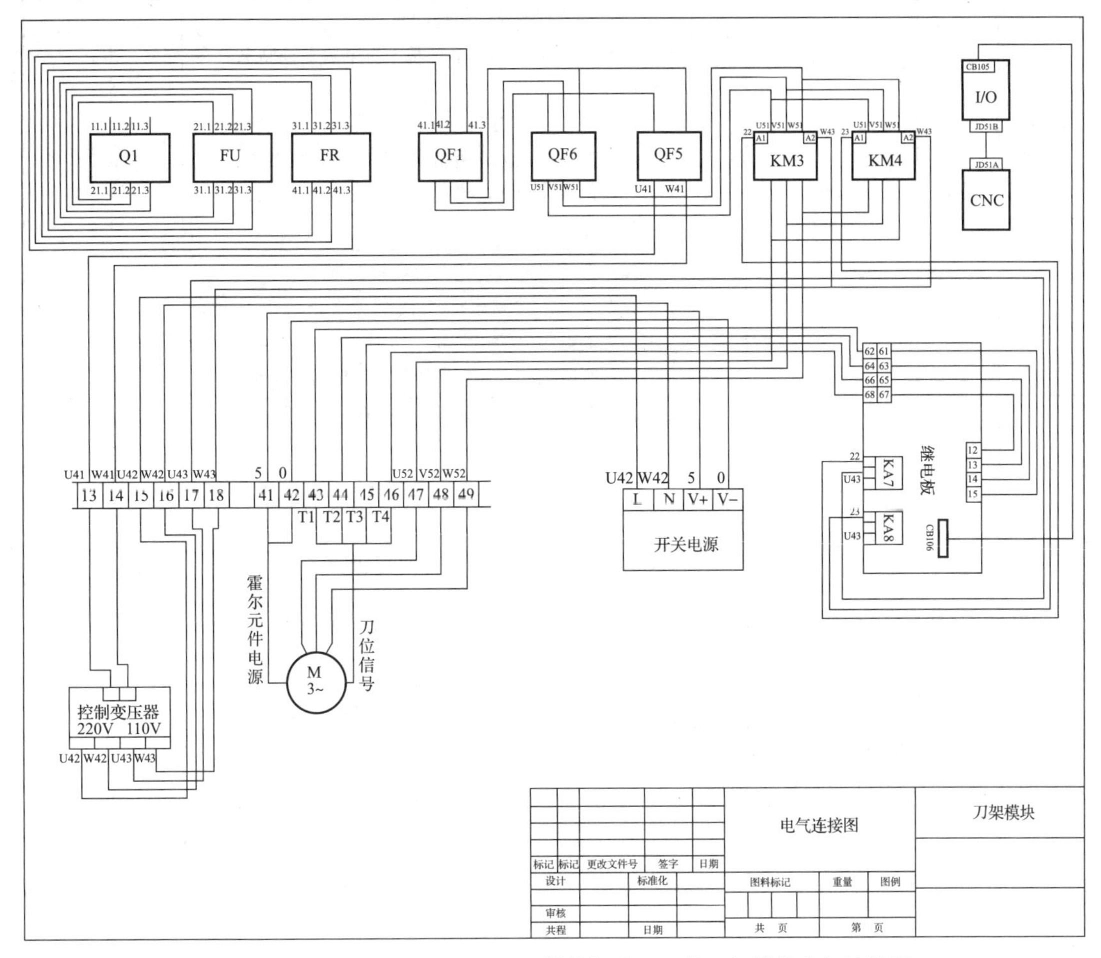

图 2-5-7 FANUC 0i Mate-TD 数控机床四工位刀架模块电气连接图

任务实施

（1）读懂数控机床刀架模块电气元器件装配图、电气原理图、电气接线图。

（2）按照电气原理图完成 FANUC 0i Mate-TD 数控机床四工位刀架的电气连接与调试。

（3）对数控机床四工位刀架进行一般功能的调试。

（4）排除常见数控机床四工位刀架电气连接的相关故障。

本任务实施评分见表 2-5-1。

表 2-5-1　数控机床四工位刀架电气连接与调试评分表

项目	项目配分	评分点	配分	扣分说明	得分	项目得分
电气连接	40	电气连接	20	1. 不按原理图接线每处扣 5 分； 2. 布线不进线槽、不美观，主电路、控制电路每根扣 4 分； 3. 接点松动、露铜过长、压绝缘层，标记线号不清楚、遗漏或误标，引出端无压端子每处扣 2 分； 4. 损伤导线绝缘层或线芯，每根扣 2 分； 5. 线号未标或错标每处扣 1 分。		
			20	1. 检查线路连接有错误每处扣 2 分； 2. 上电前未检测短路、虚接、断路；上电中未采用逐级上电等每项扣 5 分； 3. 首次通电前不通知现场技术人员检查扣 5 分。		
功能验证	40	功能实现	40	1. 手动方式下，实现四工位刀架换刀功能，未实现扣 10 分； 2. 手动方式下，四工位刀架换刀刀位正确，未实现扣 5 分； 3. MDI 方式下，实现四工位刀架换刀功能，未实现扣 10 分； 4. MDI 方式下，四工位刀架换刀刀位正确，未实现扣 5 分。		
职业素养与安全	20	操作规范	4			
		材料利用率、接线及材料损耗率	4			
		工具、仪器、仪表使用情况	4			
		竞赛现场安全、文明情况	4			
		团队分工协作情况	4			
合计						

项目三　FANUC 数控系统参数设置

项目引入

数控系统的参数决定了机床的功能、特性、硬件配置、工艺选择等，参数是 CNC 系统和使用者之间的桥梁，参数设置正确与否直接影响数控机床的使用及其性能的发挥，若能充分掌握和熟悉数控系统的相关参数，将会使得数控机床发挥最大的功效。实践证明，充分地了解参数的含义会给数控机床的故障诊断和维修带来很大的便利，会极大地缩减故障诊断的时间，提高机床的利用率。另外，在条件允许的情况下，参数的修改还可以开发 CNC 系统在数控机床订购时某些没有表现出来的功能，对二次开发会有一定的帮助。

因此，无论是哪种型号的 CNC 系统，了解和掌握其参数的含义都是非常重要的。

育人目标

使学生了解 FANUC 数控系统常见参数的含义，在实际生产中，能够正确查阅 FANUC 相关参数说明书，对数控机床参数相关的故障进行诊断和维修，保证数控机床的正常使用，提高企业数控机床的利用率。培养学生从事数控机床电气装调、机床装调维修工等职业所需的素质和技能，并让学生具备从事相关岗位的职业能力和可持续发展能力。

职业素养

在数控系统参数设置与调整中，要有严谨的态度，任何不恰当的参数设置和调整都会影响数控机床加工工件的质量，导致工件的报废。在数控机床相关参数故障诊断和排除中，应培养与其他同学团结协作的意识，较好地完成本项目的学习，养成良好的职业素养。

任务一　FANUC 0i Mate-D 数控系统参数设定、备份与恢复

任务描述

为防止控制单元损坏、电池失效或电池更换时出现差错，导致机床数据丢失，要定期

做好数据的备份工作，以防意外发生。在 FANUC 0i-D 数控系统中需要备份的数据有加工程序、CNC 参数、螺距误差补偿值、宏变量、刀具补偿值、工件坐标系数据、PMC 程序、PMC 数据等。

任务目标

1. 了解 FANUC 0i Mate-D 数控系统参数设定画面。
2. 掌握 FANUC 0i Mate-D 数控系统基本参数的含义。
3. 了解 FANUC 0i Mate-D 数控系统基本参数的设定。
4. 掌握 FANUC 0i Mate-D 数控系统参数的备份与恢复方法。

任务实习

FANUC 数控系统中保存的数据、保存位置和来源见表 3－1－1。

表 3－1－1　FANUC 数控系统中保存的数据、保存位置和来源

数据	保存位置	来源	备注
CNC 参数	SRAM	机床厂家提供	必须保存
PMC 参数	SRAM	机床厂家提供	必须保存
梯形图程序	FLASH ROM	机床厂家提供	必须保存
螺距误差补偿值	SRAM	机床厂家提供	必须保存
宏变量和加工程序	SRAM	机床厂家提供	必须保存
宏编译程序	FLASH ROM	机床厂家提供	如果有，保存
C 执行程序	FLASH ROM	机床厂家提供	如果有，保存
系统文件	FLASH ROM	FANUC 提供	不需要保存

FANUC 系统文件不需要备份，也不能轻易删除，因为有些系统文件一旦删除了，再恢复原样也会出现系统报警而导致系统停机，不能使用。

FANUC 0i-D 数控系统进行数据备份和恢复的方法主要有两种：一是使用存储卡通过 FANUC 数控系统的引导页面或正常启动页面进行数据备份和恢复；二是通过控制单元上的 JD36A 或 JD36B 接口（RS-232C 串口）或以太网接口和个人计算机进行数据备份和恢复。

FANUC 数控系统中保存的数据类型丰富，PMC 参数、CNC 参数等存放在 SRAM 中，修改比较方便。

一、系统参数设置与修改作用

在数控系统中，系统参数用于设定数控机床及辅助设备的规格和内容，以及加工操作中所需的一些数据。在机床厂家制造机床、最终用户使用的过程中，通过设定系统参数，实现对伺服驱动、加工条件、机床坐标、操作功能和数据传输等方面的设定和调用。

当系统在安装调试或使用过程中出现故障时，如果是系统故障，可以通过对系统控制原理的理解和系统报警号提示进行故障排除；如果是外围故障，可以通过分析 PMC 程序进行故障排除；如果是功能和性能方面的问题，则可以通过调整参数来解决。

FANUC 数控系统中的参数功能强大，如果参数设定错误，将对机床及数控系统的运行产生不良影响。所以更改参数之前，一定要清楚地了解该参数的意义及其对应的功能。

二、系统参数数据种类

FANUC 数控系统的参数按照数据的形式大致可分为位型和字型。其中位型又分位型和位轴型；字型又分字节型、字节轴型、字型、字轴型、双字型、双字轴型。轴型参数允许参数分别设定给各个控制轴。

位型参数就是对该参数的 0 ～ 7 这 8 位单独设置 0 或 1。位型参数格式显示页面如图 3 - 1 - 1 所示。数据号就是常讲的参数号。

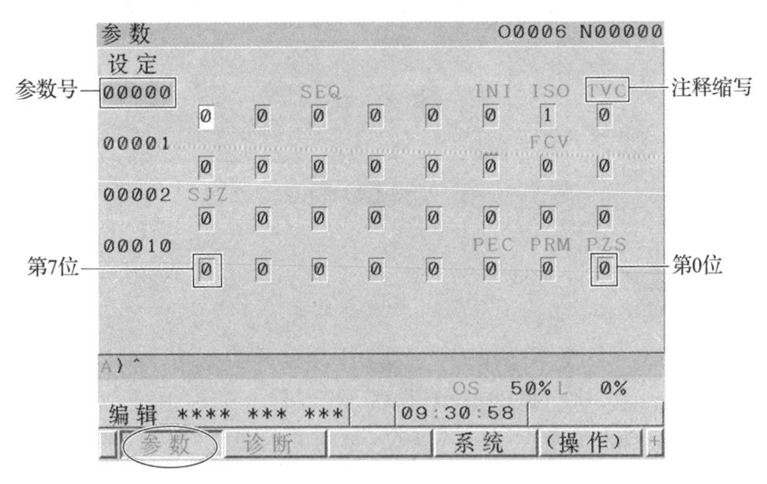

图 3 - 1 - 1　位型参数格式显示页面

三、参数的表示方法

位型以及位（机械组 / 路径 / 轴 / 主轴）型参数的表示方法如图 3 - 1 - 2 所示。

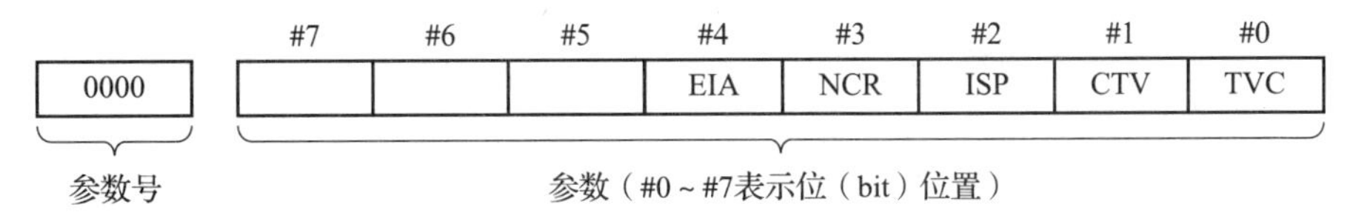

图 3 - 1 - 2　位型以及位（机械组 / 路径 / 轴 / 主轴）型参数的表示方法

上述位型以外的参数表示方法如图 3 - 1 - 3 所示。

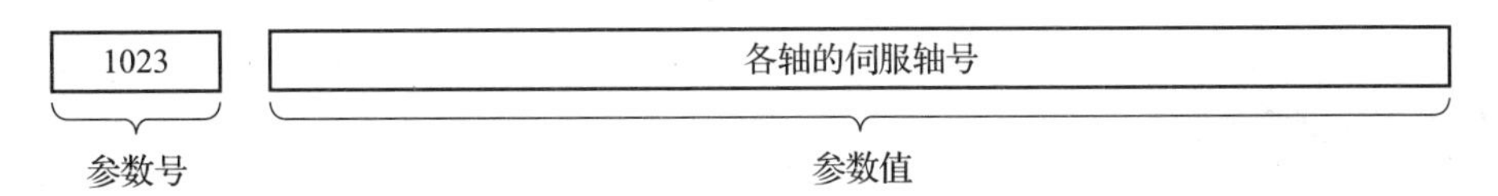

图 3 - 1 - 3　位型以外的参数表示方法

在位型参数命名的表示法中，附加在各名称中的字符“x”或者“s”表示其为下列参数。

“□□□ x”：位轴型参数；

“○○○ s”：位主轴型参数。

字型参数格式显示页面如图 3－1－4 所示。

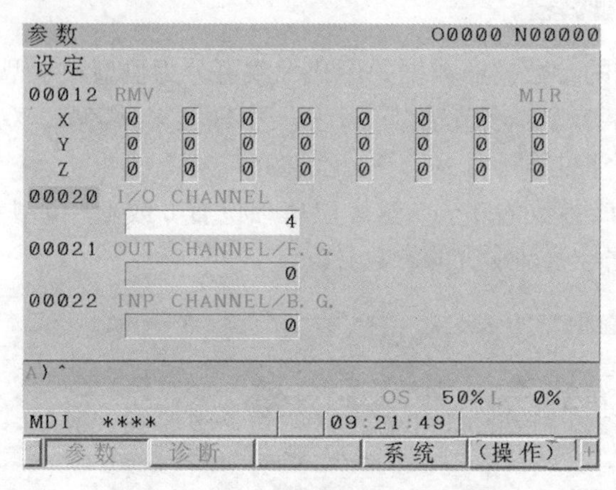

图 3－1－4　字型参数格式显示页面

四、参数设定画面

在进行参数的设置、修改等操作时需要打开参数开关，按下 OFS/SET 键后，显示如图 3－1－5 所示画面就可以进行修改参数开关，当参数开关为 1 时，可以进入参数画面进行修改，图 3－1－6 为参数画面。

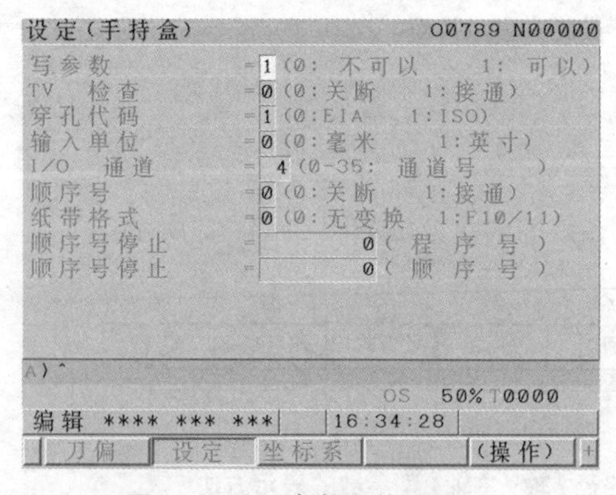

图 3－1－5　参数开关画面

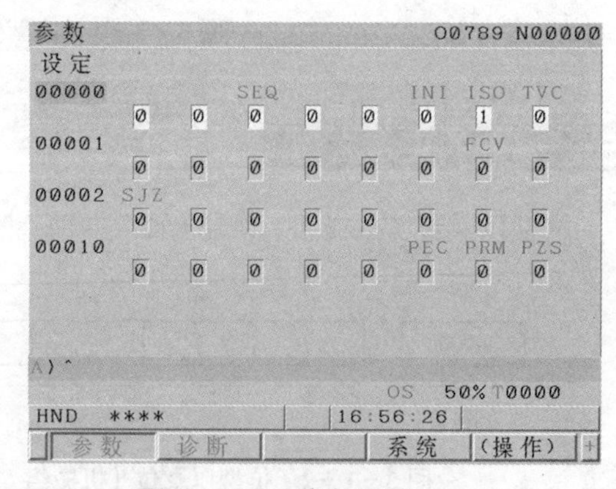

图 3－1－6　参数画面

任务实施

一、系统显示参数

按如图 3－1－7 所示的 MDI 面板上的功能键【 SYSTEM 】数次后，或者在按一次功能键【SYSTEM】，再按下软键【参数】后，则出现参数画面，如图 3－1－8 所示。

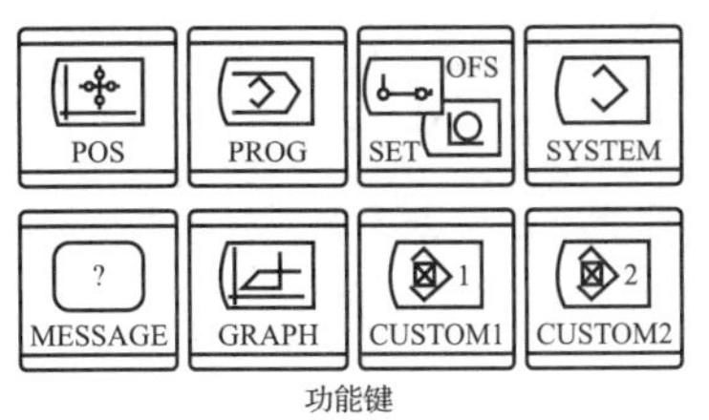

图 3－1－7　MDI 面板上的功能键

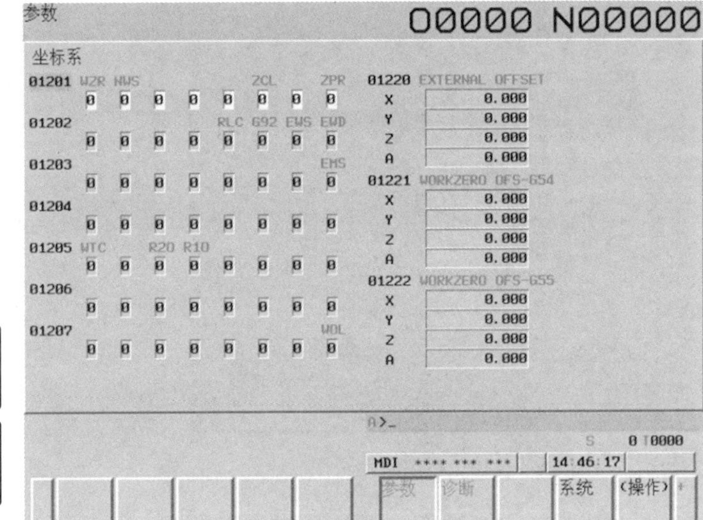

图 3－1－8　参数画面

参数画面由数页构成。可通过以下两种方法进入指定参数所在界面。

（1）用翻页键或光标移动键，逐页寻找需要显示的参数页面。

（2）输入希望显示的参数号，按下软键【搜索号码】。由此，显示指定参数所在的界面，光标同时指示所指定的参数位置，如图 3－1－9 所示。

图 3－1－9　参数搜索章节

注意：在软键显示为“章节选择键”的状态下开始输入时，软键自动显示为包括【搜索号码】在内的“操作选择键”。或按下软键【操作】，也可变更为“操作选择键”。

二、系统参数设定

3.1－1　FANUC
数控系统参数设置

步骤 1：选择 MDI 方式或急停。

步攀 2：按下 MDI 面板上的功能键【OFS/SET】，系统进入参数设定页面。

步骤 3：单击【设定】，页面如图 3－1－10 所示。

当页面提示“写参数”时输入 1，出现 SW0100 报警（表明参数可写入）。

步骤 4：按下 MDI 面板上的功能键【SYSTEM】，单击【参数】进入参数页面，如图 3－1－11 所示。

步骤 5：输入需要设置的参数号，页面如图 3－1－12 所示。

步骤 6：单击【号搜索】，页面直接切换到设置的参数号对应的页面，如图 3－1－13 所示。

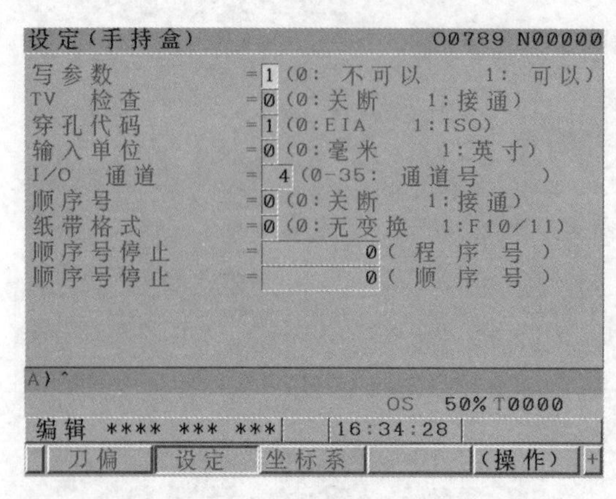

图 3－1－10　参数设定页面

图 3－1－11　参数页面

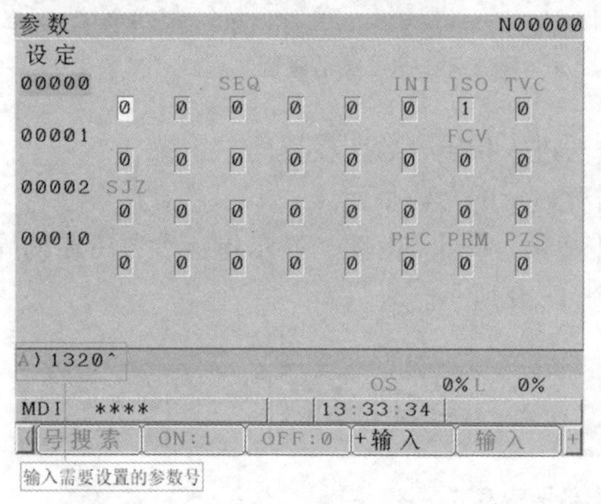

图 3－1－12　输入需要设置的参数号

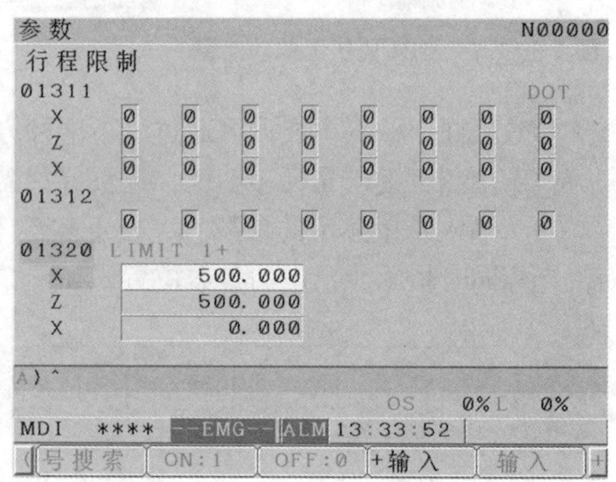

图 3－1－13　输入参数的显示页面

步骤 7：在 MDI 方式下设置所需要的参数。

步骤 8：参数修改好后，将参数设定页面的“写参数”再设定为 0。此时参数的修改全部完成。

步骤 9：按 MDI 面板上的复位键【RESET】，消除 SW0100 报警。

如果修改参数后出现“PW0000”号报警，说明必须关机再上电后参数修改才能生效。不消除“PW0000”号报警的话，数控系统不能工作。

3.1－2　FANUC 数控系统数据传输方法

三、系统参数备份和恢复

系统参数备份相关参数设定见表 3－1－2。

表 3－1－2　系统参数备份相关参数设定

参数号	设定值	说明
20	4	使用存储卡作为输入 / 输出设备

备份操作：开机前按下显示器右下方两个键（或者 MDI 的数字键 6 和 7），如图 3－1－14 所示。

	画面	说明
①	SYSTEM MONITOR MAIN MENU　60W3-01	①主菜单。右端显示出引导系统的系列、版本。
②	1.END	②退出引导系统，启动CNC。
③	2.USER DATA LOADING	③用户数据加载，向FLASH ROM写入数据。
④	3.SYSTEM DATA LOADING	④系统数据加载，向FLASH ROM写入数据。
⑤	4.SYSTEM DATA CHECK	⑤系统数据检查。
⑥	5.SYSTEM DATA DELETE	⑥删除FLASH ROM或存储卡中的文件。
⑦	6.SYSTEM DATA SAVE	⑦将FLASH ROM中的用户文件写到存储卡上。
⑧	7.SRAM DATA UTILITY	⑧备份/恢复SRAM区。
⑨	8.MEMORY CARD FORMAT	⑨格式化存储卡。
	MESSAGE	
⑩	SELECT MENU AND HIT SELECT KEY.	⑩显示简单的操作方法和错误信息。
	[SELECT]　[YES]　[NO]　[UP]　[DOWN]	

图 3－1－14　备份操作

按下软键【 UP 】或【 DOWN 】，把光标移动到【 7.SRAM DATA UTILITY 】。
按下【 SELECT 】键，显示 SRAM DATA UTILITY 画面，如图 3－1－15 所示。

	画面	说明
①	SRAM DATA UTILTY	①显示标题。
②	1.SRAM BACKUP（CNC->MEMORY CARD） 2.SRAM RESTORE（MEMORY CARD->CNC）	②显示菜单。
③	3.END	③返回引导页面主菜单。
④	SRAM+ATA PROG FILE：（4MB）	④显示文件内容。 （在选定处理后予以显示）
⑤	SRAM_BAK.001	⑤显示目前正在保存/加载的文件名。 （在选定处理后予以显示）
	MESSAGE SET MEMORY CARD NO.001 ARE YOU SURE？ HIT YES OR NO. [SELECT]　[YES]　[NO]　[UP]　[DOWN]	
⑥	***MESSAGE*** SELECT MENU AND HIT SELECT KEY. [SELECT]　[YES]　[NO]　[UP]　[DOWN]	⑥显示信息。

图 3－1－15　SRAM DATA UTILITY 画面

按下软键【 UP 】或【 DOWN 】，进行功能的选择。
使用存储卡备份数据：SRAM BACKUP 向 SRAM
恢复数据：SRAM RESTORE
按下软键【 SELECT 】。
按下软键【 YES 】，执行数据的备份和恢复。
执行【 SRAM BUCKUP 】时，如果在存储卡上已经有了同名的文件，会询问【 OVER

WRITE OK？】，可以覆盖时，按下【YES】键继续操作。

执行结束后，显示【COMPLETE.HIT SELECT KEY】信息。按下【SELECT】软键，返回主菜单。

上述 SRAM 数据备份后，还需要进入系统，分别备份系统数据，如系统参数等。分别备份系统数据的操作如下：

解除急停——在机床操作面板上选择方式为 EDIT（编辑）——依次按下功能键【SYSTEM】、软键【参数】，出现参数画面，如图 3－1－16 所示。

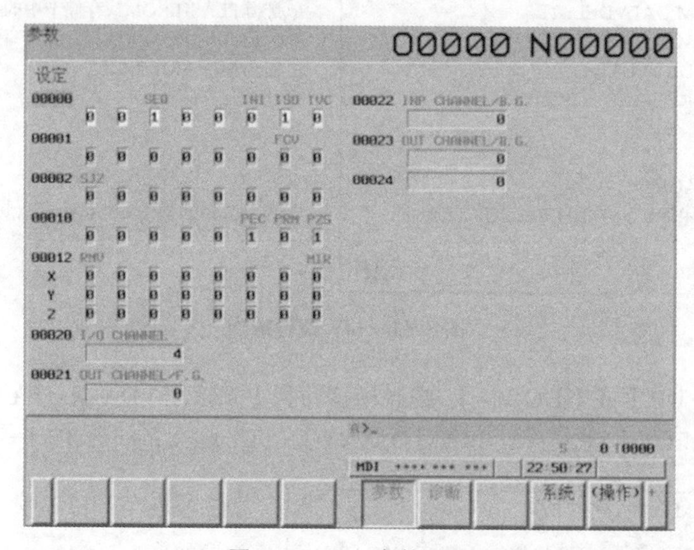

图 3－1－16 参数画面

依次按下软键【操作】→【文件输出】→【全部】→【执行】，则 CNC 参数被输出。

任务二 与数控机床设定相关的参数设定

任务描述

与数控机床设定相关的参数主要包括与机床设定相关的参数、与阅读机/穿孔机接口相关的参数、有关通道 1（I/O CHANNEL=0）的参数和与 CNC 画面显示功能相关的参数等。

任务目标

1. 了解与机床设定相关的参数。
2. 了解与阅读机/穿孔机接口相关的参数。
3. 了解有关通道 1（I/O CHANNEL=0）的参数。
4. 了解与 CNC 画面显示功能相关的参数。

任务实习

一、与机床设定相关的参数

1. 参数 0000

0000	#7	#6	#5	#4	#3	#2	#1	#0
			SEQ			INI	ISO	TVC

（1）#0 TVC：是否进行 TV 检查。

设定：0：不进行；1：进行。

（2）#1 ISO：数据输出时的代码格式。

设定：0：EIA 代码；1：ISO 代码。

（3）#2 INI：数据输入单位。

设定：0：公制输入；1：英制输入。

（4）#5 SEQ：是否自动插入顺序号。

设定：0：不自动插入；1：自动插入。

注意：1）存储卡的输入输出设定，通过参数 ISO（No.0139#0）进行。

2）数据服务器的输入输出设定，通过参数 ISO（No.0908#0）进行。

2. 参数 0002

0002	#7	#6	#5	#4	#3	#2	#1	#0
	SJZ							

#7 SJZ：若参数 HJZx（No.1005#3）被设定为有效的轴，手动返回参考点。

设定：0：在参考点尚未建立的情况下，执行借助减速挡块的参考点返回操作；在已经建立参考点的情况下，以参数中所设定的速度定位到参考点，与减速挡块无关。

1：始终执行借助减速挡块的参考点返回操作。

注意：SJZ 对参数 HJZx（No.1005#3）被设定为“1”的轴有效。但是在参数 LZx（No.1005#1）被设定为“1”的情况下，在参考点建立后的手动返回参考点操作中，以参数中所设定的速度定位到参考点，与 SJZ 的设定无关。

3. 参数 0010

0010	#7	#6	#5	#4	#3	#2	#1	#0
						PEC	PRM	PZS

（1）#0 PZS：零件程序穿孔时的 0 号。

设定：0：不进行零抑制；1：进行零抑制。

（2）#1 PRM：输出参数时，是否输出参数值为 0 的参数。

设定：0：予以输出；1：不予输出。

（3）#2 PEC：在输出螺距误差补偿数据时，是否输出补偿量为 0 的数据。

设定：0：予以输出；1：不予输出。

4. 参数 0012

0012	#7	#6	#5	#4	#3	#2	#1	#0
	RMVx							MIRx

（1）#0 MIRx：各轴的镜像设定格式。

设定：0：镜像 OFF（标准）；1：镜像 ON（镜像）。

（2）#7 RMVx：设定是否拆除各轴的控制轴。

设定：0：不会拆除控制轴；1：拆除控制轴。

注意：RMVx 在参数 RMBx（No.1005#7）被设定为“1”时有效。

二、与阅读机 / 穿孔机接口相关的参数

为使用 I/O 设备接口（RS-232C 串行端口）与外部 I/O 设备之间进行数据（程序、参数等）的输入 / 输出，需要设定参数 0020。

0020	I/O CHANNEL：I/O 设备的选择或前台用输入设备的接口号

【数据范围】0 ～ 9

在 I/O CHANNEL（参数（No.0020））中设定使用通道（RS-232C 串行端口 1、RS-232C 串行端口 2 等）时，连接在哪个通道上的 I/O 设备以及连接于各通道的 I/O 设备的规格（如 I/O 设备的规格号、波特率、停止位数等）必须预先设定在与各通道对应的参数中。

作为与外部 I/O 设备和主机进行数据的输入 / 输出操作的接口，主要有 I/O 设备接口（RS-232C 串行端口 1、2）、存储卡接口、数据服务器接口、嵌入式以太网接口。

通过参数 IO4（No.0110#0）的设定，可以分开控制数据的输入 / 输出。具体来说，在没有设定 IO4 的情况下，以参数 0020 中所设定的通道进行输入 / 输出。在设定了 IO4 的情况下，可以分别为前台的输入 / 输出和后台的输入 / 输出分配通道。这些参数可以设定连接到哪个接口的 I/O 设备，以及是否进行数据的输入 / 输出。设定值和 I/O 设备的对应表见表 3－2－1。

表 3－2－1　设定值和 I/O 设备的对应表

设定值	内容
0，1	RS-232C 串行端口 1
2	RS-232C 串行端口 2
4	存储卡接口
5	数据服务器接口
6	通过 FOCAS2/Ethernet 进行 DNC 运行或 M198 指令
9	嵌入式以太网接口

三、有关通道 1（I/OCHANNEL=0）的参数

1. 参数 0103

0103	波特率（I/O CHANNEL=0 时）

【数据范围】1 ～ 12
此参数设定对应 I/O CHANNEL=0 时的 I/O 设备的波特率。
设定时，请参阅表 3－2－2。

表 3－2－2　波特率的设定

设定值	波特率（bit/s）	设定值	波特率（bit/s）
1	50	8	1 200
3	110	9	2 400
4	150	10	4 800
6	300	11	9 600
7	600	12	19 200

2. 参数 0113

0113	波特率（I/O CHANNEL=1 时）

【数据范围】1 ～ 12
此参数设定对应 I/O CHANNEL=1 时的 I/O 设备的波特率。

四、与 CNC 画面显示功能相关的参数

1. 参数 0300

0300	#7	#6	#5	#4	#3	#2	#1	#0
								PCM

#0 PCM：CNC 画面显示功能中，NC 侧有存储卡接口时。
设定：0：使用 NC 侧的存储卡接口；1：使用电脑侧的存储卡接口。

2. 参数 3401

3401	#7	#6	#5	#4	#3	#2	#1	#0
	GSC	GSB	ABS	MAB				DPI
			ABS	MAB				DPI

（1）#0 DPI：在可以使用小数点的地址中省略小数点时。

设定：0：视为最小设定单位（标准型小数点输入）；1：将其视为 mm、inch、度、sec 的单位（计算器型小数点输入）。

（2）#4 MAB：在 MDI 运转中，绝对 / 增量指令的切换。

设定：0：取决于 G90/G91；1：取决于参数 ABS（No.3401#5）。

注意：若是 T 系列的 G 代码体系 A，本参数无效。

（3）#5 ABS：在 MDI 运转中的程序指令。

设定：0：视为增量指令；1：视为绝对指令。

注意：参数 ABS 在参数 MAB（No.3401#4）为 1 时有效。若是 T 系列的 G 代码体系 A，本参数无效。

（4）#6 GSB、#7 GSC：设定 G 代码体系见表 3－2－3。

表 3－2－3　G 代码体系

GSC	GSB	G 代码体系
0	0	G 代码体系 A
0	1	G 代码体系 B
1	0	G 代码体系 C

任务实施

根据实训室现有设备情况设定相关参数，实现 FANUC CNC 系统的功能。

（1）记录设备规格参数见表 3－2－4。

表 3－2－4　设备规格参数

<table>
<tr><th colspan="3">名称</th><th colspan="3">内容</th></tr>
<tr><td rowspan="2">轴名（根据设备实际情况选择）</td><td>车床用</td><td></td><td colspan="3" rowspan="2"></td></tr>
<tr><td>铣床用</td><td></td></tr>
<tr><td colspan="3">电机－转工作台移动量</td><td></td><td></td><td></td></tr>
<tr><td colspan="3">快移速度</td><td></td><td></td><td></td></tr>
<tr><td colspan="3">设定单位</td><td></td><td></td><td></td></tr>
<tr><td colspan="3">检测单位</td><td></td><td></td><td></td></tr>
</table>

（2）参数全清，记录报警号，并在表 3－2－5 中写出处理方案。

表 3－2－5　记录报警号并给出处理方案

报警号	处理方案	
	原因	
	解决方法	
	原因	
	解决方法	
	原因	
	解决方法	
	原因	
	解决方法	
	原因	
	解决方法	

（3）任务考核。

1）与机床设定相关的参数设置。

2）与阅读机 / 穿孔机接口相关的参数设置。

3）有关通道 1（I/O CHANNEL=0）的参数设置。

4）与 CNC 画面显示功能相关的参数设置。

任务三　与轴控制 / 设定单位相关的参数设定

任务描述

与轴控制 / 设定单位相关的参数设定主要包括机床轴的定义和设定各轴的移动单位等。

任务目标

1. 了解与轴控制 / 设定单位相关的参数。
2. 掌握与轴控制 / 设定单位相关的参数设定。

任务实习

一、参数 1001

1001	#7	#6	#5	#4	#3	#2	#1	#0
								INM

注意：在设定完此参数后，需要暂时切断电源。

#0 INM：直线轴的最小移动单位。

设定：0：公制单位（公制机械）；1：英制单位（英制机械）。

二、参数 1002

1002	#7	#6	#5	#4	#3	#2	#1	#0
	IDG			XIK	AZR			JAX

（1）#0 JAX：JOG 进给、手动快速移动以及手动返回参考点时，同时控制轴数。

设定：0：1 轴；1：3 轴。

（2）#3 AZR：参考点尚未建立时的 G28 指令。

设定：0：执行与手动返回参考点相同、借助减速挡块的参考点返回操作；1：显示出报警（PS0304）“未建立零点即指令 G28”。

注意：在使用无挡块参考点设定功能（见参数 DLZx（No.1005#1））时，不管 AZR 的设定如何，在建立参考点之前指定 G28，将会有报警（PS0304）发出。

（3）#4 XIK：若是非直线插补定位（参数 LRP（No.1401#1）=0 的情形）时，对进行定位而移动中的轴分别应用互锁。

设定：0：仅使应用互锁的轴停止，其他轴继续移动；1：使所有轴都停止。

（4）#7 IDG：基于无挡块参考点对参考点进行设定时，是否使禁止参考点的再设定的参数 IDGx（No.1012#0）进行自动设定。

设定：0：不进行；1：进行。

注意：本参数被设定为 0 时，参数 IDGx（No.1012#0）无效。

三、参数 1004

1004	#7	#6	#5	#4	#3	#2	#1	#0
	IPR							

#7 IPR：将不带小数点进行指定的各轴的最小设定单位是否设定为最小移动单位的 10 倍。

设定：0：不将其设定为 10 倍；1：将其设定为 10 倍。

设定单位为 IS-A 及 DPI（No.3401#0）=1（计算器型小数点输入）时，不可将最小设定单位设定为最小移动单位的 10 倍。

四、参数 1005

1005	#7	#6	#5	#4	#3	#2	#1	#0
	RMBx	MCCx	EDMx	EDPx	HJZx		DLZx	ZRNx

（1）#0 ZRNx：在通电后没有执行一次参考点返回的状态下，通过自动运行指定了伴随 G28 以外的移动指令时，系统是否报警。

设定：0：发出报警（PS0224）“回零未结束”；1：不发出报警且执行操作。

注意：1）尚未建立参考点的状态下为如下的情形。

①在不带绝对位置检测器的情况下，通电后一次也没有执行参考点返回操作的状态。

②在带有绝对位置检测器的情况下，机械位置和绝对位置检测器之间的位置对应关系尚未建立的状态。

2）建立 Cs 轴坐标时，将 ZRNx 设定为 0。

（2）#1 DLZx：无挡块参考点设定功能是否有效。

设定：0：无效；1：有效。

（3）#3 HJZx：已经建立参考点再进行手动参考点返回时：

设定：0：执行借助减速挡块的参考点返回操作；1：与减速挡块无关，通过参数 SJZ（No.0002#7）来选择以快速移动方式定位到参考点或执行借助于减速挡块的参考点返回操作。在使用无挡块参考点设定功能（见参数 DLZx（No.1005#1））的情况下，在参考点建立后的手动返回参考点操作中，始终以参数中所设定的速度定位到参考点，与 HJZx 的设定无关。

（4）#4 EDPx：切削进给时各轴的正方向的外部减速信号。

设定：0：无效；1：有效。

（5）#5 EDMx：切削进给时各轴的负方向的外部减速信号。

设定：0：无效；1：有效。

（6）#6 MCCx：在使用多轴放大器的情况下，相同放大器的其他轴进入控制轴拆除状态时是否切断伺服放大器的 MCC 信号。

设定：0：予以切断；1：不予切断。

注意：若是控制对象的轴，可以设定此参数。

（7）#7 RMBx：各轴的控制轴拆除信号和输入 RMV（No.0012#7）的设定是否有效。

设定：0：无效；1：有效。

五、参数 1006

1006	#7	#6	#5	#4	#3	#2	#1	#0
			ZMIx		DIAx		ROSx	ROTx

注意：在设定完此参数后，需要暂时切断电源。

（1）#0 ROTx、#1 ROSx：设定直线轴或旋转轴，具体见表 3－3－1。

表 3－3－1　设定直线轴或旋转轴

ROSx	ROTx	含义
0	0	直线轴 ①进行英制 / 公制变换。 ②所有的坐标值都是直线轴类型（不以 0 ～ 360° 舍入）。 ③存储型螺距误差补偿为直线轴类型（见参数（No.3624））。

续表

ROSx	ROTx	含义
0	1	旋转轴（A 类型） ①不进行英制 / 公制变换。 ②机械坐标值以 0 ～ 360° 舍入，绝对坐标值、相对坐标值可以通过参数 ROAx、PRLx（No.1008#0、#2）选择是否舍入。 ③存储型螺距误差补偿为旋转轴类型（见参数（No.3624））。 ④自动返回参考点（G28、G30），由参考点返回方向执行，移动量不超过一周旋转。
1	1	旋转轴（B 类型） ①不进行英制 / 公制变换。 ②机械坐标值、绝对坐标值、相对坐标值为直线轴类型（不以 0 ～ 360° 舍入） ③存储型螺距误差补偿为直线轴类型（见参数（No.3624））。 ④不可同时使用旋转轴的循环功能、分度台分度功能（M 系列）。
上述之外的情形	设定无效（禁止使用）	

（2）#3 DIAx：设定各轴的移动指令。

设定：0：半径指定；1：直径指定。

注意：FS0i-C 的情况下，为了实现直径指定指令的轴的移动量，不仅需要设定参数 DIAx（No.1006#3），还需要进行如下两个设定中任一个的变更。

1）将指令倍乘比（CMR）设定为 1/2（检测单位不变）。

2）将检测单位设定为 1/2，将柔性进给齿轮（DMR）设定为 2 倍。

相对于此，FS0i-D 的情况下，只要设定参数 DIAx（No.1006#3），CNC 就会将指令脉冲本身设定为 1/2，所以无须进行上述变更（不改变检测单位的情形）。另外，在将检测单位设定为 1/2 的情况下，将 CMR 和 DMR 都设定为 2 倍。

（3）#5 ZMIx：设定手动返回参考点的方向。

设定：0：正方向；1：负方向。

六、参数 1007

1007	#7	#6	#5	#4	#3	#2	#1	#0
				GRDx			ALZx	RTLx

（1）#0 RTLx：若是旋转轴（A 类型）的情形，在参考点尚未建立的状态下，当按下减速挡块时执行手动返回参考点操作。

设定：0：以参考点返回速度 FL 速度运动；1：在伺服电动机的栅格建立之前，即使按下减速挡块，也不会成为参考点返回速度 FL 速度，而是以快速移动速度运动。

在快速移动速度下持续运动并在松开减速挡块后，在旋转轴旋转一周的位置再次按下减速挡块，然后松开减速挡块，即完成参考点返回操作。

本参数为 0 时，若在尚未建立伺服电动机的栅格之前就松开减速挡块，则会发出报警

（PS0090）“未完成返回参考点”。发出此报警时，请在开始手动返回参考点操作的位置离开参考点足够距离的位置进行操作。

（2）#1 ALZx：自动返回参考点（G28）。

设定：0：通过定位（快速移动）返回参考点，但是，在通电后尚未执行一次参考点返回操作的情况下，以与手动返回参考点操作相同的顺序执行参考点返回操作；1：以与手动返回参考点操作相同的顺序返回到参考点。

注意：1）本参数对无挡块参考点返回的轴没有影响。2）在本参数的设定值为 1 的情况下，与减速挡块无关，以快速移动方式定位到参考点，或者进行使用减速挡块的参考点返回，依赖于参数 HJZx（No.1005#3）、SJZ（No.0002#7）的设定。

（3）#4 GRDx：进行绝对位置检测的轴，在机械位置和绝对位置检测器之间的位置对应尚未完成的状态下，进行无挡块参考点设定时，是否进行 2 次以上的设定。

设定：0：不进行；1：进行。

七、参数 1008

1008	#7	#6	#5	#4	#3	#2	#1	#0
			RMCx	SFDx		RRLx	RABx	ROAx

注意：在设定完此参数后，需要暂时切断电源。

（1）#0 ROAx：旋转轴的循环功能是否有效。

设定：0：无效；1：有效。

注意：ROAx 仅对旋转轴（参数 ROTx（No.1006#0）=1）有效。

（2）#1 RABx：绝对指令的旋转方向。

设定：0：假设为快捷方向；1：取决于指令轴的符号。

注意：RABx 只有在参数 ROAx 等于 1 时才有效。

（3）#2 RRLx：相对坐标值。

设定：0：不以转动一周的移动量舍入；1：以转动一周的移动量舍入。

注意：1）RRLx 只有在参数 ROAx 等于 1 时才有效。2）请将转动一周的移动量设定在参数（No.1260）中。

（4）#4 SFDx：在基于栅格方式的参考点返回操作中，参考点位移功能。

设定：0：无效；1：有效。

（5）#5 RMCx：处在机械坐标系选择（G53）的情况下，用来设定旋转轴循环功能的绝对指令旋转方向的参数 RABx（No.1008#1）。

设定：0：无效；1：有效。

八、参数 1012

1012	#7	#6	#5	#4	#3	#2	#1	#0
								IDGx

#0 IDGx：是否禁止通过无挡块参考点设定来再次设定参考点。

设定：0：不禁止；1：禁止（发出报警（PS0301））。

注意：参数 IDG（No.1002#7）被设定为 1 时，IDGx 有效。

使用无挡块参考点设定功能时，当由于某种原因而丢失了绝对位置检测中的使用的参考点时，再次通电后，会发生报警（DS0300）。此时，操作者若将其误认为是通常的参考点返回而执行参考点返回操作，则有可能设定错误的参考点。

为了防止这种错误的产生，系统内设有禁止再次设定无挡块参考点的参考点参数。

（1）将参数 IDG（No.1002#7）设定为 1 时，在进行通过无挡块参考点设定时，禁止再次设定无挡块参考点的参数 IDGx（No.1012#0）被自动设定为 1。

（2）在禁止再次设定无挡块参考点的轴中，当通过无挡块参考点设定来进行参考点设定操作时，会发生报警（PS0301）。

（3）根据无挡块参考点设定，在再次进行参考点设定时，将 IDGx（No.1012#0）设定为 0，继而进行参考点设定的操作。

九、参数 1013

1013	#7	#6	#5	#4	#3	#2	#1	#0
	IESPx						ISCx	ISAx

注意：在设定完此参数后，需要暂时切断电源。

（1）#0 ISAx、#1 ISCx：各轴的设定单位见表 3－3－2。

表 3－3－2　各轴的设定单位

设定单位	#1 ISCx	#0 ISAx
IS-A	0	1
IS-B	0	0
IS-C	1	0

（2）#7 IESPx：设定单位为 IS-C 时，是否使用可以设定比以往更大的速度和加速度参数的功能。

设定：0：不使用；1：使用。

设定了本参数的轴，其设定单位为 IS-C 时，可以设定比以往更大的速度和加速度参数。

设定了本参数的轴，参数输入画面的小数点以下的位数显示被变更。在 IS-C 的情形下，小数点以下的位数会比以往的少 1 位数。

十、参数 1014

1014	#7	#6	#5	#4	#3	#2	#1	#0
	CDMx							

注意：在设定完此参数后，需要暂时切断电源。

#7 CDMx：是否将 Cs 轮廓控制轴作为假想 Cs 轴。

设定：0：否；1：是。

十一、参数 1015

1015	#7	#6	#5	#4	#3	#2	#1	#0
	DWT	WIC		ZRL				

（1）#4 ZRL：在已经建立参考点时，自动返回参考点（G28）中的、从中间点到参考点之间的刀具轨迹以及机械坐标定位（G53）基于：

设定：0：非直线插补型定位；1：直线插补型定位。

注意：本参数在参数 LRP（No.1401#1）被设定为 1 时有效。

（2）#6 WIC：工件原点偏置量测量值直接输入时：

设定：0：（M 系列）不考虑外部工件原点偏置量，（T 系列）只有所选的工件坐标系有效；1：（M 系列）考虑外部工件原点偏置量。（T 系列）所有的坐标系都有效。

注意：T 系列中，本参数为 0 时，只可以对所选中的工件坐标系或者外部工件坐标系直接输入工件原点偏置量测量值。对除此以外的工件坐标系直接输入工件原点偏置量测量值时，显示“写保护”告警。

（3）#7 DWT：通过 P 来指定每秒暂停的时间时的设定单位（1ms）。

设定：0：依赖于设定单位；1：不依赖于设定单位。

十二、参数 1020

1020	各轴的程序名称

【数据范围】65 ～ 67，85 ～ 90

轴名称（参数 No.1020）可以从 A、B、C、U、V、W、X、Y、Z 中（但 T 系列中 G 代码体系 A 的情形下不可使用 U、V、W）任意选择，见表 3－3－3。

表 3－3－3　轴的程序名称

轴名称	X	Y	Z	A	B	C	U	V	W
设定值	88	89	90	65	66	67	85	86	87

在T系列的G代码体系A中，轴名称使用X、Y、Z、C的轴，U、V、W、H的指令，分别成为该轴的增量指令。

注意：（1）T系列的情况下使用G代码体系A时，无法将U、V、W作为轴名称来使用。

（2）无法将相同的轴名称设定在多个轴中。

（3）带有第2辅助功能（参数BCD（No.8132#2）=1）的情况下，将指令第2辅助功能的地址（参数（No.3460））使用于轴名称时，第2辅助功能无效。

（4）T系列的情况下，在倒角/拐角R或者直接输入图样尺寸中使用地址C或者A时（参数CCR（No.3405#4）为1时），无法将地址C或者A作为轴名称使用。

（5）在使用复合形车削固定循环（T系列）时，成为对象的轴地址无法使用X、Y、Z以外的字符。

十三、参数 1022

1022	设定各轴为基本坐标系中的哪个轴

【数据范围】0～7

设定各控制轴为基本坐标系的基本3轴X、Y、Z的哪个轴，或哪个所属平行轴，见表3-3-4。

表3-3-4　轴的程序名称

设定值	含义
0	旋转轴（非基本3轴也非平行轴）
1	基本3轴的X轴
2	基本3轴的Y轴
3	基本3轴的Z轴
5	X轴的平行轴
6	Y轴的平行轴
7	Z轴的平行轴

基本3轴X、Y、Z轴的设定，仅可针对其中一个控制轴。

可以将2个或更多个控制轴作为相同基本轴的平行轴予以设定。

通常，设定为平行轴的轴的设定单位以及直径/半径指定的设定，将其设定为与基本3轴相同。

十四、参数 1023

1023	各轴的伺服轴号

注意：在设定完此参数后，需要暂时切断电源。

【数据范围】0～控制轴数

此参数设定各控制轴与第几号伺服轴对应。通常将控制轴号与伺服轴号设定为相同值。控制轴号表示轴型参数和轴型机械信号的排列号。

（1）进行 Cs 轮廓控制 / 主轴定位的轴，设定 -（主轴号）作为伺服轴号。

【例】在第 4 控制轴中使用第 1 主轴的 Cs 轮廓控制时，设定为 -1。

（2）若在串联控制轴及电子齿轮箱（下称“EGB”）控制轴的情形下，需要将 2 轴设定为 1 组，因此，请按照下列方式设定。

1）串联轴：为主控轴设定奇数（1，3，5，7…）伺服轴号的其中一个。其值为成对的从控轴设定在主控轴的设定值上加 1 的值。

2）EGB 轴：为从控轴设定奇数（1，3，5，7…）伺服轴号的其中一个。其值为成对的虚设轴设定在从控轴的设定值上加 1 的值。

十五、参数 1031

1031	参考轴

【数据范围】1～控制轴数

在空运行速度和 F1 位进给速度等所有轴通用的参数中，单位会有所不同，可以通过参数为每个轴选择设定单位，这样参数的单位与参考轴的设定单位相对应。设定将第几个轴作为参考轴使用。通常，将基本 3 轴中设定单位最细微的轴选为参考轴。

任务实施

在表 3-3-5 中记录轴基本组参数设定。

表 3-3-5　轴基本组参数设定

基本组参数	轴号	设定值	含义
1008#0			
1008#2			
1020			
1022			

续表

基本组参数	轴号	设定值	含义
1023			
1829			
1006#3			
1006#5			
1825			
1826			
1828			

任务四　与坐标系相关的参数设定

任务描述

数控机床可以采用多个坐标系，那这些坐标系我们是怎么来设定的呢？

任务目标

1. 了解与坐标系相关的参数。
2. 掌握与坐标系相关的参数设定。

任务实习

一、参数 1201

1201	#7	#6	#5	#4	#3	#2	#1	#0
	WZR	NWS				ZCL		ZPR
	WZR					ZCL		ZPR

（1）#0 ZPR：在进行手动返回参考点操作时，是否进行自动坐标系设定。

设定：0：不进行；1：进行。

注意：ZPR 在不带工件坐标系时（参数 NWZ（No.8136#0）为 1）有效；在带有工件坐标系时，不管本参数的设定如何，在进行手动返回参考点操作时，始终以工件原点偏置量（参数（No.1220 ～ 1226））为基准建立工件坐标系。

（2）#2 ZCL：在进行手动返回参考点操作时，是否取消局部坐标系。

设定：0：不予取消；1：予以取消。

注意：ZCL 在带有工件坐标系时（参数 NWZ（No.8136#0）为 0）有效。要使用局部坐标系（G52），需要将参数 NWZ（No.8136#0）设定为 0。

（3）#6 NWS：是否显示工件坐标系偏移量画面。

设定：0：予以显示；1：不予显示。

注意：在没有显示工件坐标系偏移量设定画面的情况下，不可通过 G10P0 来改变工件坐标系偏移量。

（4）#7 WZR：当参数 CLR（No.3402#6）=0 时，通过 MDI 面板的 RESET（复位）键、外部复位信号、复位 & 倒带信号或紧急停止信号复位 CNC 时，将组号 14 的 G 代码是否置于复位状态。

设定：0：置于复位状态；1：不置于复位状态。

注意：参数 CLR（No.3402#6）=1 时，随参数 C14（No.3407#6）而定。

二、参数 1202

1202	#7	#6	#5	#4	#3	#2	#1	#0
					RLC	G92	EWS	EWD
					RLC	G92		EWD

（1）#0 EWD：基于外部工件原点偏置量的坐标系的位移方向。

设定：0：随外部工件原点偏置量的符号而定；1：沿着与外部工件原点偏置量的符号相反的方向位移。

（2）#1 EWS：将外部工件原点偏置量设定为有效或无效。

设定：0：有效；1：无效。

（3）#2 G92：带有工件坐标系（参数 NWZ（No.8136#0）为 0）时，在指令坐标系设定的 G 代码（M 系列：G92、T 系列：G50（G 代码体系 B，C 时为 G92））的情况下：

设定：0：不发出报警就执行；1：发出报警（PS0010）而不予执行。

（4）#3 RLC：是否通过复位来取消局部坐标系。

设定：0：不予取消；1：予以取消。

注意：1）参数 CLR（No.3402#6）=0 且参数 WZR（No.1201#7）=1 时，不管本参数的设定如何都将被取消。

2）参数 CLR（No.3402#6）=1 且参数 C14（No.3407#6）=0 时，不管本参数的设定如何都将被取消。

三、参数 1203

1203	#7	#6	#5	#4	#3	#2	#1	#0
								EMS

#0 EMS：扩展的外部机械原点位移功能是否有效。

设定：0：无效；1：有效。

注意：在将扩展的机械原点位移功能设定为有效的情况下，以往的外部机械原点位移功能将无效。

四、参数 1205

1205	#7	#6	#5	#4	#3	#2	#1	#0
			R2O	R1O				
	WTC		R2O	R1O				

（1）#4 R1O：参考点位置的信号输出是否有效。

设定：0：无效；1：有效。

（2）#5 R2O：第 2 参考点位置的信号输出是否有效。

设定：0：无效；1：有效。

（3）#7 WTC：预置工件坐标系时，是否清除刀具长度补偿量。

设定：0：予以清除；1：不予清除。

设定本参数时，可以不用取消刀具长度补偿方式进行 G 代码指令、MDI 的操作，或者基于各轴工件坐标系预置信号的工件坐标系预置。当按图 3－4－1 所示进行手动干预时，创建偏移了相当于手动干预量的 WZn 的坐标系，之后，即使预置坐标系，刀具长度补偿量仍保持不变，预置为原先的 WZo 的坐标系。

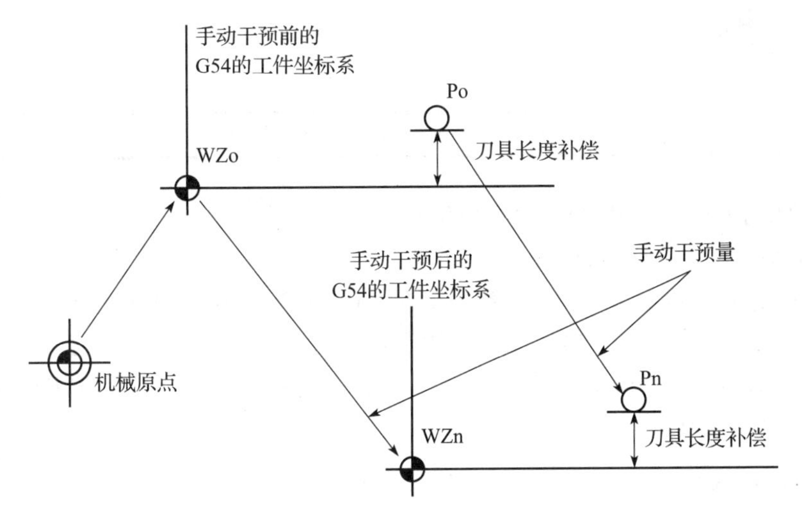

图 3－4－1　预置工件坐标系

五、参数 1206

1206	#7	#6	#5	#4	#3	#2	#1	#0
							HZP	

#1 HZP：高速手动返回参考点时，是否进行坐标系的预置。

设定：0：予以进行；1：不予进行（FS0i-C 兼容规格）。

注意：本参数在不使用工件坐标系（参数 NWZ（No.8136#0）=1）且参数 ZPR（No.1201#0）=0 时有效。

六、参数 1207

1207	#7	#6	#5	#4	#3	#2	#1	#0
								WOL

#0 WOL：工件原点偏置量测量值直接输入的计算方式。

设定：0：在刀具长度补偿量中设定与基准刀具之差分的机械中，在安装有基准刀具的状态下测量 / 设定刀具原点偏置量（基准刀具的刀具长度假设为 0）；1：在刀具长度补偿量中设定刀具长度本身的机械中，在对应于所安装刀具的刀具长度补偿处于有效的状态下，考虑了刀具长度后测量 / 设定工件原点偏置量。

注意：只有在 M 系列中参数 DAL（No.3104#6）=1 的情况下，本参数设定有效。在除此以外的条件下，将本参数设定为 1 时，操作与将本参数设定为 0 时相同的动作。

七、参数 1220

1220	各轴的外部工件原点偏置量

【数据单位】mm、inch、度（输入单位）

【数据最小单位】取决于该轴的设定单位

【数据范围】最小设定单位的 9 位数（若是 IS-B，其范围为 −999 999.999 ～ +999 999.999）

这是赋予工件坐标系（G54 ～ G59）原点位置的一个参数，相对于工件原点偏置量在各工件坐标系都不相同，该参数赋予所有坐标系以共同的偏置量。可以利用外部数据输入功能从 PMC 设定数值。

八、参数 1240

1240	第 1 参考点在机械坐标系中的坐标值

注意：在设定完此参数后，需要暂时切断电源。

【数据单位】mm、inch、度（机械单位）

【数据最小单位】取决于该轴的设定单位

【数据范围】最小设定单位的 9 位数（若是 IS-B，其范围为 −999 999.999 ～ +999 999.999）

此参数设定第 1 参考点在机械坐标系中的坐标值。

九、参数 1250

1250	进行自动坐标系设定时的参考点的坐标系

【数据单位】mm、inch、度（输入单位）

【数据最小单位】取决于该轴的设定单位

【数据范围】最小设定单位的 9 位数（若是 IS-B，其范围为 −99 9999.999 ～ +999 999.999）

此参数设定在进行自动坐标系设定时各轴的参考点的坐标系。

十、参数 1260

1260	旋转轴转动一周的移动量

注意：在设定完此参数后，需要暂时切断电源。

【数据单位】度

【数据最小单位】取决于该轴的设定单位

【数据范围】0 或正的最小设定单位的 9 位数

对旋转轴，设定转动一周的移动量；对进行圆柱插补的旋转轴，设定标准设定值。

任务实施

进行坐标系相关参数设定，将相关数据记录于表 3-4-1 中。

表 3-4-1　坐标系相关参数设定

基本组参数	轴号	设定值	含义
1201			
1202			
1203			
1205			
1206			
1207			
1220			
1240			
1250			
1260			

任务五 与存储行程检测相关的参数设定

任务描述

数控机床的进给轴运动由于限制往往存在一定的限定范围，为确保机床工作在有效范围之内，那我们如何来确保这一行程呢？

任务目标

1. 了解与存储行程检测相关的参数。
2. 掌握与存储行程检测相关的参数设定。

任务实习

一、参数 1300

1300	#7	#6	#5	#4	#3	#2	#1	#0
	BFA	LZR	RL3			LMS	NAL	OUT

（1）#0 OUT：在存储行程检测 2 中：

设定：0：将内侧设定为禁止区；1：将外侧设定为禁止区。

（2）#1 NAL：手动运行中，刀具进入到存储行程限位 1 的禁止区域时：

设定：0：发出报警，使刀具减速后停止；1：不发出报警，相对 PMC 输出行程限位到达信号，使刀具减速后停止。

注意：刀具通过自动运行中的移动指令进入到存储行程限位 1 的禁止区域时，即使在将本参数设定为 1 的情况下，也会发出报警，并使刀具减速后停止。

（3）#2 LMS：将存储行程检测 1 切换信号 EXLM 设定为：

设定：0：无效；1：有效。

参数 DLM（No.1301#0）被设定为 1 时，存储行程检测 1 切换信号 EXLM<G007.6>将无效。

（4）#5 RL3：将存储行程检测 3 释放信号 RLSOT3 设定为：

设定：0：无效；1：有效。

（5）#6 LZR：“刚刚通电后的存储行程限位检测”有效（参数 DOT（No.1311#0）=1）时，在执行手动参考点返回操作之前，是否进行存储行程检测。

设定：0：予以进行；1：不予进行。

（6）#7 BFA：发生存储行程检测 1、2、3 的报警时，或在路径间干涉检测功能（T 系列）中发生干涉报警时，以及在卡盘尾架限位（T 系列）中发生报警时。

设定：0：刀具在进入禁止区后停止；1：刀具停在禁止区前。

二、参数 1301

1301	#7	#6	#5	#4	#3	#2	#1	#0
	PLC	OTS		OF1		NPC		DLM

（1）#0 DLM：将不同轴向存储行程检测切换信号 +EXLx 和 -EXLx 设定为是否有效。

设定：0：无效；1：有效。

本参数被设定为 1 时，存储行程检测 1 切换信号 EXLM<G007#6> 将无效。

（2）#2 NPC：在移动前行程限位检测中，是否检查 G31（跳过）、G37（刀具长度自动测量（M 系列）/ 自动刀具补偿（T 系列））的程序段的移动。

设定：0：检查；1：不检查。

（3）#4 OF1：在存储行程检测 1 中，发生报警后轴移动到可移动范围时，是否立即解除报警。

设定：0：在进行复位之前，不解除报警；1：立即解除 OT 报警。

注意：在下列情况下，自动解除功能无效。要解除报警，需要执行复位操作。

1）超过存储行程限位前发生报警（参数 BFA（No.1300#7）=1）。

2）发生其他超程报警（存储行程检测 2，3、干涉检测等）。

（4）#6 OTS：发生超程报警时，是否向 PMC 输出信号。

设定：0：不向 PMC 输出信号；1：向 PMC 输出超程报警信号。

（5）#7 PLC：是否进行移动前行程检测。

设定：0：不进行；1：进行。

三、参数 1320、1321

1320	各轴的存储行程限位 1 的正方向坐标值 I
1321	各轴的存储行程限位 1 的负方向坐标值 I

【数据单位】mm、inch、度（机械单位）

【数据最小单位】取决于该轴的设定单位

【数据范围】最小设定单位的 9 位数

此参数为每个轴设定在存储行程检测 1 的正方向以及负方向的机械坐标系中的坐标值。

注意：1）直径指定的轴，由直径值来设定。

2）用参数（No.1320、No.1321）设定的区域外侧为禁止区。

任务实施

进行存储行程检测相关的参数设定，并填写到表 3－5－1 中。

表 3-5-1　存储行程检测相关的参数设定

基本组参数	轴号	设定值	含义
1300			
1304			
1320			
1321			

任务六　与加 / 减速控制相关的参数

任务描述

数控机床在加工不同曲面时，往往进给和切削速度不一样，因此机床在进给和切削中需要进行加 / 减速控制，我们一般通过参数设定来进行控制，那这些与加 / 减速控制相关的参数是如何来设定的呢？

任务目标

1. 了解与加 / 减速控制相关的参数。
2. 掌握与加 / 减速控制相关的参数设定。

任务实习

一、参数 1601

1601	#7	#6	#5	#4	#3	#2	#1	#0
			NCI	RTO				

（1）#4 RTO：是否在快速移动程序段间进行程序段重叠。

设定：0：不进行；1：进行。

（2）#5 NCI：到位检查。

设定：0：确认减速时指令速度为 0（加 / 减速的迟延为 0）的情况，还可以确认机械位置已经到达指令位置（伺服的位置偏差量落在参数（No.1826）中所设定的到位宽度范围内）的情况；1：仅确认减速时指令速度为 0（加 / 减速的迟延为 0）的情况。

二、参数 1602

1602	#7	#6	#5	#4	#3	#2	#1	#0
		LS2			BS2			

（1）#3 BS2：先行控制 /AI 先行控制 /AI 轮廓控制方式等插补前加 / 减速方式中的插补后加 / 减速类型设定。

设定：0：指数函数型或直线型加 / 减速（取决于参数 LS2（No.1602#6）的设定）；1：铃型加 / 减速。

（2）#6 LS2：先行控制 /AI 先行控制 /AI 轮廓控制方式等插补前加 / 减速方式中的插补后加 / 减速类型设定。

设定：0：指数函数型加 / 减速；1：直线型加 / 减速。

1602 参数加 / 减速设定见表 3－6－1。

表 3－6－1　1602 参数加 / 减速设定

BS2	LS2	加 / 减速
0	0	插补后指数函数型加 / 减速
0	1	插补后直线型加 / 减速
1	0	插补后铃型加 / 减速（需要有“切削进给插补后铃型加 / 减速”的选项）

三、参数 1603

1603	#7	#6	#5	#4	#3	#2	#1	#0
				PRT				

#4 PRT：设定直线插补型定位的快速移动加 / 减速采用加速度 / 时间恒定型。

设定：0：加速度恒定型；1：时间恒定型。

四、参数 1606

1606	#7	#6	#5	#4	#3	#2	#1	#0
								MNJx

#0 MNJx：通过手动手轮中断。

设定：0：仅使切削进给加 / 减速有效，使 JOG 进给加 / 减速无效；1：对切削进给加 /

减速和 JOG 进给加 / 减速都应用加 / 减速。

五、参数 1610

	#7	#6	#5	#4	#3	#2	#1	#0
1610			THLx	JGLx			CTBx	CTLx
				JGLx			CTBx	CTLx

（1）#0 CTLx：切削进给或空运行的加 / 减速采用。

设定：0：指数函数型加 / 减速；1：直线型加 / 减速。

注意：使用插补后铃型加 / 减速的情况下，将本参数设定为 0，通过参数 CTBx（No.1610#1）来选择插补后铃型加 / 减速。

（2）#1 CTBx：切削进给或空运行的加 / 减速采用。

设定：0：指数函数型或直线型加 / 减速（取决于参数 CTLx（No.1610#0）的设定）；1：铃型加 / 减速。

注意：本参数只有在带有“切削进给插补后铃型加 / 减速功能”时有效，不带该功能时，不管本参数设定如何，都成为取决于参数 CTLx（No.1610#0）设定的加 / 减速。

1610 参数加 / 减速类型设定见表 3－6－2。

表 3－6－2　1610 参数加 / 减速类型设定

参数		加 / 减速
CTBx	CTLx	
0	0	指数函数型加 / 减速
0	1	插补后直线型加 / 减速
1	0	插补后铃型加 / 减速

（3）#4 JGLx：JOG 进给的加 / 减速设定。

设定：0：指数函数型加 / 减速；1：与切削进给相同的加 / 减速。（取决于参数 CTBx、CTLx（No.1610#1，#0））

（4）#5 THLx：螺纹切削循环中的加 / 减速设定。

设定：0：指数函数型加 / 减速；1：与切削进给相容的加 / 减速。（取决于参数 CTBx、CTLx（No.1610#1，#0））

时间常数和 FL 速度使用螺纹切削循环的参数（No.1626，No.1627）。

六、参数 1611

	#7	#6	#5	#4	#3	#2	#1	#0
1611						AOFF		CFR
						AOFF		

（1）#0 CFR：在螺纹切削循环 G92、G76 中，完成螺纹切削后的回退动作。

设定：0：属于螺纹切削时的插补后加 / 减速类型，使用螺纹切削的时间常数（参数（No.1626））、FL 速度（参数（No.1627））；1：属于快速移动的插补后加 / 减速类型，使用快速移动的时间常数。

（2）#2 AOFF：先行控制 /AI 先行控制 /AI 轮廓控制方式断开时，利用参数使先行前馈功能是否有效。

设定：0：有效；1：无效。

七、参数 1620

1620	每个轴的快速移动直线型加 / 减速的时间常数（T） 每个轴的快速移动铃型加 / 减速的时间常数（T_1）

【数据单位】msec

【数据范围】0 ～ 4 000

此参数为每个轴设定快速移动的加 / 减速时间常数。

直线型加 / 减速方式如图 3－6－1 所示。

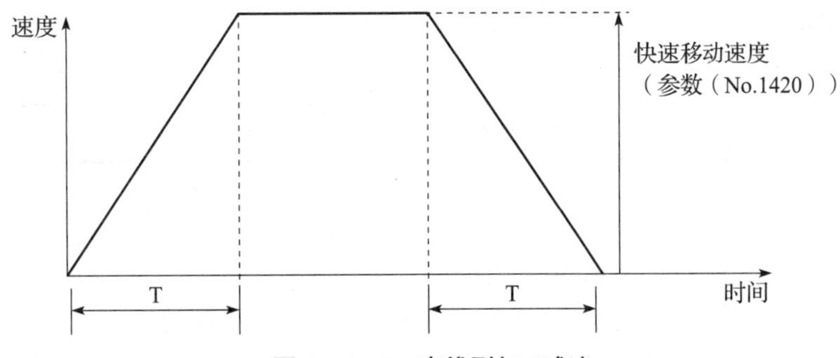

图 3－6－1　直线型加 / 减速

T：参数（No.1620）的设定值

铃型加 / 减速方式如图 3－6－2 所示。

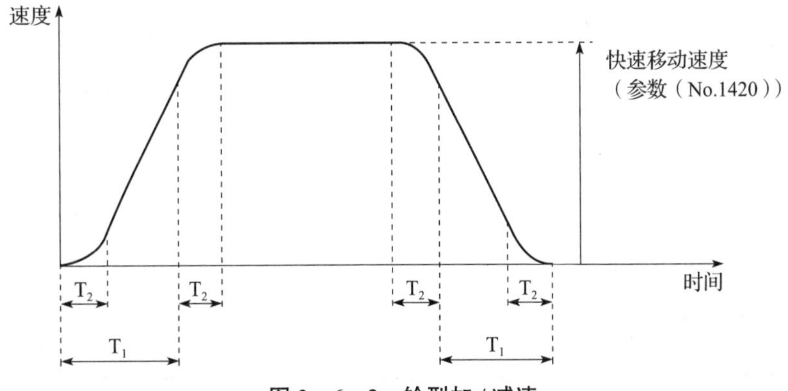

图 3－6－2　铃型加 / 减速

T_1：参数（No.1620）的设定值

T_2：参数（No.1621）的设定值（但设定为 $T_1 \geqq T_2$）

总加速（减速）时间：T_1+T_2

直线部分的时间：T_1-T_2

曲线部分的时间：$T_2 \times 2$

八、参数 1622

1622	每个轴的切削进给加 / 减速时间常数

【数据单位】msec

【数据范围】0 ～ 4 000

此参数为每个轴设定切削进给的指数函数型加 / 减速、插补后铃型加 / 减速或插补后直线加 / 减速时间常数。用参数 CTLx、CTBx（No.1610#0，#1）来选择使用哪个类型。此参数除了特殊用途外，务必为所有轴设定相同的时间常数。若设定不同的时间常数，就不可能得到正确的直线或圆弧形状。

九、参数 1623

1623	每个轴的切削进给插补后加 / 减速的 FL 速度

【数据单位】mm/min、inch/min、度 /min（机械单位）

【数据最小单位】取决于该轴的设定单位

此参数为每个轴设定切削进给的指数函数型加 / 减速的下限速度（FL 速度）。

注意：此参数除了特殊用途外，务必为所有轴设定为 0 值。若设定 0 以外的值，就不可能得到正确的直线或圆弧形状。

十、参数 1624

1624	每个轴的 JOG 进给加 / 减速时间常数

【数据单位】msec

【数据范围】0 ～ 4 000

此参数为每个轴设定 JOG 进给加 / 减速时间常数。

十一、参数 1625

1625	每个轴的 JOG 进给加 / 减速 FL 速度

【数据单位】mm/min、inch/min、度 /min（机械单位）
【数据最小单位】取决于该轴的设定单位
此参数为每个轴设定 JOG 进给加 / 减速的 FL 速度。
本参数在指数函数型的情形下才有效。

十二、参数 1626

1626	每个轴的螺纹切削循环中的加 / 减速时间常数

【数据单位】msec
【数据范围】0 ～ 4 000
此参数为每个轴设定螺纹切削循环 G92、G76 中的插补后加 / 减速时间常数。

十三、参数 1627

1627	每个轴的螺纹切削循环加 / 减速的 FL 速度

【数据单位】mm/min、inch/min、度 /min（机械单位）
【数据最小单位】取决于该轴的设定单位
此参数为每个轴设定螺纹切削循环 G92、G76 中的插补后加 / 减速的 FL 速度。除了特殊情况外，都将其设定为 0。

任务实施

在表 3－6－3 中设定与加 / 减速相关的参数。

表 3－6－3　与加 / 减速相关的参数设定

基本组参数	轴号	设定值	基本组参数	轴号	设定值

任务七 与程序和螺距误差补偿相关的参数

任务描述

加工程序相关参数直接关系着机床在加工时的精度，而通过螺距误差补偿，我们可以提高机床的加工精度，那么数控机床中与程序和螺距误差补偿相关的参数有哪些呢？

任务目标

1. 了解与程序和螺距误差补偿相关的参数。
2. 掌握与程序和螺距误差补偿相关的参数设定。

任务实习

一、参数 3403

3403	#7	#6	#5	#4	#3	#2	#1	#0
			CIR					

#5 CIR：在圆弧插补（G02，G03）指令、螺旋插补（G02，G03）指令中，在没有指定从起点到中心的距离（I，J，K）和圆弧半径（R）时，给出设定。

设定：0：以直线插补方式移动到终点；1：发出报警（PS0022）。

二、参数 3601

3601	#7	#6	#5	#4	#3	#2	#1	#0
							EPC	

注意：在设定完此参数后，需要暂时切断电源。

#1 EPC：至主轴简易同步中（M 系列）从控主轴一侧 Cs 轮廓控制轴的螺距误差补偿量进行设定。

设定：0：设定为与主控主轴相同；1：设定为从控主轴专用。

三、参数 3620

3620	每个轴的参考点的螺距误差补偿点号

注意：在设定完此参数后，需要暂时切断电源。

【数据范围】0 ～ 1 023

此参数为每个轴设定对应于参考点的螺距误差补偿点号。

四、参数 3621

3621	每个轴的最靠近负侧的螺距误差补偿点号

注意：在设定完此参数后，需要暂时切断电源。

【数据范围】0 ～ 1 023

此参数为每个轴设定最靠近负侧的螺距误差补偿点号。

五、参数 3622

3622	每个轴的最靠近正侧的螺距误差补偿点号

【数据范围】0 ～ 1 023

此参数为每个轴设定最靠近正侧的螺距误差补偿点号。需要设定比参数（No.3620）设定值更大的值。

六、参数 3623

3623	每个轴的螺距误差补偿倍率

注意：在设定完此参数后，需要暂时切断电源。

【数据范围】0 ～ 100

此参数为每个轴设定螺距误差补偿倍率。

设定 1 作为螺距误差补偿倍率时，补偿数据的单位与检测单位相同；设定 0 作为螺距误差补偿倍率时，不予补偿。

七、参数 3624

3624	每个轴的螺距误差补偿点间隔

注意：在设定完此参数后，需要暂时切断电源。

【数据单位】mm、inch、度（机械单位）

【数据最小单位】取决于该轴的设定单位

【数据范围】参阅下列内容

螺距误差补偿的补偿点为等间隔。

螺距误差补偿点的间隔有最小值限制，通过下式确定。

螺距误差补偿点间隔的最小值 = 最大进给速度 /7 500

【数据单位】螺距误差补偿点间隔的最小值：mm、inch、deg

最大进给速度：mm/min、inch/min、deg/min

【例】最大进给速度为 15 000mm/min 时，螺距误差补偿点的间隔的最小值为 15 000/7 500=2mm。

八、参数 3625

3625	旋转轴型螺距误差补偿的每转动一周的移动量

注意：在设定完此参数后，需要暂时切断电源。

【数据单位】mm、inch、度（机械单位）

【数据最小单位】取决于该轴的设定单位

【数据范围】参阅下列内容

若是进行旋转轴型螺距误差补偿的轴（参数 ROSx（No.1006#1）=0、参数 ROTx（No.1006#0）=1），为每个轴设定每转动一周的移动量。每转动一周的移动量不必为 360 度，可以设定旋转轴型螺距误差补偿的周期。

但是，每转动一周的移动量、补偿间隔和补偿点数，必需满足下面的关系。

每转动一周的移动量 = 补偿间隔 × 补偿点数

为使每转动一周的补偿量的和必定等于 0，还需要设定每个补偿点中的补偿量。

注意：设定值为 0 时，设定一个 360 度的角度。

任务实施

设定与程序和螺距误差补偿相关的参数，填写在表 3－7－1 中。

表 3－7－1　与程序和螺距误差补偿相关的参数设定

基本组参数	轴号	设定值	含义
3401			
3403			
3601			
3620			
3621			
3622			

续表

基本组参数	轴号	设定值	含义
3623			
3624			
3625			

任务八 与主轴控制相关的参数设定

任务描述

主轴是数控机床中的重要组成部分，主轴的运动直接关系着工件的加工精度，在数控机床中，主轴分为模拟主轴和串行主轴，那么与主轴控制相关的参数有哪些呢？

任务目标

1. 了解与主轴控制相关的参数。
2. 掌握与主轴控制相关的参数设定。

任务实习

一、参数 3701

3701	#7	#6	#5	#4	#3	#2	#1	#0
				SS2			ISI	

注意：在设定完此参数后，需要暂时切断电源。

#1 ISI、#4 SS2：设定路径内的主轴数，见表 3-8-1。

表 3-8-1 路径内主轴数设定

SS2	ISI	路径内的主轴数
0	1	0
1	1	0
0	0	1
1	0	2

注意：本参数在主轴串行输出有效的情况下（参数 SSN（No.8133#5）=0）有效。

二、参数 3702

	#7	#6	#5	#4	#3	#2	#1	#0
3702							EMS	

#1 EMS：是否使用多主轴控制功能。

设定：0：使用；1：不使用。

注意：在 2 路径控制的情况下，在不需要多主轴控制的路径一侧进行设定。

三、参数 3708

	#7	#6	#5	#4	#3	#2	#1	#0
3708		TSO	SOC				SAT	SAR
		TSO	SOC					SAR

（1）#0 SAR：是否检查主轴速度到达信号（SAR）。

设定：0：不检查；1：检查。

（2）#1 SAT：在开始执行螺纹切削的程序段，是否检查主轴速度到达信号（SAR）。

设定：0：是否检查，取决于参数 SAR（No.3708#0）；1：必须检查且与参数 SAR（No.3708#0）设定无关。

注意：螺纹切削的程序段连续的情况下，在第 2 个以后的螺纹切削程序段中，不对主轴速度到达信号进行检查。

（3）# 5 SOC：周速恒定（G96 方式）中的基于主轴最高转速钳制指令（M 系列：G92S_；T 系列：G50S_）的速度钳制执行位置。

设定：0：在应用主轴速度倍率前执行；1：在应用主轴速度倍率后执行。

本参数的设定值为 0 时，主轴转速有时会超过主轴最高转速（M 系列：G92S_；T 系列：G50S_ 指令状态下，S 后面的数值）；设定值为 1 时，主轴转速被钳制在主轴最高转速上。

此外，主轴转速被钳制在参数（No.3772）中所设定的主轴上限转速上，且与本参数的设定无关。

（4）#6 TSO：螺纹切削、攻丝循环中的主轴倍率。

设定：0：无效（被固定在 100% 上）；1：有效。

注意：在刚性攻丝中，倍率被固定在 100% 上且与本参数设定无关。

四、参数 3715

	#7	#6	#5	#4	#3	#2	#1	#0
3715								NSAx

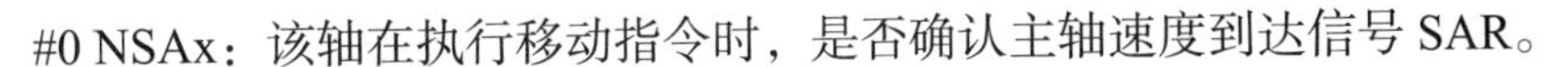
#0 NSAx：该轴在执行移动指令时，是否确认主轴速度到达信号 SAR。

设定：0：确认；1：不确认。

在执行移动指令时，设定不需要确认主轴速度到达信号 SAR 的轴。若只有本参数为 1 轴的移动指令，则不检查主轴速度到达信号 SAR。

五、参数 3716

3716	#7	#6	#5	#4	#3	#2	#1	#0
								A/Ss

注意：在设定完此参数后，需要暂时切断电源。

#0 A/Ss：主轴电动机的种类设定。

设定：0：模拟主轴；1：串行主轴。

注意：

（1）使用串行主轴时，将参数 SSN（No.8133#5）设定为 0。

（2）最多可以控制 1 台模拟主轴。

（3）使用模拟主轴的情况下，请在主轴配置的最后，设定模拟主轴。

六、参数 3717

3717	各主轴的主轴放大器号

注意：在设定完此参数后，需要暂时切断电源。

【数据范围】0 ～最大控制主轴数

此参数设定分配给各主轴的主轴放大器号。

（1）0：放大器尚未连接。

（2）1：使用连接于 1 号放大器号的主轴电动机。

（3）2：使用连接于 2 号放大器号的主轴电动机。

（4）3：使用连接于 3 号放大器号的主轴电动机。

注意：使用模拟主轴的情况下，请在主轴配置的最后设定模拟主轴。

【例】系统整体有 3 个主轴时（串行主轴 2 台、模拟主轴 1 台），请将模拟主轴的主轴放大器号（本参数）的设定值设定为 3。

七、参数 3718

3718	串行主轴或模拟主轴的主轴显示的下标

【数据范围】0 ～ 122

此参数设定在位置显示画面等添加到主轴速度显示中的下标。

八、参数 3720

3720	位置编码器的脉冲数

注意：在设定完此参数后，需要暂时切断电源。

【数据范围】1 ～ 32 767

此参数设定位置编码器的脉冲数。

九、参数 3730

3730	用于主轴速度模拟输出的增益调整的数据

【数据单位】0.1%

【数据范围】700 ～ 1 250

此参数设定用于主轴速度模拟输出的增益调整的数据。

调整方法：

（1）设定标准设定值 1 000。

（2）指定成为主轴速度模拟输出最大电压（10V）的主轴速度。

（3）测量输出电压。

（4）在参数（No.3730）中，设定值 =10V/ 测量电压（V）×1 000。

（5）在设定完此参数后，再次指定主轴速度模拟输出成为最大电压的主轴速度，确认输出电压已被设定为 10V。

注意：若是串行主轴的情形则不需要设定此参数。

十、参数 3735

3735	主轴电动机的最低钳制速度

【数据范围】0 ～ 4 095

此参数设定主轴电动机的最低钳制速度。

设定值 = 主轴电动机的最低钳制转速 / 主轴电机最大转速 ×4 095

十一、参数 3736

3736	主轴电动机的最高钳制速度

【数据范围】0 ～ 4 095

此参数设定主轴电动机的最高钳制速度。

设定值 = 主轴电动机的最高钳制转速 / 主轴电动机的最大转速 ×4 095

注意：设定了周速恒定控制（参数 SSC（No.8133#0）=1）或者参数 GTT（No.3706#4）=1？的情况下，本参数无效。此时，无法设定主轴电动机的最高钳制速度，但是有关主轴的最高转速，则可通过参数（No.3772）进行设定。主轴速度设定如图 3－8－1 所示。

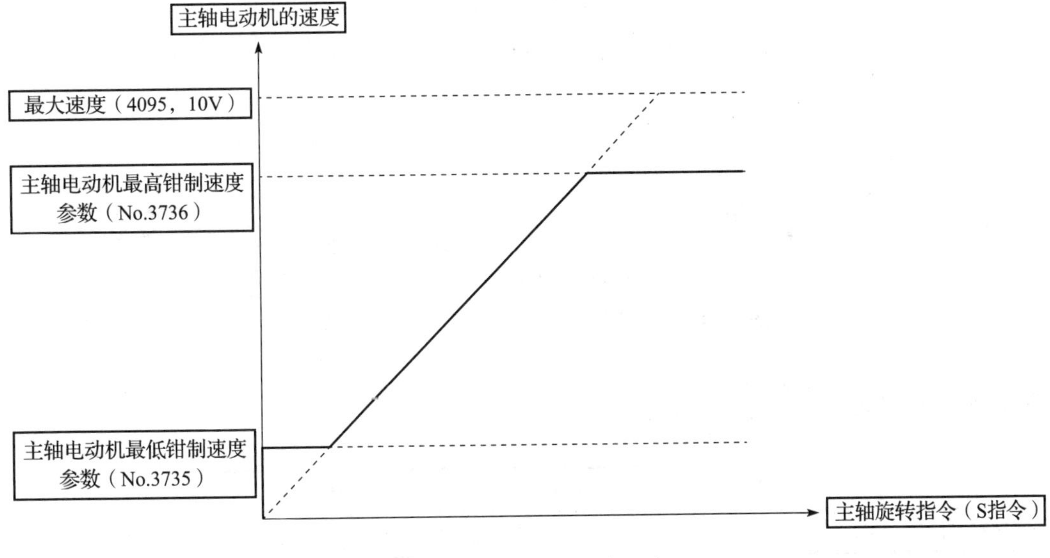

图 3－8－1　主轴速度设定

十二、参数 3741、3742、3743、3744

3741	与齿轮 1 对应的各主轴的最大转速
3742	与齿轮 2 对应的各主轴的最大转速
3743	与齿轮 3 对应的各主轴的最大转速
3744	与齿轮 4 对应的各主轴的最大转速

【数据单位】min^{-1}

【数据范围】0 ～ 99 999 999

此参数设定与每个齿轮对应的主轴的最大转速。与每个齿轮对应的主轴的最大转速图 3－8－2 所示。

注意：M 系列中选择了 T 类型齿轮位移方式的情况下（安装有周速恒定控制（参数 SSC（No.8133#0）=1）或者参数 GTT（No.3706#4）=1），即使在 M 系列中也可以使用参数（No.3744）。但是，即使在这种情况下，刚性攻丝的主轴齿轮最多为 3 级，应该注意。

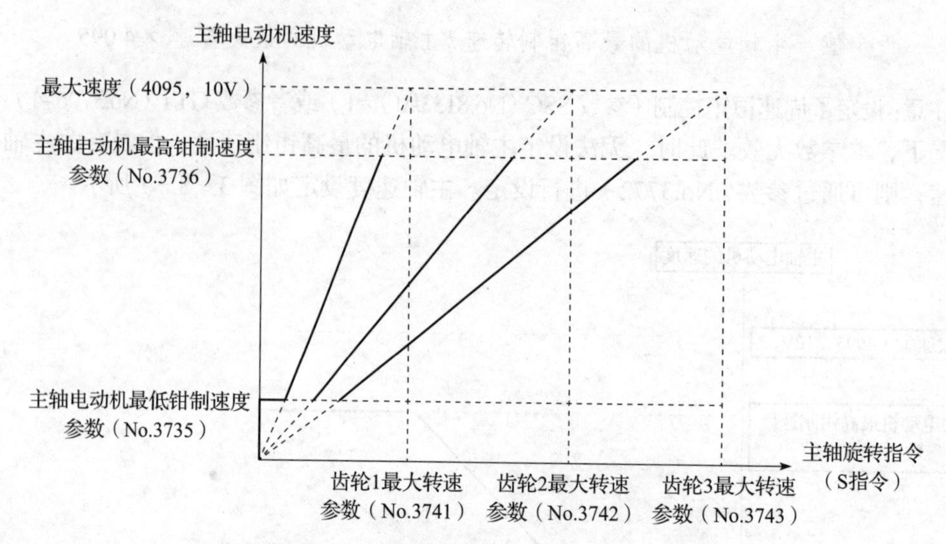

图 3－8－2　与每个齿轮对应的主轴的最大转速

十三、参数 3751、3752

3751	齿轮 1－齿轮 2 的切换点的主轴电动机速度
3752	齿轮 2－齿轮 3 的切换点的主轴电动机速度

【数据范围】0 ～ 4 095

此参数设定齿轮切换方式 B 情形下的齿轮切换点的主轴电动机速度。齿轮切换点的主轴电动机速度如图 3－8－3 所示。

设定值＝齿轮切换点的主轴电动机转速 / 主轴电动机的最大转速 ×4 095

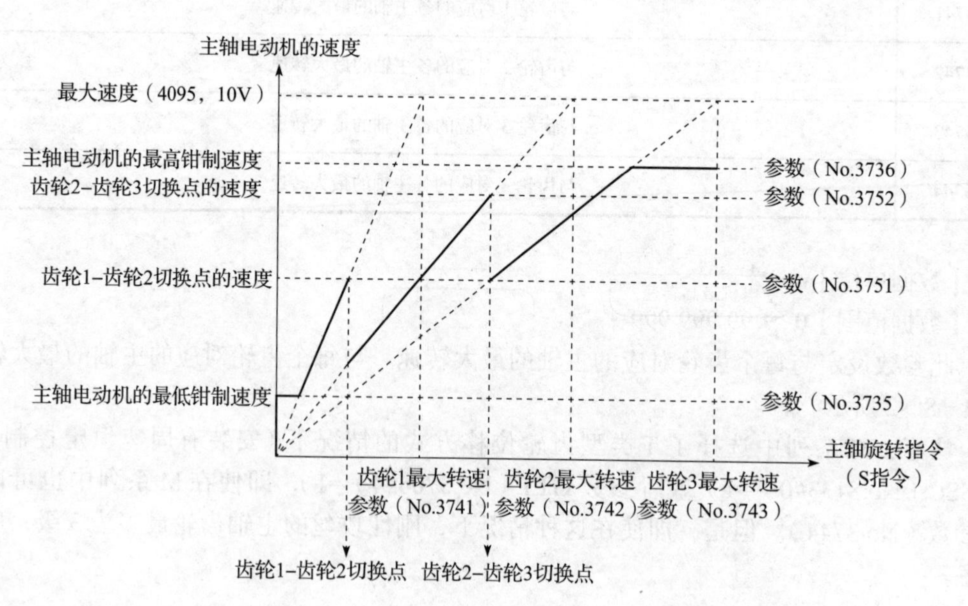

图 3－8－3　齿轮切换点的主轴电动机速度

十四、参数 3772

3772	各主轴的上限转速

【数据单位】min^{-1}

【数据范围】0 ～ 99 999 999

此参数设定主轴的上限转速。

在指定了超过主轴上限转速的转速，以及在通过应用主轴速度倍率主轴转速超过上限转速的情况下，实际主轴转速被钳制在不超过参数中所设定的上限转速上。

注意：

1）设定值为 0 时，不进行转速的钳制。

2）在执行基于 PMC 的主轴速度指令控制期间，此参数无效。上限转速不会被钳制。

3）M 系列情况下，3 772 在带有周速恒定控制功能（参数 SSC（No.8133#0）=1）时有效。

4）在带有周速恒定控制功能的情况下，G96 和 G97 方式的上限转速均被钳制。

任务实施

（1）按照实训设备实际情况完成参数设定，将相关参数设定到图 3　8－4 的流程中。

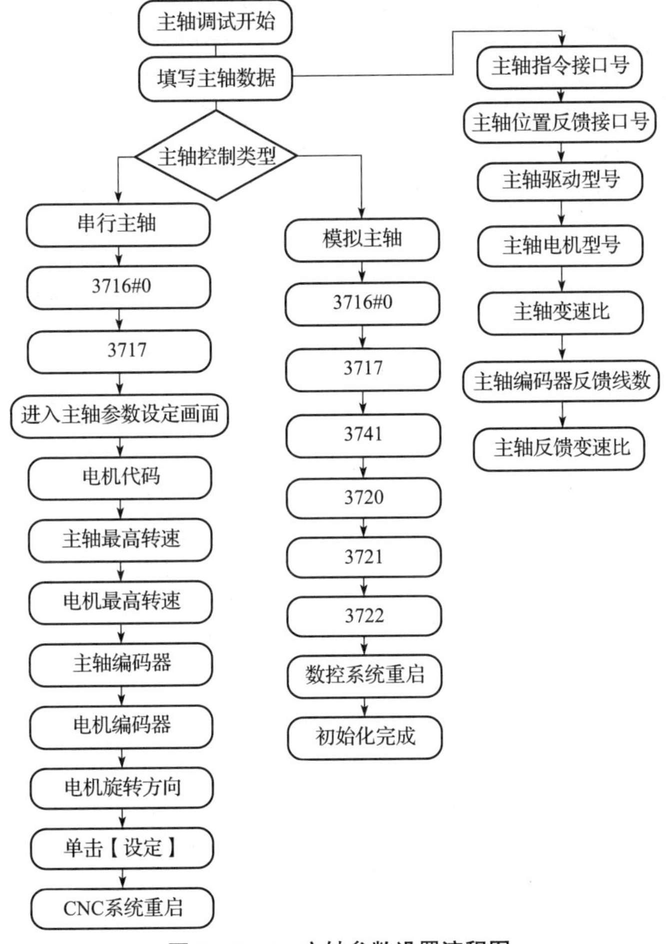

图 3－8－4　主轴参数设置流程图

（2）调整实训室模拟主轴的转速精度，使得在 500 ～ 800r/min 范围内转速误差小于 1%，并记录调整步骤和参数，按图 3 - 8 - 5 所示调整流程图参数。

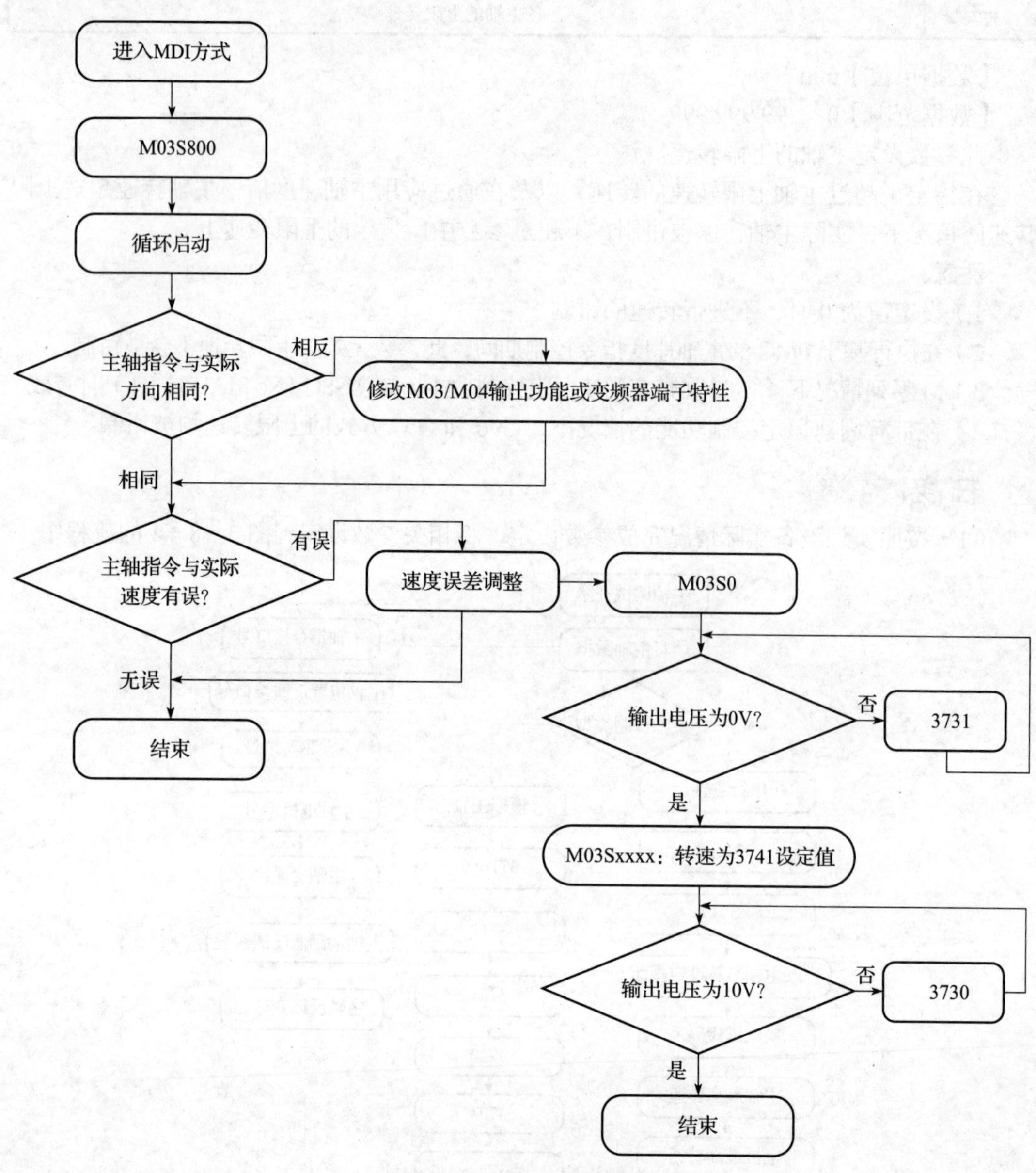

图 3 - 8 - 5　主轴参数调整

项目四 FANUC 数控机床 PMC 编写与调试

项目引入

PLC（Programmable Logic Controller）用于通用设备的自动控制，称为可编程控制器。PLC 用于数控机床的外围辅助电气的控制，称为可编程序机床控制器（Programmable Machine Controller），在 FANUC 数控系统中通常将其称为 PMC，FANUC PMC 是典型的与 CNC 集成在一起的内装式 PLC，其 CPU 和存储器就在 CNC 控制单元的主板上，是 FANUC 数控系统机床上用于控制系统与机床外围动作的程序。

数控机床故障多发于外围行程、限位开关等外围信号检测电路上，维修人员若能够掌握 PMC 控制技术，它将会是数控机床维修中一个有力的解决问题工具，利用 PMC 技术可以解决诊断机床故障是硬件部分故障还是软件部分故障，解决机床外围动作不能够执行的故障，解决因为外围检测信号元器件故障导致的报警，解决常见的换刀故障。

育人目标

学生应了解和掌握 FANUC PMC 的含义、工作原理、功能指令、程序的结构和执行等，在实际生产中，能够正确查阅 BEIJING-FANUC PMC MODEL PA1/SA1/SA3 梯形图语言编程说明书等，理解数控机床工作方式控制、速度倍率控制、自动运行控制、手动运行控制、主轴控制、锁住功能控制、程序校验控制、硬件超程和急停控制、辅助电机控制、外部报警、操作信息控制和自动换刀 PMC 控制等功能。PMC 控制过程的编写与调试方法能够通过 PMC 来诊断和排除数控机床常见的故障，保证数控机床的正常使用，提高企业数控机床的利用率，使得学生们具有从事数控机床电气装调、机床装调维修工等职业的素质和技能，以及从事相关岗位的职业能力和可持续发展能力。

职业素养

在 FANUC 数控机床 PMC 编写与调试学习中，重点培育学生严谨、求真务实、实践创新、精益求精的精神，培养学生踏实严谨，吃苦耐劳、追求卓越的优秀品质，使学生成长为具有专业知识技能、新时代工匠精神、科学精神、爱国奉献精神的自动化高素质技能人才。

任务一 FANUC 数控机床 PMC 认识

任务描述

可编程逻辑控制器是一种专门为在工业环境中应用而设计的数字运算操作电子系统。它采用可编程的存储器，在其内部存储、执行逻辑运算、顺序控制、定时、计数和算术运算等操作的指令，通过数字式或模拟式的输入输出来控制各种类型的机械设备或生产过程。

PMC 工作原理如图 4-1-1 所示。

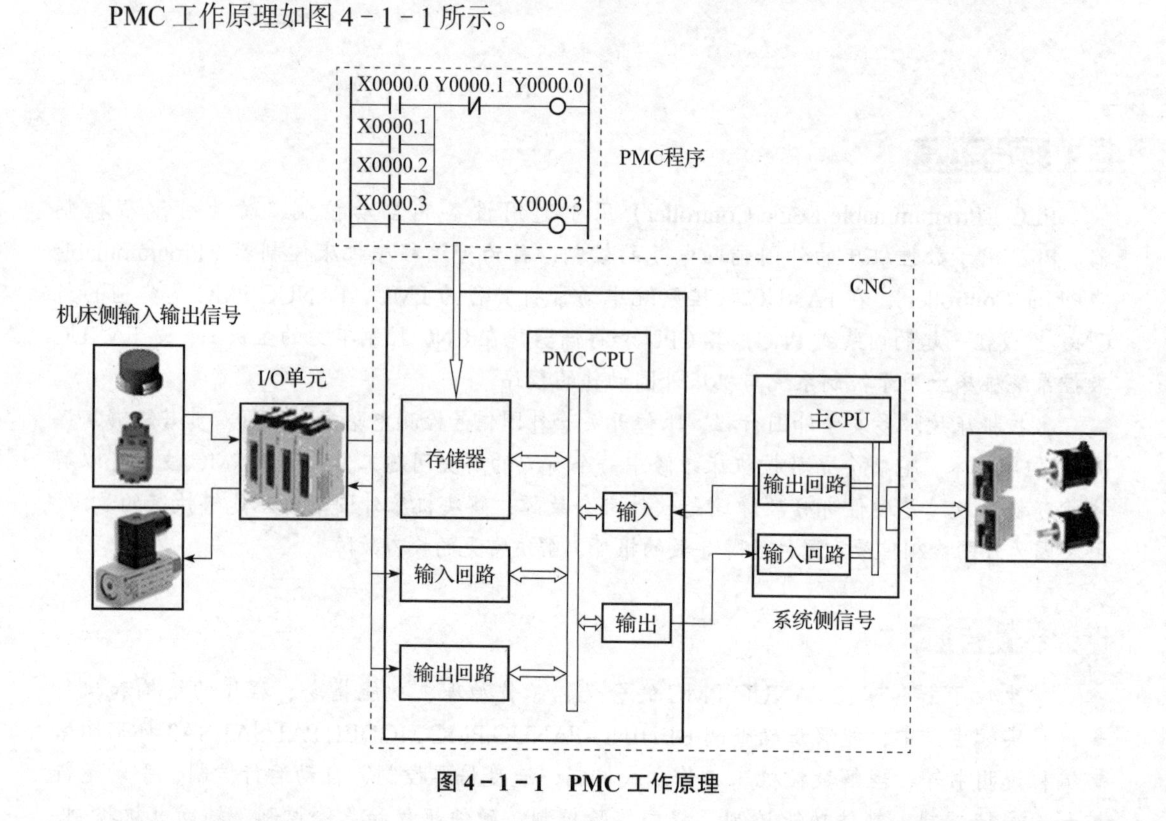

图 4-1-1 PMC 工作原理

任务目标

1. 掌握 PLC 含义。
2. 了解 PLC 在数控机床中的应用形式。
3. 掌握 PLC 与数控系统及数控机床间的信息交换。
4. 掌握 PLC 在数控机床中的工作流程。
5. 掌握 PLC 与数控机床外围电路的关系。
6. 掌握 FANUC 数控系统 PMC 地址类型及作用。
7. 掌握 FANUC 数控系统 PMC 各信号的意义。
8. 掌握 FANUC 数控系统 PMC 信号中带“*”的含义。

9. 掌握 FANUC 数控系统 PMC 循环执行过程。

任务实习

一、PLC 在数控机床中的应用

1. PLC 在数控机床中的应用形式

PLC 在数控机床中的应用通常有两种形式，一种是内装式，另一种是独立式。

内装式 PLC 也称为集成式 PLC，采用这种方式的数控系统，在设计之初就将 NC 和 PLC 结合起来考虑，NC 和 PLC 之间的信号传递是在内部总线的基础上进行的，因而有较高的交换速度和较宽的信息通道。它们可以共用一个 CPU 也可以使用单独的 CPU，这种结构从软硬件整体上考虑，PLC 和 NC 之间没有多余的导线连接，增加了系统的可靠性，而且 NC 和 PLC 之间易实现许多高级功能。PLC 中的信息也能通过 CNC 的显示器进行显示，这种方式对于系统的使用具有较大的优势。内装式 PLC 的 CNC 机床系统框图如图 4-1-2 所示。

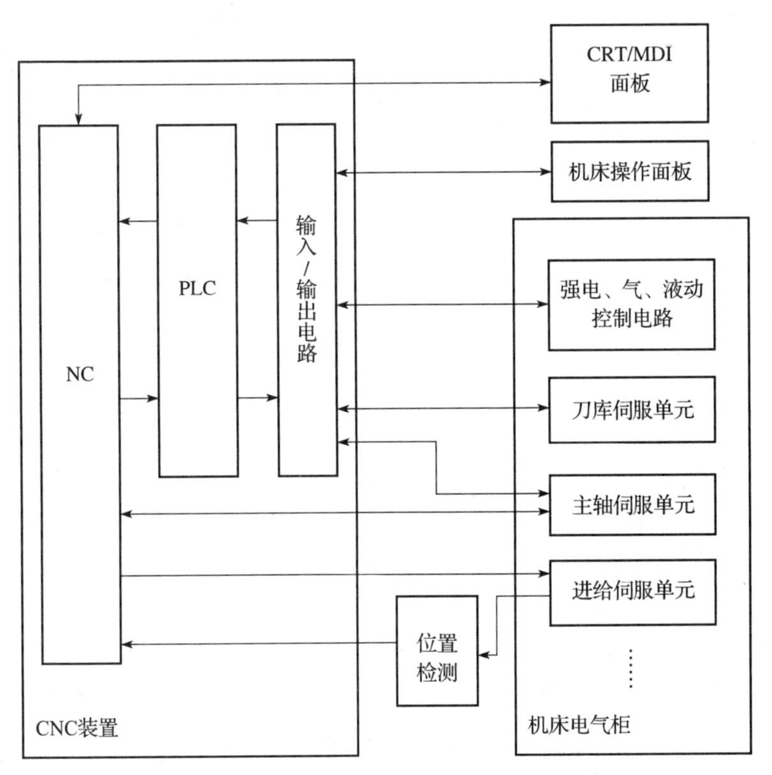

图 4-1-2　内装式 PLC 的 CNC 机床系统框图

独立式 PLC 也称为外装式 PLC，它独立于 NC 装置，是具有独立完成控制功能的 PLC。在采用这种应用方式时，可根据用户自己的特点，选用不同专业 PLC 厂商的产品，并且可以更为方便地对控制规模进行调整。独立式 PLC 的 CNC 机床系统框图如图 4-1-3 所示。

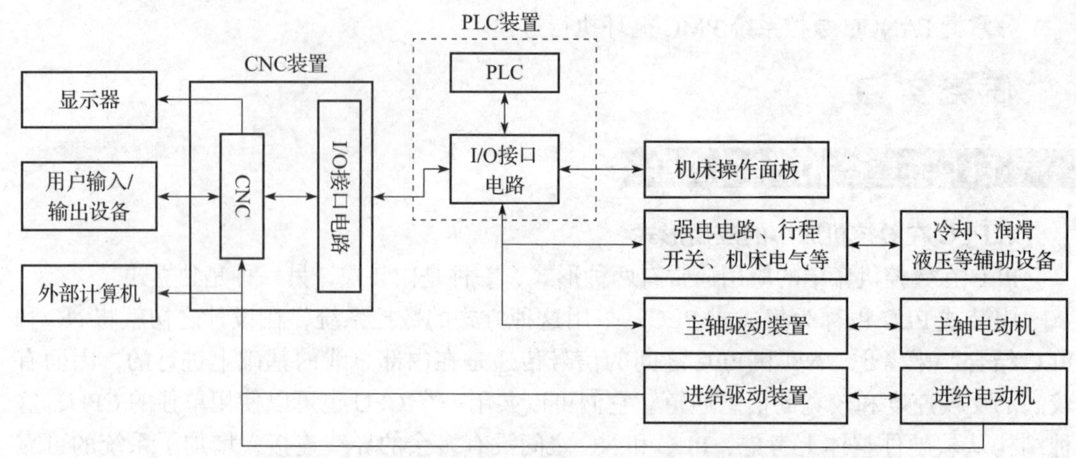

图 4－1－3　独立式 PLC 的 CNC 机床系统框图

2. PLC 与数控系统及数控机床间的信息交换

相对于 PLC，机床和 NC 就是外部。PLC 与机床以及 NC 之间的信息交换，对于 PLC 的功能发挥是非常重要的。PLC 与外部的信息交换通常有四个部分：

（1）机床侧至 PLC：机床侧的开关量信号通过 I/O 单元接口输入到 PLC 中，除极少数信号外，绝大多数信号的含义及所配置的输入地址，均可由 PLC 程序编写者或者程序使用者自行定义。数控机床生产厂家可以根据机床的功能和配置，对 PLC 程序和地址分配进行修改。

（2）PLC 至机床：PLC 的控制信号通过 PLC 的输出接口传送到机床侧，所有输出信号的含义和输出地址也是由 PLC 程序编写者或者程序使用者自行定义。

（3）CNC 至 PLC：CNC 送至 PLC 的信息可由 CNC 直接送入 PLC 的寄存器中，所有 CNC 送至 PLC 的信号含义和地址（开关量地址或寄存器地址）均由 CNC 厂家确定，PLC 编程者只可使用，不可改变和增删。数控指令的 M、S、T 功能，通过 CNC 译码后直接送入 PLC 相应的寄存器中。

（4）PLC 至 CNC：PLC 送至 CNC 的信息也由开关量信号或寄存器完成，所有 PLC 送至 CNC 的信号地址与含义由 CNC 厂家确定，PLC 编程者只可使用，不可改变和增删。

3. PLC 在数控机床中的工作流程

PLC 在数控机床中的工作流程和通常的 PLC 工作流程基本上是一致的，分为以下几个步骤：

（1）输入采样：输入采样就是 PLC 以顺序扫描的方式读入所有输入端口的信号状态，并将此状态读入到输入映象寄存器中。当然，在程序运行周期中，这些信号状态是不会变化的，除非一个新的扫描周期到来，并且原来端口信号状态已经改变，读到输入映象寄存器的信号状态才会发生变化。

（2）程序执行：在程序执行阶段，系统会对程序进行特定顺序地扫描，并且同时读入输入映像寄存区、输出映像寄存区的相关数据，在进行相关运算后，将运算结果存入输出映像寄存区，供输出和下次运行使用。

（3）输出刷新：在所有指令执行完成后，输出映像寄存区的所有输出继电器的状态（接通 / 断开）在输出刷新阶段转存到输出锁存器中，通过特定方式输出，驱动外部负载。

4. PLC 在数控机床中的控制功能

（1）操作面板的控制。操作面板分为系统操作面板和机床操作面板。系统操作面板的控制信号先是进入 NC，然后由 NC 送到 PLC，控制数控机床的运行。机床操作面板的控制信号直接进入 PLC，控制数控机床的运行。

（2）机床外部开关输入信号。将机床侧的开关信号输入到 PLC，进行逻辑运算。这些开关信号包括很多检测元件信号（如行程开关、接近开关、模式选择开关等）。

（3）输出信号控制。PLC 输出信号经外围控制电路中的继电器、接触器、电磁阀等输出给控制对象。

（4）功能实现。系统送出 T 指令给 PLC，经过译码在数据表内检索，找到 T 代码指定的刀号，并与主轴刀号进行比较。如果不符合，发出换刀指令，刀具换刀，换刀完成后，系统发出完成信号。

（5）M 功能实现。系统送出 M 指令给 PLC，经过译码输出控制信号，控制主轴正反转和启动停止等。M 指令完成，系统发出完成信号。

二、PLC 与数控机床外围电路的关系

1. PLC 对外围电路的控制

数控机床通过 PLC 对机床的辅助设备进行控制，PLC 通过对外围电路的控制来实现对辅助设备的控制。PLC 接受 NC 的控制信号以及外部反馈信号，经过逻辑运算、处理将结果以信号的形式输出。输出信号从 PLC 的输出模块输出，有些信号经过中间继电器控制接触器，然后控制具体的执行机构动作，从而实现对外围辅助机构的控制。有些信号不需要通过中间环节的处理直接用于控制外部设施，比如有些直接用低压电源驱动的设备（如面板上的指示灯）。也就是说每一个外部设备（使用 PLC 控制的）都是由 PLC 的控制信号来控制的，每一个外部设备（使用 PLC 控制的）都在 PLC 中和一个 PLC 输出地址相对应。

PLC 对外围设备的控制，不仅仅是要输出信号控制设备、设施的动作，还要接受外部反馈信号，以监控这些设备、设施的状态。在数控机床中，用于检测机床状态的设备或元件主要有温度传感器、振动传感器、行程开关、接近开关等。这些检测信号有些是可以直接输入到 PLC 的输入端口，有些必须要经过一些中间环节才能够输入到 PLC 的输入端口。

无论是输入还是输出，PLC 都必须要通过外围电路才能够控制机床的辅助设施的动作。在 PLC 和外围电路的关系中，最重要的一点就是外部信号和 PLC 内部信号处理的对应关系。这种对应关系就是前面所说的地址分配，即将每一个 PLC 中的地址和外围电路每一路信号相对应。这个工作是在机床生产过程中，编写和该机床相对应的 PLC 程序时，由 PLC 程序编写工程师定义。当然做这样的定义必须遵循必要的规则，以使 PLC 程序符合系统的要求。

2. PLC 输出信号控制相关的执行元件

在数控机床中，不仅仅是输入信号和外围电路涉及对应关系，输出信号和外围控制电路以及要驱动的设备之间也存在对应关系。在设计 PLC 的程序时，必须要考虑数控机床会用到哪些设备，哪些设备是可以由 PLC 直接驱动的，哪些设备必须经过继电器、接

触器等中间环节才能够驱动，以及这些设备的控制信号通过哪个地址号输出。在使用数控机床过程中，我们可以通过阅读电气手册，熟悉机床设施的控制运行方式，方便后续维护机床。

三、FANUC 数控系统 PMC

1. PMC 的程序结构

图 4-1-4 为 FANUC 0i-D 数控系统 PMC 程序结构图，PMC 程序通常由第 1 级程序、第 2 级程序、第 3 级程序和子程序组成。

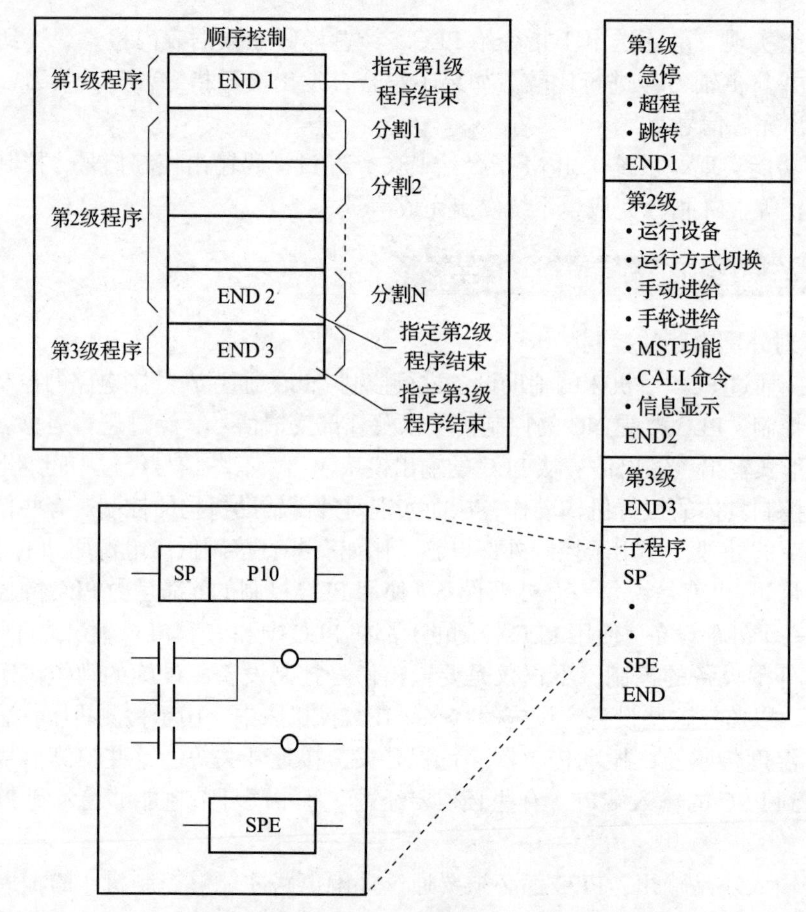

图 4-1-4　FANUC 0i-D 数控系统 PMC 程序结构

第 1 级程序是从程序开始到 END1 命令之间的程序，系统在每个梯形图执行周期中执行一次，其主要特点是信号采样实时输出信号响应快。该程序主要处理短脉冲信号，如急停、超程、跳转等信号。在第 1 级程序中，程序尽量短，这样可以缩短 PMC 程序执行时间。如果没有输入信号，只需要编写 END1 功能指令。

第 2 级程序是 END1 命令之后到 END2 命令之前的程序。第 2 级程序通常包括机床操作面板、ATC（自动换刀装置）、APC（工作台自动交换装置）程序。

第 3 级程序是 END2 命令之后到 END3 命令之前的程序。第 3 级程序主要处理低速相应信号，通常用于 PMC 程序报警信号处理。

子程序是 END3 命令之后到 END 命令之前的程序。通常将具有特定功能并且多次使用的程序段作为子程序。主程序中用指令决定具体子程序的执行状况。当主程序调用子程序并执行时，子程序执行全部指令直至结束，然后系统将返回调用子程序的主程序。子程序只有在需要时才会被调用。

2. PMC 程序循环执行

在 PMC 执行扫描过程中，第 1 级程序每 8ms 执行一次，而第 2 级程序在向 CNC 的调试 RAM 中传送时，第 2 级程序根据程序的长短被自动分割成 n 等分，每 8ms 扫描完第 1 级程序后，再依次扫描第 2 级程序，所以整个 PMC 的执行周期是 n×8ms。因此如果第 1 级程序过长导致每 8ms 扫描的第 2 级程序过少的话，则相对于第 2 级 PMC 所分隔的数量 n 就变多，整个扫描周期会相应延长。而子程序是在第 2 级程序之后，其是否执行扫描受第 1、2 级程序的控制，所以对一些控制较复杂的 PMC 程序，建议用子程序来编写，以减少 PMC 的扫描周期。

CNC 开机后，CNC 与 PMC 同时运行。图 4－1－5 为 PMC 程序循环执行图。一个工作周期为 8ms，其中前 1.25ms 为执行 PMC 梯形图程序。首先执行全部的第 1 级程序，1.25ms 中剩下的时间内执行第 2 级程序的一部分（这叫作 PMC 程序的分割）。第 1 级程序要求 PMC 紧急处理的事件，比如急停、撞到限位开关等。执行完 PMC 程序后的 8ms 中的剩余时间为 CNC 的处理时间。在随后的各周期内，每个周期的开始均执行一次 PMC 的第 1 级程序，因此在宏观上，紧急事件似乎是立即反应的。执行完第 1 级程序后，再执行 PMC 第 2 级程序中剩余的分割，直至全部 PMC 程序执行完毕。然后又重新执行 PMC 程序，周而复始。由此可见，第 1 级程序应该越短越好，整个程序的总步数应该越少越好。

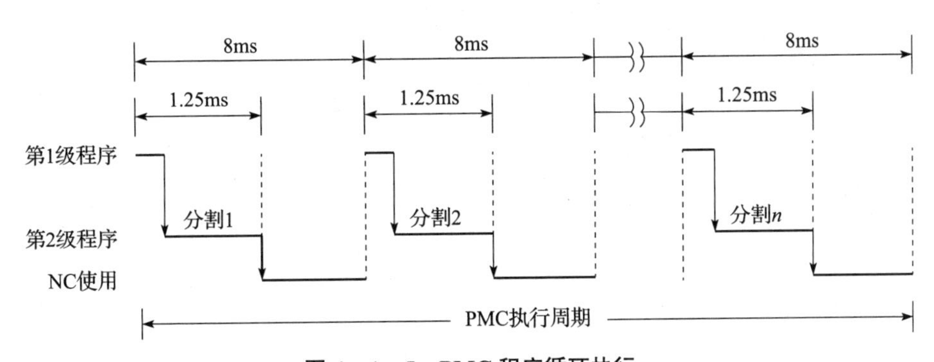

图 4－1－5　PMC 程序循环执行

3. PMC 地址

地址是用来区分信号的，不同的地址分别对应机床侧的输入 / 输出信号、CNC 侧的输入 / 输出信号、内部继电器、计数器、定时器、保持型继电器和数据表。PMC 程序中主要使用四种类型的地址，如图 4－1－6 所示。

每个地址由地址号和位号（0 ～ 7）组成。在地址号的开头必须指定一个字母来表示信号的类型。如 X18.5，其中 X18 为地址号，5 为位号。

绝对地址：I/O 信号的存储器区域，地址唯一。

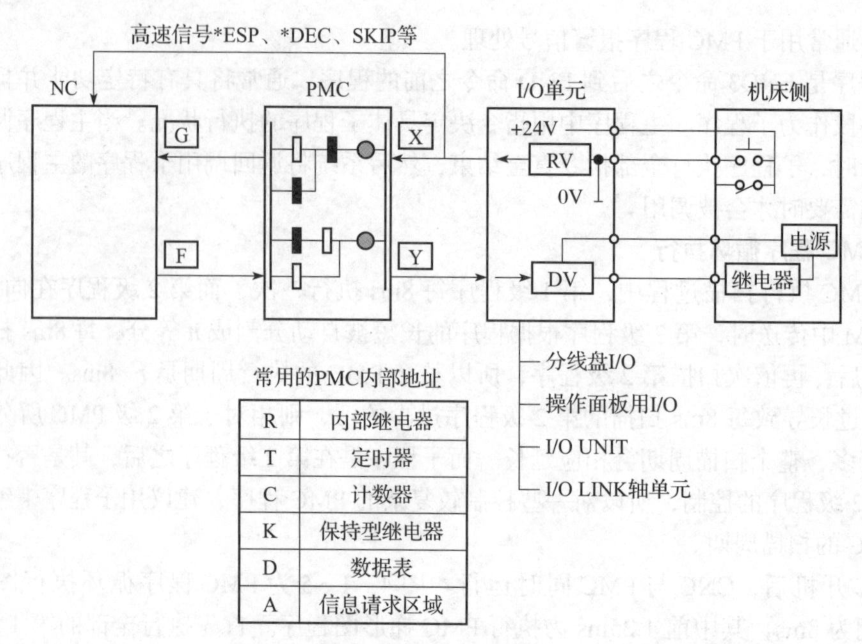

R	内部继电器
T	定时器
C	计数器
K	保持型继电器
D	数据表
A	信息请求区域

图 4-1-6 PMC 地址

符号地址：用英文字母代替的地址，只是一种符号，可为 PMC 程序编辑、阅读与检查提供方便，但不能取代绝对地址。

4. PMC、CNC、MT 之间的关系（如图 4-1-7 所示）

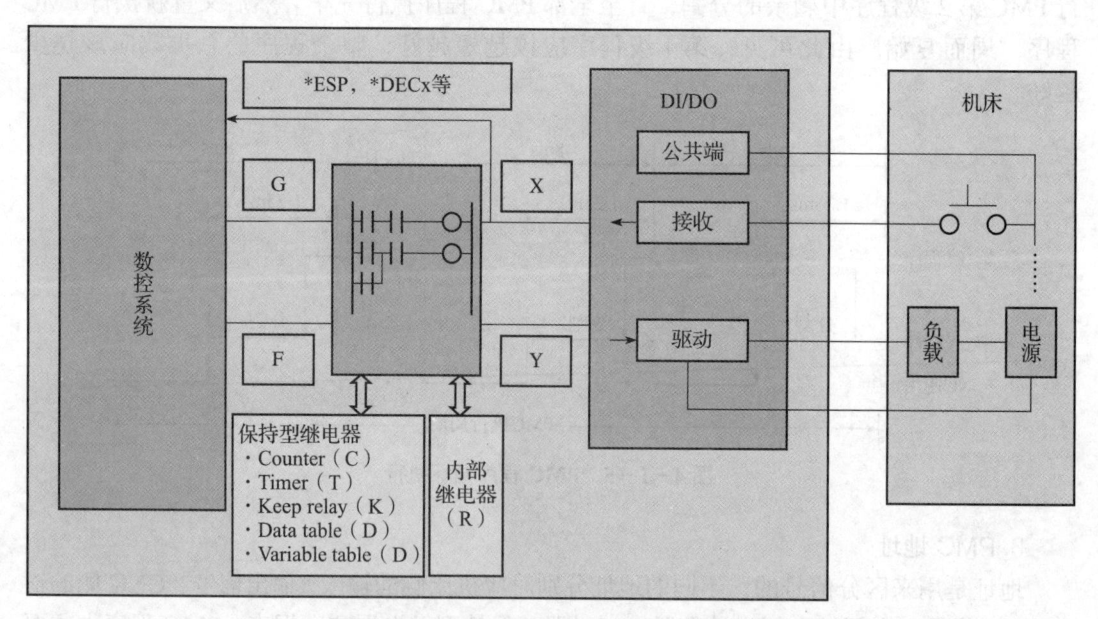

图 4-1-7 PMC、CNC、MT 之间的关系

（1）CNC 是数控系统的核心，机床上 I/O 要与 CNC 交换信息，要通过 PMC 处理才能完成，PMC 在机床与 CNC 之间发挥桥梁的作用。

（2）机床本体信号进入 PMC，输入信号为 X 信号，输出到机床本体的信号为 Y 信

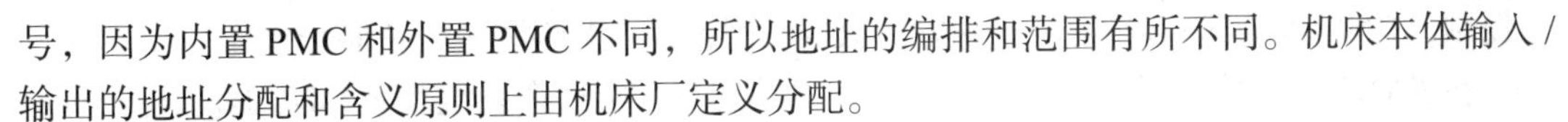

号，因为内置 PMC 和外置 PMC 不同，所以地址的编排和范围有所不同。机床本体输入 / 输出的地址分配和含义原则上由机床厂定义分配。

（3）根据机床动作要求编写 PMC 程序，由 PMC 处理后送给 CNC 装置的信号为 G 信号，CNC 处理结果产生的标志位为 F 信号，直接用于 PMC 逻辑编程，各具体信号含义可以参考 FANUC 有关技术资料或后述部分。

（4）PMC 本身还有内部地址（内部继电器、可变定时器、计数器、数据表、信息显示、保持型继电器等），在需要时也可以把 PMC 作为普通 PLC 使用。

（5）机床本体上的一些开关量通过接口电路进入系统，大部分信号进入 PMC 控制器参与逻辑处理，处理结果送给 CNC 装置（G 信号）。其中有一部分高速处理信号如 *DEC（减速）、*ESP（急停）、SKIP（跳跃）等直接进入 CNC 装置，由 CNC 装置直接处理相关功能。CNC 输出控制信号为 F 信号，该信号根据需要参与 PMC 编程。带 * 的信号是负逻辑信号，例如急停信号（*ESP）通常为 1（没有急停动作），当处于急停状态时，*ESP 信号为 0。

5. 输入 / 输出信号（X，Y）

FANUC 系统的 PMC 与机床本体的输入信号地址符为 X，输出信号地址符为 Y，I/O 模块由于系统和配置的 PMC 软件版本不同，地址范围也不同，前面已有介绍。以 FANUC 0i-D 系统来讲，都是外置 I/O 模块，对典型数控机床来讲，输入 / 输出信号主要有以下三方面内容。

（1）数控机床操作面板开关输入和状态指示。

数控机床操作面板不管是选用 FANUC 标准面板还是用户自行设计的操作面板，典型数控机床操作面板的主要功能相差不多，一般包括：

1）操作方式开关和状态灯（自动、手动、手轮、回参考点、编辑、DNC、MDI 等）。

2）程序控制开关和状态灯（单段、空运行、轴禁止、选择性跳跃等）。

3）手动主轴正转、反转、停止按钮、状态灯以及主轴倍率开关。

4）手动进给轴方向选择按钮及快进键。

5）冷却控制开关和状态灯。

6）手轮轴选择开关和手轮倍率开关（×1、×10、×100、×1 000）。

7）手动按钮和自动倍率开关。

8）急停按钮。

9）其他开关。

（2）数控机床本体输入信号。

数控机床本体输入信号一般有每个进给轴减速开关、超程开关、机床功能部件上的开关。

（3）数控机床本体输出信号。

数控机床本体输出信号一般有冷却泵、润滑泵、主轴正转 / 反转（模拟主轴）、机床功能部件的执行动作等。

6. G 信号和 F 信号

G 信号和 F 信号的地址是由 FANUC 公司规定的，CNC 要实现某一个逻辑功能必须编写相应的 PMC 程序，结果输出相应 G 信号，由 CNC 实现对进给电动机和主轴电动机的控制；CNC 当前运行状态需要参与 PMC 程序控制，就必须读取 F 信号地址。

在 FANUC 数控系统中，CNC 与 PMC 的接口信号随着系统型号和功能的不同而不同，各个系统的 G 信号和 F 信号有一定的共性和规律。在技术资料中，G、F 信号一般表示方法是 G×××（表示 G 信号地址为 ×××），G×××.1（表示 G 信号地址 ××× 中 0～7 的第 1 位信号），有时也用 G×××#× 表示位信号地址，各信号也经常用符号表示，例如 *ESP 就表示地址信号为 G8.4 的位符号，加 * 表示 0 有效，平时要使该信号为 1。F 信号的地址表示基本与 G 信号一致。在设计与调试 PMC 中，一般需要学会查阅 G 信号和 F 信号。

7. FANUC 0i-D 系列 PMC 信号地址

PMC 信号地址用一个指定的字母表示信号的类型，用字母后的数字表示信号地址。FANUC 0i-D 系列数控系统从机床侧输入的高速信号地址是固定的，这些信号包括各轴的测量位置到达信号、各轴返回参考点减速信号、跳转信号以及急停信号等，见表 4-1-1。

表 4-1-1　固定地址输入信号

信号		符号	地址	
			使用 I/O Link	使用内装 I/O 卡
T 系列	X 轴测量位置到达信号	XAE	X4.0	X1004.0
	Z 轴测量位置到达信号	ZAE	X4.1	X1004.1
	刀具补偿测量值直接输入功能 B（+X 方向信号）	+MIT1	X4.2	X1004.2
	刀具补偿测量值直接输入功能 B（-X 方向信号）	-MIT1	X4.3	X1004.3
	刀具补偿测量值直接输入功能 B（+Z 方向信号）	+MIT2	X4.4	X1004.4
	刀具补偿测量值直接输入功能 B（-Z 方向信号）	-MIT2	X4.5	X1004.5
M 系列	X 轴测量位置到达信号	XAE	X4.0	X1004.0
	Y 轴测量位置到达信号	YAE	X4.1	X1004.1
	Z 轴测量位置到达信号	ZAE	X4.2	X1004.2
M、T 系列共用	跳转（SKIP）信号	SKIP	X4.7	X1004.7
	急停信号	*ESP	X8.4	X1008.4
	第 1 轴参考点返回减速信号	*DEC1	X9.0	X1009.0
	第 2 轴参考点返回减速信号	*DEC2	X9.1	X1009.1
	第 3 轴参考点返回减速信号	*DEC3	X9.2	X1009.2
	第 4 轴参考点返回减速信号	*DEC4	X9.3	X1009.3
	第 5 轴参考点返回减速信号	*DEC5	X9.4	X1009.4
	第 6 轴参考点返回减速信号	*DEC6	X9.5	X1009.5
	第 7 轴参考点返回减速信号	*DEC7	X9.6	X1009.6
	第 8 轴参考点返回减速信号	*DEC8	X9.7	X1009.7

任务实施

一、查找设备输入 / 输出信号

查找 FANUC 0i Mate-TD 数控车床设备输入 / 输出信号，填写在表 4-1-2 中。

表 4-1-2　FANUC 0i Mate-TD 数控车床输入 / 输出信号

按键名称	按键输入地址	指示灯信号	按键输出信号	备注

二、任务考核

（1）PLC 含义。
（2）PLC 在数控机床中的应用形式。
（3）PLC 与数控系统及数控机床间的信息交换。
（4）PLC 在数控机床中的工作流程。
（5）PLC 与数控机床外围电路的关系。
（6）FANUC 数控系统 PMC 地址类型及作用。
（7）FANUC 数控系统 PMC 各信号的意义。
（8）FANUC 数控系统 PMC 信号中带“*”的含义。
（9）FANUC 数控系统 PMC 循环执行过程。

任务二　数控机床 I/O Link 的连接与 I/O 单元地址分配

任务描述

机床侧的输入 / 输出信号连接到相应的 I/O 单元，经过串行通信电缆与系统相连，其中 I/O 单元与系统之间的通信连接称为 I/O Link 连接。

数控机床常用的 I/O 单元如图 4-2-1 所示。

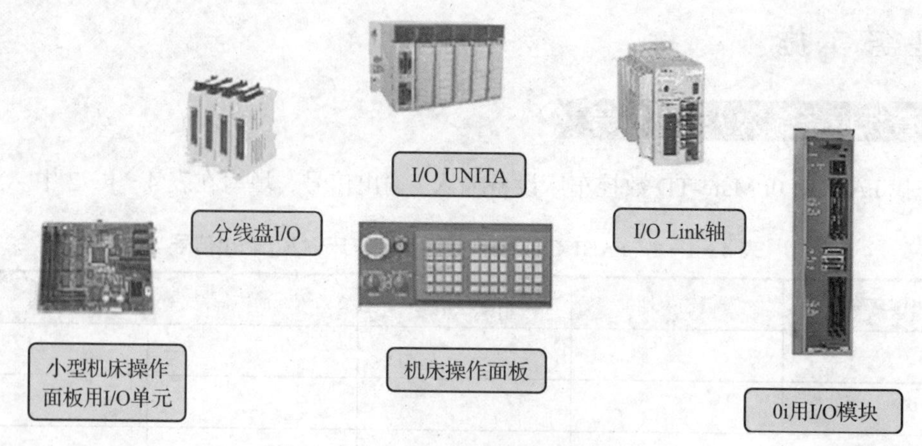

图 4-2-1 数控机床常用的 I/O 单元

任务目标

1. 了解 I/O 单元的种类。
2. 掌握 FANUC 数控车床 I/O Link 的连接。
3. 掌握 FANUC 0i-D 数控系统 I/O 单元的地址分配设定。

任务实习

一、数控机床 I/O Link 的连接

FANUC 数控机床 I/O Link 的连接如图 4-2-2 所示。

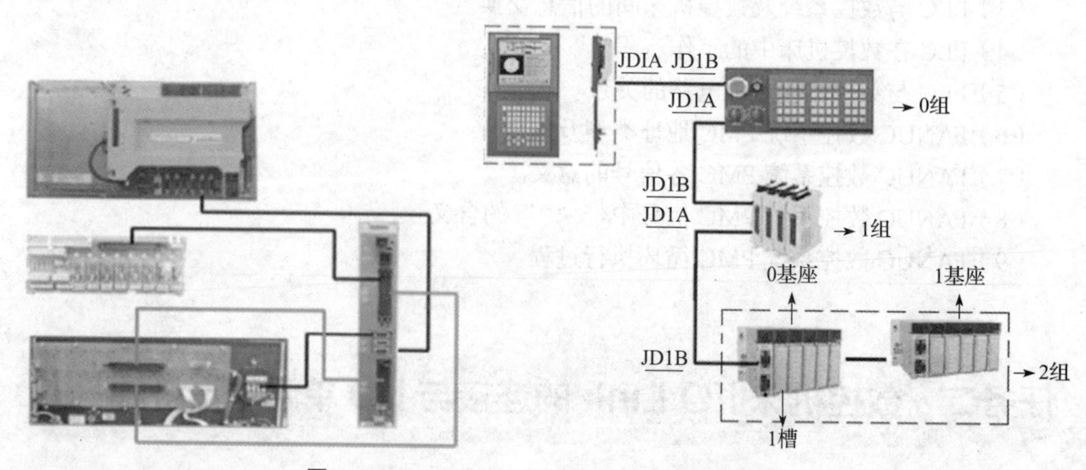

图 4-2-2 FANUC 数控机床 I/O Link 的连接

FANUC I/O Link 是一个串行接口，将 CNC、单元控制器、分布式 I/O、机床操作面板或 Power Mate 连接起来，并在各设备间高速传送 I/O 信号（位数据）。

当连接多个设备时，FANUC I/O Link 将一个设备认作主单元，其他设备作为子单元。子单元的输入信号每隔一定周期送到主单元，主单元的输出信号也每隔一定周期送至子单

元。0i-D 系列和 0i Mate-D 系列中，JD51A 插座位于主板上。

I/O Link 分为主单元和子单元。作为主单元的 0i-D/0i Mate-D 系列控制单元与作为子单元的分布式 I/O 相连接。子单元分为若干个组，一个 I/O Link 最多可连接 16 组子单元。根据单元的类型以及 I/O 点数的不同，I/O Link 有多种连接方式。PMC 程序可以对 I/O 信号的分配和地址进行设定，用来连接 I/O Link。I/O 点数最多可达 1024/1024 点。I/O Link 的两个插座分别叫作 JD1A 和 JD1B，对所有单元（具有 I/O Link 功能）来说是通用的。电缆总是从一个单元的 JD1A 连接到下一单元的 JD1B，尽管最后一个单元是空着的，也无需连接一个终端插头。对于 I/O Link 中的所有单元来说，JD1A 和 JD1B 的引脚分配都是一致的，不管单元的类型如何，均可按照图 4－2－2 来连接 I/O Link。

二、数控机床 I/O 单元地址分配

FANUC 0i-D 数控系统 I/O 单元采用的是 I/O Link 总线连接方式，各个 I/O 单元都有确定的 I/O 点，将主控单元与 I/O 模块相连后，这些 I/O 点的相对地址与外部连接引脚的对应关系都是确定的。

依据其在回路中的先后顺序，以组、座、槽来描述。

（1）系统与 I/O 单元、I/O 单元与 I/O 单元通过 JD1A → JDIB 相连，通过 JDIA/JDIB 连接的 I/O 单元被称为组，系统最先连接的 I/O 单元被称为 0 组，依次类推。

（2）当使用 I/O UNITA 模块时，可以在基本模块之外再连接扩展模块，那么对基本模块和扩展模块以座来定义，基本模块为 0 座，扩展模块为 1 座。

（3）同样是 I/O UNITA 的模块，在每个基座上可以安装若干个板卡模块，板卡模块以槽来定义，靠近单元侧为 1 号槽，其次按顺序排列。

（4）其他模块作为整体以 *n* 组、0 座、1 槽进行定义。

FANUC 数控系统 I/O 单元名称的定义见表 4－2－1。

表 4－2－1　FANUC 数控系统 I/O 单元名称的定义

I/O 点数	输入地址	输出地址
1-8B（8 ～ 64 点）	/1-/8	/1-/8
12B（96 点）	OC01I	OC01O
16B（128 点）	OC02I	OC02O
32B（256 点）	OC03I	OC03O

设定 I/O 地址时，只需对 I/O Link 单元的首字节输入或输出进行设定，其余字节可自动分配。例如当在输入 X0 上设定了 16 字节且输入 OC02I 后，其余的 15 字节（Xl ～ X15）将自动变为 OC02I，字节 X16 后的名称可以另外设定。

PMC 地址设定原则：

（1）模块的分配很自由，但有一个原则，即连接手轮的模块必须为 16 字节且手轮连在离系统最近的一个大小为 16 字节的模块的 JA3 接口上。

对于此 16 字节模块，Xm+0 ～ Xm+11 用于输入，即使实际上没有输入点，但为了连

接手轮也需如此分配。Xm+12 ～ Xm+14 用于三个手轮的信号输入。只连接一个手轮时，旋转手轮可看到 Xm+12 中的信号在变化。Xm+15 用于输出信号的报警。

如图 4－2－3 所示，FANUC 0i-D 用 I/O 单元 A 的硬件点地址分布，按照前面的连接，它从 X0 开始分配，此时 m=0，此点的地址为 X0.0。

CB104			CB104			CB104			CB104		
	A	B		A	B		A	B		A	B
01	0V	+24V	01	0V	+24V	01	0V	+24V	01	0V	+24V
02	Xm+0.0	Xm+0.1	02	Xm+3.0	Xm+3.1	02	Xm+4.0	Xm+4.1	02	Xm+7.0	Xm+7.1
02	Xm+0.2	Xm+0.3	02	Xm+3.2	Xm+3.3	02	Xm+4.2	Xm+4.3	02	Xm+7.2	Xm+7.3
04	Xm+0.4	Xm+0.5	04	Xm+3.4	Xm+3.5	04	Xm+4.4	Xm+4.5	04	Xm+7.4	Xm+7.5
05	Xm+0.6	Xm+0.7	05	Xm+3.6	Xm+3.7	05	Xm+4.6	Xm+4.7	05	Xm+7.6	Xm+7.7

图 4－2－3　I/O Link 单元地址分配

（2）分配地址时，某些特殊的输入信号必须使用规定的输入地址，当这些信号在不同的 I/O Link 单元连接时，必须通过地址的设定，使其符合规定。如 X8.4、X9.0 ～ X9.4 等高速输入点的分配要包含在相应的 I/O 模块中。

（3）不能有重复组号的设定出现，否则会造成不正确的地址输出。

（4）软件设定组数量要和实际的硬件连接数量相对应（K906#2 可忽略所产生的报警）。

（5）设定完成后需要保存到 FLASH ROM 中，同时需要再次上电后才有效。

三、FANUC 0i-D/0i Mate-D 系统 PMC 地址的分配

FANUC 0i-D/0i Mate-D 系统由于 I/O 点、手轮脉冲信号都连接在 I/O Link 上，在 PMC 梯形图编辑之前都要进行 I/O 模块的设置（地址分配），同时也要考虑到手轮的连接位置。当使用 0i 用 I/O 模块且不连接其他模块时，可以设置如下：X 从 X0 开始设置为 0.0.1.OC02I；Y 从 Y0 开始为 0.0.1/8，如图 4－2－4 和图 4－2－5 所示。

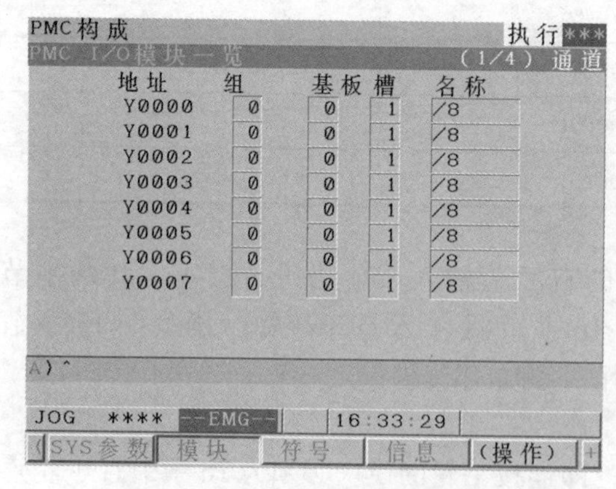

图 4－2－4　I/O 模块地址分配

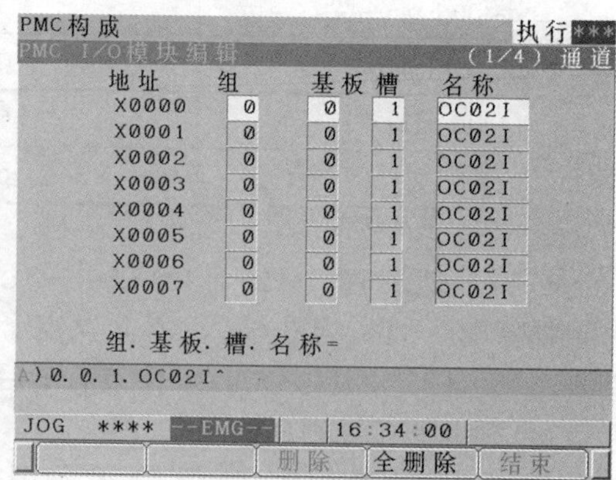

图 4－2－5　系统侧地址设定画面

0i-D 系统的 I/O 模块的分配很自由，但有一个原则，即连接手轮的手轮模块必须为

16 字节，且手轮连在离系统最近的一个 16 字节大小的模块的 JA3 接口上。

各 I/O Link 模块都有一个独立的名字，在进行地址设定时，不仅需要指定地址，还需要指定硬件模块的名字，OC02I 为模块的名字，它表示该模块的大小为 16 字节，OC01I 表示该模块的大小为 12 字节，/8 表示该模块有 8 字节。

在模块名称前的【0.0.1】表示硬件连接在组、基板、槽的位置。从一个 JD1A 引出来的模块算是一组，在连接的过程中，要改变的仅仅是组号，数字从靠近系统的模块 0 开始逐渐递增。原则上 I/O 模块的地址可以在规定范围内任意处进行定义，但是为了机床的梯形图统一管理，最好按照以上推荐的标准定义，注意一旦定义了起始地址（m），该模块的内部地址就分配完毕了。在模块分配完毕后，要注意保存，然后机床断电后再上电，分配的地址才能生效。同时注意模块要优先于系统上电，否则系统上电时无法检测到该模块。

地址设定的操作可以在系统画面上完成，也可以在 FANUC LADDER Ⅲ软件中完成，编辑 0i-D 的梯形图必须在 FANUC LADDER Ⅲ 5.7 版本或以上版本上才可以。

任务实施

一、FANUC 0i Mate-D 系统 PMC 地址的分配设定

步骤 1：选择 MDI 方式。

步骤 2：按下控制面板上的功能键，系统进入刀偏页面，如图 4-2-6 所示。

步骤 3：按软键【设定】，如图 4-2-7 所示。

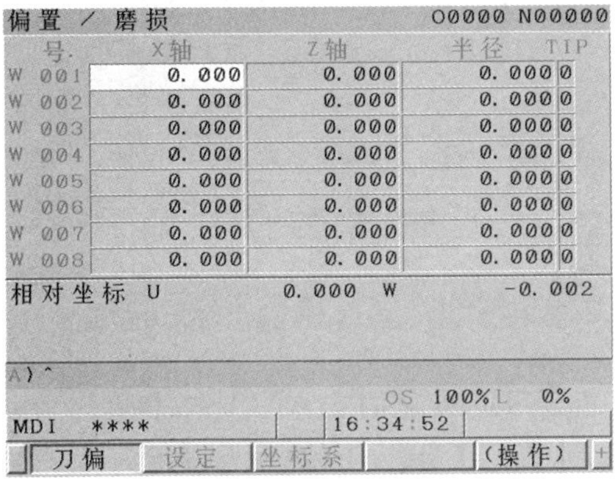

偏置 / 磨损　O0000 N00000

号.	X轴	Z轴	半径	TIP
W 001	0.000	0.000	0.000	0
W 002	0.000	0.000	0.000	0
W 003	0.000	0.000	0.000	0
W 004	0.000	0.000	0.000	0
W 005	0.000	0.000	0.000	0
W 006	0.000	0.000	0.000	0
W 007	0.000	0.000	0.000	0
W 008	0.000	0.000	0.000	0

相对坐标 U 0.000 W -0.002

A)^

OS 100% L 0%

MDI **** 16:34:52

刀偏 设定 坐标系 (操作) +

图 4-2-6　刀偏页面

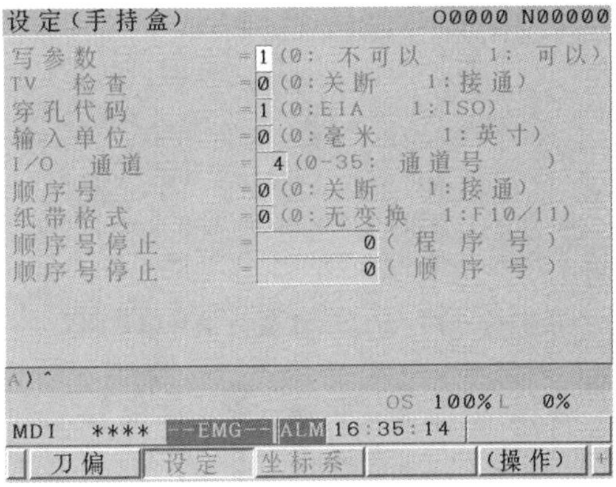

设定（手持盒）　O0000 N00000

写参数 = 1 (0: 不可以 1: 可以)
TV 检查 = 0 (0:关断 1:接通)
穿孔代码 = 1 (0:EIA 1:ISO)
输入单位 = 0 (0:毫米 1:英寸)
I/O 通道 = 4 (0-35: 通道号)
顺序号 = 0 (0:关断 1:接通)
纸带格式 = 0 (0:无变换 1:F10/11)
顺序号停止 = 0 (程序号)
顺序号停止 = 0 (顺序号)

A)^

OS 100% L 0%

MDI **** --EMG-- ALM 16:35:14

刀偏 设定 坐标系 (操作) +

图 4-2-7　设定画面

当提示“写参数”时，输入 1，出现 P/S100 报警时，表明参数写打开，在设定页面中，修改 PWE=1（参数可写入状态）。

步骤 4：按控制面板上的功能键再按功能键【SYSTEM】，再按软键【参数】进入参数页面，多次按软键【+】进入 PMC 页面，如图 4-2-8 所示。

步骤 5：按软键【PMCCNF】进入 PMC 配置页面，如图 4-2-9 所示。

步骤 6：按软键【设定】进入 PMC 配置设定页面，按软键【+】，再按软键【模块】，进入图 4-2-10 所示的页面。

步骤 7：按软键【操作】，再按软键【编辑】进入 I/O Link 地址设定页面，将光标移到“X0020”处，输入 0.0.1.OC02I。

步骤 8：按方向键，将光标移到“Y0024”处，输入 0.0.1.OC01O，进入图 4－2－11 所示的页面，这样第 1 个 I/O 模块设置完毕。同样方法设置第 2 个 I/O 模块。

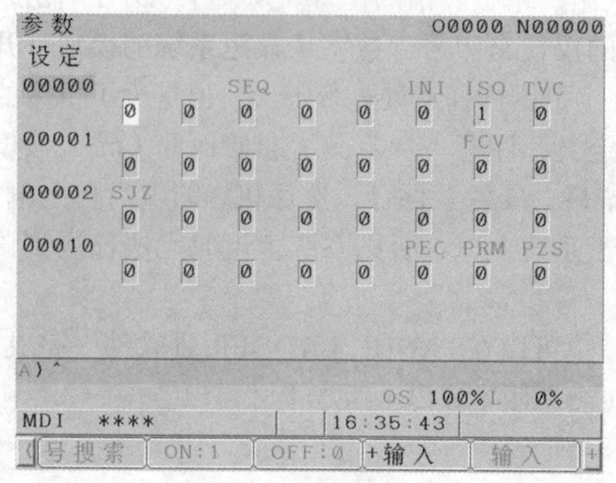

图 4－2－8　参数设定画面

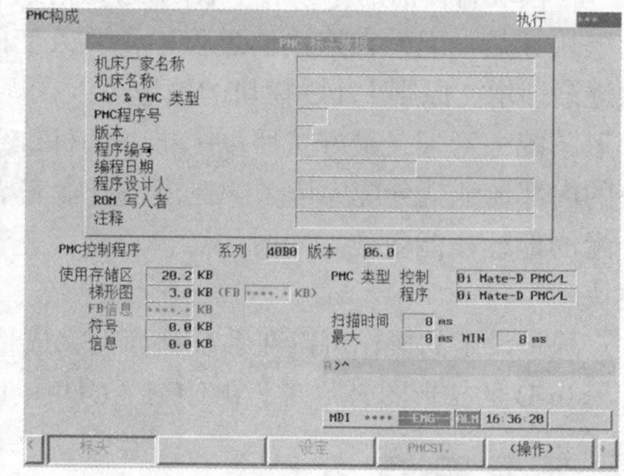

图 4－2－9　PMC 配置页面

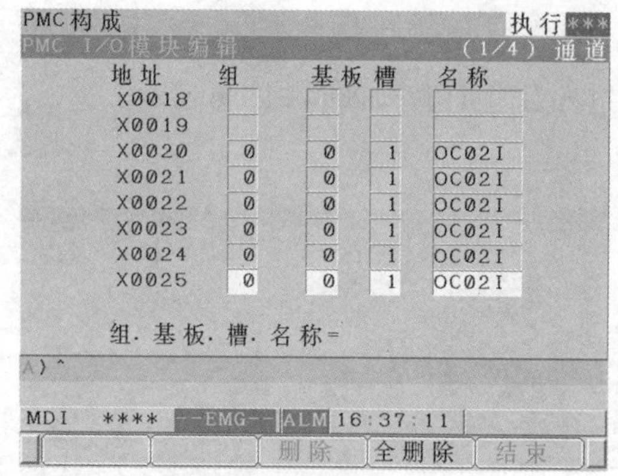

图 4－2－10　I/O Link 输入信号设定画面

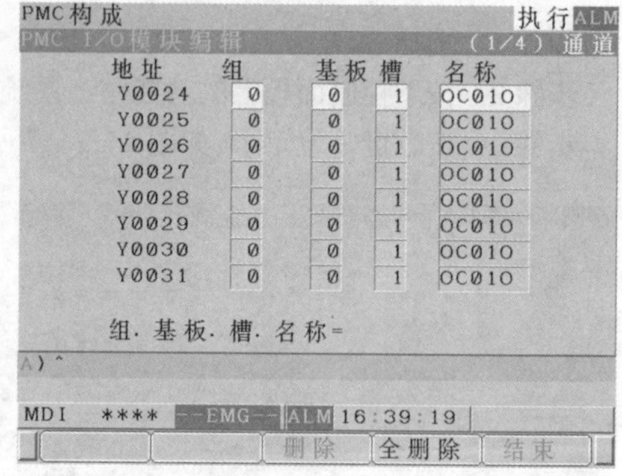

图 4－2－11　I/O Link 输出信号设定画面

步骤 9：设置完后按软键【结束】，提示是否要写入 FLASH ROM，选择【是】。

步骤 10：多次按软键【＋】，直到出现软键【设定】，进入 PMC 配置设定页面，再按翻页键，进入内置编码器功能有效设定页面，如图 4－2－12 所示。

步骤 11：按控制面板上的功能键，再按软键【参数】进入参数页面，多次按软键【＋】进入 PMC 页面，再按软键【PMCMNT】进入 PMC 维护页面，将光标移到需要强制的信号的地址上，如图 4－2－13 所示。

步骤 12：按软键【操作】，再按软键【强制】，然后按软键【1-】，进入信号强制页面，如图 4－2－14 所示。按软键【开】，进行信号强制，按软键【关】则取消强制。

步骤 13：查看手轮连接是否正常，输入 X32，按软键【搜索】，摇动手轮，信号变化正常。

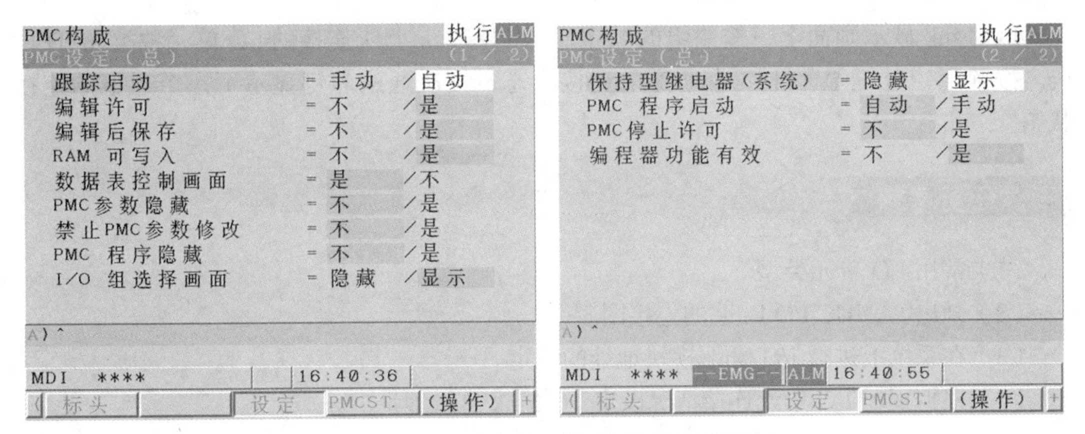

图 4-2-12　内置编码器功能有效设定页面

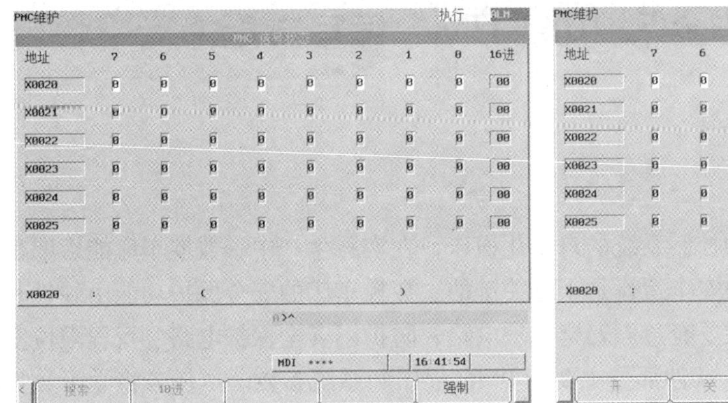

图 4-2-13　PMC 维护页面

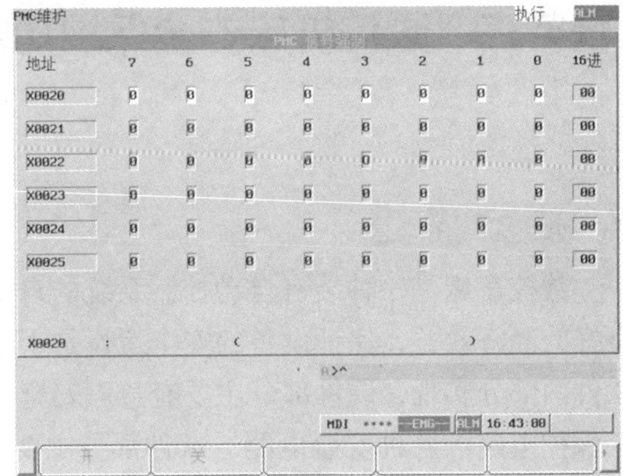

图 4-2-14　信号强制页面

二、I/O Link 连接状态显示画面

I/O Link 连接状态显示画面如图 4-2-15 所示。

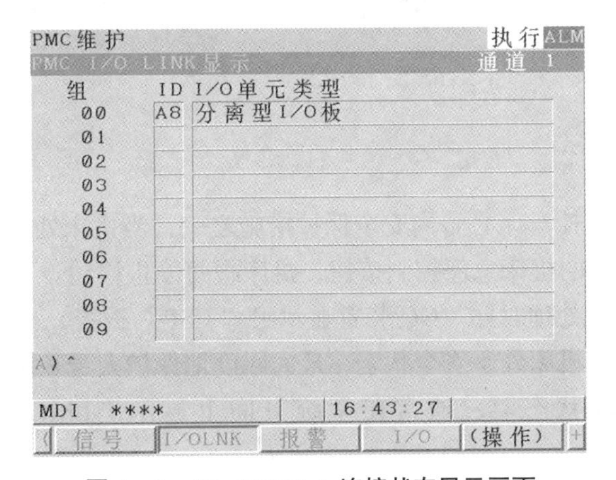

图 4-2-15　I/O Link 连接状态显示画面

I/O Link 显示画面上，按照组的顺序显示 I/O Link 上所连接的 I/O 单元种类和 ID 代码。按前通道软键显示上一个通道的连接状态；按次通道软键显示下一个通道的连接状态。

三、任务考核

（1）常用 I/O 单元类型。

（2）画出 FANUC I/O Link 的连接图。

（3）在系统上进行 I/O Link 模块地址的设定。

（4）根据现场 I/O 单元连接情况设定 I/O Link 总线地址。

任务三 数控机床安全保护功能 PMC 编写与调试

任务描述

数控车床是一种装有自动控制系统的自动化机床，在实际生产中，数控车床能否取得良好的经济效益，保证设备的安全运行是十分关键的。数控车床的安全保护功能由硬件和软件两部分实现，硬件部分主要有急停安全保护电路、防护门安全保护电路、行程限位安全保护电路等各种安全电路；软件部分主要为 PMC 程序和系统参数。本任务将学习数控机床安全保护功能 PMC 编写与调试。

任务目标

1. 掌握急停功能 PMC 编写与调试。
2. 掌握行程限位安全保护功能 PMC 编写与调试。
3. 掌握复位功能 PMC 编写与调试。

任务实习

一、急停功能

急停控制回路是数控车床必备的安全保护措施之一，当机床处于紧急情况时，操作人员按下图 4-3-1 所示的机床急停控制按钮，机床瞬间停止移动。

数控装置启动急停处理时序（NC 装置显示出“ESP”报警)，伺服切断动力电源，数控系统停止运动指令，机床处于安全状态，最大限度地保护人身和设备安全。

当机床出现急停状态时，通常在系统页面上显示“EMG”“ALM”报警，如图 4-3-2 所示。

图 4-3-1 机床急停控制按钮

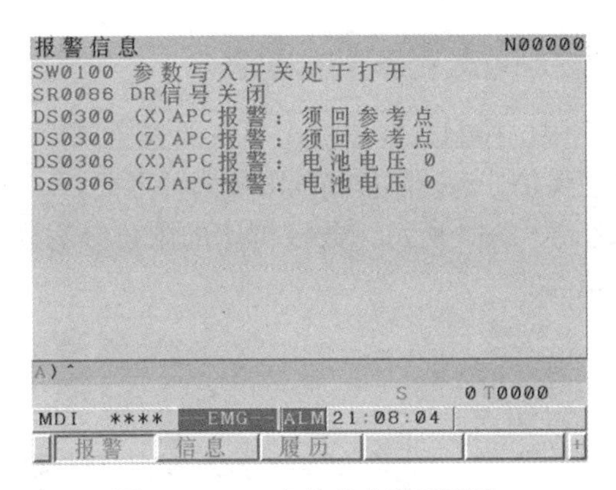

图 4-3-2 急停状态显示页面

数控车床急停安全保护电路由两部分组成，一部分是 PMC 急停控制信号 X8.4，另一部分是伺服放大器的 ESP 端子，这两部分中任意一个断开机床就出现报警，伺服放大器 ESP 端子断开出现 SV401 报警，控制信号 X8.4 断开出现 ESP 报警。

急停控制信号有 X 硬件信号（*X8.4）和 G 软件信号（*G8.4）两种，数控装置直接读取由机床侧发出的信号（*X8.4）和由 PMC 向数控装置发出的输出信号（*G8.4），两个信号任意一个为 0 时，系统立即进入急停控制状态。

通常，在急停状态下，机床准备好信号 G70.7 断开；第一串行主轴不能正常工作，G71.1 信号也断开。急停功能主要信号见表 4-3-1。

表 4-3-1 急停功能主要信号

地址	#7	#6	#5	#4	#3	#2	#1	#0
X8				*ESP				
G8				*ESP				
G70	MRDYA							
G71							ESPA	

急停功能程序实时性要求高，通常将急停功能 PMC 程序放在 PMC 第 1 级程序处理，如图 4-3-3 所示。

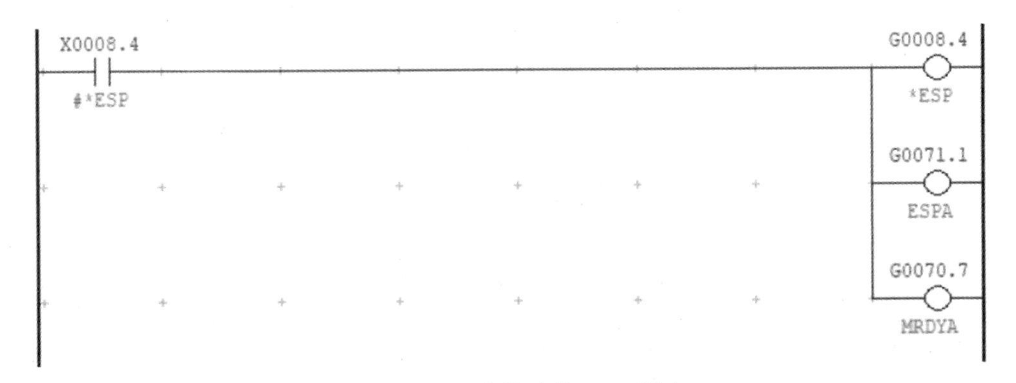

图 4-3-3 急停功能 PMC 程序

二、行程限位安全保护功能

行程限位控制是数控机床必备的安全保护措施之一，数控机床的行程限位保护分为硬限位和软限位两种形式。

4.3 行程限位安全保护功能 PMC 编写与调试

如图 4－3－4 所示，数控机床的限位分为硬限位、软限位和加工区域限位。

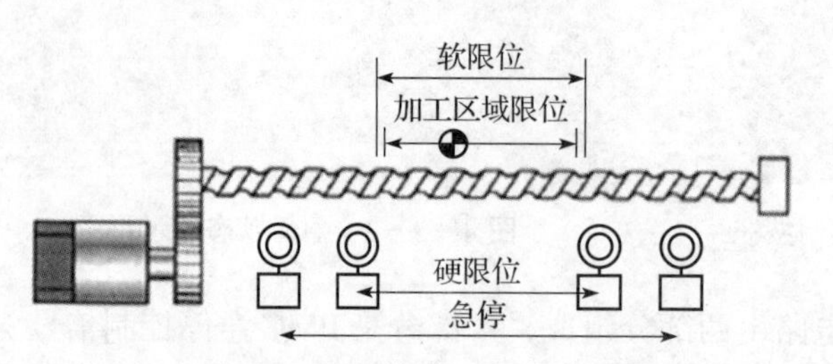

图 4－3－4 限位控制功能示意图

硬限位控制是数控车床的外部安全措施，当机床在移动过程中压下硬件行程开关时，数控系统断开伺服驱动器的使能控制信号，所有的轴减速停止，并出现 OT0506（正向硬限位超程）、OT0507（负向硬限位超程）报警，如图 4－3－5 所示。软限位控制是指机床的移动坐标超出系统参数设置的行程范围，此时机床出现 OT0500（正向软限位超程）、OT0501（负向软限位超程）报警。软限位设定值一般比硬限位极限值短 10mm 左右，且在机床回零后才能生效。硬限位是数控机床的外部安全措施，目的是在机床出现失控的情况下断开驱动器的使能控制信号。自动运转中任一轴超程时，所有的轴都将减速停止。手动运行时，就不能向发生报警的方向移动，只能向与其相反的方向移动。

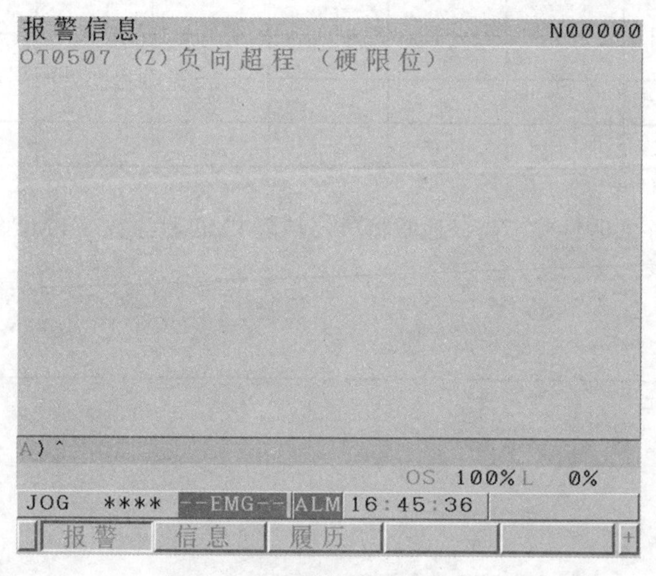

图 4－3－5 硬件超程显示页面

超程信号限位开关常用动断触点。表 4－3－2 为硬件超程主要信号，G114.0 ～ G114.3、G116.0 ～ G116.3 为进给轴已经到达行程终端信号。

表 4-3-2　硬件超程主要信号

地址	#7	#6	#5	#4	#3	#2	#1	#0
X8	*-ZL	*-YL	*-XL			*+ZL	*+YL	*+XL
X26					OVRL			
G114					*+L4	*+L3	*+L2	*+L1
G116					*-L4	*-L3	*-L2	L-L1

行程开关 X8.0、X8.1、X8.2 输入信号分别控制 G114.0、G114.1、G114.2 正向行程限位信号，行程开关 X8.5、X8.6、X8.7 输入信号分别控制 G116.0、G116.1、G116.2 负向行程限位信号。硬件超程 PMC 程序如图 4-3-6 所示。为减少 I/O 点数，一般机床的硬限位和急停按钮串联在一个继电器回路中，将硬限位转换为急停处理。超过硬件极限后，机床同时出现急停报警。只有机床超程结束按键 X26.3（OVRLS）后，机床才解除急停报警。硬件超程 PMC 程序如图 4-3-7 所示。

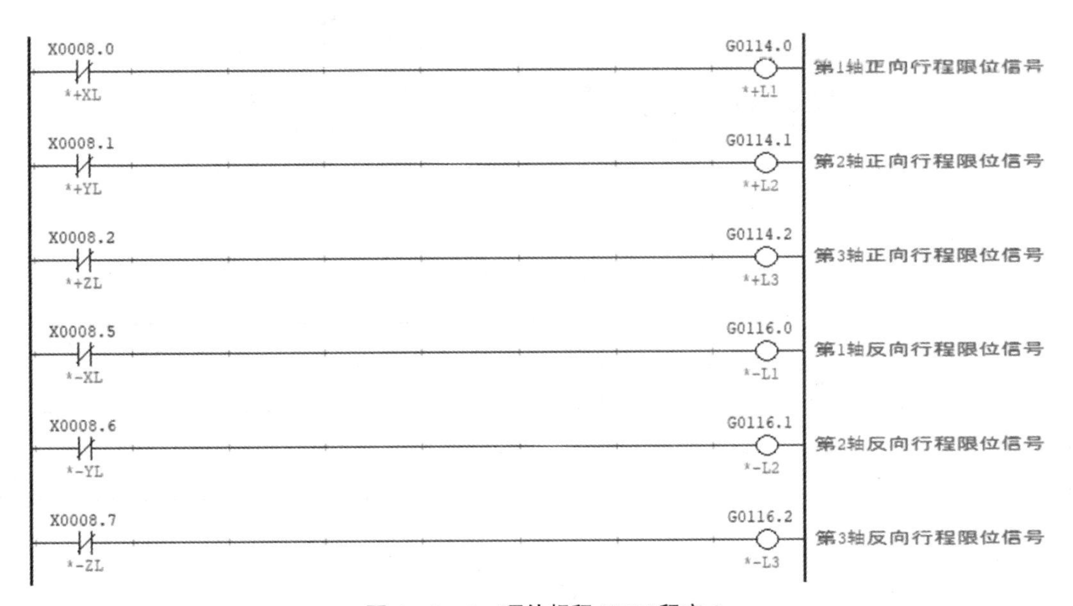

图 4-3-6　硬件超程 PMC 程序 1

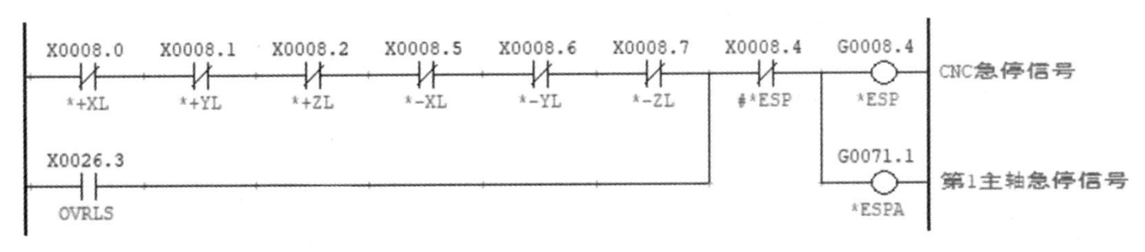

图 4-3-7　硬件超程 PMC 程序 2

不适用硬件超程信号时，所有轴的超程信号都将变为无效。设定参数 3004#5 为 1，则不进行超程信号的检查。

三、复位功能

复位功能在自动运行、手动运行（JOG进给、手控手轮进给、增量进给等）时，使移动中的控制轴减速停止；M、S、T、B等辅助功能动作信号在100ms以内成为0。执行复位时，向PMC输出复位中信号RST。

如图4-3-8所示，机床出现复位状态时，通常在系统页面上显示“RESET”信息。

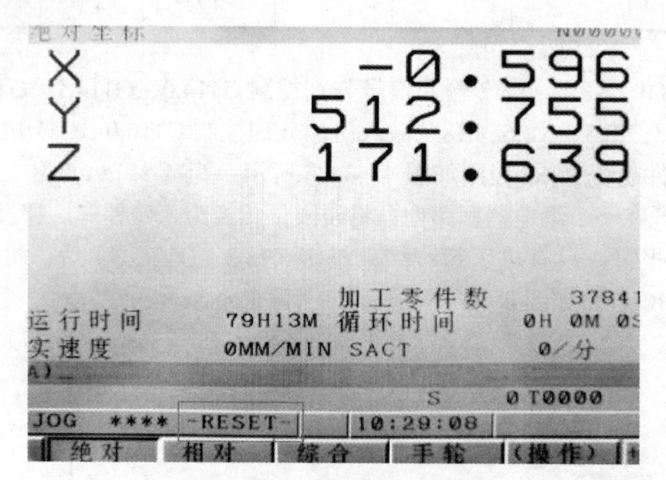

图4-3-8 复位状态机床页面

功能信号：

（1）CNC在下列情况下执行复位处理，成为复位状态。CNC复位功能信号为：

地址	#7	#6	#5	#4	#3	#2	#1	#0
G8	ERS	RPW						
F1							RST	
F6							MDIRST	

（2）紧急停止信号*ESP成为0时，CNC即被复位。

（3）外部复位信号G8.7成为1时，CNC即被复位，成为复位状态。CNC处在复位处理中时，复位中信号F1.1成为1。

（4）复位 & 倒带信号G8.6成为1时，复位CNC的同时，进行所选的自动运行程序的倒带操作。

（5）按下MDI的【RESET】键时，CNC即被复位。

CNC复位功能通常是CNC内部处理，不需设计程序。

任务实施

一、PMC程序编辑

步骤1：PMC编辑功能的开通。

（1）按 MDI 面板上的功能键【SYSTEM】，再按软键【+】【PMCCNF】【设定】，进入 PMC 设定页面，如图 4－3－9 所示。按翻页键【PAGE】进行前页后页切换，如图 4－3－10 所示。

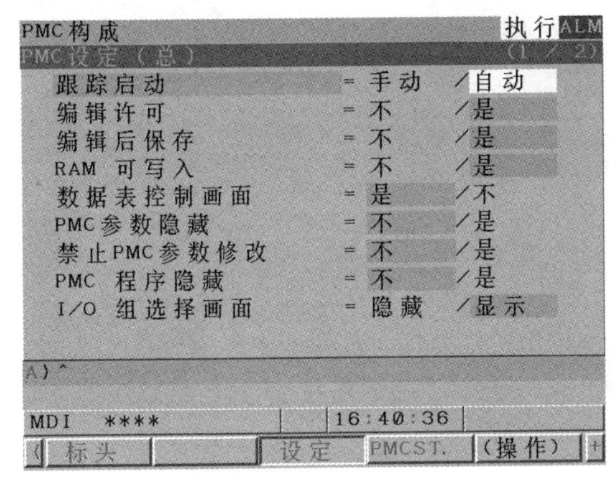

图 4－3－9　PMC 设定页面 1

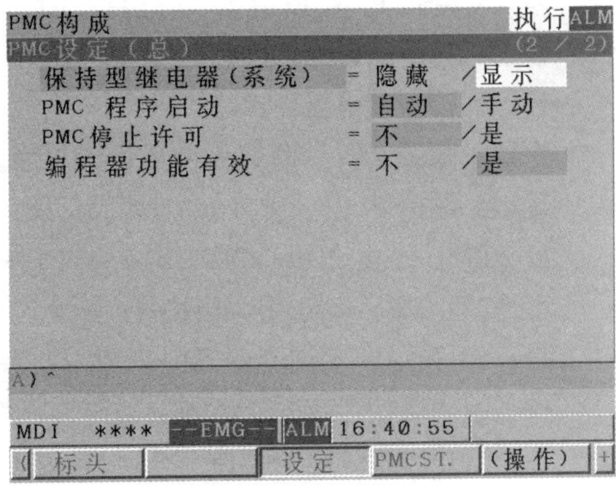

图 4－3－10　PMC 设定页面 2

1）跟踪启动（k906.5）。

手动：追踪功能从追踪页面上通过软键操作执行。

自动：接通电源后，自动执行追踪功能。

2）编辑许可（k901.6）。

不：禁止编辑顺序程序。

是：允许编辑顺序程序。

3）编辑后保存（k902.0）。

不：编辑梯形图后，不自动写入 FLASH ROM。

是：编辑梯形图后，自动写入 FLASH ROM。

4）RAM 可写入（k900.4）。

不：禁止强制功能、倍率功能（自锁强制）。

是：允许强制功能、倍率功能（自锁强制）。

5）数据表控制页面（k900.7）。

是：显示 PMC 参数数据表控制页面。

不：不显示 PMC 参数数据表控制页面。

6）PMC 参数隐藏。

不：显示 PMC 参数。

是：不显示 PMC 参数。

7）禁止 PMC 参数修改（k902.7）。

不：允许 PMC 参数的编辑。

是：不允许 PMC 参数的编辑。

8）PMC 程序隐藏（k900.0）。

不：允许顺序程序浏览。

是：不允许顺序程序浏览。

9）I/O 组选择页面（k906.1）。

隐藏：隐藏 PMC 设定（可选 I/O）页面。

显示：显示 PMC 设定（可选 I/O）页面。

10）保持型继电器（k906.6）。

隐藏：隐藏 PMC 参数 k900 后设定页面。

显示：显示 PMC 参数 k900 后设定页面。

11）PMC 停止许可（k902.2）。

不：禁止执行 / 停止操作顺序程序。

是：允许执行 / 停止操作顺序程序。

12）编码器功能有效（k900.1）。

不：禁止内置编码器工作。

是：允许内置编码器工作。

（2）设定以下项目。

编辑后保存：是。

编码器功能有效：是。

步骤 2：删除急停功能 PMC 程序。

（1）按 MDI 面板上的功能键【 SYSTEM 】，再按软键【 + 】【 PMCLAD 】，显示 PMC 梯形图，如图 4－3－11 所示。

（2）按软键【列表】，显示梯形图一览页面。

（3）按软键【操作】【缩放】或【梯形图】，显示梯形图。

（4）按软键【编辑】，进入梯形图编辑界面，如图 4－3－12 所示。

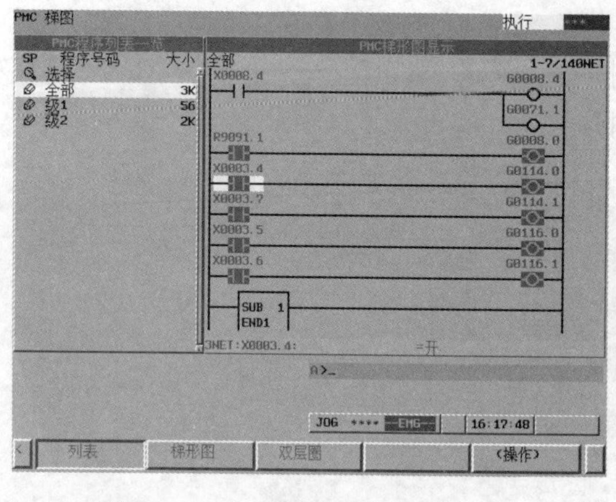

图 4－3－11　进入 PMC 梯形图页面

图 4－3－12　梯形图编辑页面

页面中各软键功能见表 4－3－3。

表 4－3－3　各软键功能

序号	软键	功能	序号	软键	功能
1	【列表】	显示程序结构的组成	9	【粘贴】	粘贴所选程序到光标所在位置
2	【搜索】	进入检索方式	10	【交换】	批量更换地址号
3	【缩放】	修改光标所在位置的网格	11	【地址图】	显示程序所使用的地址分布
4	【产生】	在光标之前编辑新的网格	12	【更新】	编辑完成后更新程序的 RAM 区
5	【自动】	自动分配地址号（避免出现重复地址号的现象）	13	【恢复】	恢复更改前的原程序（更新之前有效）
6	【选择】	选择需复制、删除、剪切的程序	14	【停止】	停止 PMC 运行
7	【删除】	删除所选程序	15	【结束】	编辑完成后退出
8	【剪切】	剪切所选程序			

1）通过软键【列表】与选择相应的程序段，按软键【缩放】进入单一程序段的编辑，如图4　3－13所示。

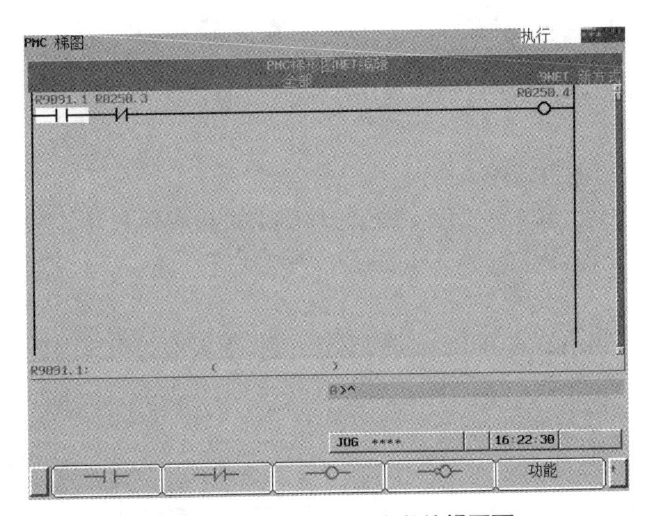

图 4－3－13　PMC 程序段编辑页面

顺序程序编辑中所使用的软键种类如图 4－3－14 所示。

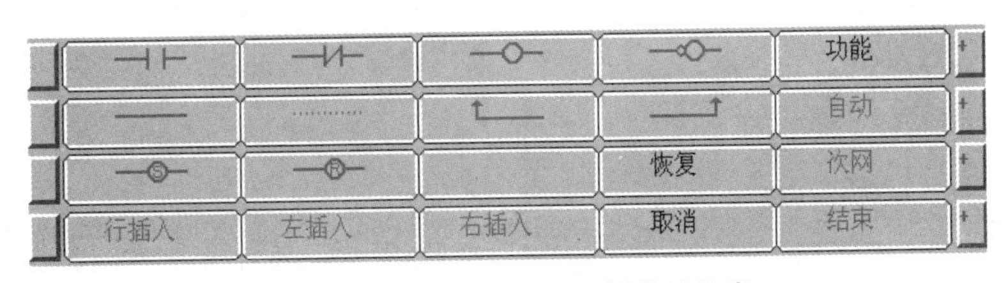

图 4－3－14　顺序程序编辑软键种类

2）按照分析要求，利用软键【…………】删除元件和横线。利用软键【↑＿＿】删除竖线。

3）按下软键【＋】结束单一程序段编辑。

4）按软键【结束】，结束编辑功能。系统提示“PMC 正在运行，真要修改程序吗？”，按软键【是】，修改程序，如图 4－3－15 所示。

5）系统提示“程序要写到 FLASH ROM 中？”，按软键【是】，将修改后的程序写入 FLASH ROM 中，如图 4－3－16 所示。

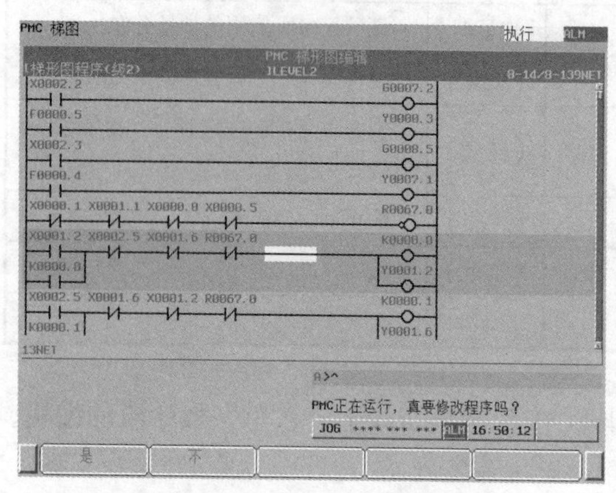

图 4－3－15　PMC 程序修改页面

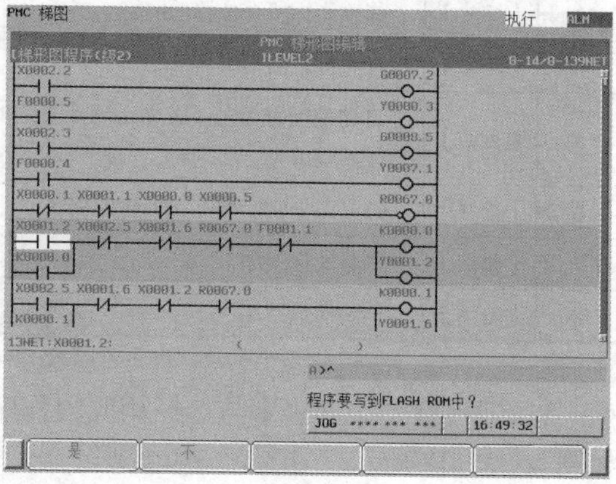

图 4－3－16　PMC 程序写入 FLASH ROM 中

运行 PMC 程序，修改后的 PMC 程序生效。此时，无论急停开关处于何种状态，系统一直处于急停状态。

步骤 3：急停程序的重新输入。

（1）重新进入 PMC 编辑页面，将光标移到 END1 程序段中，按软键【缩放】进入单一程序编辑页面。利用【行插入】插入一片空白行，输入急停程序，如图 4－3－17 所示。

（2）利用元器件菜单放置 PMC 元件，利用操作面板输入相应的地址，输入急停程序，如图 4－3－18 所示。

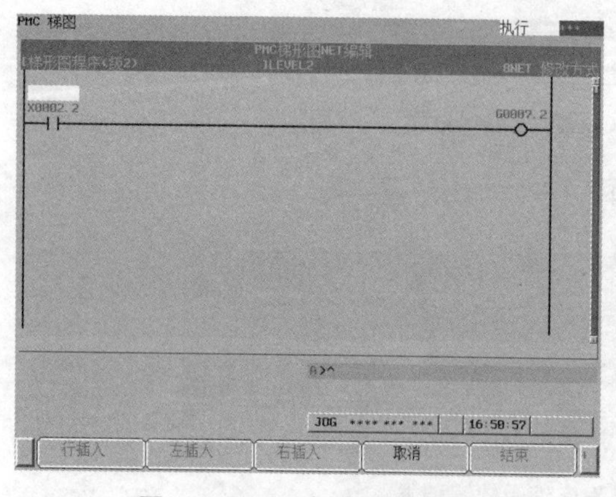

图 4－3－17　急停程序的输入 1

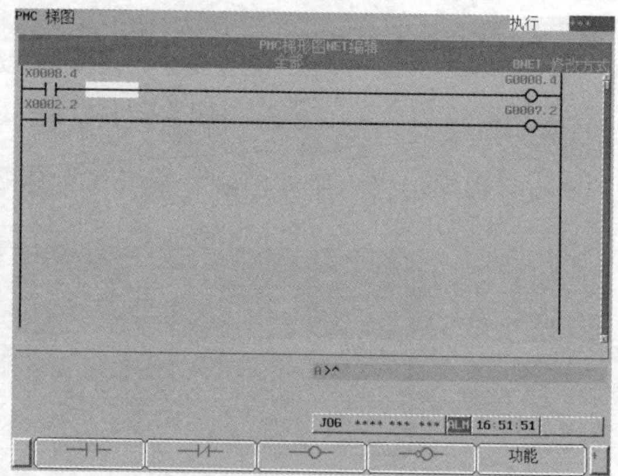

图 4－3－18　急停程序的输入 2

步骤 4：通过设定地址的符号和注释，可以在观察顺序程序和信号诊断时了解地址的含义，便于分析程序。

（1）按 MDI 面板上的功能键【SYSTEM】，再按软键【+】【PMCCNF】【符号】，显示 PMC 地址符号和注释，如图 4－3－19 所示。

（2）按软键【操作】【编辑】，进入 PMC 地址符号和注释编辑页面，如图 4－3－20 所示。

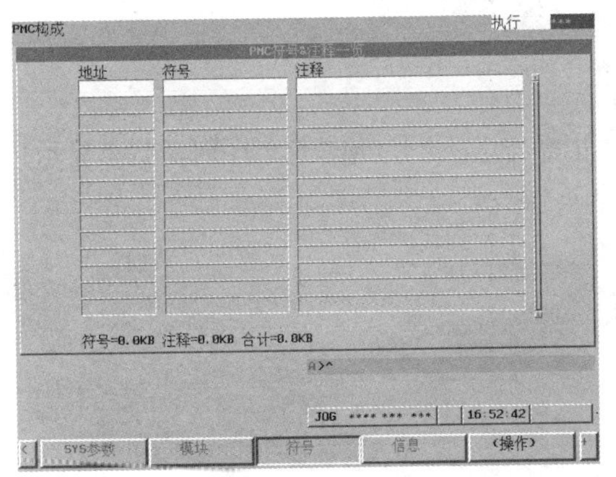

图 4－3－19　地址符号和注释显示页面

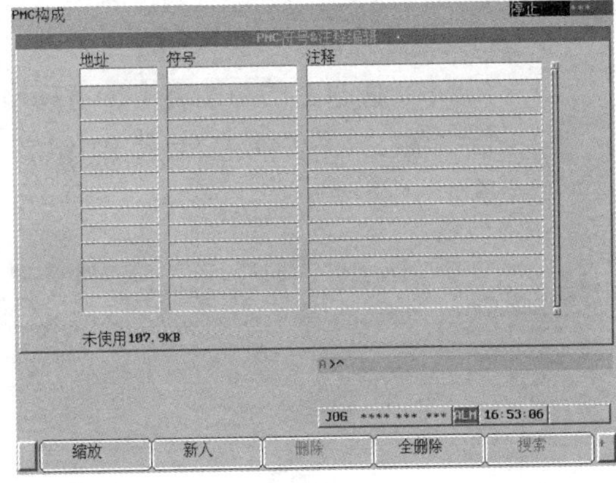

图 4－3－20　地址符号和注释编辑页面 1

（3）按软键【缩放】，对光标所在位置的地址符号和注释进行编辑，如图 4－3－21 所示。

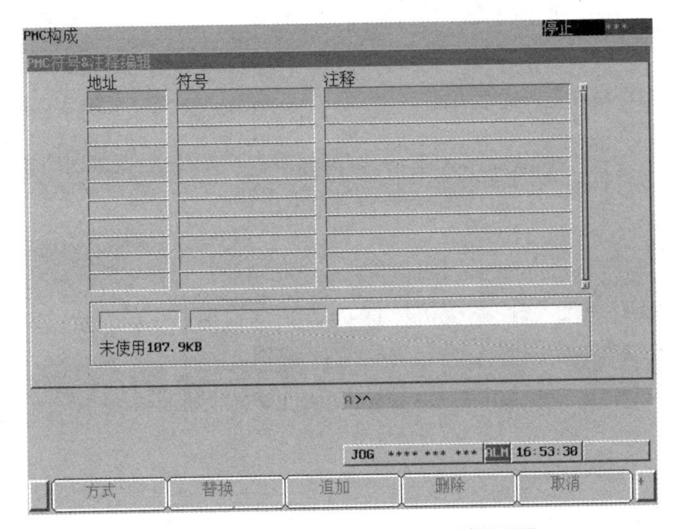

图 4－3－21　地址符号和注释编辑页面 2

（4）按软键【新入】，可以对如表 4－3－4 所示的新的地址符号进行编辑。

表 4－3－4　新地址符号

地址	符号	地址	符号	地址	符号
x8.4	*ESP	x8.0	*+XL	x8.1	*+YL
x8.2	*+ZL	x8.5	*-XL	x8.6	*-YL
x8.7	*-ZL	y0.1	ZBRAKE		

（5）编辑完成后，按软键【追加】输入新加内容。

（6）按软键【结束】，提示是否写入 FLASH ROM，按软键【是】。

按软键【+】进入下一页菜单，按软键【退出】退出编辑页面。再按软键【+】进入下一页菜单，按软键【更新】，出现如图 4-3-22 所示的提示“要允许程序吗?”，若确认需要修改，则按软键【是】，否则按软键【不】，反应编辑结果。

步骤 5：程序启动。

（1）按 MDI 面板上的功能键【SYSTEM】。

（2）按软键【+】【PMCCNF】【PMCCST】【操作】，显示 PMC 梯形图启动状态显示页面，如图 4-3-23 所示。

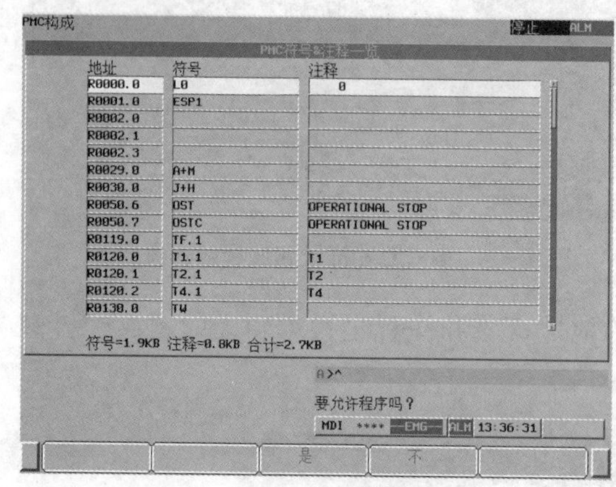

图 4-3-22　程序更新提示页面

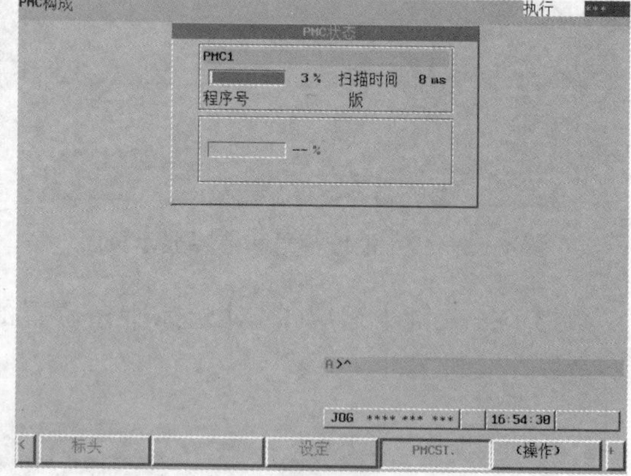

图 4-3-23　PMC 启动状态显示页面

（3）按软键【启动】，顺序程序启动。

二、任务考核

（1）查找 FANUC 0i-D 数控系统机床保护功能重要信号。

（2）应用 FANUC 0i-D 内置编码器进行程序编辑。

（3）编写急停功能、复位功能、行程限位功能 PMC 程序。

任务四　数控机床工作方式功能 PMC 编写与调试

任务描述

机床操作面板由子面板和主面板两部分组成，通过 I/O Link 与 CNC 相连接。

机床操作部件：操作面板。

操作子面板：包括急停开关、进给倍率开关（0% ~ 120%）、主轴倍率开关（50% ~ 120%）、程序保护开关。

操作主面板：55 个自定义键。

数控机床工作方式的选择在对刀、编程、加工和调试过程中是必不可少的，工作方式无法选择或者错误，数控机床将无法正常工作，如数控机床参数无法修调、加工程序无法编辑、程序段无法运行等。因此掌握数控机床工作方式功能 PMC 编写与调试，显得非常重要。

任务目标

1. 了解数控机床各工作方式功能。
2. 了解 PMC 与 CNC 之间相关工作方式的 I/O 信号。
3. 掌握 FANUC 数控机床工作方式功能 PMC 的编写。

任务实习

一、数控机床工作方式

数控机床工作方式包括自动方式和手动方式。

1. 自动方式

（1）编辑方式：加工程序的编辑；数据的输入 / 输出。

（2）MDI 方式：参数及 PMC 参数的输入；简单程序的执行。

（3）自动方式：加工程序的自动运行。

（4）DNC 方式：外部加工程序的自动运行。

2. 手动方式

（1）回零方式：各轴返回参考点的操作。

（2）JOG 方式：各轴按进给倍率的点动运行。

（3）手轮方式：各轴按手摇倍率的进给。

二、工作方式相关信号

（1）工作方式选择信号：MD1（G043#0）、MD2（G043#1）、MD4（G043#2）、DNC1（G043#5）、ZRN（G043#7）。

地址	#7	#6	#5	#4	#3	#2	#1	#0
G043	ZRN		DNC1			MD4	MD2	MD1
F003	MTCHN	MEDT	MMEM	MRMT	MMDI	MJ	MH	MINC
F004			MREF					

（2）PMC 与 CNC 之间相关工作方式的 I/O 信号，见表 4 - 4 - 1。

表 4-4-1 PMC 与 CNC 之间相关工作方式的 I/O 信号

方式		输入信号					输入信号
		DNC1	ZRN	MD4	MD2	MD1	
自动运行	手动数据输入（MDI/MEZ）	0	0	0	0	0	MMDI<F003#3>
	储存器运行（MEM）	0	0	0	0	1	MMEM<F003#5>
	DNC 运行（RMT）	1	0	0	0	1	MRMT<F003#4>
编辑（EDIT）		0	0	0	1	1	MEDT<F003#6>
手动操作	手轮进给 / 增量进给（HANDLE/INC）	0	0	1	0	0	MH<F003#1>
	手动连续进给（JOG）	0	0	1	0	1	MJ<F003#2>
	手动返回参考位置（RET）	1	0	1	0	1	MREF<F004#5>
	TEACH IN JOG（TJOG）	0	0	1	1	0	MTCHN<F003#7>
	TEACH IN HANDLE（THND）	0	0	1	1	1	MTCHN<F003#7>

（3）PMC 与机床之间相关工作方式的 I/O 信号，见表 4-4-2。

表 4-4-2 PMC 与机床之间相关工作方式的 I/O 信号

输入信号	输入 X 地址号	输出信号	输出地址号
自动方式运行按钮	X1.2	自动当时运行指示灯	Y1.2
程序编辑按钮	X2.5	程序编辑指示灯	Y1.6
手动数据输入 MDI 方式按钮	X1.6	手动数据输入方式指示灯	Y1.4
返回参考点方式运行按钮	X0.1	返回参考点方式运行指示灯	Y0.5
手动连续进给按钮	X1.1	手动连续进给指示灯	Y0.6
手轮 X 进给方式按钮	X0.5	手轮 X 进给方式指示灯	
手轮 Z 进给方式按钮	X0.0	手轮 Z 进给方式指示灯	

三、相关 PMC 编程指令

1. 顺序程序结束 END1、END2、END（如图 4-4-1 所示）

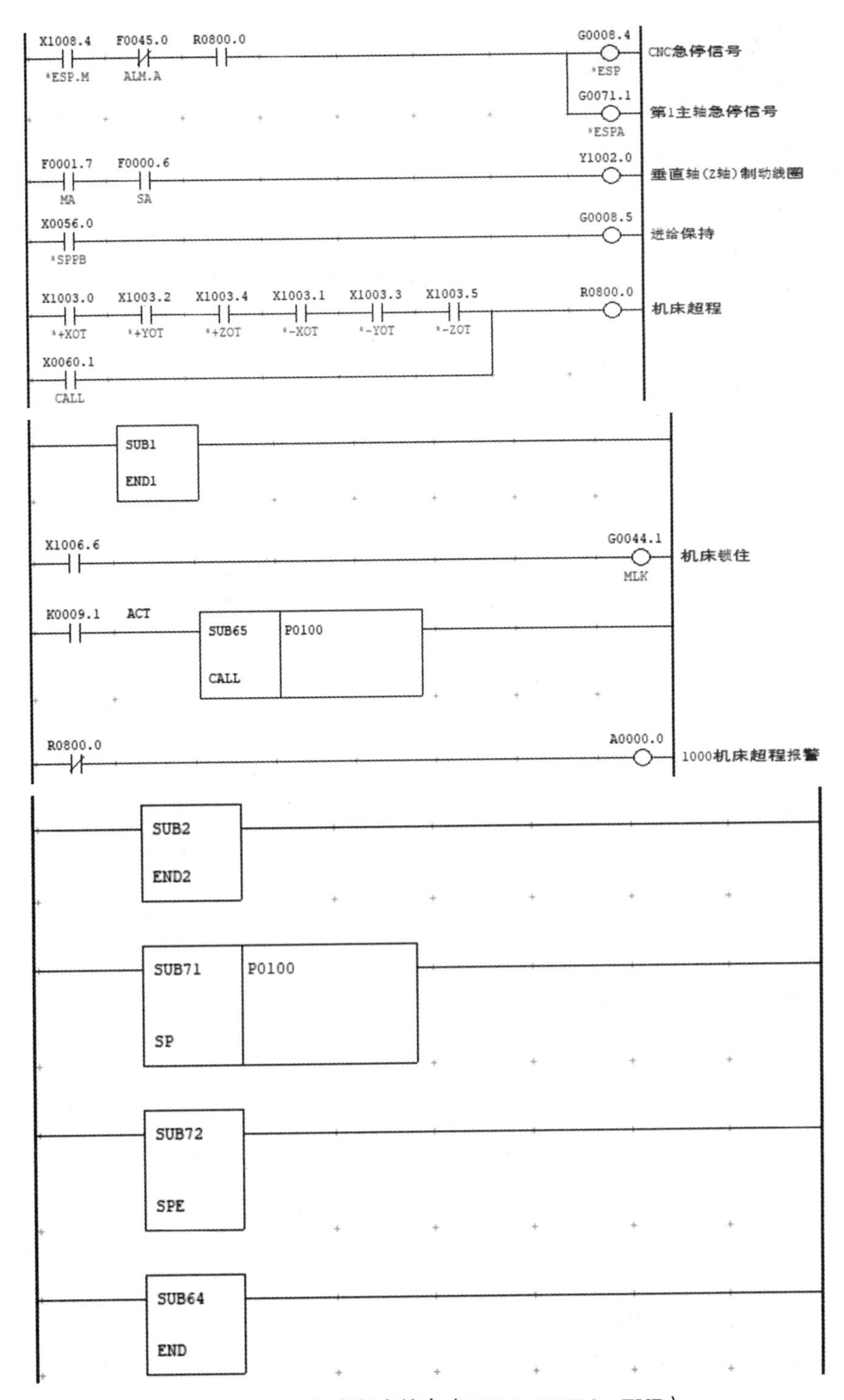

图 4－4－1　顺序程序结束（END1、END2、END）

2. 常数定义指令 NUME

常数定义指令 NUME 能实现 2 位或 4 位 BCD 码常数的定义。

（1）指令格式（如图 4－4－2 所示）。

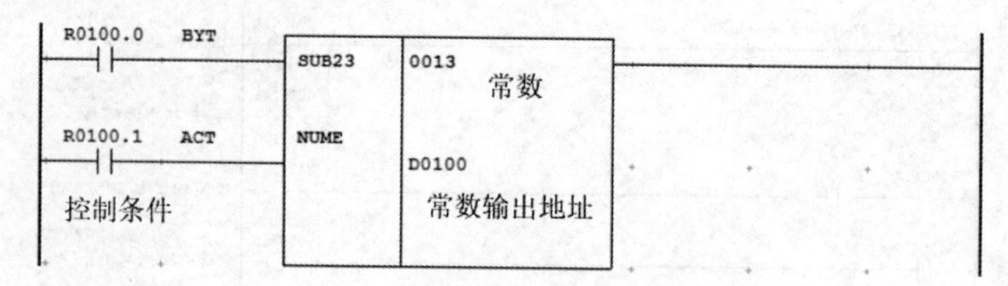

图 4－4－2　常数定义指令 NUME 指令格式

（2）控制条件。

1）指定 BCD 常数位数（BYT）。

BYT=0：2 位 BCD 码常数。

BYT=1：4 位 BCD 码常数。

2）指令输入（ACT）。

ACT=0：不执行 NUME 指令。

ACT=1：执行 NUME 指令。

（3）参数。

1）常数。

设定控制条件（a）指定的 BCD 常数。

2）常数输出地址。

设定常数定义的地址。

（4）指令实例（如图 4－4－3 所示）。

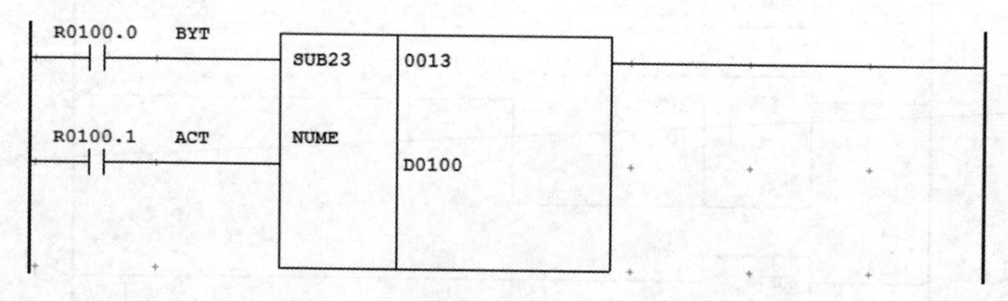

图 4－4－3　常数定义指令 NUME 指令实例 1

R0100.0=0、R0100.1=1 时，执行 NUME 指令。执行后，D0100 被写入 13，如图 4－4－4 所示。

3. 常数定义指令 NUMEB

NUMEB 指令是 1 字节、2 字节或 4 字节长度的二进制数的常数定义指令。

（1）指定格式（如图 4－4－5 所示）。

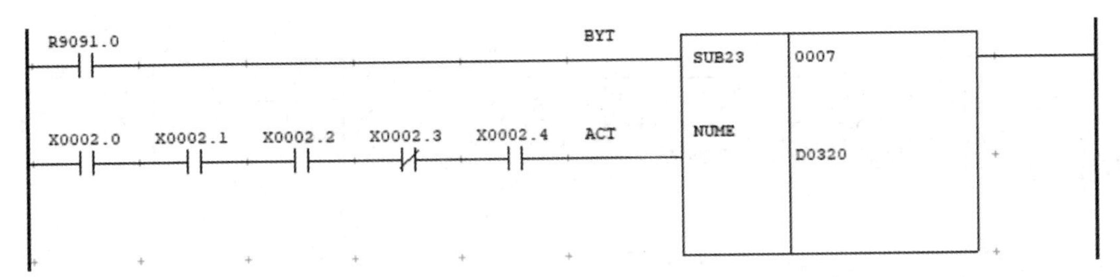

图 4－4－4　常数定义指令 NUME 指令实例 2

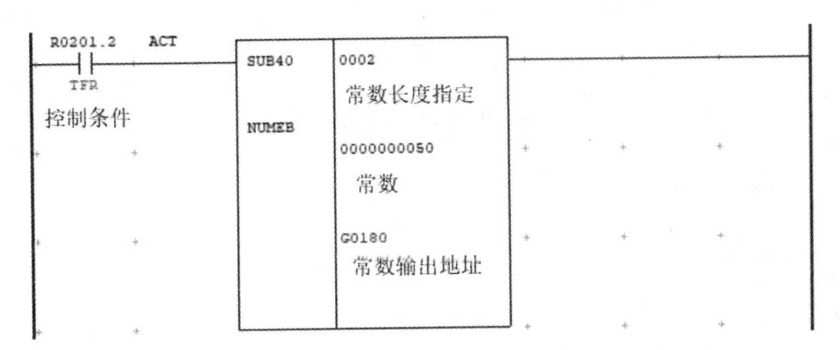

图 4－4－5　常数定义指令 NUMEB 指令格式

（2）指令实例（如图 4－4－6 所示）。

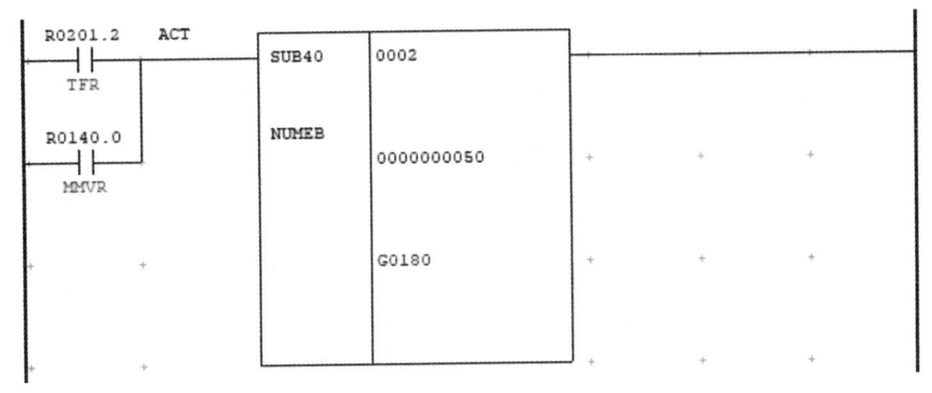

图 4－4－6　常数定义指令 NUMEB 指令实例

4. 代码转换指令 COD

代码转换指令的作用为转换 BCD 码为任意的 2 位或 4 位 BCD 数值。进行代码转换必须输入转换数据输入地址、转换表和转换数据输出地址。在“转换数据输入地址”中以 2 位 BCD 码形式指定一表内地址，根据该地址从转换表中取出转换数据。转换表以 2 位数或 4 位数形式依次输入。按转换输入数据地址“取出的数据”输出到“转换数据输出地址”中。

COD 指令是把 2 位 BCD 码（0 ～ 99）数据转换成 2 位或 4 位 BCD 码数据的指令。具体功能是把 2 位 BCD 码指定的数据表内号数据（2 位或 4 位 BCD 码）输出到转换数据输出地址中，如图 4－4－7 所示。

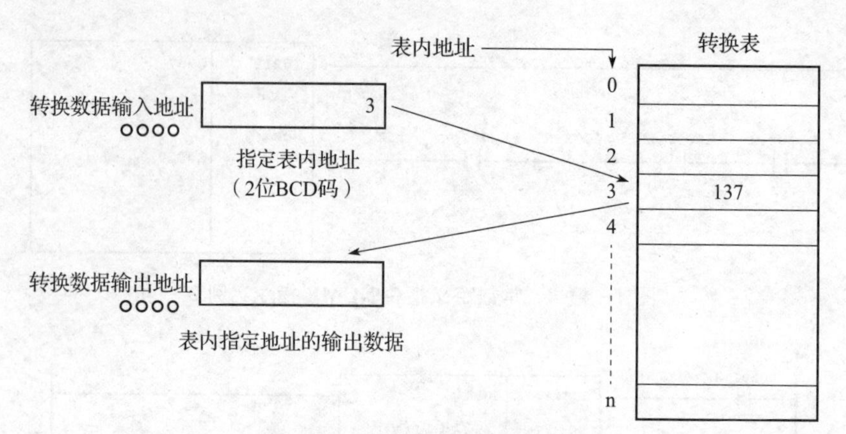

图 4－4－7　代码转换指令 COD

（1）指令格式（如图 4－4－8 所示）。

（2）控制条件。

1）确定数据形式（BYT）。

BYT=0：指定转换表中数据为 2 位 BCD 码。

BYT=1：指定转换表中数据为 4 位 BCD 码。

2）错误输出复位（RST）。

RST=0：取消复位。

RST=1：将错误输出 W1 设置为 0（复位）。

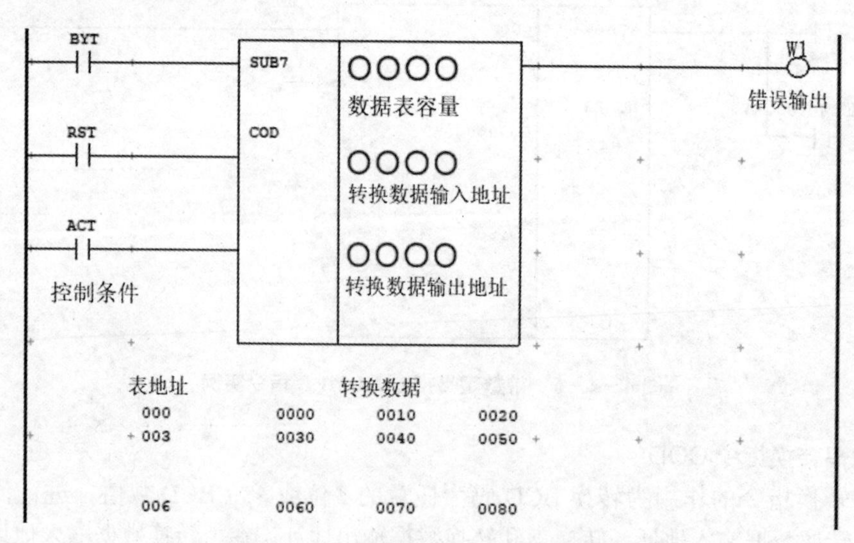

图 4－4－8　代码转换指令 COD 指令格式

3）执行命令（ACT）。

ACT=0：COD 指令未执行，W1 未改变。

ACT=1：执行。

（3）参数。

1）数据表容量。

数据转换表地址指定范围为 0 ～ 99。当表内地址最后一位为 n 时，则数据表容量为 $n+1$。

2）转换数据输入地址。

转换数据输入地址内含有转换数据的表地址。转换表中的数据可通过该地址查到，然后输出。

转换数据输入地址中需要指定 1 字节（2 位 BCD 码）数据。

3）转换数据输出地址。

转换数据输出地址是存储由数据表输出数据的地址。

2 位 BCD 码的转换数据在转换数据输出地址中需要 1 字节的存储空间。4 位 BCD 码的转换数据需要 2 字节的存储空间。

（4）输出（W1）。

在执行 COD 指令时，如果转换数据输入地址出现错误，W1=1。

例如：若在顺序程序中转换输入数据地址指定了超过数据表容量的数据，则 W1=1。当 W1=1 时，顺序程序应执行适当互锁，使机床操作面板上的出错灯闪亮或停止伺服轴进给。

注意：此指令后的 WRT、NOT、SET 和 RST 指令不能使用多线圈输出，在此指令的输出线圈中仅可指定一个。

（5）指令实例（如图 4－4－9 所示）。

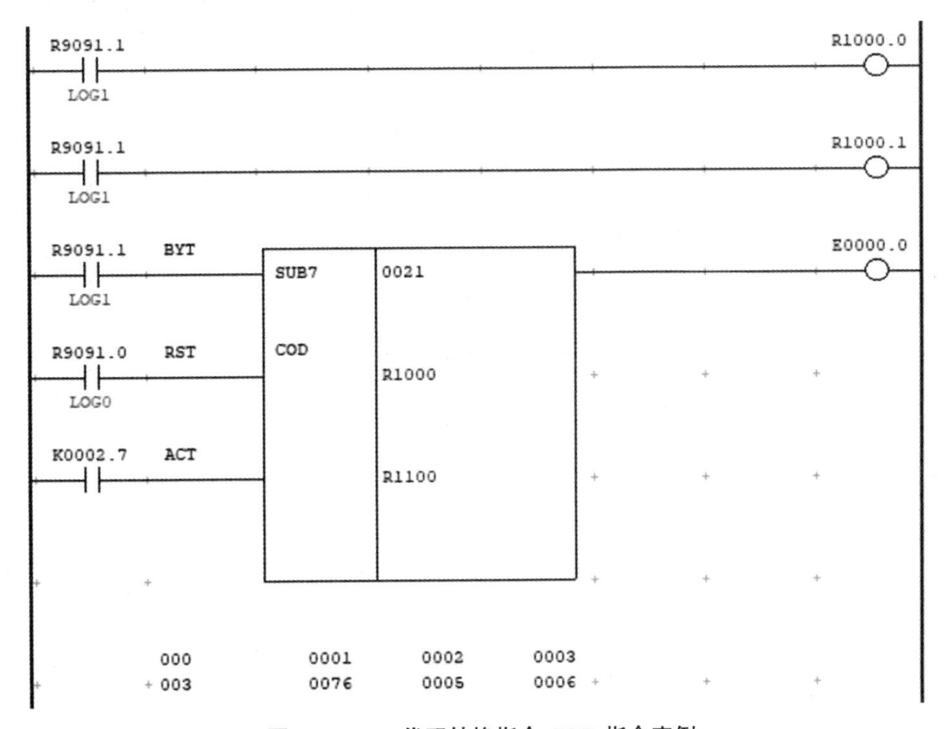

图 4－4－9　代码转换指令 COD 指令实例

将 BCD 格式的 R1000 指定为 3，则表示要读取表格中第三个数值，第三个数值为 76，因此 R1100 被赋值 76。

注：以上左侧的 000 代表表号，右面的数字代表对应的数据。

5. 代码转换指令 CODB

代码转换指令 CODB 的作用是将二进制格式的数据转换为 1 字节、2 字节或 4 字节格式的二进制数据。如图 4－4－10 所示，转换数据输入地址、转换表、转换数据输出地址对于数据转换指令是必需的。与 COD 指令相比，CODB 指令可处理 1 字节、2 字节或 4 字节长度的二进制格式数据，而且转换表的容量最大可控制至 256 字节。

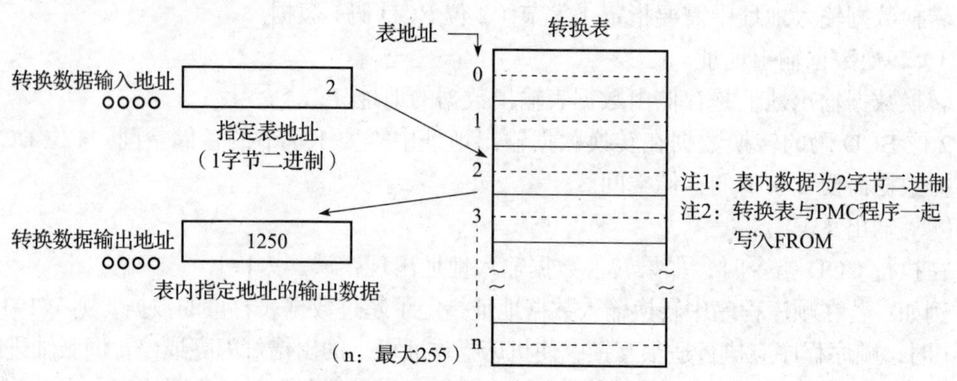

图 4－4－10　代码转换指令 CODB

CODB 指令是把 2 字节的二进制代码（0 ～ 255）数据转换成 1 字节、2 字节或 4 字节的二进制数据指令。具体功能是把 2 字节二进制数指定的数据表内号数据（1 字节、2 字节或 4 字节的二进制数据）输出到转换数据的输出地址中。

（1）指令格式（如图 4－4－11 所示）。

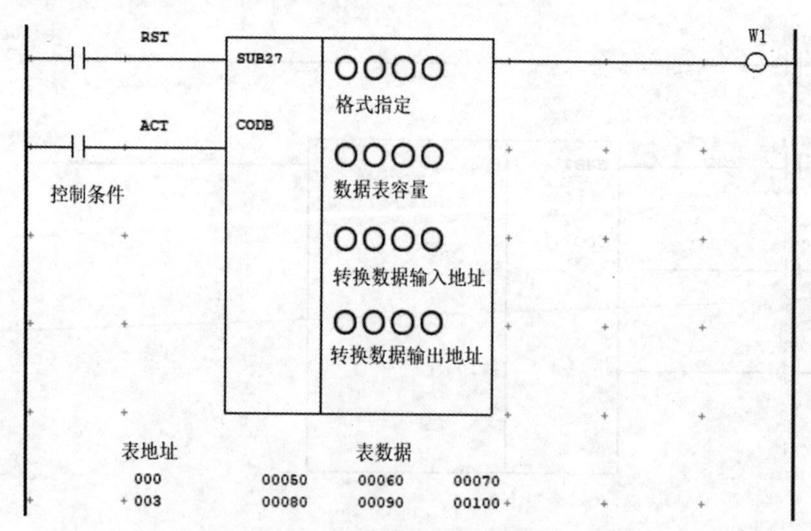

图 4－4－11　代码转换指令 CODB 指令格式

（2）控制条件。

1）复位（RST）。

RST=0：不复位。

RST=1：将错误输出 W1 复位。

2）工作指令（ACT）。

ACT=0：不执行 CODB 指令。

ACT=1：执行 CODB 指令。

（3）参数。

1）格式指定。

指定转换表中二进制数据长度。

1：1 字节的二进制。

2：2 字节的二进制。

4：4 字节的二进制。

2）数量表容量。

指定转换表容量，最大可指定 256（0 到 255）字节。

3）转换数据输入地址。

转换表中的数据可通过指定表号取出，指定表号的地址称为转换数据输入地址，该地址需要 1 字节的存储空间。

4）转换数据输出地址。

存储表中输出数据的地址称为转换数据输出地址。

以指定地址开始在格式规格中指定的存储器的字节数。

（4）错误输出（W1）。

如果转换输入数值超出了 CODB 指令转换数据表范围，输出 W1=1。

注意：此指令后的 WRT、NOT、SET 和 RST 指令不能使用多线圈输出，在此指令的输出线圈中仅可指定一个。

（5）指令实例。

如图 4-4-12 所示，BCD 码格式的 R0200 设定为 3，数据表容量设定为 8，当 R0100.2 为 1 时，可以将表中第三位的 25 读取到 R0220 中。

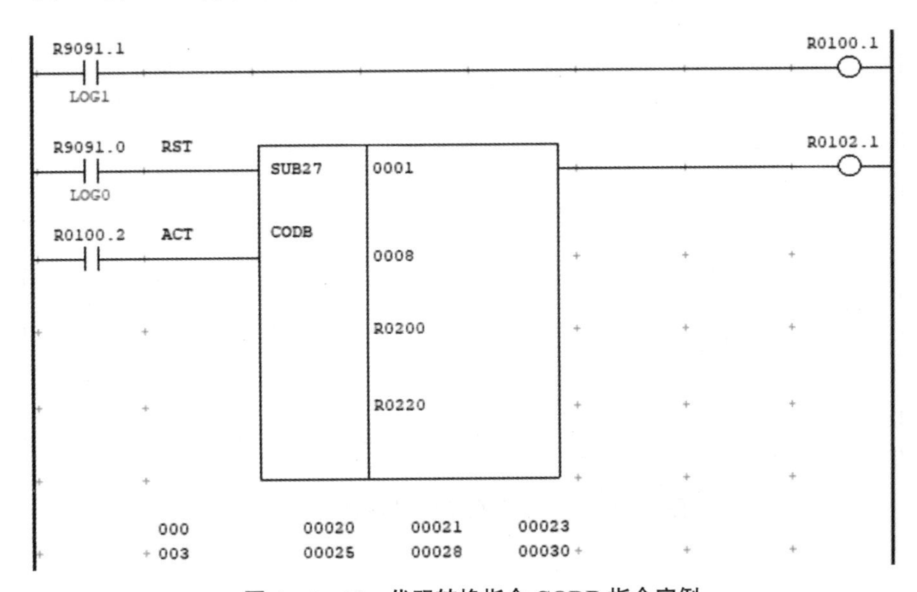

图 4-4-12　代码转换指令 CODB 指令实例

数控机床主轴倍率 PMC 程序如图 4-4-13 所示。

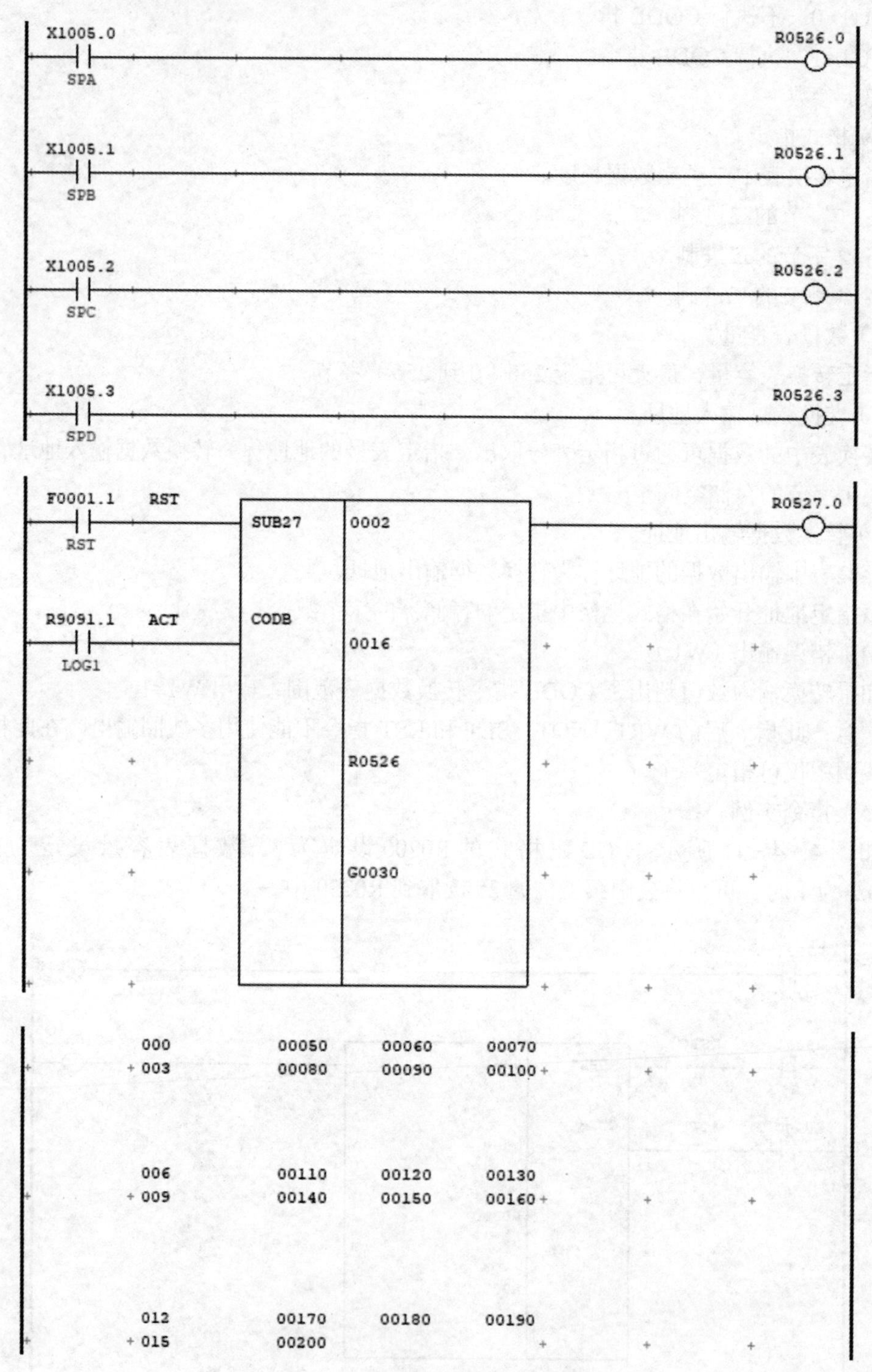

图 4-4-13　数控机床主轴倍率 PMC 程序

四、数控机床按键式工作方式 PMC 梯形图

数控机床按键式工作方式 PMC 梯形图如图 4-4-14 所示。

X0000.1 X0001.1 X0000.0 X0000.5 R0067.0

X0001.2 X0002.5 X0001.6 R0067.0 K0000.0
K0000.0 Y0001.2

X0002.5 X0001.2 X0001.6 R0067.0 K0000.1
K0000.1 Y0001.6

X0001.6 X0001.2 X0002.5 R0067.0 K0000.2
K0000.2 Y0001.4

K0003.6 K0000.0 K0000.3

X0001.2 X0002.5 X0001.6 R0067.1

X0000.1 R0067.1 X0001.1 X0000.4 X0000.5 X0000.0 K0000.4
K0000.4 Y0000.5

X0001.1 R0067.1 X0000.1 X0000.4 X0000.5 X0000.0 K0000.5
K0000.5 Y0000.6
K0000.4

X0000.0 R0067.1 X0000.1 X0001.1 K0000.7
K0000.7
X0000.5

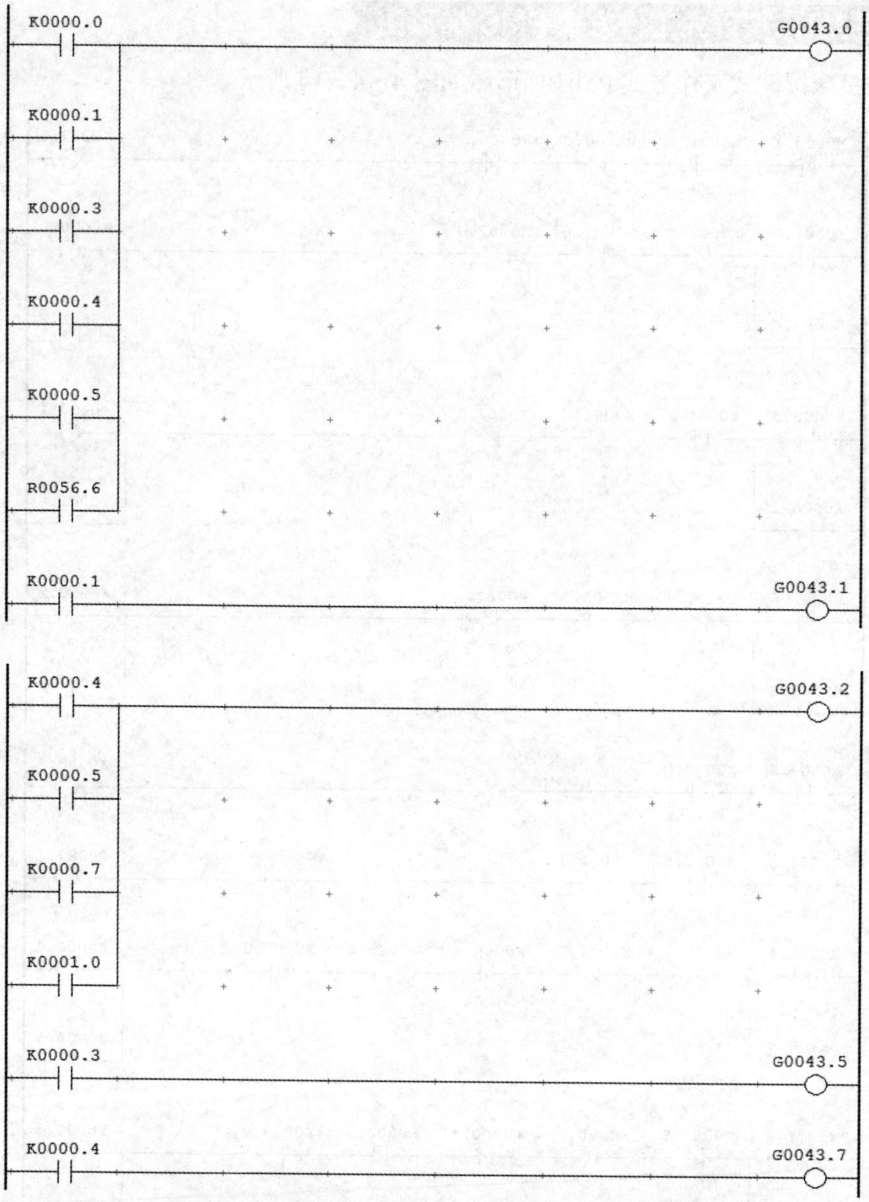

K0000.0
G0043.0
K0000.1
K0000.3
K0000.4
K0000.5
R0056.6
K0000.1
G0043.1
K0000.4
G0043.2
K0000.5
K0000.7
K0001.0
K0000.3
G0043.5
K0000.4
G0043.7

图 4－4－14　数控机床按键式工作方式 PMC 梯形图

五、编辑模式运行信号处理

存储器保护信号 KEY1 ～ KEY4<G046#3 ～ #6>。

类型：输入信号。

功能：对来自 MDI 面板的存储器内容的修改有效。共有 4 个信号，各信号执行的存储器内容操作取决于参数 No.3290 第 7 位（KEY）的设定。

（1）当 KEY=0 时。

1）KEY1：使刀具补偿值、工件零点偏移值和工作坐标系偏移量的输入有效。

2）KEY2：使 SEITING 数据、宏变量和刀具寿命管理数据的输入有效。

3）KEY3：使程序的输入和编辑有效。

4）KEY4：使 FMC 数据有效（计数器数据表）。

（2）当 KEY=1 时。

1）KEY1：使程序输入和编辑、PMC 参数的输入有效。

2）KEY2 ～ KEY4：不用。

操作：当信号设置为 0 时，有关的操作无效；当信号设置为 1 时，有关的操作无效。

信号地址：

地址	#7	#6	#5	#4	#3	#2	#1	#0
G046		KEY4	KEY3	KEY2	KEY1			

相关参数为 3290#7。

地址	#7	#6	#5	#4	#3	#2	#1	#0
3290	KEY							

KEY 是存储器保护开关。

设定：0：使用 KEY1、KEY2、KEY3 和 KEY4 信号；1：只使用 KEY1 信号。

编辑模式 PMC 梯形图如图 4－4－15 所示。

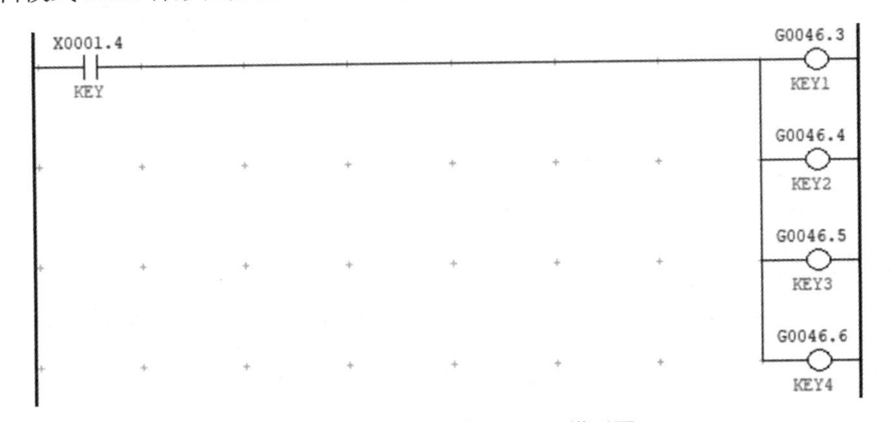

图 4－4－15　编辑模式 PMC 梯形图

任务实施

一、任务训练

（1）查找数控机床各工作方式 G 地址信号及 F 信号。

1）按 MDI 面板上的功能键【SYSTEM】。

2）多次按功能键【SYSTEM】，再按软键【＋】【PMCMNT】【信号】【操作】，输入信号地址 G43 后按软件【搜索】，出现信号状态页面，如图 4－4－16 所示。

3）查找数控机床各工作方式 G 地址信号及 F 信号，并填入表 4－4－3 中。

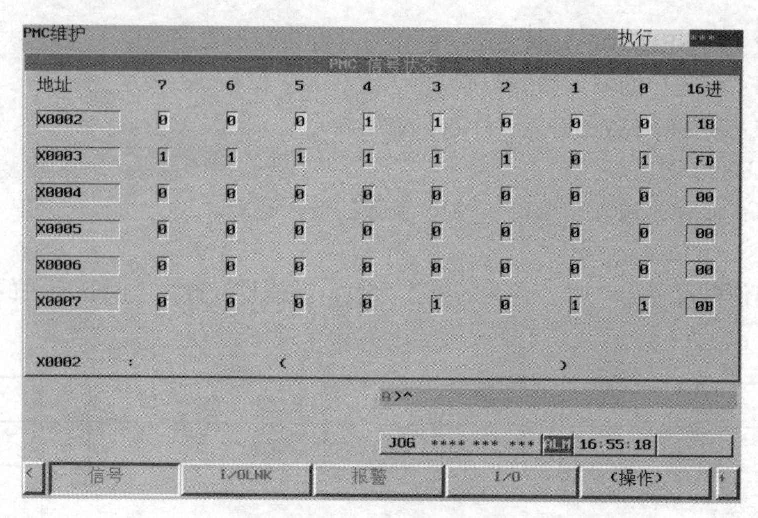

图 4－4－16　信号状态页面

表 4－4－3　机床工作方式 G43 信号

操作方式	G 信号					输出信号	状态（0/1）
	ZRN G43.7	DNC1 G43.5	MD4 G43.2	MD2 G43.1	MDI G43.0	MIDI（F3.3）	
手动数据输入运行（MDI）						MMDI（F3.3）	
自动方式运行（MEM）						MAUT（F3.5）	
DNC 方式运行（RMT）						MRMT（F3.4）	
程序编辑（EDIT）						MEDT（F3.6）	
手轮进给 / 增量进给（HND/INC）						MH（F3.1）	
手动连续进给（JOB）						MJ（F3.2）	
手动回参考点（REF）						MREF（F4.5）	

（2）编写数控机床工作方式功能 PMC 程序并手动输入数控系统。

（3）通过波段开关工作方式，查找各工作方式的输入地址 X 信号，并填写在表 4－4－4 中。

表 4－4－4　不同工作方式下输入信号一览表

工作方式	输入信号地址						
手动数据输入运行（MDI）							
自动方式运行（MEM）							
DNC 方式运行（RMT）							
程序编辑（EDIT）							

续表

工作方式	输入信号地址						
手轮进给 / 增量进给（HND/INC）							
手动连续进给（JOB）							
手动回参考点（REF）							

二、任务考核

（1）了解数控机床各个工作方式功能。

（2）掌握 PMC 与 CNC 之间相关工作方式的 I/O 信号。

（3）能编写 FANUC 数控机床工作方式功能 PMC 程序。

1）机床工作方式有按键式和波段开关两种，PMC 程序设计时有什么不同？

2）FANUC 0i Mate-D 数控机床工作方式状态转换开关采用 8421 码波段开关，如图 4-4-17 所示，具体输入信号见表 4-4-5。请设计该机床工作方式 PMC 程序。

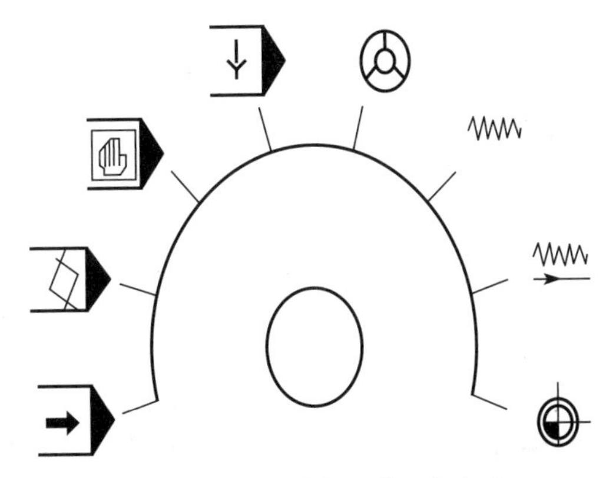

图 4-4-17　波段开关工作方式

表 4-4-5　机床方式输入信号

机床工作方式	输入信号		
自动运行方式	0	0	0
程序编辑	0	0	1
手动数据输入方式	0	1	0
DNC 方式运行	0	1	1
手轮进给方式	1	0	0
手动连续进给方式	1	0	0
增量进给方式	1	1	0
手动返回参考点方式	1	1	1

数控机床波段开关工作方式 PMC 程序如图 4-4-18 所示。

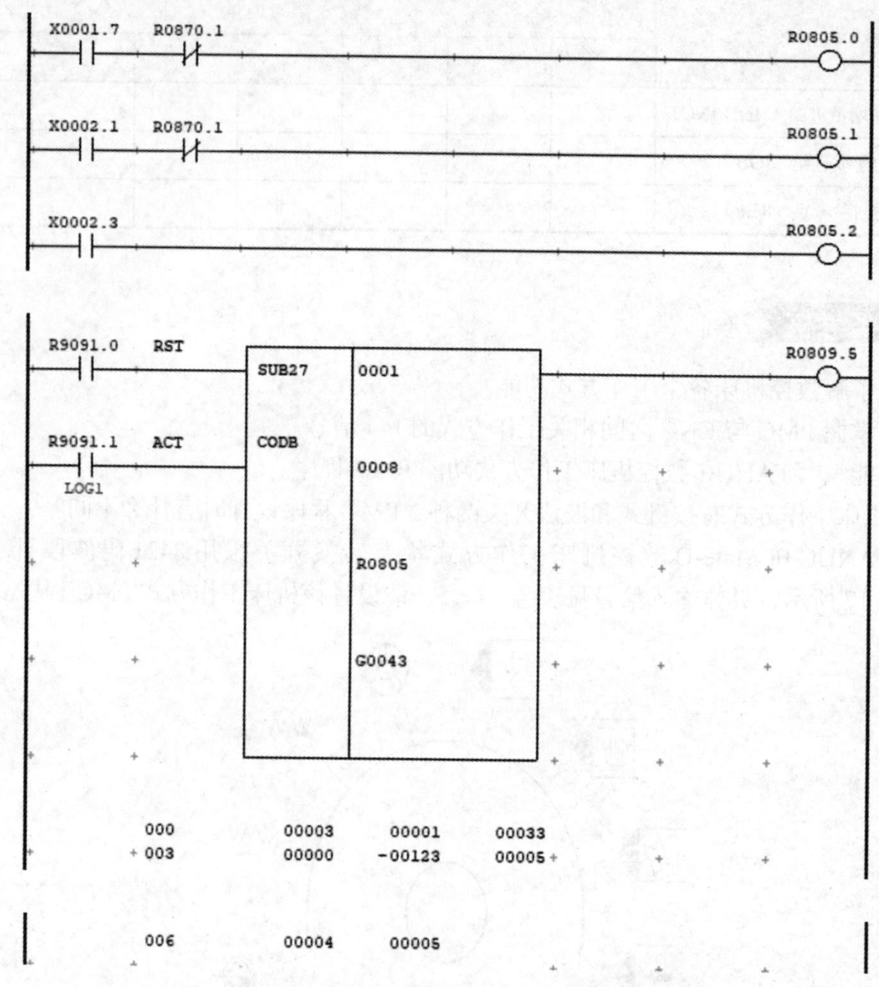

图 4-4-18　数控机床波段开关工作方式 PMC 程序

任务五　数控车床主轴控制 PMC 编写与调试

任务描述

我们都知道在手动输入数据和自动工作方式下，按下主轴点动、主轴正转按键和程序的 M03 指令，主轴能够正转；按下主轴反转按键和程序的 M04 指令，主轴能够反转；按下主轴停止和程序的 M05 指令，主轴停止。本任务将学习数控车床主轴控制 PMC 编写与调试。

任务目标

1. 了解数控机床各工作方式功能。
2. 了解 PMC 与 CNC 之间相关工作方式的 I/O 信号。
3. 掌握 FANUC 数控机床工作方式功能 PMC 的编写。

任务实习

一、相关 PMC 编程指令

1. 译码指令 DEC

DEC 指令的功能是当两位 BCD 代码与给定值一致时，输出为 1；不一致时，输出为 0，主要用于数控机床的 M 码、T 码的译码。一条 DEC 译码指令只能译一个 M 代码。

（1）指令格式（如图 4－5－1 所示）。

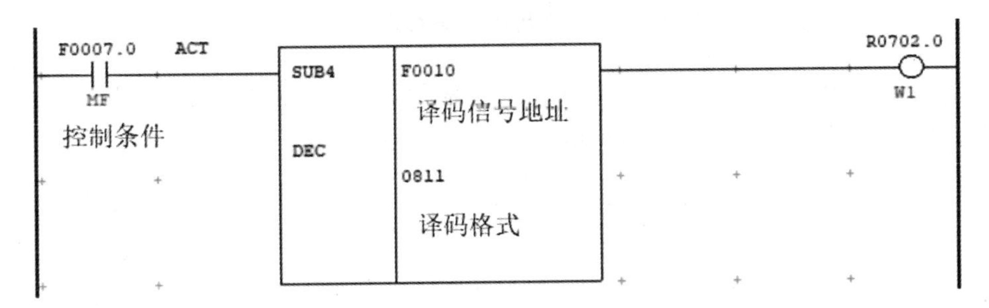

图 4－5－1　译码指令 DEC 指令格式

（2）控制条件。

ACT=0：关闭译码结果输出（W1）。

ACT=1：执行译码。

当指定的数据等于译码信号时，W1=1；不相等时，W1=0。

（3）译码信号地址。

指定两位 BCD 码信号地址。

（4）译码格式。

包括译码数值和译码位数两个部分。在指令格式的译码格式中，08 表示译码数值，11 为译码位数。

1）译码数值。

指定译码数值，必须以两位进行指定。

2）译码位数。

01：只译低位数，高位数为 0；

10：只译高位数，低位数为 0；

11：高低位均译码。

（5）参数。

当指定地址的译码信号等于指定数值时，W1 为 1，否则为 0。W1 的地址可自行设定。

（6）指令实例（如图 4－5－2 所示）。

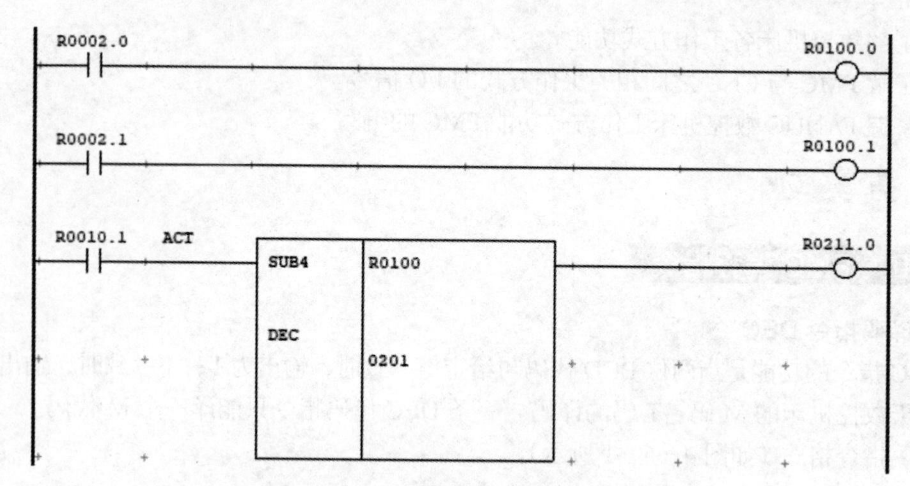

图 4－5－2　译码指令 DEC 指令实例

当 R0100 被赋值 2 时，输出 R0211.0 为 1，表示满足两者相等的条件。

数控机床 M03、M04、M05 编译如图 4－5－3 所示。

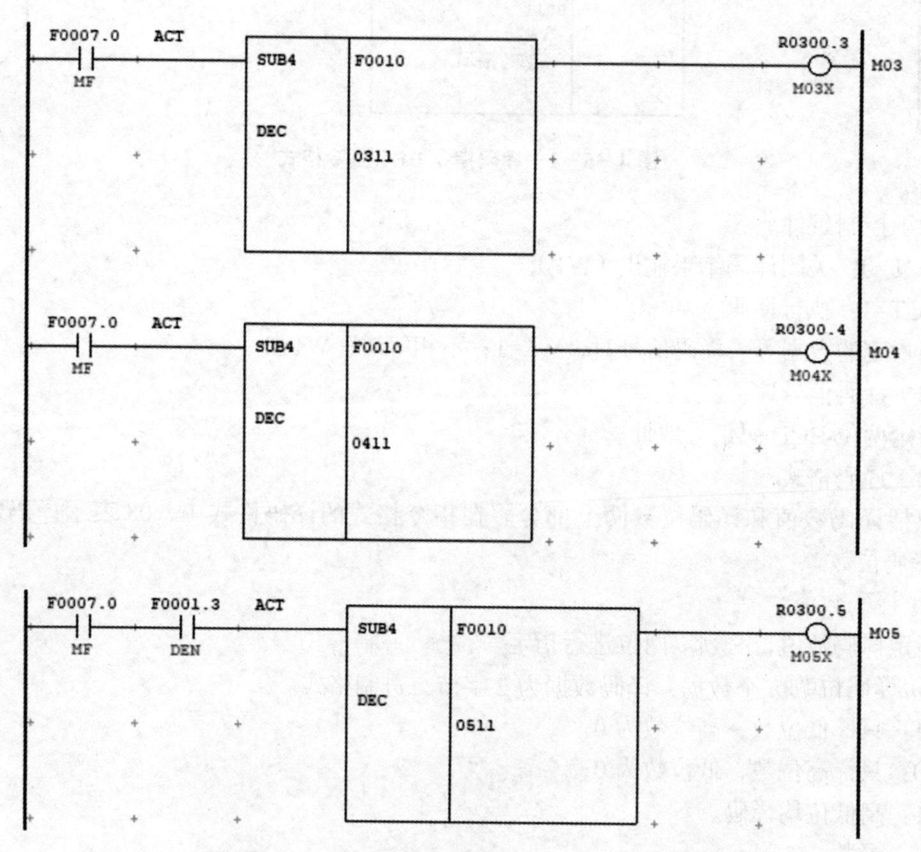

图 4－5－3　数控机床 M03、M04、M05 编译实例

2. 译码指令 DECB

DECB 的指令功能：可对 1 字节、2 字节或 4 字节的二进制代码数据译码，所指定的 8 位连续数据之一与代码数据相同时，对应的输出数据为 1，没有相同的数据时，输出数据为 0。DECB 指令有基本格式和扩展格式两种，扩展格式可以一次译码 8 的倍数个连续的数值。DECB 指令主要用于 M 或 T 代码的译码，一条 DECB 代码可译 8 个连续 M 代码或 8 个连续 T 代码。

（1）指令格式（如图 4-5-4 所示）。

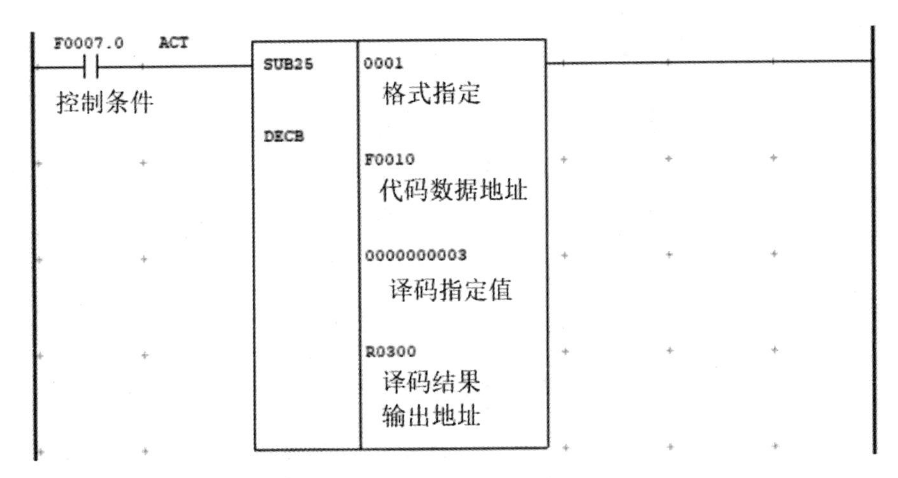

图 4-5-4　译码指令 DECB 指令格式

（2）控制条件。

执行命令（ACT）。

ACT=0：复位所有的输出数据。

ACT=1：执行数据译码。

（3）参数。

1）格式指定。

参数第一位设定译码数据长度。

0001：译码数据为 1 字节二进制代码数据。

0002：译码数据为 2 字节二进制代码数据。

0004：译码数据为 4 字节二进制代码数据。

当设定为扩展格式时，DECB 可以一次译码多（$8n$）字节。

0*nn*1：译码 $8n$ 个数据，译码数据为 1 字节二进制格式。

0*nn*2：译码 $8n$ 个数据，译码数据为 2 字节二进制格式。

0*nn*4：译码 $8n$ 个数据，译码数据为 4 字节二进制格式。

数据 *nn* 的指定范围为 2 到 99，当设定 *nn* 为 00 或 01 时，其仅可译码 8 个数据。

2）代码数据地址。

指定被译码数据的地址。

3）译码指定值。

指定将被译码的第一个数据值。

4）译码结果输出地址。

指定译码结果输出地址。

输出地址需要占用1字节存储空间。当执行指令扩展格式时，需要占用的存储空间为*nn*字节。

（4）指令实例（如图4-5-5所示）。

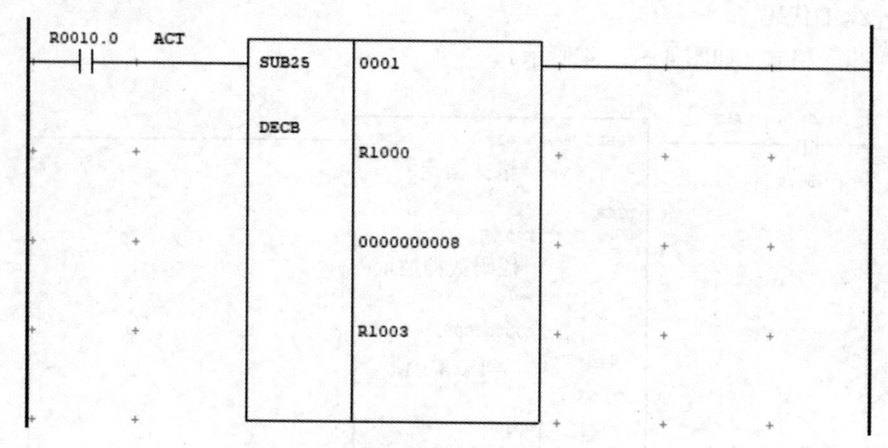

图4-5-5　译码指令DECB指令实例

在图4-5-5中，若指定R1000为12，从8开始依次计数8个数据，分别为8、9、10、11、12、13、14、15，则R1000与数值12一致，于是R1003第4位设置为1（从0开始算，则第4位为第5个数），则BCD格式的R1003显示为10。

3. 逻辑乘数据传送指令MOV

逻辑乘数据传送指令MOV的作用是把比较数据和处理数据进行逻辑“与”运算，即将输入数据和逻辑乘数据进行按位与运算，并将结果传输到指定地址，数据大小为1字节。该指令也可用于清零8位数据里面不需要的位。在数控机床上主要应用于数据的运算，比如刀库程序中数据处理等。

（1）指令格式（如图4-5-6所示）。

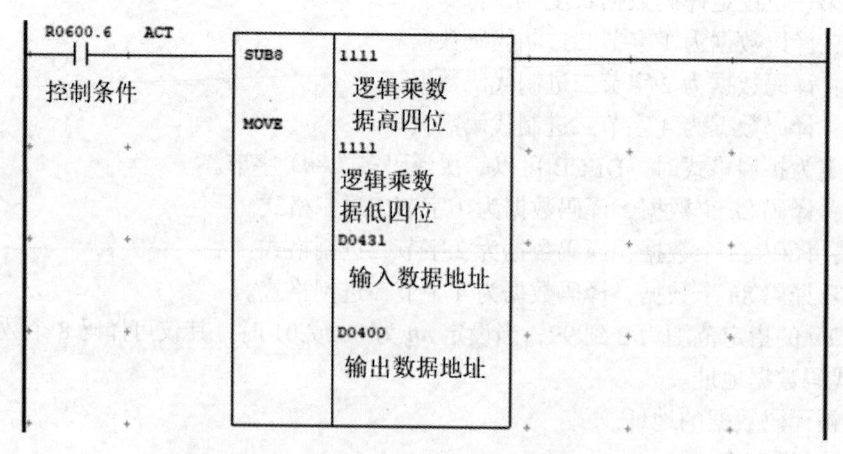

图4-5-6　逻辑乘数据传送指令MOV指令格式

（2）控制条件。

输入信号（ACT）。

ACT=0：指令不执行。

ACT=1：执行逻辑乘指令。

（3）参数。

1）逻辑乘数据高四位。

二进制数形式输入。

2）逻辑乘数据低四位。

二进制数形式输入。

3）输入数据地址。

源数据所在 1 字节存储空间地址。

4）输出数据地址。

指定逻辑乘后输出数据的地址（1 字节）。

（4）指令实例（如图 4－5－7 所示）。

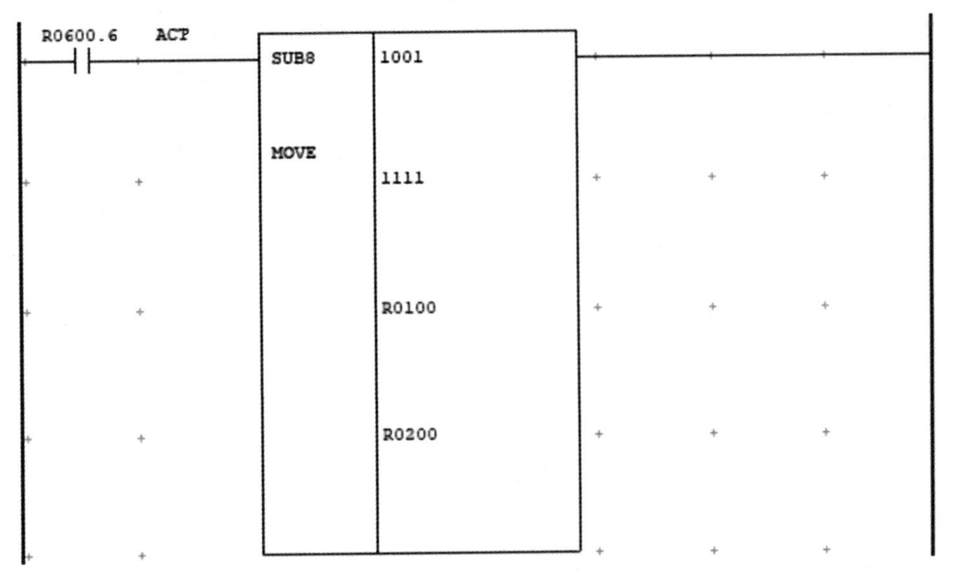

图 4－5－7　逻辑乘数据传送指令 MOV 指令实例

该程序指令的逻辑乘数据为 10011111，假设 R0100 中的数据为 10111111，则 R600.6=1 时输出结果如下：

逻辑乘数据	1	0	0	1	1	1	1	1
输入数据	1	0	1	1	1	1	1	1
输出数据	1	0	0	1	1	1	1	1

计算结果 10011111 输出到 R0200 中。

二、FANUC 0i Mate-TD 数控车床主轴控制 PMC

4.5 FANUC 数控车床主轴控制 PMC 编写与调试

1. 主轴正反转控制 PMC 程序（如图 4-5-8 所示）

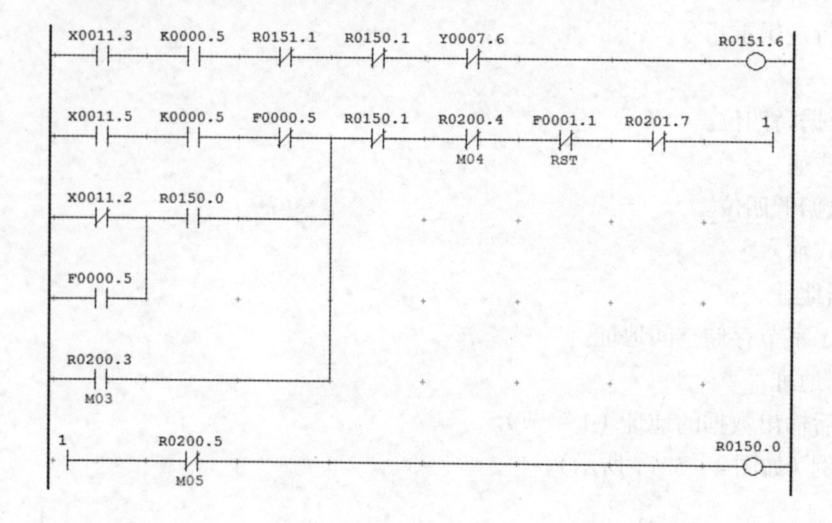

图 4-5-8　数控机床主轴正反转控制 PMC 程序

2. 数控机床主轴 M03、M04、M05 编译 PMC 程序（如图 4－5－9 所示）

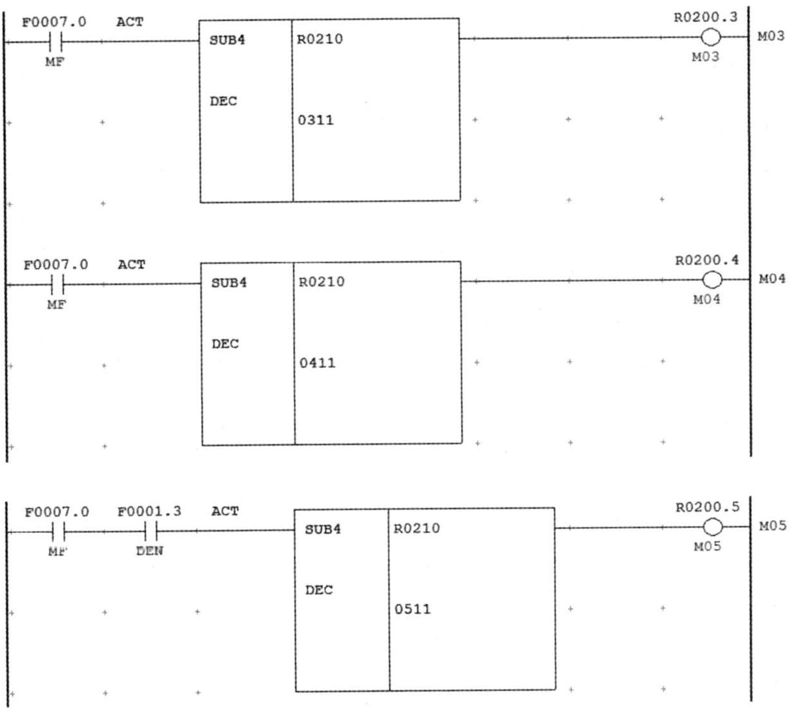

图 4－5－9　数控机床主轴 M03、M04、M05 编译 PMC 程序

3. 数控机床主轴倍率控制 PMC 程序（如图 4－5－10 所示）

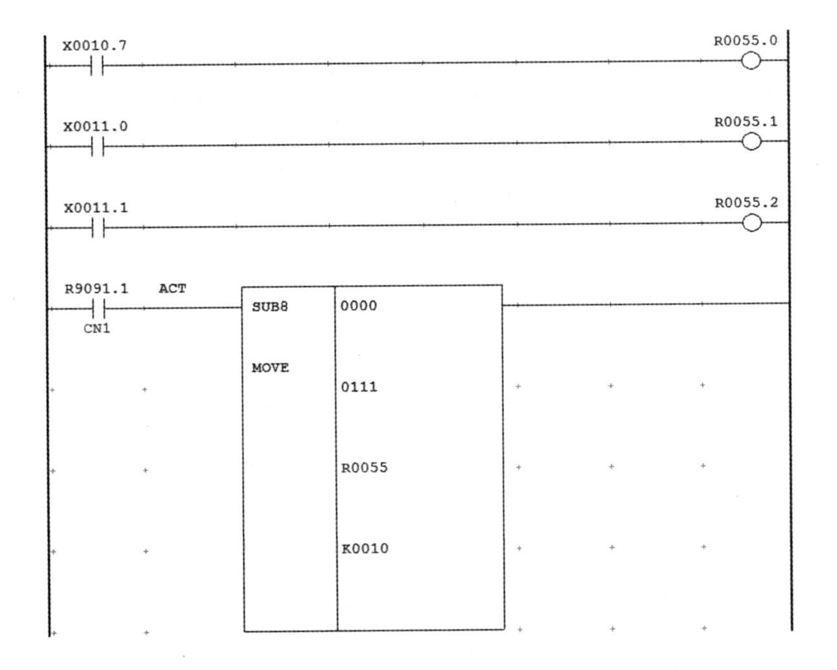

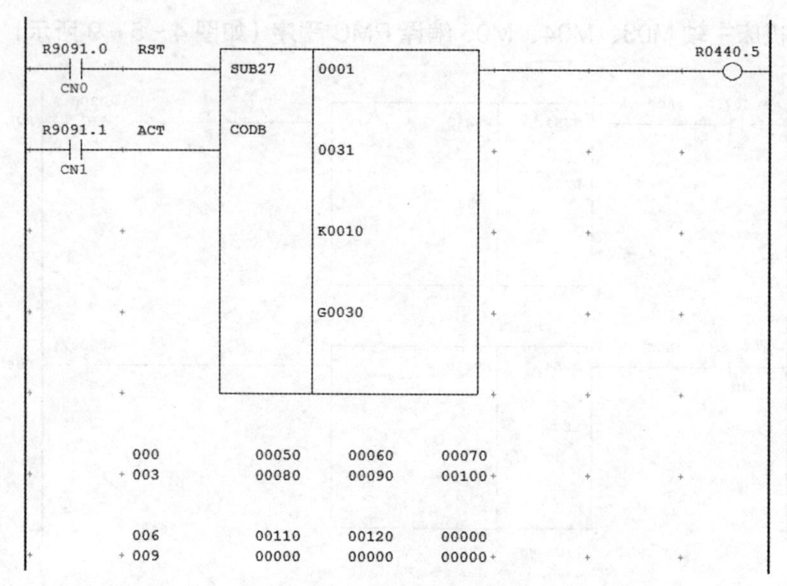

图 4-5-10　数控机床主轴倍率控制 PMC 程序

任务实施

一、任务训练

步骤 1：找出主轴正转、反转和停止输入地址或由指导教师提供 JOG 方式下主轴正转、反转和停止按键的地址。查找现场实训设备有关的主轴速度控制输入与输出信号，并填入表 4-5-1 中。

表 4-5-1　现场实训设备有关的主轴速度控制输入与输出信号表

名称	地址	名称	地址
主轴正转按键		主轴倍率开关 C	
主轴反转按键		主轴倍率开关 D	
主轴停止按键		主轴正转指示灯	
主轴倍率开关 A		主轴反转指示灯	
主轴倍率开关 B		主轴停止指示灯	

步骤 2：编制主轴手动控制 PMC 程序并调试。调试过程如下：

（1）在 JOG 方式下，按主轴正转键。

（2）根据串行主轴伺服控制框图，多按几次功能键【SYSTEM】，进入 PMC 页面。

（3）多按几次功能键【SYSTEM】，再按软键【+】【PMCMNT】【信号】，进入信号状态表，输入 G70，再按【搜索】键，进入 G70 字节页面。

（4）按几次主轴正转键，当观察 G70.5 为 1 时，手松开后仍为 1；按住主轴反转键，当观察 G70.4 为 1 时，同样手松开后仍为 1；当按主轴停止键后，观察到 G70.5 和 G70.4 都为 0，这说明手动主轴正、反转以及主轴停止控制正确。

步骤 3：编写主轴自动控制和倍率控制的 PMC 程序并调试。调试过程如下：

（1）在 MDI 方式下，输入程序段“M03S500；M05；M02；”。

（2）在 MDI 方式下，选择单段方式，按下循环启动键，运行“M03S500”，观察主轴电动机的运行情况。

（3）按同样的思路进入 PMC 菜单的信号状态，观察并填写表 4-5-2。

表 4-5-2　主轴信号状态表（一）

G 信号地址	信号状态	功能	备注
G70.4			
G70.5			
G70.6			
G29.6			
G33.5			
G33.6			
G33.7			
G71.1			
电动机运转状态			

当旋转主轴倍率开关时，观察相应的 X 输入地址变换、G30 变化情况以及主轴电动机速度变化情况。

再次按下循环启动键，运行 M05 程序，继续观察并填写表格 4-5-3。

表 4-5-3　主轴信号状态表（二）

G 信号地址	信号状态	功能	备注
G70.4			
G70.5			
G70.6			
G29.6			
G33.5			
G33.6			
G33.7			
G71.1			
电动机运转状态			

步骤 4：观察插座参数的修改对主轴控制的影响。

（1）将参数 3741 设定为 0，重复手动方式演示，观察主轴电动机的运行情况，运行后恢复原值。

（2）将参数 8133#5 设定为 0，重复手动方式演示，观察主轴电动机的运行情况，运行后恢复原值。

二、完成第二模拟主轴的开发

（1）设计并绘制数控系统侧至变频器、变频器至交流电动机连接框图，要求：

1）变频器动力输出端（电箱端子排）至交流电动机。

2）数控系统模拟指令电压接入变频器（电箱）端子排。

3）系统正反转及公共端指令接入变频器（电箱）端子排，要求压接端子、标注线号（现场提供线号管）、接线。

（2）开通第二主轴，激活模拟主轴接口。

（3）编制 PLC 程序，并设置参数，实现：

1）通过 MDI 键盘输入 S 指令、M 指令控制主轴正 / 反转。

2）通过机床操作面板备用键（如图 4－5－11 所示）进行主轴正转、主轴反转、增速、减速、主轴停止，观察按下哪个键后，其对应的按钮 LED 灯亮，通过增速 / 减速按钮进行调速控制，每按一次增 / 减速 10%。

图 4－5－11　操作面板备用键位置

（4）按表 4－5－4 进行第二模拟主轴开发，记录过程并评分。

表 4－5－4　模拟主轴调速控制功能记录和评分表

序号	项目	项目内容	过程记录	得分
1	连接图设计	完善数控系统侧至变频器、变频器至交流电动机连接框图		
2		异步电动机电源连接正确		
3	变频器连接与调试	系统模拟电压连接正确		
4		正反转及公共端信号线连接正确		
5		模拟主轴参数设置正确，模拟主轴被激活		
6		变频器通电及参数设置正确		
7	PLC 编程	MDI 方式下执行主轴控制 M/S 代码，主轴正转		
8		MDI 方式下执行主轴控制 M/S 代码，主轴反转		
9		按下主轴正转按钮，主轴正转		
10		主轴正转 LED 指示灯亮		
11		按下主轴反转按钮，主轴反转		
12		主轴反转 LED 指示灯亮		
13		按下增速按钮，主轴增速 LED 灯亮		
14		按下增速按钮，每按一次主轴增速 10%		
15		按下减速按钮，主轴减速 LED 灯亮		
16		按下减速按钮，每按一次主轴减速 10%		
17		按下停止按钮，停止按钮 LED 灯亮		
18		按下停止按钮，主轴停止		
合计				

任务六　数控车床进给轴与返参控制 PMC 编写与调试

任务描述

将操作方式置于 JOG 模式，选择 X、Y、Z 中的任意一个轴，再选择轴进给方向“+”或“-”，则对应工作台正方向或负方向移动。

选择轴时，相应按钮指示灯亮。选择轴进给方向时，相应指示灯亮。

本任务将学习数控车床进给轴与返参控制 PMC 编写与调试。

任务目标

1. 了解数控机床各工作方式功能。
2. 了解 PMC 与 CNC 之间相关工作方式的 I/O 信号。

3. 掌握 FANUC 数控机床工作方式功能 PMC 的编写。

任务实习

一、互锁信号处理

互锁信号是低电平有效的信号，当信号为 0 时，禁止轴移动，如图 4-6-1 所示。在自动换刀装置（ATC）和托盘交换装置（APC）等动作过程中，可以用该信号禁止轴的移动。

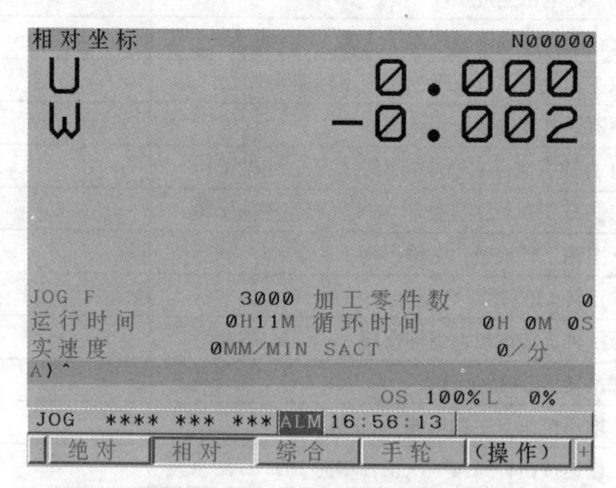

图 4-6-1　机床互锁画面

互锁信号有两种：全轴互锁信号和各轴互锁信号。全轴互锁信号为 G8.0，符号名为 *IT，各轴互锁信号为 G130.0 ～ G130.7，符号名为 *IT1 ～ *IT8，它们都是低电平有效的信号。

全轴互锁信号和各轴互锁信号是否有效取决于参数 3003。

地址	#7	#6	#5	#4	#3	#2	#1	#0
G8								*IT
G130	*IT8	*IT7	*IT6	*IT5	*IT4	*IT3	*IT2	*IT1
3003							ITX	ITL

#1（ITX）：0：使用各轴互锁信号 *ITX；1：不使用各轴互锁信号 *ITX。

#0（ITL）：0：使用全轴互锁信号 *IT；1：不使用全轴互锁信号 *IT。

本程序选择只使用全轴互锁信号（*IT）和各轴互锁信号（*ITX）。850 型加工中心只需换刀时将第 3 轴锁住，取机械手扣刀信号 X10.4 低电平有效，当机械手扣刀时第 3 轴锁住。R49.0 的状态等于信号 R49.0 与信号 R49.0 的非信号产生的常 1 信号，除第 3 轴互锁信号外，其他互锁信号一直为 1，取消其他轴的互锁。PMC 程序如图 4-6-2 所示。

二、进给轴和方向的选择

FANUC 数控系统中进给轴和方向的选择信号为 +J1 ～ +J4（G100）、-J1 ～ J4（G102）。

类别：输入信号。

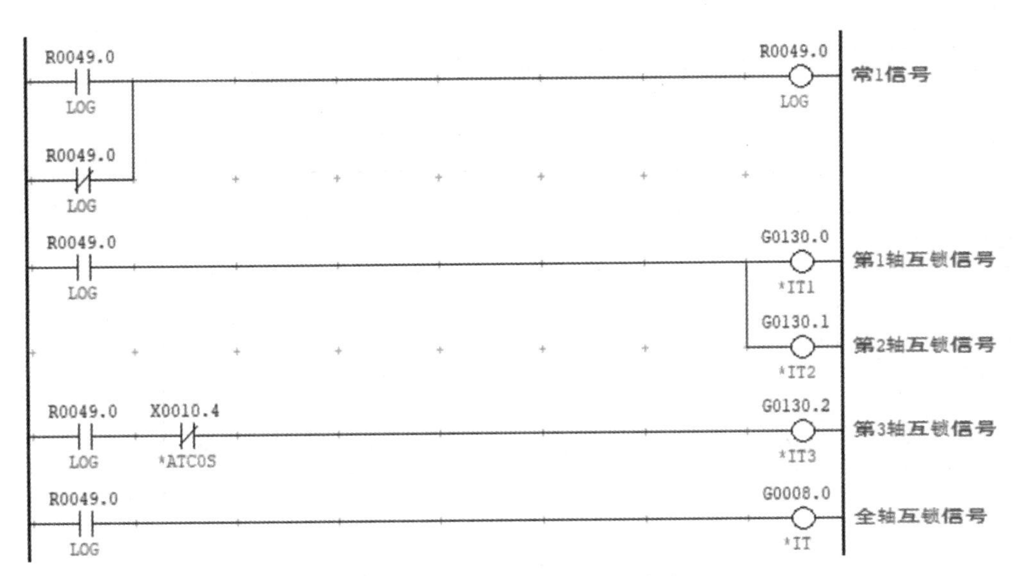

图 4-6-2　互锁信号 PMC 程序

功能：在 JOG 或增量进给下选择所需要的进给轴和方向；信号名中的 +/– 指明进给方向，J 后面所跟的数字表明所控制的轴。

信号地址：

地址	#7	#6	#5	#4	#3	#2	#1	#0
G100					+J4	+J3	+J2	+J1
G102					-J4	-J3	-J2	-J1

数据车床进给轴和方向的选择梯形图如图 4-6-3 所示。

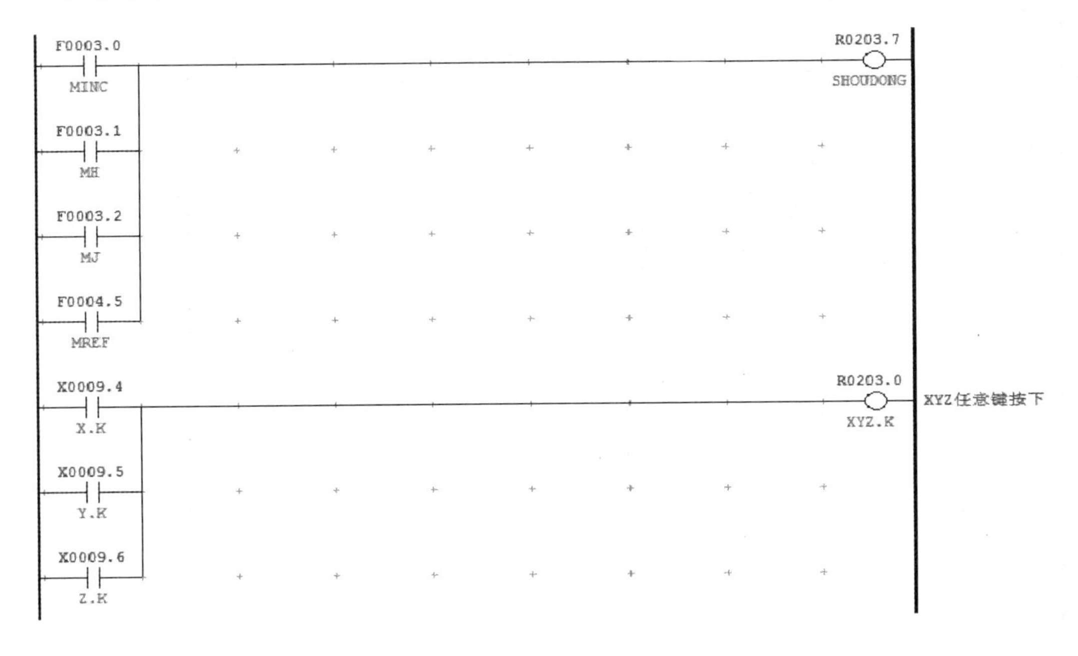

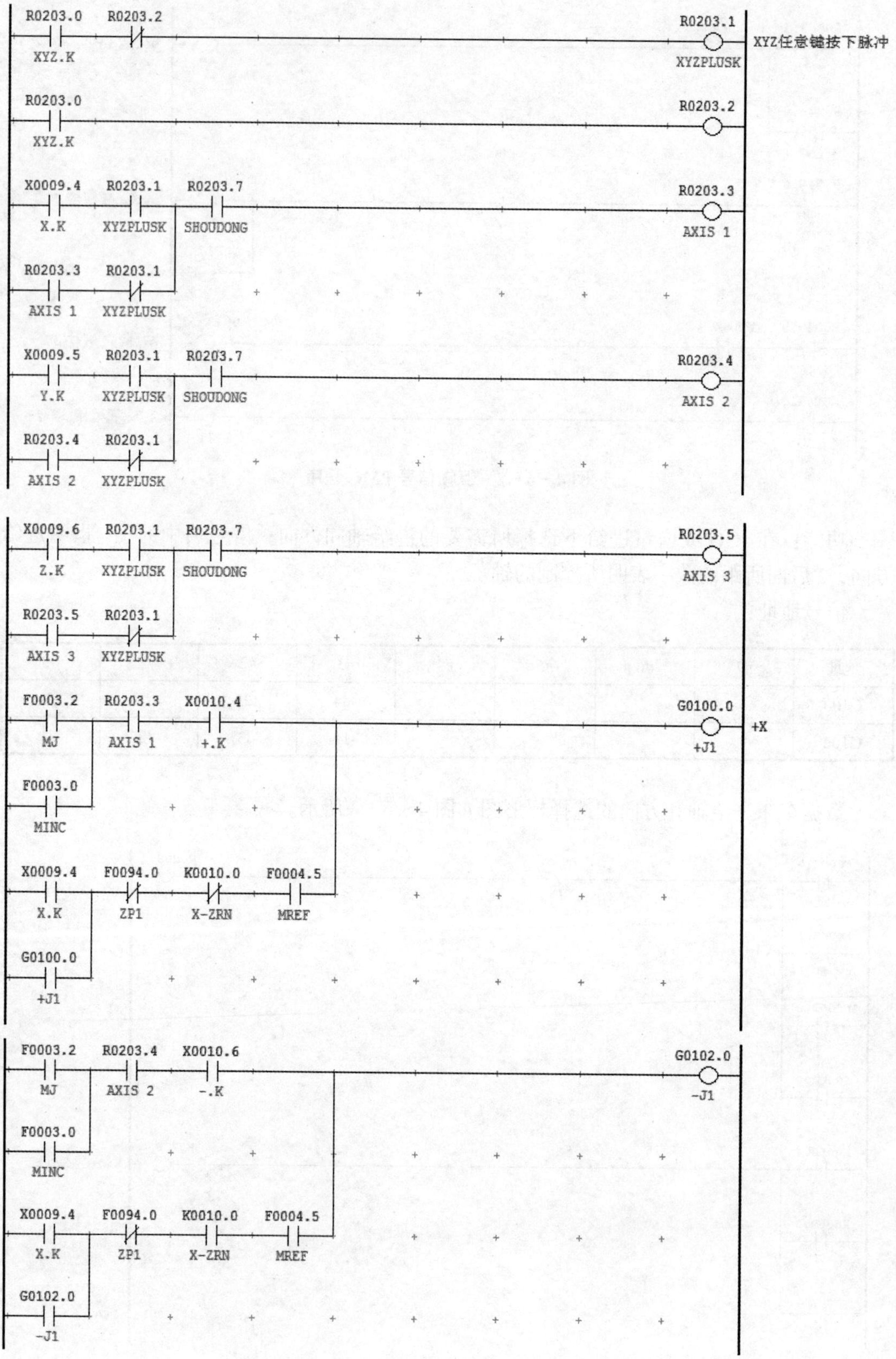

R0203.0 XYZ.K　R0203.2　R0203.1 XYZPLUSK　XYZ任意键按下脉冲

R0203.0 XYZ.K　R0203.2

X0009.4 X.K　R0203.1 XYZPLUSK　R0203.7 SHOUDONG　R0203.3 AXIS 1

R0203.3 AXIS 1　R0203.1 XYZPLUSK

X0009.5 Y.K　R0203.1 XYZPLUSK　R0203.7 SHOUDONG　R0203.4 AXIS 2

R0203.4 AXIS 2　R0203.1 XYZPLUSK

X0009.6 Z.K　R0203.1 XYZPLUSK　R0203.7 SHOUDONG　R0203.5 AXIS 3

R0203.5 AXIS 3　R0203.1 XYZPLUSK

F0003.2 MJ　R0203.3 AXIS 1　X0010.4 +.K　G0100.0 +J1　+X

F0003.0 MINC

X0009.4 X.K　F0094.0 ZP1　K0010.0 X-ZRN　F0004.5 MREF

G0100.0 +J1

F0003.2 MJ　R0203.4 AXIS 2　X0010.6 -.K　G0102.0 -J1

F0003.0 MINC

X0009.4 X.K　F0094.0 ZP1　K0010.0 X-ZRN　F0004.5 MREF

G0102.0 -J1

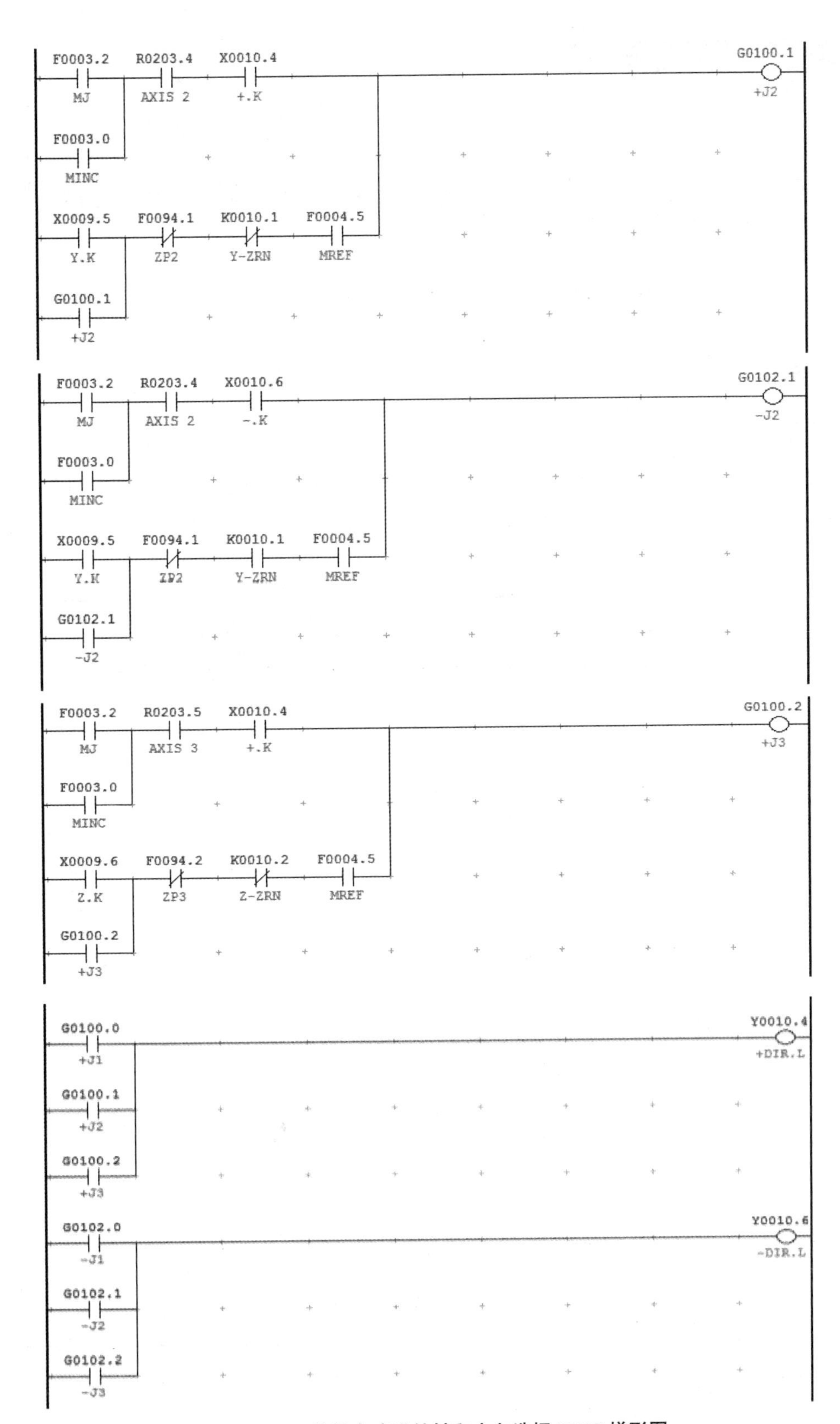

图 4－6－3　数控车床进给轴和方向选择 PMC 梯形图

三、手动进给倍率信号处理

FANUC 数控系统中，手动进给倍率信号为 *JV0 ～ *JV15（G010 ～ G011）。

类别：输入信号。

功能：对 JOG 进给或增量进给速度乘以某一比率，这些信号为 16 位二进制编码信号，它与下面所示的倍率值相乘：

$$倍率值(\%)=0.01\% \cdot \sum_{i=0}^{15} |2^i \cdot V_i|$$

此处：

当 *JVi 为 1 时，V_i=0。

当 *JVi 为 0 时，V_i=1。

当所有的信号（*JV0 ～ *JV15）设定为 1 时，倍率值被确认为 0，此时，进给停止。倍率可以 0.01% 为单位在 0% ～ 655.34% 的范围内定义，表 4－6－1 给出实例。

表 4－6－1　倍率定义

*JV0 ～ *JV15				倍率值（%）
12	8	4	0	
1111	1111	1111	1111	0
1111	1111	1111	1110	0.01
1111	1111	1111	0101	0.10
1111	1111	1001	1011	1.00
1111	1100	0001	0111	10.00
1101	1000	1110	1111	100.00
0110	0011	1011	1111	400.00
0000	0000	0000	0001	655.34
0000	0000	0000	0000	0

倍率信号：使用子面板 A/B/C 时，格雷码输出见表 4－6－2。

表 4－6－2　格雷码输出表

%	0	1	2	4	6	8	10	15	20	30	40	50	60	70	80	90	95	100	105	110	120
Xm+0.0	0	1	1	0	0	1	1	0	0	1	1	0	0	1	1	0	0	1	1	0	0
Xm+0.1	0	0	1	1	1	1	0	0	0	0	1	1	1	1	0	0	0	0	1	1	1
Xm+0.2	0	0	0	0	1	1	1	1	1	1	1	1	0	0	0	0	0	0	0	0	1
Xm+0.3	0	0	0	0	0	0	0	0	1	1	1	1	1	1	1	1	1	1	1	1	1
Xm+0.4	0	0	0	0	0	0	0	0	0	0	0	0	0	0	0	0	1	1	1	1	1
Xm+0.5	0	1	0	1	0	1	0	1	0	1	0	1	0	1	0	1	0	1	0	1	0

注：Xm+0.5 是奇偶校验位。

功能：JOG 进给或增量进给期间，如果快速移动选择信号 RT 为 0，则有参数（No.1423）所定义的手动进给速度乘以 JV*i* 信号的倍率。

注：自动方式空运行期间，JV*i* 信号也可以为倍率信号。

信号地址：

地址	#7	#6	#5	#4	#3	#2	#1	#0
G010	*JV7	*JV6	*JV5	*JV4	*JV4	*JV3	*JV2	*JV0
G011	*JV15	*JV14	*JV13	*JV12	*JV11	*JV10	*JV9	*JV8

手动进给倍率信号处理梯形图如图 4－6－4 所示。

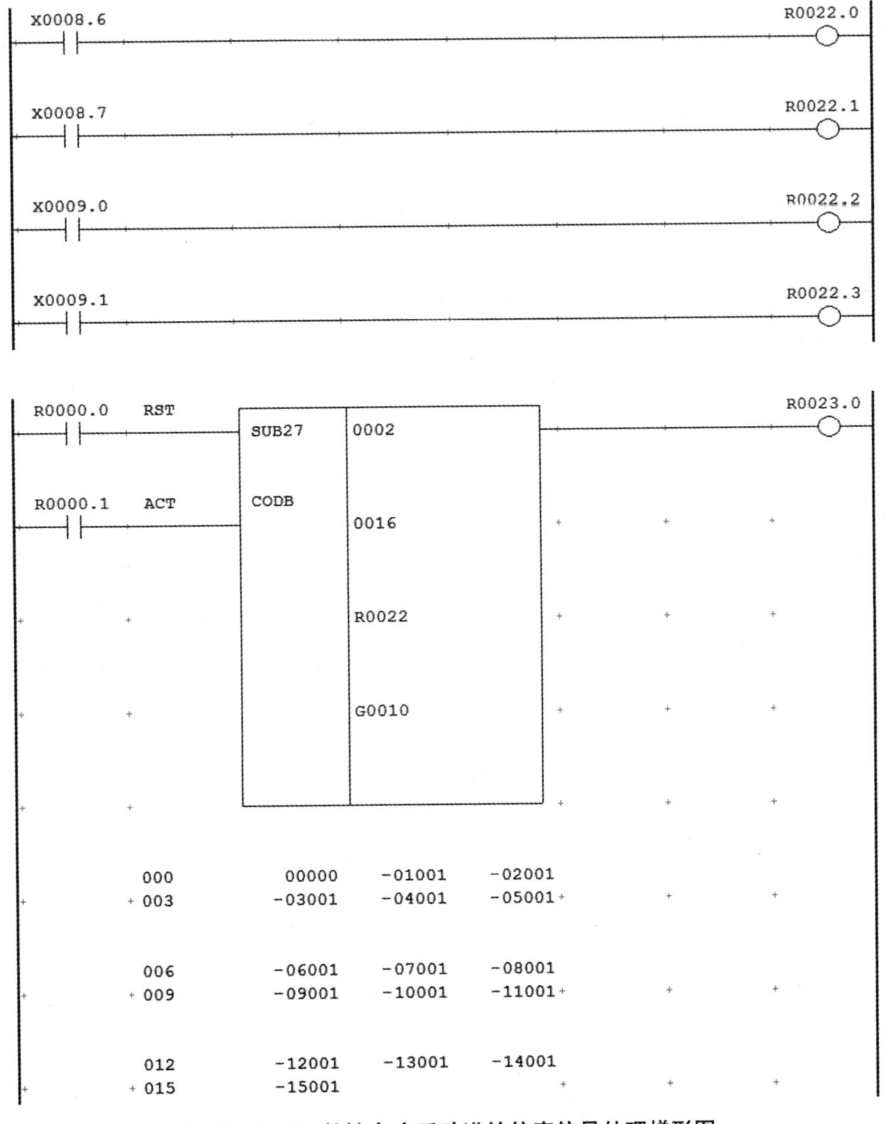

图 4－6－4　数控车床手动进给倍率信号处理梯形图

四、进给速度倍率信号

FANUC 数控系统中，进给速度倍率信号为 *FV0 ～ *FV7<G012>。

类别：输入信号。

功能：切削进给速度倍率信号存在 8 个二进制编码信号，与下面所示的倍率值相对应：

$$倍率值=\sum_{i=0}^{7}(2^i \cdot V_i)\%$$

当 *FVi 为 1 时，V_i=0。

当 *FVi 为 0 时，V_i=1。

这信号的权值为：

*FV0：1%　*FV1：2%　*FV2：4%　*FV3：8%　*FV2：16%　*FV3：32%　*FV2：64%　*FV3：128%

所有的信号都为 0 或所有的信号都为 1 时，倍率都被认为是 0%，因此，倍率可在 0 ～ 254% 范围内以 1% 为单位进行选择。

动作：自动运行中切削进给指定的速度与由这些信号所选的倍率值相乘得到实际进给速度。

在下列情况下，不管信号如何，倍率都被认为是 100%：

- 倍率取消信号 OVC 为 1。
- 在固定循环的攻丝循环切削期间。
- 攻丝方式（G63）。
- 螺纹切削进行中。

相关参数：

地址	#7	#6	#5	#4	#3	#2	#1	#0
1401				RF0				

数据类型：位置

#4 RF0：快速移动期间切削进给速度倍率为 0% 时，机床是否停止运动。

设定：0：机床不停止动动；1：机床停止运动。

数控车床自动进给速度倍率信号处理 PMC 程序如图 4－6－5 所示。

五、参考点返回结束信号处理

FANUC 数控系统中，参考点返回结束信号为 ZP1 ～ ZP4（F094）。

类别：输出信号。

功能：该信号通知机床已经处于控制轴的参考点；这些信号与轴一一对应。

输出条件：这些信号为 1，当手动返回参考点已经结束，且当前位置位于到位区域；或当自动返回参考点已经结束，且当前位置位于到位区域；或当参考点返回检测已经结束，且当前位置位于到位区域。信号为 0，当机床从参考点移出时或出现急停信号时，出现伺服报警。

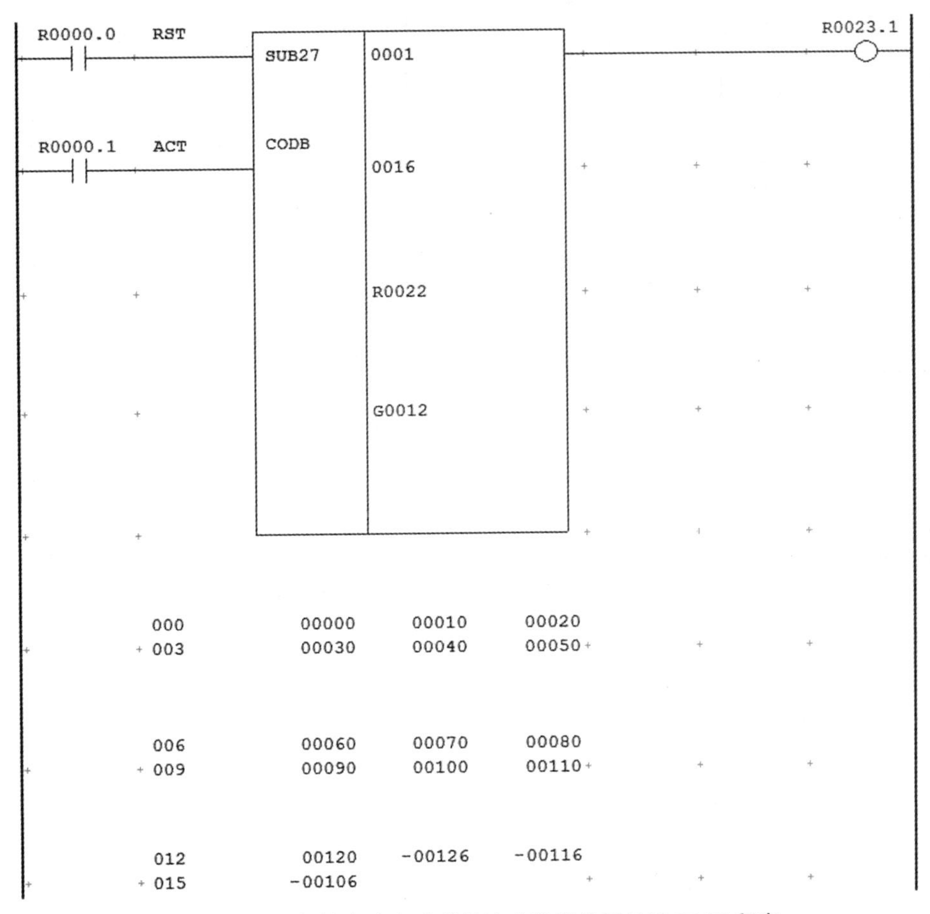

图 4-6-5　数控车床自动进给速度倍率信号处理 PMC 程序

信号地址：

地址	#7	#6	#5	#4	#3	#2	#1	#0
X1009	*DEC8	*DEC7	*DEC6	*DEC5	*DEC4	*DEC3	*DEC2	*DEC1
G043	ZRN							
F004			MREF					
F094					ZP4	ZP3	Z92	ZP1
F120					ZPF4	ZPF3	ZPF2	ZPF1
R9091		1s 周期信号，（504ms 开，496ms 关）	200ms 周期信号，（104ms 开，96ms 关）				常 1	常 0

参考点返回指示灯信号处理 PMC 程序如图 4－6－6 所示。

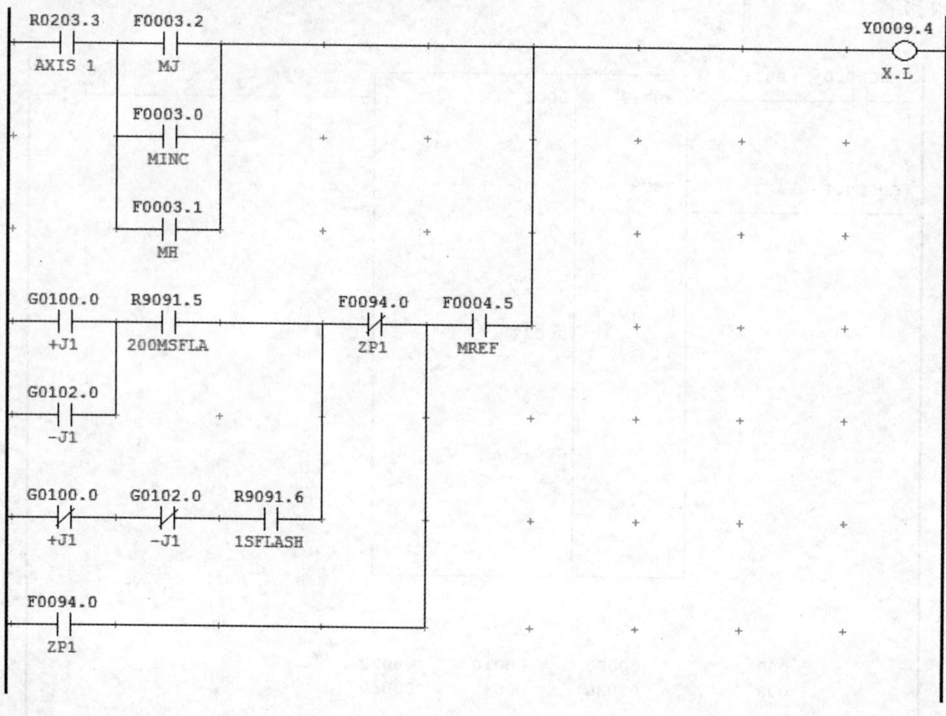

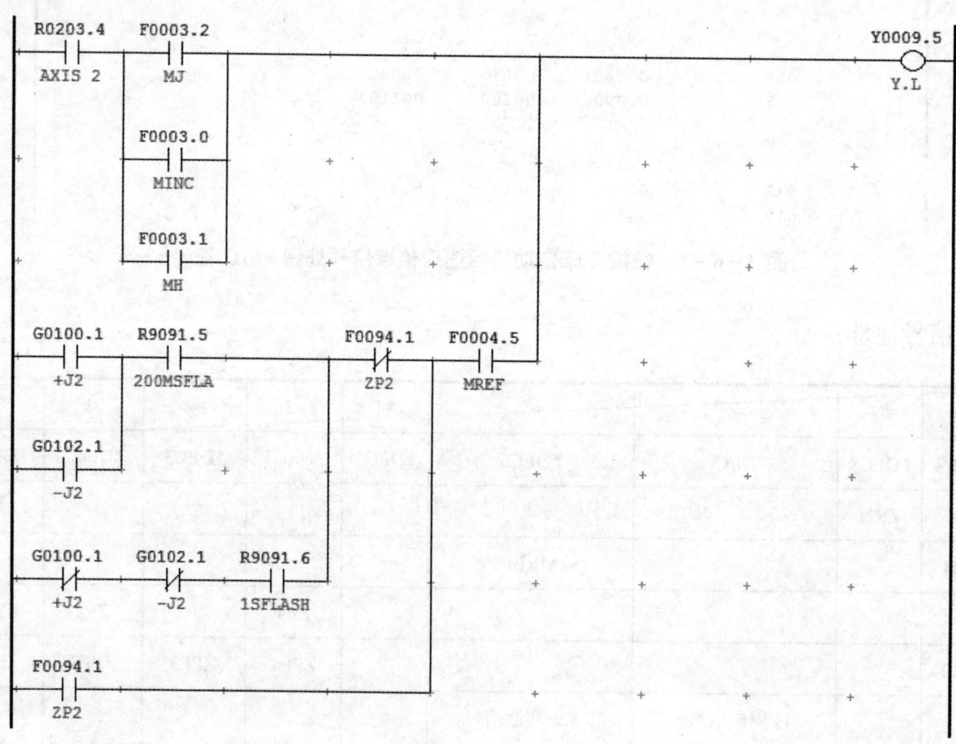

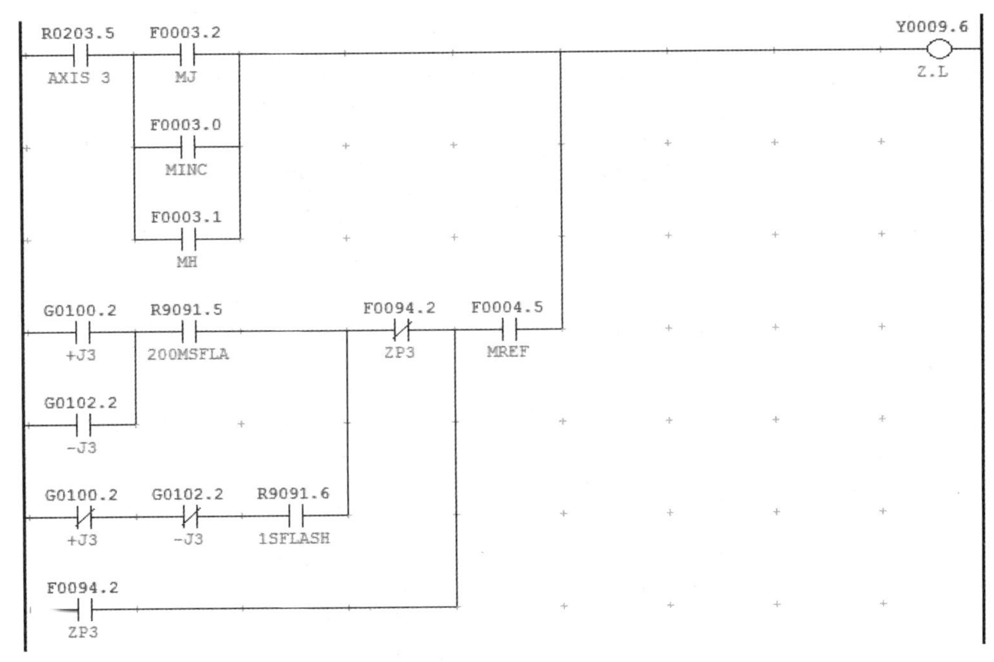

图 4-6-6　参考点返回指示灯信号处理 PMC 程序

以 Y 轴参考点返回指示灯为例，按下“手动”“增量”“手轮”方式，Y 轴信号灯常亮；按下“参考点返回”键，Y 轴信号灯间隔 1s 闪烁，参考点返回过程中，信号灯以 200ms 间隔闪烁，参考点返回完成后，Y 轴信号灯常亮。Y 轴轴选信号为 R203.4，手动方式信号为 F3.2，增量方式信号为 F3.0，手轮方式信号为 F3.1，返回参考点方式为 F4.5，R9091.5 为 200ms 闪烁，R9091.6 为 1s 闪烁，Y 轴进给信号为 G100.1、G102.1，参考点返回信号为 F94.1，Y 轴信号灯为 Y9.5。

任务实施

一、回参考点操作训练

将操作方式置于“回参考点”方式，选 X、Y、Z 中任意一轴，再选择进给方向，则对应轴回参考点。

4.6　FANUC 数控车床返回参考点 PMC 编写与调试

回参考点结束后，轴指示灯持续接通；回参考点结束之前，轴没有移动时，轴指示灯以 500ms 周期闪烁；回参考点结束之前，轴正在移动时，轴指示灯以 200ms 周期闪烁。

参考点即机床坐标系的原点，它在机床出厂时已确定，是一个固定的点。回参考点的目的是把机床的各轴移动到机床的固定点，使机床各轴的位置与 CNC 的机械位置吻合，从而建立机床坐标系。

FANUC 0i-D 数控系统可以使用的手动返回参考点方式，如利用编码器零脉冲建立参考点、碰撞式返回参考点、寻找绝对零点返回参考点、自动返回参考点。利用编码器零脉冲建立参考点又可以分为减速开关返回参考点与无减速开关返回参考点两种方式，本案例介绍减速开关返回参考点 PMC 程序的编制。

返回参考点动作过程如下：

步骤 1：选择手动连续进给方式，使机床离开参考点，如图 4－6－7 所示。

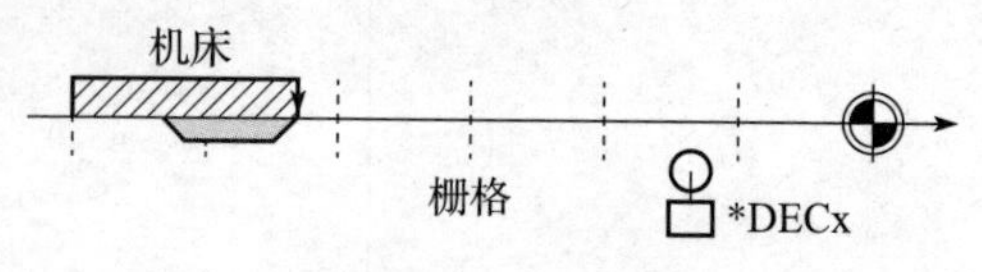

图 4－6－7　离开参考点

步骤 2：选择机床控制操作面板的【ZERO RETURN】返回参考点方式。

步骤 3：选择快速进给倍率【100%】。

步骤 4：按机床操作面板的轴移动键【+X】，给出返回参考点的方向的移动命令。轴以快速进给速度向参考点移动，如图 4－6－8 所示。

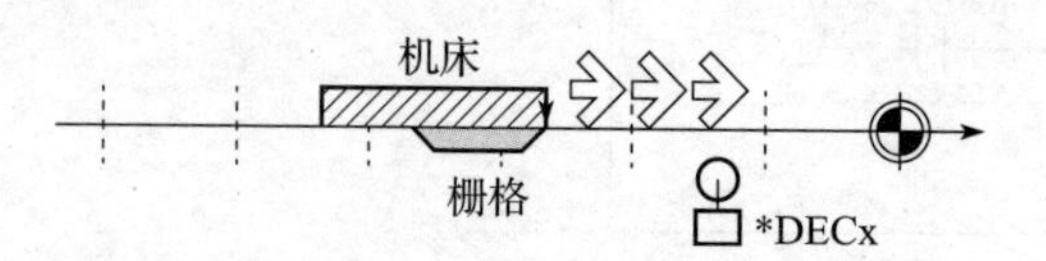

图 4－6－8　向参考点移动

步骤 5：返回参考点减速信号（*DEC1）变为 0 时，轴减速移动。以参数 1425 设定的 FL 速度移动，如图 4－6－9 所示。

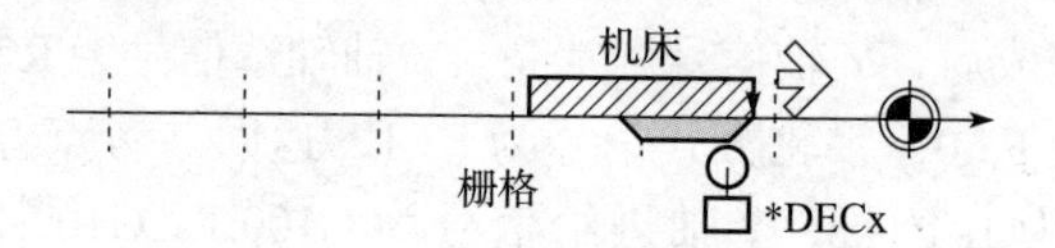

图 4－6－9　轴减速移动

步骤 6：返回参考点减速信号（*DEC1）变为 1 后，轴继续移动，如图 4－6－10 所示。

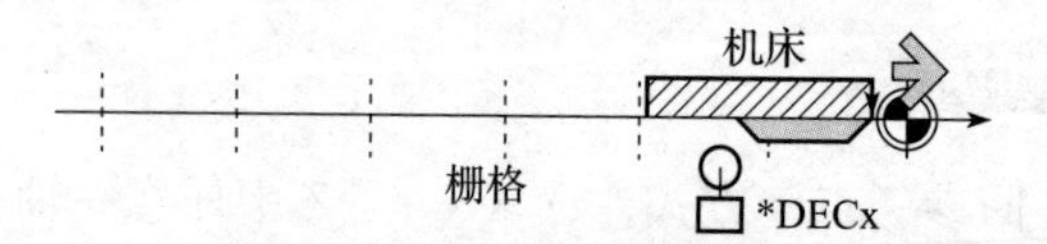

图 4－6－10　轴继续移动

步骤 7：轴停在第 1 个栅格上，机床操作面板上的返回参考点完成指示灯（ZEROPOSITION）点亮，如图 4－6－11 所示。

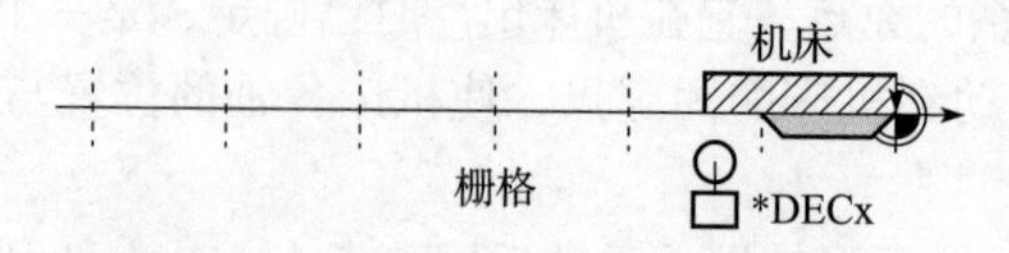

图 4－6－11　返回参考点完成

参考点确定信号（ZRFx）变为 1。

PMC 与机床之间有关返回参考点方式操作的 I/O 信号见表 4－6－3。

表 4-6-3　PMC 与机床之间有关返回参考点方式操作的 I/O 信号

输入 X 信号	输出 Y 信号
回零工作方式按钮 X26.4	回零工作方式按钮指示灯 Y26.4
X 轴轴选按钮 X29.4	X 轴轴选指示灯 Y29.4
Y 轴轴选按钮 X29.5	Y 轴轴选指示灯 Y29.5
Z 轴轴选按钮 X29.6	Z 轴轴选指示灯 Y29.6
轴正方向选择按钮 X30.4	轴正方向选择指示灯 Y30.4
轴正方向选择按钮 X30.6	轴正方向选择指示灯 Y30.6

返回参考点相关信号与参数：

参考点方式有效：G43.7=1 且 G43.0（MD1）和 G43.2（MD4）同时为 1；

轴选有效：G100.0 ～ G100.4、G102.0 ～ G102.4；

参考点减速信号：X9.0 ～ X9.3；

返回参考点完成信号：F94.0 ～ F94.7。

PMC 与 CNC 之间有关返回参考点方式的 I/O 信号见表 4-6-4。

表 4-6-4　PMC 与 CNC 之间有关返回参考点方式的 I/O 信号

地址	#7	#6	#5	#4	#3	#2	#1	#0
G43	ZRN					MD4		MD1
G100					+J4	+J3	+J2	+J1
G01					-J4	-J3	-J2	-J1
X9					*DEC4	*DEC3	*DEC2	*DEC1
F94	ZP8	ZP7	ZP6	ZP5	ZP4	ZP3	ZP2	ZP1

返回参考点相关参数设定见表 4-6-5，设定返回参考点完成时预置的机床坐标的值。

表 4-6-5　返回参考点相关参数设定

参数	参数作用
1240	每轴第一参考点的机床坐标值
1850	各轴的栅格偏移量
1425	返回参考点的速度
1421	快速进给倍率的最低速度 F0（mm、min）
1420	每轴的快速进给速度
1005#1	0：返回参考点使用挡块方式 1：返回参考点不使用挡块方式
1006#5	0：返回参考点碰到减速开关后正向寻找参考点 1：返回参考点碰到减速开关后负向寻找参考点
1424	各轴的手动快速进给速度（设定值为 0 时，用参数 1420 的设定值）

返回参考点 PMC 程序设计：

选中返回参考点方式，返回参考点确认信号 MREF（F4.5）为 1。

按轴选按键 X29.4、X29.5、X29.6：

机床厂家可根据机床结构具体要求设定参数，选择正向或负向返回参考点，保证 PMC 程序的通用性。该参数为 PMC 保持型继电器，本例返回参考点使用 K10 保持型继电器见表 4－6－6。

表 4－6－6　返回参考点参数设定

地址	#7	#6	#5	#4	#3	#2	#1	#0
K10				4AXIS	3AXIS	2AXIS	1AXIS	

同时，为了保证返回参考点不需要一直按住按键，X29.4、X29.5、X29.6 将轴选信号 G100.0、G100.1、G100.2 与按键并联，实现自锁，直到返回参考点完成后，F94.0、F94.1、F94.2 为 1，断开 G100.0、G100.1、G100.2 信号，轴停止移动。X 轴返回参考点 PMC 程序如图 4－6－12 所示。

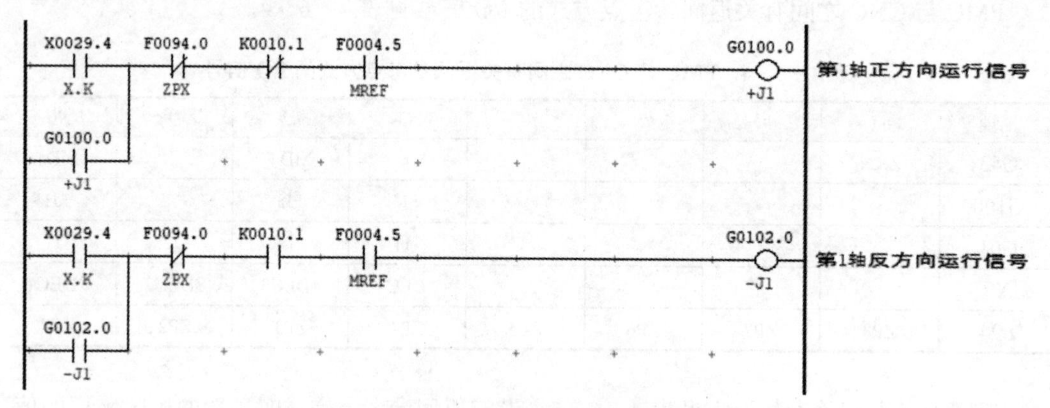

图 4－6－12　X 轴返回参考点 PMC 程序

G100.0（+J1）已有返回参考点 PMC 程序如图 4－6－12 所示，结合手动方式下 X 轴的控制，则在原有 G100.0（+J1）程序基础上进行修改。

之后双线圈输出问题与之类似，不再赘述，其输出 PMC 程序见图 4－6－13。

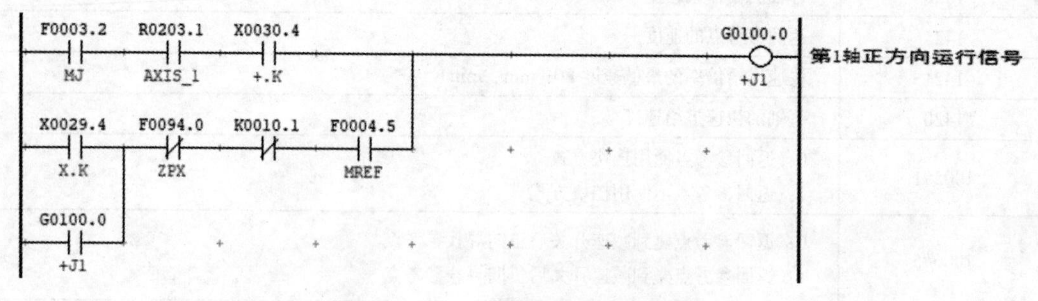

图 4－6－13　双线圈输出 PMC 程序

返回参考点指示灯 PMC 程序设计：

返回参考点结束后，轴指示灯持续接通；返回参考点结束之前，轴没有移动时，轴指示灯以 1s 周期闪烁；返回参考点结束之前，轴正在移动时，轴指示灯以 200ms 周期闪烁。

在内部地址中（见表 4－6－7），中间继电器 R9000 ～ R9499 之间的地址被系统占用，不要用于普通控制地址。其中 R9091.0 为常 0 信号，R9091.1 为常 1 信号，R9091.5 为 0.2s（200ms）周期信号，R9091.6 为 1s 周期信号。

表 4－6－7 系统内部中间继电器地址

地址	说明
R9000.0	数据比较位，输入值等于比较值
R9000.1	数据比较位，输入值小于比较值
R9091.0/1	常 0/1 信号
R9091.5	0.2s 周期信号
R9091.6	1s 周期信号
R9015.0	
R9015.1	
R9015.2	

X 轴返回参考点指示灯 PMC 程序如图 4－6－14 所示。

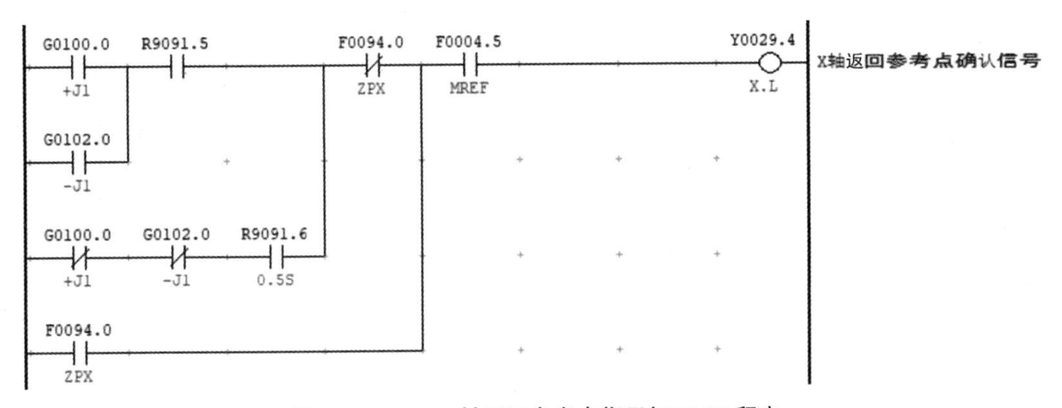

图 4－6－14 X 轴返回参考点指示灯 PMC 程序

二、任务考核

（1）能够进行二进制码、格雷码、BCD 码与十进制码之间的数据转换。

（2）能够正确应用码制转换功能指令进行手动进给倍率 PMC 程序设计。

（3）能够进行手动慢速进给、手动快速进给、手动进给、增量进给、返回参考点控制 PMC 程序设计。

任务七 数控车床四工位刀架控制 PMC 编写与调试

任务描述

据统计，数控车床刀架故障约占整个数控车床故障的40%。要维修数控车床刀架有关的故障，必须理解数控系统与 PMC 涉及换刀功能的控制关系，才能从系统控制原理本身理解控制过程，更好地分析和维修涉及刀具的故障。本任务将学习数控车床四工位刀架控制 PMC 编写与调试。

任务目标

1. 掌握数控车床刀架控制流程图。

2. 能够设计和调试数控车床刀架电气控制和 PMC 程序。

任务实习

一、相关应用指令

1. 判别一致指令 COIN

COIN 指令用来检查参考值与比较值是否一致，数据均为 BCD 码编码，可用于检查刀库、转台等旋转体是否到达目标位置等。

（1）指令格式（如图 4－7－1 所示）。

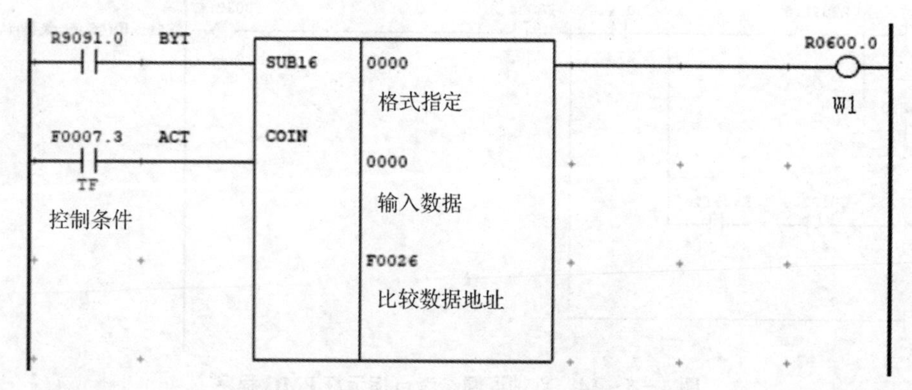

图 4－7－1 判别一致指令 COIN 指令格式

（2）控制条件。

1）指定数据类型（BYT）。

BYT=0：1 字节 BCD 码数据比较。

BYT=1：2 字节 BCD 码数据比较。

2）输入信号（ACT）。

ACT=0：指令不执行，W1 不改变。

ACT=1：指令执行，结果输出到 W1 中。

（3）参数。

1）格式指定。

0：指定输入数据为常数。

1：指定输入数据为地址。

2）输入数据。

输入数据可以指定为整数或者是存储该值的地址，通过“格式指定”进行选择。

3）比较数据地址。

指定比较数据的地址。

（4）输出（W1）。

W1=0：输入数据≠比较数据。

W1=1：输入数据 = 比较数据。

（5）指令实例（如图 4－7－2 所示）。

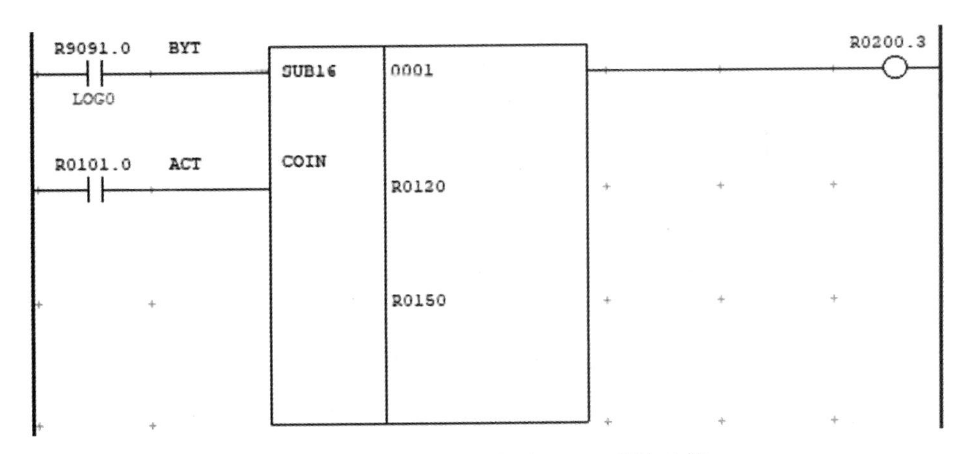

图 4－7－2　判别一致指令 COIN 指令实例

程序指令中 R9091.0 为常 0 信号，则 BYT=0 操作数为 2 位 BCD 码，参数 0001 表示操作数以地址形式表示，R0120 表示输入数据地址设定为 34，R0150 表示比较数据地址设定为 34。当 R0101.0=1 时，输出 R0200.3=1（输入数据 = 比较数据）。

数控车床中 COIN 指令实例如图 4－7－3 所示。

2. 比较指令 COMP

COMP 指令的输入值和比较值为 2 位或 4 位 BCD 代码，该指令用于 BCD 码大小的比较。

（1）指令格式（如图 4－7－4 所示）。

（2）控制条件。

1）指定数据（BYT）。

BYT=0：2 位 BCD 码数据比较。

BYT=1：4 位 BCD 码数据比较。

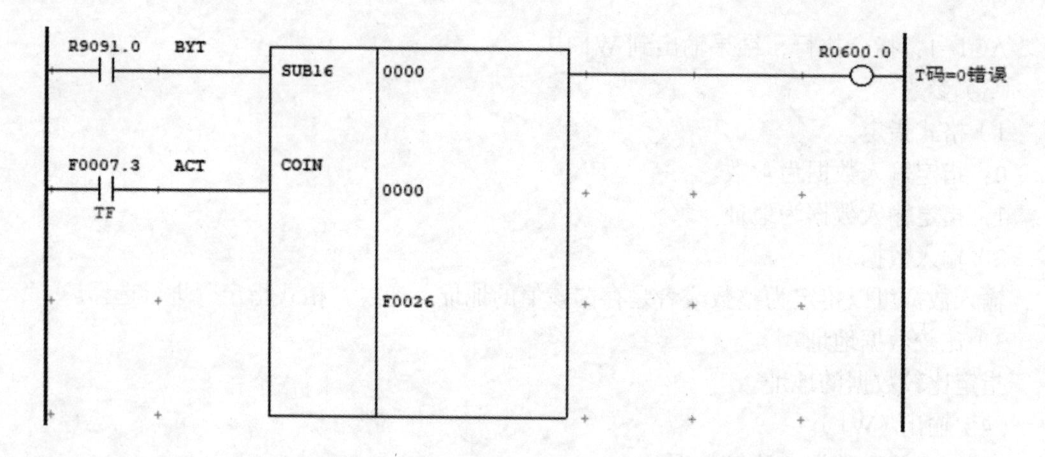

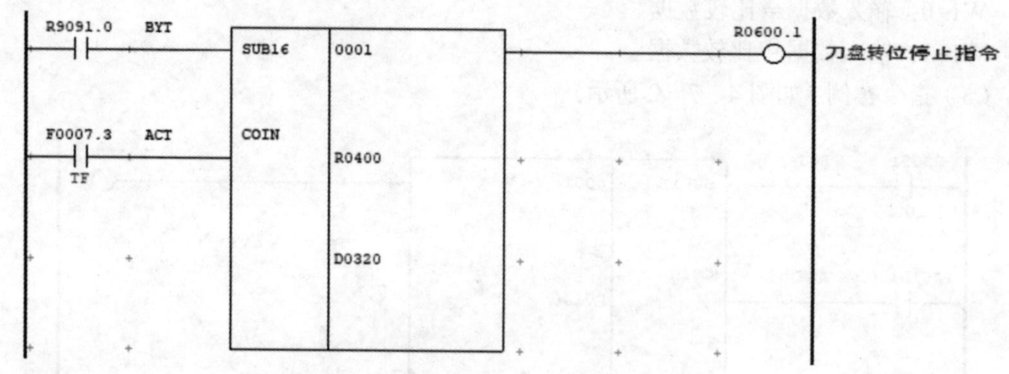

图 4－7－3　数控车床中 COIN 指令实例

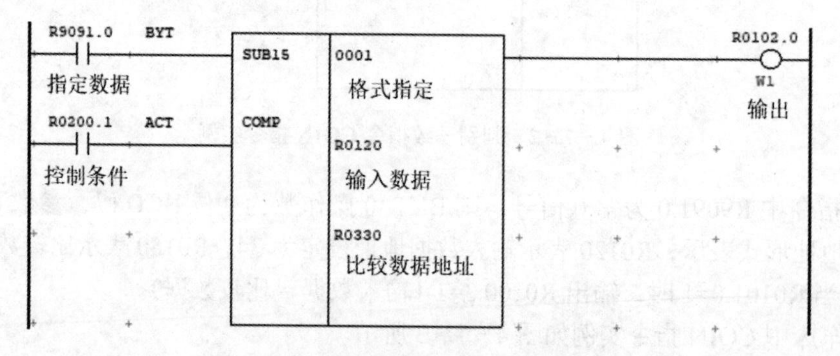

图 4－7－4　比较指令 COMP 指令格式

2）控制条件（ACT）。

ACT=0：指令不执行，W1 不改变。

ACT=1：指令执行，结果输出到 W1 中。

（3）参数。

1）格式指定。

0：指定输入数据为常数。

1：指定输入数据为地址。

2）输入数据。

输入数据可以指定为整数或者是存储该值的地址，通过格式指定进行选择。

3）比较数据地址。

指定比较数据的存储地址。

（4）输出（W1）。

W1=0：输入数据 > 比较数据。

W1=1：输入数据≤比较数据。

（5）指令实例（如图 4－7－5 所示）。

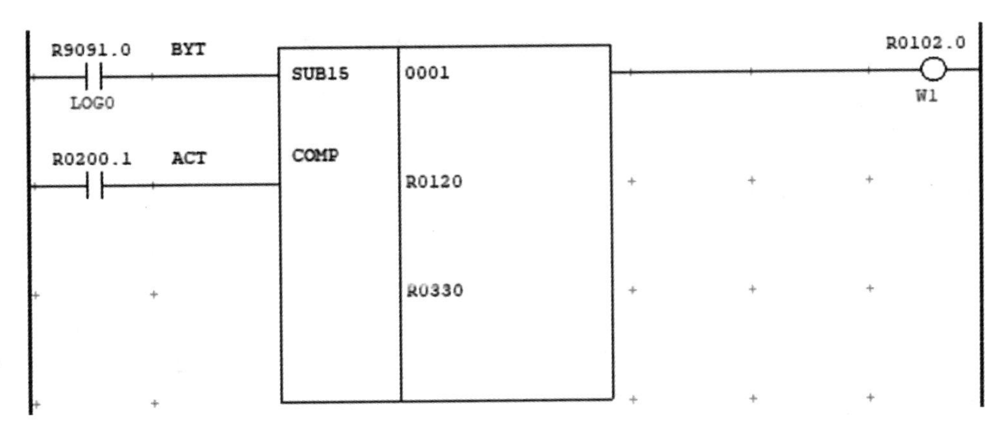

图 4－7－5　比较指令 COMP 指令实例

程序指令中 R9091.0 为常 0 信号，这样 BYT=0 操作数为 2 位 BCD 码，参数 0001 表示操作数通过地址指定，R0120 表示输入数据地址设定为 34，R0330 表示比较数据地址设定为 45。当 R0200.1=1 时，输出 R0102.0=1。

数控机床中 COMP 指令实例如图 4－7－6 所示。

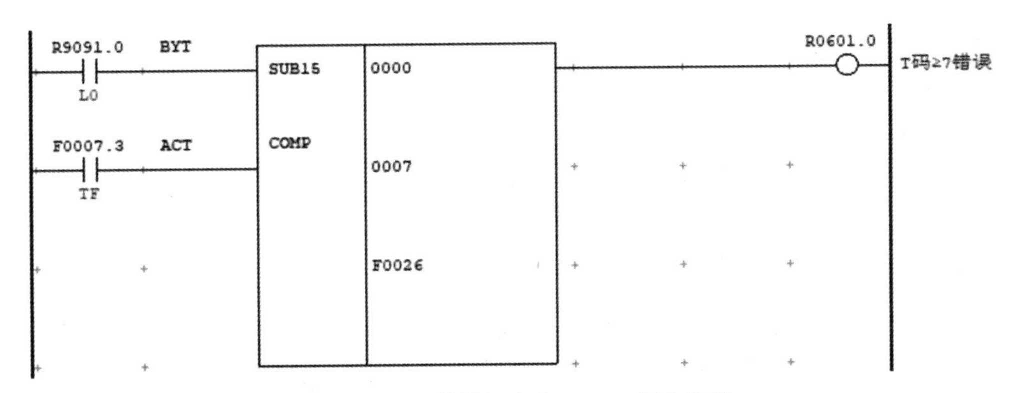

图 4－7－6　数控机床中 COMP 指令实例

3. 比较指令 COMPB

COMPB 指令用来比较 1、2 或 4 字节长度的二进制数据之间的大小，比较的结果存放在运算结果寄存器（R9000）中。

（1）指令格式（如图 4－7－7 所示）。

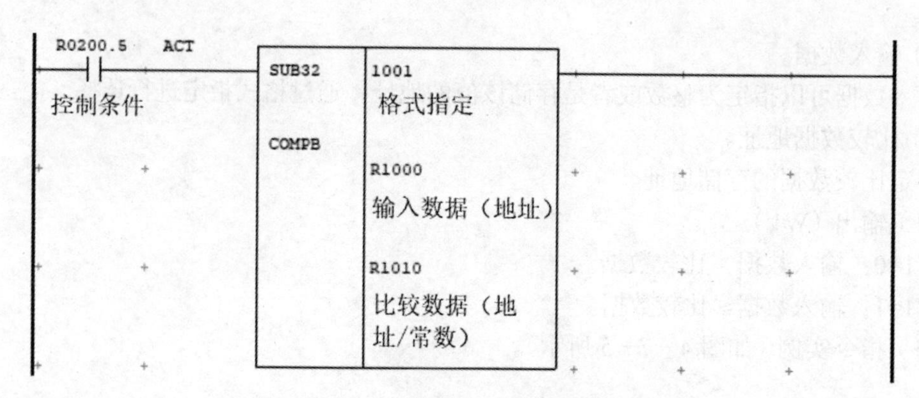

图 4－7－7　比较指令 COMPB 指令格式

（2）控制条件。

输入信号：

ACT=0：指令不执行。

ACT=1：指令执行。

（3）参数。

1）格式指定。

比较指令 COMPB 格式指定如图 4－7－8 所示。它用于指定 1、2、4 字节的数据长度以及比较数据格式（常数或者地址）。

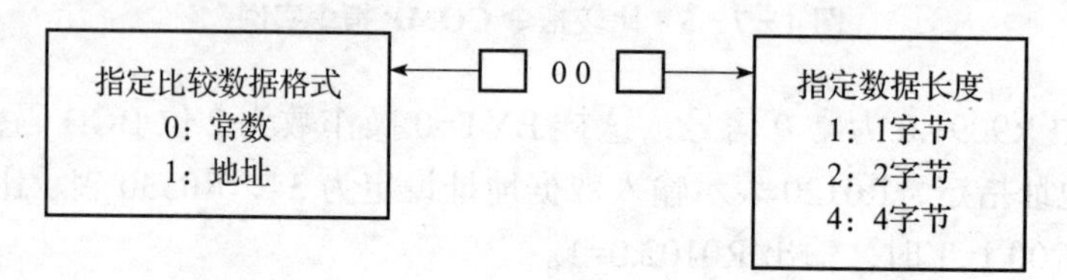

图 4－7－8　比较指令 COMPB 格式指定

2）输入数据（地址）。

指定用于比较的输入数据的地址。

3）比较数据（地址 / 常数）。

以地址或者常数形式指定比较数据。

数据的计算结果输出到运算结果寄存器（R9000）中，寄存器各位的具体含义如图 4－7－9 所示。

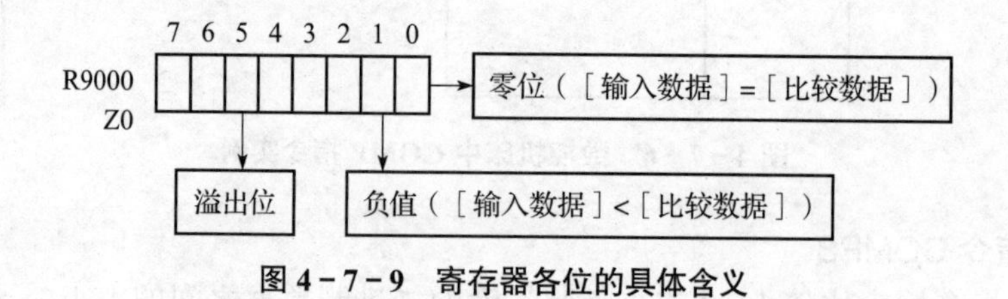

图 4－7－9　寄存器各位的具体含义

表 4－7－1 显示了输入数据、比较数据和寄存器相关位之间的关系。

表 4-7-1　输入数据、比较数据和寄存器相关位之间的关系

	R9000.5	R9000.1	R9000.0
[输入数据]=[比较数据]	0	0	1
[输入数据]>[比较数据]	0	0	0
[输入数据]<[比较数据]	0	1	0
溢出	1	0	0

（4）指令实例（如图 4-7-10 所示）。

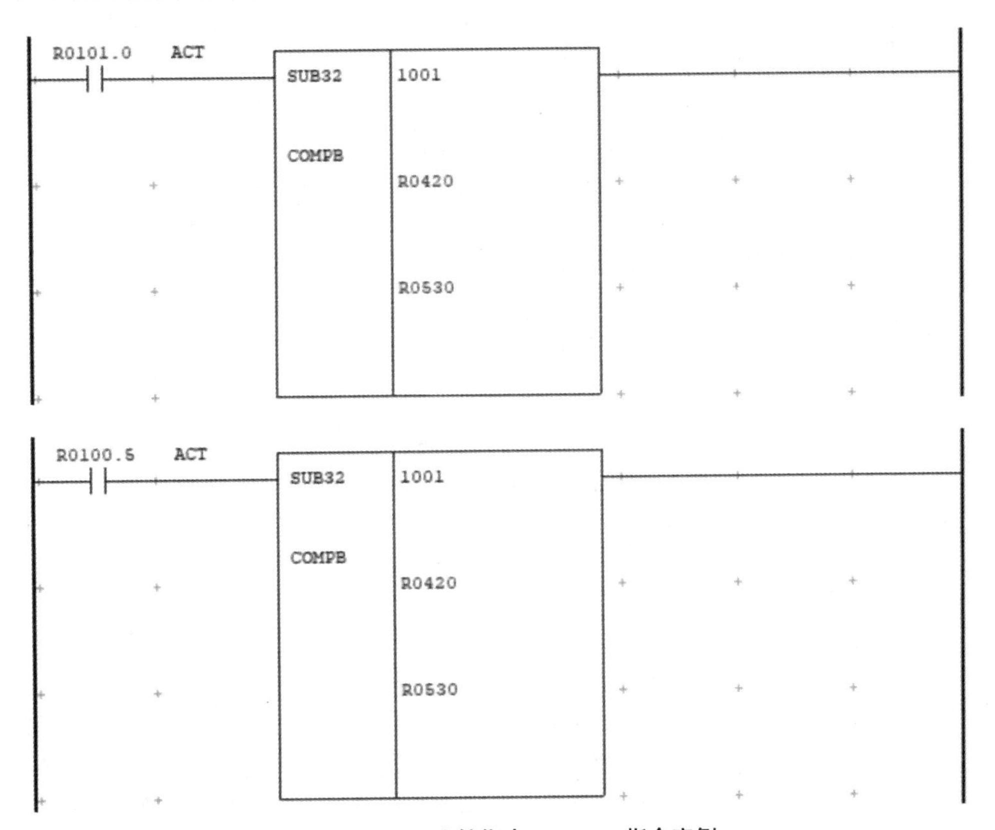

图 4-7-10　比较指令 COMPB 指令实例

该程序指令中参数 1001 表示比较的数据为 1 字节的二进制数以地址形式进行指定，参数 R0420 为输入数据地址，设其值为 1000；R0530 为比较数据地址，设其值为 1001。当 R0100.5 为 1 时，R0420<R0530；当 R9000.1 为 1 时，R9000.5 和 R9000.0 均为 0。

数控机床中 COMPB 指令实例程序如图 4-7-11 所示。

4. 定时器指令 TMR

定时器指令 TMR 能够延时指定的时间后输出信号，其时间参数在定时器界面的非易失存储器（T 地址）中设定，这使得其能够在不修改梯形图的条件下修改延时时间。如果用户可能需要偶尔修改定时器的定时时间，降低操作难度，保护机床梯形图，建议采用定时器 TMR 指令。

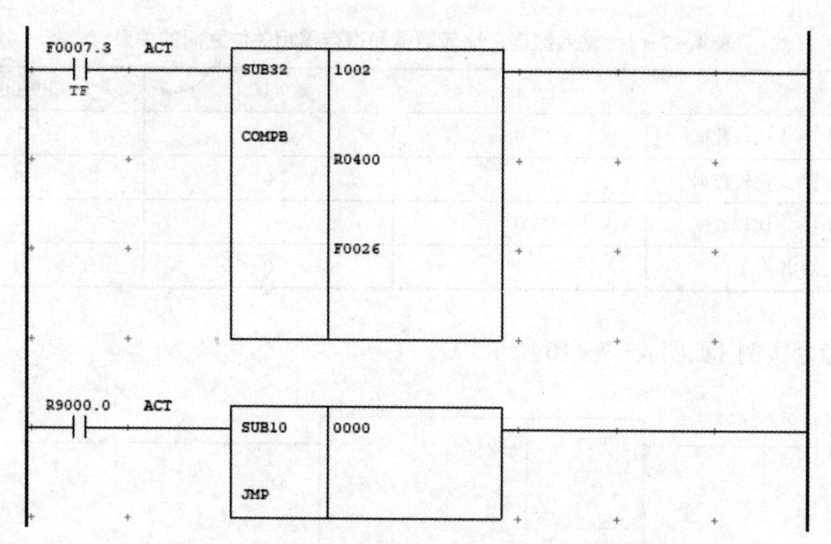

图 4－7－11　数控机床中 COMPB 指令实例程序

（1）指令格式（如图 4－7－12 所示）。

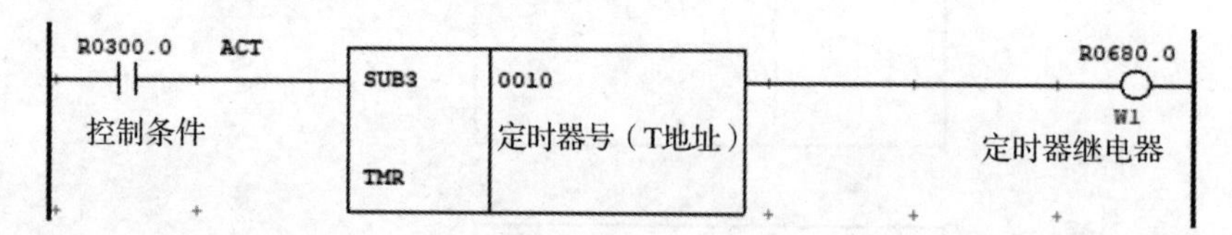

图 4－7－12　定时器指令 TMR 指令格式

（2）控制条件：输入信号 ACT。

ACT=0：停止计时；

ACT=1：启动计时。

（3）参数：定时器号（T 地址）。

在功能指令中设定定时器号后，可以在定时器界面的相应定时器号下设定时间预设值，初始状态下 1 ～ 8 号定时器的精度为 48ms，即设定的时间必须为 48ms 的倍数，如果设定了不是 48ms 的倍数的时间，则系统自动取最接近以 48 为倍数的数字，比如设定 100ms，则系统会自动识别为 2×48=96ms，忽略 4ms，8 号以后的定时器精度为 8ms，初始值下的设定方法同前者，当然定时器精度可以在定时器界面进行修改。

（4）输出条件。

W1=0：ACT=0 或者计时未完成；

W1=1：ACT=1 且计时完成。

（5）指令实例（如图 4－7－13 所示）。

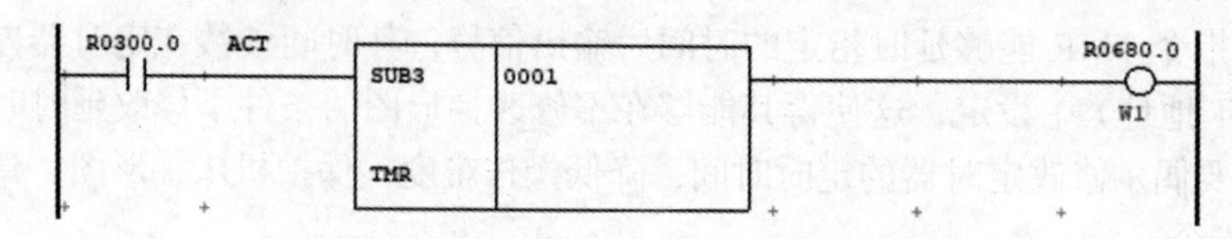

图 4－7－13　定时器指令 TMR 指令实例

在定时器 T 地址界面下设定时间预设值为 96ms，如图 4－7－14 所示。

PMC 维护　停止 ALM
PMC 参数（定时器）　（页 1/ 5）

号.	地址	设定时间	精度
1	T0000	96	48
2	T0002	0	48
3	T0004	0	48
4	T0006	0	48
5	T0008	0	48
6	T0010	0	48
7	T0012	0	48
8	T0014	0	48

A) ^
MDI **** --EMG-- ALM 13:34:49
精度　搜索

图 4－7－14　定时器指令 TMR 设定

在 R0300.0 接通后延时 96ms，输出 R0680.0=1。
定时器在数控机床报警灯闪烁 PMC 程序如图 4－7－15 所示。

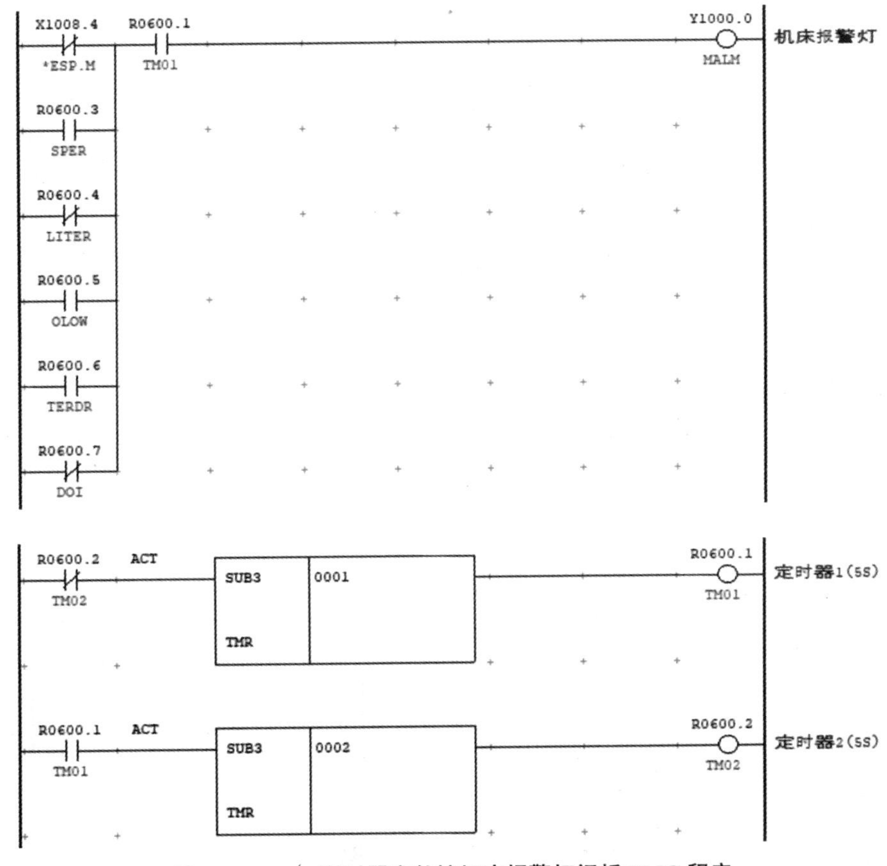

图 4－7－15　定时器在数控机床报警灯闪烁 PMC 程序

5. 定时器指令 TMRB

TMRB 的设定时间编在梯形图中，在指令和定时器号的后面加上一项参数预设时间，与顺序程序一起被写入 FROM 中，所以定时器的时间不能用 PMC 参数改写。该指令能够在延时指定的时间后输出，其预设值与梯形图程序一起存放在 FROM 中，因此定时时间一旦被设定，必须通过修改梯图才能修改定时时间。

（1）指令格式（如图 4－7－16 所示）。

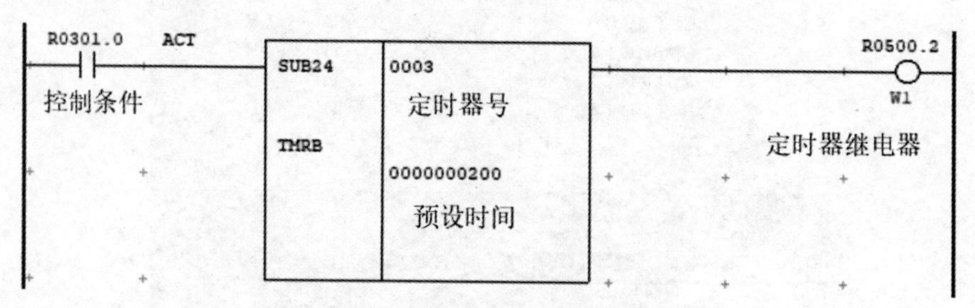

图 4－7－16　定时器指令 TMRB 指令格式

（2）控制条件：输入信号（ACT）。

ACT=0：停止计时。

ACT=1：启动计时。

（3）参数。

1）定时器号。

设定使用的固定延时定时器号，同一程序中可以指定相同的固定延时定时器号和延时接通定时器（TMR）号（即两者不冲突），但固定延时接通定时器号千万不能重复，否则固定延时定时器号的动作无法保证。

2）预设时间。

设定时间预设值，设置的时间精度是 1ms。

（4）输出（W1）。

W1=0：ACT=0 或计时未完成。

W1=1：ACT=1 且计时完成。

计时误差：定时器精度为 0 至 ±1 个一级程序扫描周期（4/8ms）加上计时完成扫描到该指令的时间（至多一个二级程序扫描周期）。

（5）指令实例（如图 4－7－17 所示）。

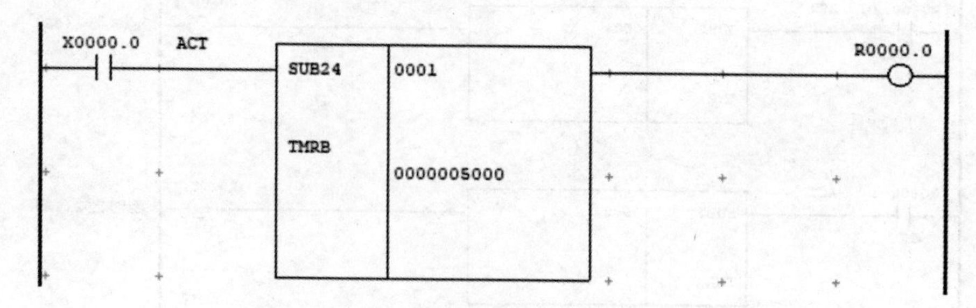

图 4－7－17　定时器指令 TMRB 指令实例

该程序段使用了固定定时器 0001，预设时间为 5 000ms。当 X0000.0 接通后延时 5 000ms，最后输出 R0000.0=1。

6. 计数器指令 CTR

计数器的主要功能是进行计数，可以是加计数，也可以是减计数。计数器的预设值形式是 BCD 代码还是二进制代码由 PMC 的参数设定（一般为二进制代码）。

PMC 计数器指令有 CTR、CTRB 和 CTRC 三种，在实际应用中都可以使用，其中 SUB5 是进行加减计数的计数器，使用的场合最多，主要是这个计数器可以像定时器一样在系统界面上进行设定预设值以及当前值。作为预置型计数器时，首先设定计数器的计数上限，当计数值和设定值相同的时候，输出信号。此外还可作为环形计数器，重复计数。

（1）指令格式（如图 4－7－18 所示）。

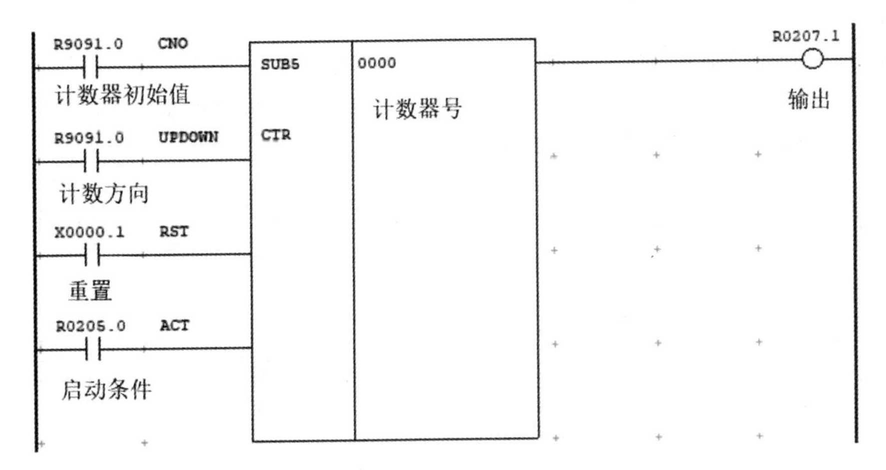

图 4－7－18 计数器指令 CTR 指令格式

（2）控制条件。

1）计数器初始值（CNO）。

CNO=0：计数器的初始值为 0。

CNO=1：计数器的初始值为 1。

此条件作为控制计数器初始值使用，可以使用 R9091.1 的常开点作为 1 或者使用 R9091.1 的常闭点作为 0，当然，不同机床上 PMC 也会编写自己的常 0 和常 1 逻辑，实现的目的相同。因为一般刀库计数都是从 1 开始，所以通常使用的是 R9091.1 常开点。

2）计数方向（UPDOWN）。

UPDOWN=0：加计数器（计数从 CNO 指定的初始值开始）。

UPDOWN=1：减计数器（计数从预设值开始）。

此条件为判断计数器计数类型是加法计数器还是减法计数器，如果条件为 0，则为加法计数器，从 CNO 指定的初始数值开始计数。如果条件为 1，为减法计数器，计数从预设值开始。

3）重置（RST）。

RST=0：非重置状态。

RST=1：重置状态，计数器重置到初始值；W1 变为 0；累计计数值复位为初始值。

4）启动条件（ACT）。

（3）计数器号。

计数器号在功能指令中设定，相应的预设值和编码形式则在计数器界面中设定或者通过赋值语句、定义常量等方法进行赋值。计数器号和定时器一样是不可以重复的。

预设值和累计值的范围如下：

二进制计数器：0 ～ 32 767。

BCD 计数器：0 ～ 9 999。

（4）输出（W1）。

输出 W1=1：加计数（UPD=0）时，计数达到预设值；减计数（UPD=1）时，计数器达到 0（CNO=0）或达到 1（CNO=1）。

（5）指令实例。

在计数器界面中设定定时器 0001 预设值为 5，R9091.0 为常 0 信号，这样计数的起始值为 0，增量计数，当 R0000.3 接收到一个上升沿的时候计数值加 1，直到接收到 5 个上升沿后输出 Y0006.0=1，如图 4－7－19 所示。

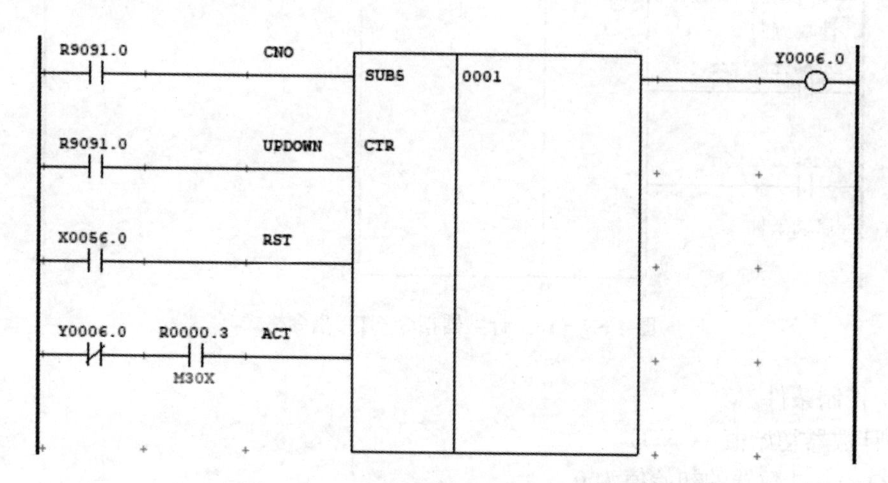

图 4－7－19　计数器指令 CTR 指令实例

（6）机床上应用场合。

1）作为刀库计数使用。

2）作为润滑脉冲计数、时间累加等。

7. 旋转指令 ROT

ROT/ROTB 指令用来判别回转体的下一步旋转方向，计算出回转体从当前位置旋转到目标位置的步数或计算出到达目标位置前一位置的位置数。

ROT 指令用于回转控制，如刀架、ATL、旋转工作台等，有如下功能：

（1）选择短路径的回转方向。

（2）计算由当前位置到目标位置的步数。

（3）计算目标前一位置或到目标位置前一位置的步数。

指令格式及控制条件等内容如下：

（1）指令格式（如图 4－7－20 所示）。

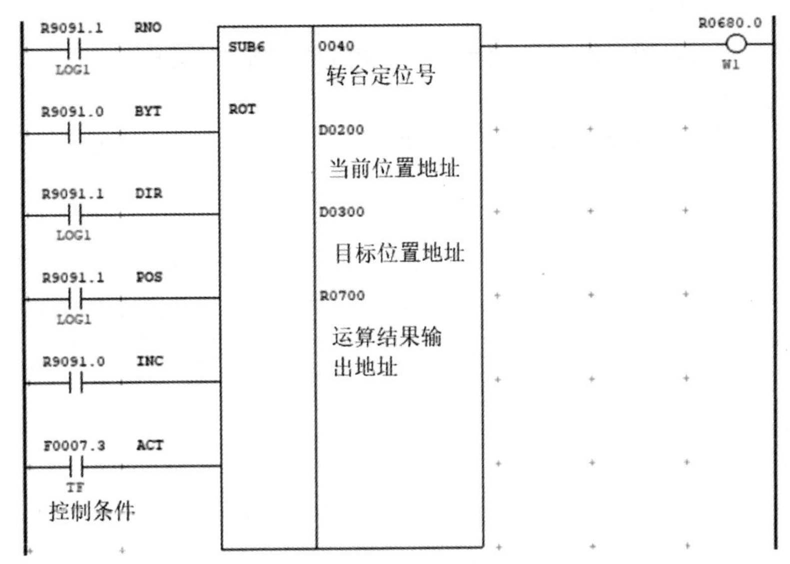

图 4－7－20　旋转指令 ROT 指令格式

（2）控制条件。

1）指定转台的起始号（RNO）。

RNO=0：转台的位置号由 0 开始。

RNO=1：转台的位置号由 1 开始。

2）指定要处理的数据位置数据的位数（BYT）。

BYT=0：2 位 BCD 码。

BYT=1：4 位 BCD 码。

3）是否由短路径选择旋转方向（DIR）。

DIR=0：不选择，旋转方向仅为正向。

DIR=1：进行选择，旋转方向的详细情况见 W1。

4）指定操作条件（POS）。

POS=0：计算目标位置。

POS=1：计算目标前一位置。

5）指定位置或步数（INC）。

INC=0：计算位置。如要计算目标位置的前一位置，指定 INC=0 和 POS=1。

INC=1：计算步数。如要计算当前位置与目标位置之间的差距，指令 INC=1 和 POS=0。

6）执行指令（ACT）。

ACT=0：不执行 ROT 指令。W1 不改变。

ACT=1：执行 ROT 指令。一般设置 ACT=0，如需要操作结果，设置 ACT=1。

（3）参数。

1）转台定位号。

指定转台定位号，即位置数目。

2）当前位置地址。

指定存储当前位置的地址。

3）目标位置地址。

指定存储目标位置的地址，如存储 CNC 输出的 T 代码的地址。

4）运行结果输出地址。

计算转台要旋转的步数，到达目标位置或前一位置的步数。当要使用计算结果时，检测 ACT 是否为 1。

（4）旋转方向结果输出（W1）。

经由短路径旋转的方向输出至 W1，当 W1=0 时，方向为正向（FOR）；当 W1=1 时，方向为反向（REV）。FOR 及 REV 的定义如图 4－7－21 所示。当转台号增加方向为 FOR，减少方向为 REV。W1 的地址可任意选定，但要使用 W1 的结果时，需要检测 ACT 是否为 1。

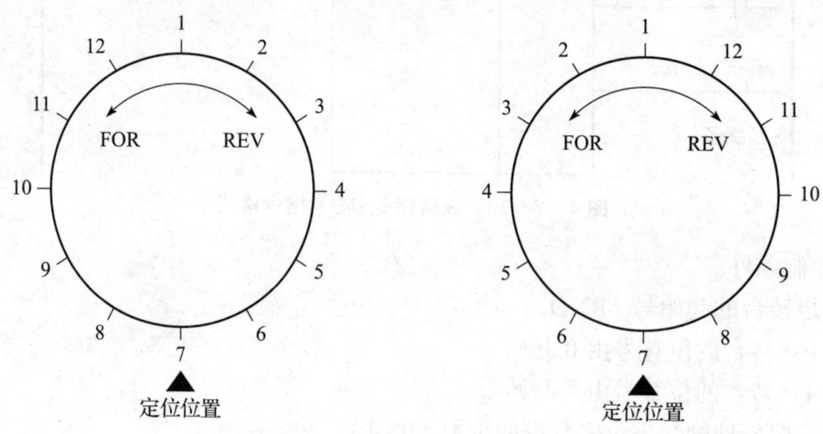

图 4－7－21　12 位旋转台

（5）指令实例（如图 4－7－22 所示）。

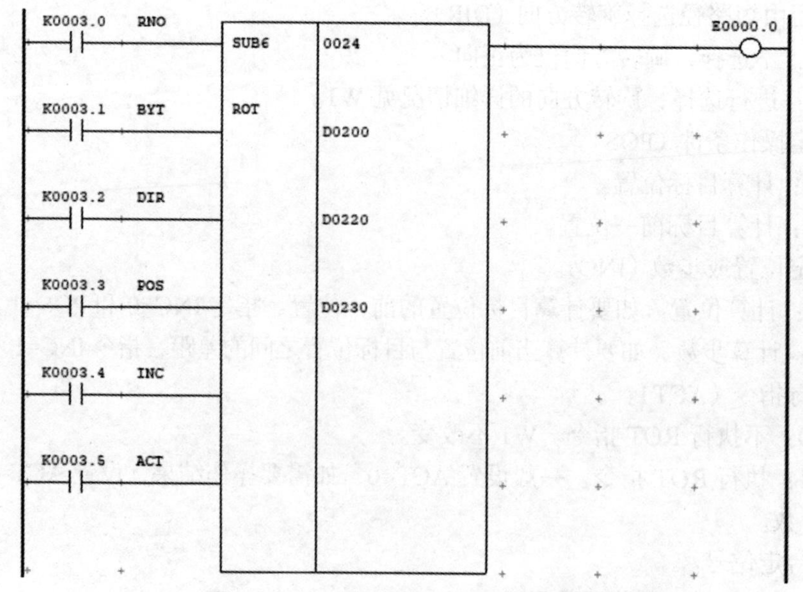

图 4－7－22　旋转指令 ROT 指令实例

如图 4－7－22 所示，共 24 把刀，D0200 为当前位置 T3，D0220 为目标位置 T9，计算得到需要步数为 9–3=6 步。E0000.0=0 表示正向旋转。

8. 旋转指令 ROTB

旋转指令 ROTB 指令格式如图 4－7－23 所示。

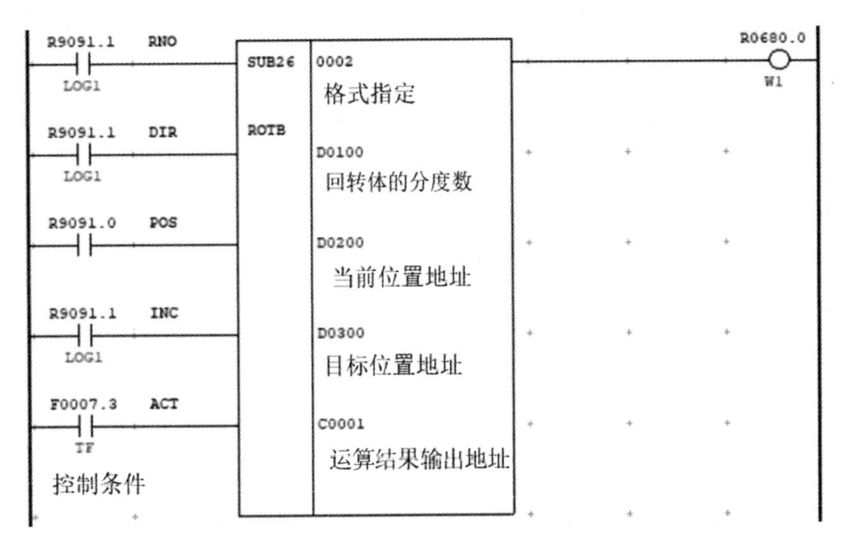

图 4－7－23　旋转指令 ROTB 指令格式

9. 数据检索指令 DSCH

数据检索指令 DSCH 能够在数据表中查找任意数据，如图 4－7－24 所示，并将该数据在表中的位置（表头为 0 开始计数）输出到指定地址中，该功能指令的数据类型为 BCD 编码。该指令主要用于刀库控制方面，检索刀具使用。

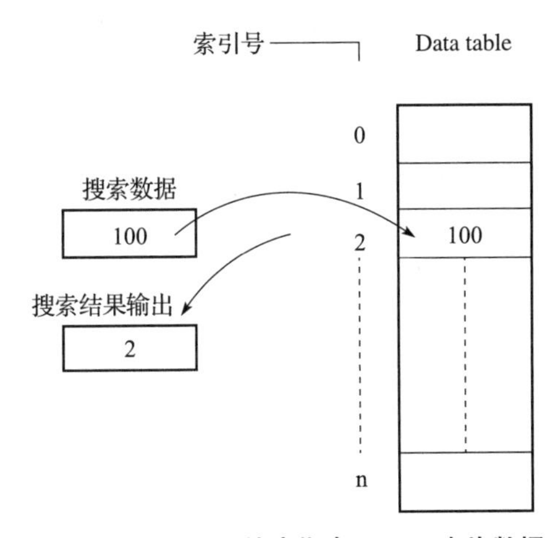

图 4－7－24　数据检索指令 DSCH 查找数据

注意：在该指令中，可以用 R、E 或 D 任意的地址指定数据表。

DSCH 指令的功能是在数据表中搜索指定的数据（2 位或 4 位 BCD 代码），并且输出其表内号，常用于刀具 T 码的检索。

（1）指令格式（如图 4－7－25 所示）。

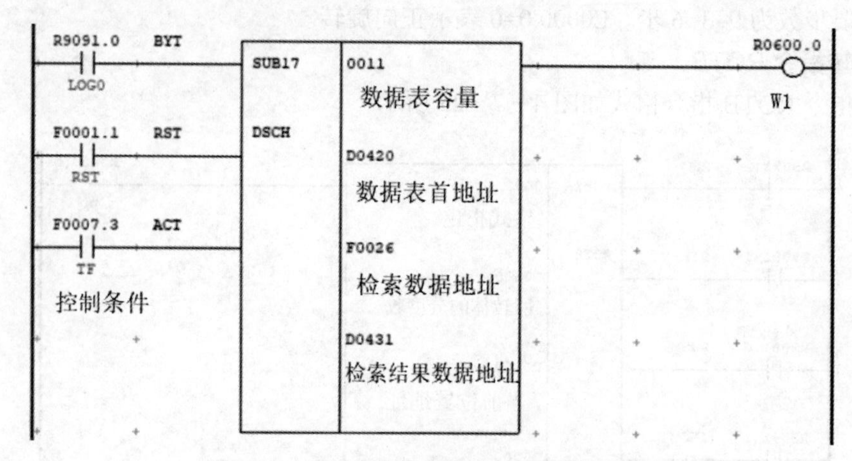

图 4－7－25　数据检索指令 DSCH 指令格式

（2）控制条件。

1）指定数据长度（BYT）。

BYT=0：数据表中数据为 2 位 BCD 码。

BYT=1：数据表中数据为 4 位 BCD 码。

2）重置（RST）。

RST=0：不进行重置。

RST=1：进行重置，W1=0。

3）启动（ACT）。

ACT=0：不执行 DSCH，W1 不改变。

ACT=1：执行 DSCH，如果在表内找到期望数据，则置 W1=0；如果未找到，则置 W1=1。

（3）参数。

1）数据表容量。

指定数据表的大小，其范围取决于控制条件 BYT，具体范围如下：

BYT=0：1 ～ 99。

BYT=1：1 ～ 9 999。

2）数据表首地址。

指定数据表存储空间的首地址。

3）检索数据地址。

指定存储检索数据的存储地址。

4）检索结果输出地址。

一旦检索到目标，该目标所在的编号将被输出，输出结果需要的字节数与数据元素字节数相同。

（4）输出（W1）。

W1=0：找到检索数据。

W1=1：未找到检索数据。

（5）指令实例（如图 4－7－26 所示）。

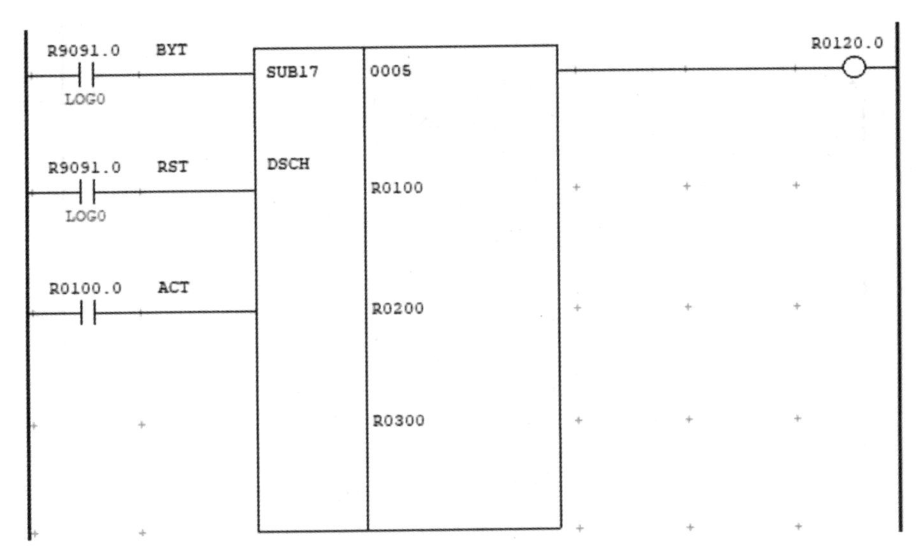

图 4－7－26 数据检索指令 DSCH 指令实例

该程序指令为 2 位 BCD 码（BYT=0）数据检索指令，数据表长度为 5 个 2 位 BCD 码，R0100 ~ R0104 为数据表范围，见表 4－7－2，R0200 为需要检索的数据地址（设定检索数据为 5），R0300 为检索结果输出地址，则结果为 2，W1=0。

表 4－7－2 数据检索

数据表		搜索地址		搜索结果地址	
R0100	7	R0200	5	R0300	2
R0101	6				
R0102	5				
R0103	8				
R0104	9				

10. 数据检索指令 DSCHB

数据检索指令 DSCHB 的功能与 DSCH 一样也是用来检索指定的数据。但与 DSCH 指令不同的是：该指令中处理的所有数据都是二进制形式；数据表的数据数（数据表的容量）用地址指定。

指令格式如图 4－7－27 所示。

11. 变地址传输指令 XMOV

变地址传输指令 XMOV 功能为读取数据表中任意位置的数据，数据表的数据类型为 BCD 码形式，通常应用于数据的运算，比如刀库程序中数据处理等。

XMOV 指令可读取数据表的数据或写入数据表的数据，处理的数据为 2 位 BCD 码或 4 位 BCD 码，如图 4－7－28 所示。该指令常用于加工中心的随机换刀控制。

注意：此处指定的数据表头地址被指定为表内号 0。

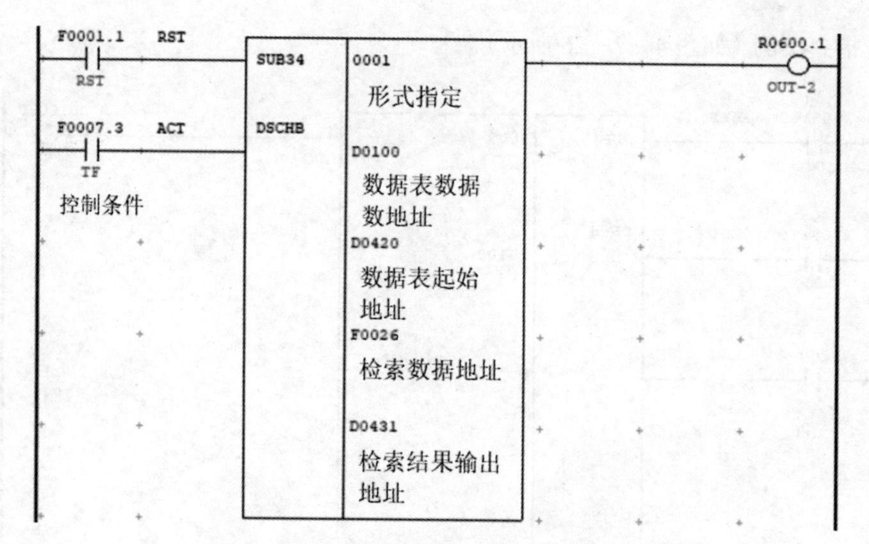

图 4－7－27　数据检索指令 DSCHB 指令格式

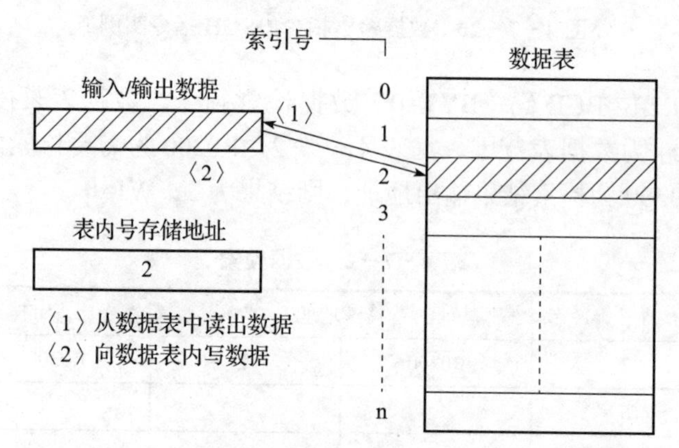

图 4－7－28　变地址传输指令 XMOV 数据输入 / 输出

（1）指令格式（如图 4－7－29 所示）。

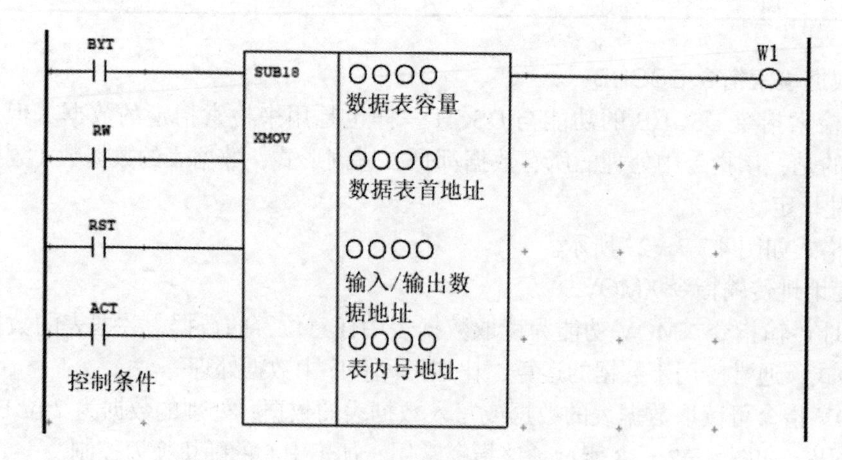

图 4－7－29　变地址传输指令 XMOV 指令格式

（2）控制条件。

1）指定数据表元素的位数（BYT）。

BYT=0：2 位 BCD 码（1 字节）范围为 0 ～ 99。

BYT=1：4 位 BCD 码（2 字节）范围为 0 ～ 9 999。

2）读写选择（RW）。

RW=0：从数据表中读取数据。

RW=1：将数据写入数据表。

3）重置（RST）。

RST=0：不执行重置。

RST=1：执行重置，置 W1=0。

4）执行条件（ACT）。

ACT=0：不执行 XMOV，W1 不改变。

ACT=1：执行 XMOV。

（3）参数。

1）数据表容量。

数据表从 0 开始，如果数据表末尾为 n，这需要设定 n+1。这个值取决于控制条件 BYT，其范围如下：

BYT=0：0 ～ 99。

BYT=1：0 ～ 9 999。

2）数据表首地址。

设定数据表的首地址。数据表的地址是固定的，因此必须实现决定数据表的地址，其占用存储空间为数据字节数乘以数据个数。

3）输入 / 输出数据地址。

用于读取和写入数据，数据长度与参数 1 中设定的数据长度一致。

4）表内号地址。

存放着进行读或者写操作的地址。

（4）输出信号（W1）。

W1=0：无错误。

W1=1：存在错误（当表的索引号超出数据表的范围时将出现错误）。

（5）指令实例和数据传输（如图 4－7－30 和图 4－7－31 所示）。

12. 二进制变址数据传送指令 XMOVB

二进制变址数据传送指令 XMOVB 的功能与 XMOV 一样，也是用来读取数据表的数据或写入数据表的数据。但与 XMOV 指令的不同之处有两点：该指令中处理的所有数据都是二进制形式的；数据表的数据数（数据表的容量）用地址形式指定。

XMOVB 指令能够读写数据表中任意位置的数据元素，且该指令具备两种模式：基础模式和扩展模式（通过格式参数选择），扩展模式相比于普通模式允许多个数据被同时读写。具体功能说明如下：

（1）基础模式下读取数据表（如图 4－7－32 所示）。

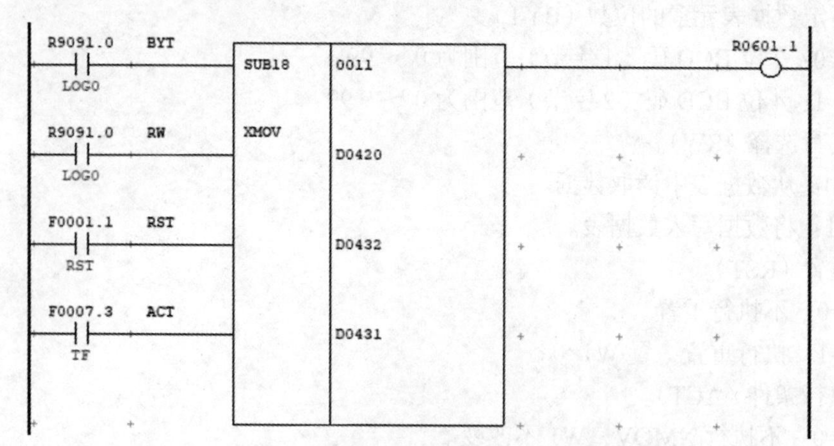

图 4－7－30　变地址传输指令 XMOV 指令实例

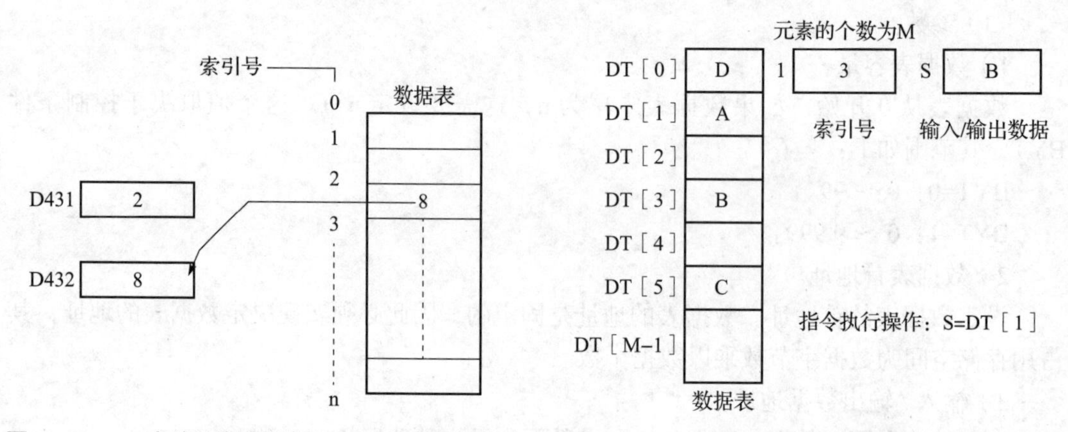

图 4－7－31　变地址传输指令 XMOV 指令数据传输　　图 4－7－32　XMOVB 指令基础模式下读取数据表

（2）扩展模式下读取数据表（如图 4－7－33 所示）。

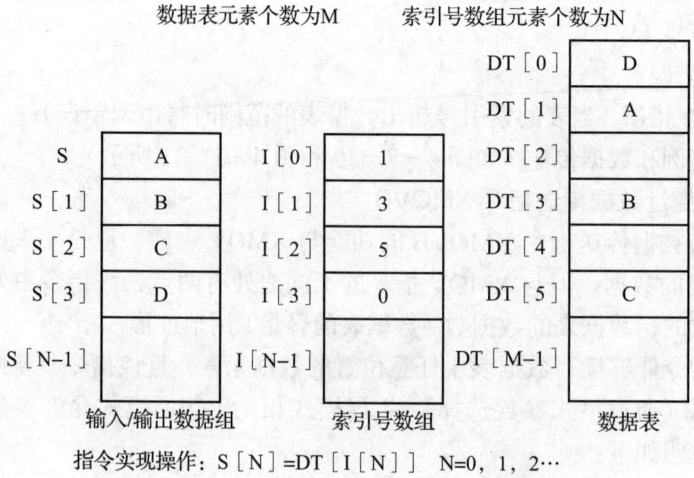

数据表元素个数为M　　索引号数组元素个数为N

输入/输出数据组		索引号数组		数据表	
				DT［0］	D
				DT［1］	A
S	A	I［0］	1	DT［2］	
S［1］	B	I［1］	3	DT［3］	B
S［2］	C	I［2］	5	DT［4］	
S［3］	D	I［3］	0	DT［5］	C
S［N-1］		I［N-1］		DT［M-1］	

指令实现操作：S［N］=DT［I［N］］　N=0，1，2…

图 4－7－33　XMOVB 指令扩展模式下读取数据表

（3）基础模式下写数据表（如图 4－7－34 所示）。

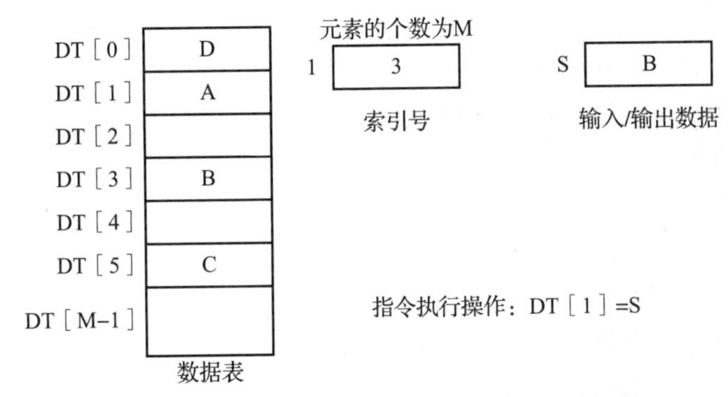

图 4－7－34　XMOVB 指令基础模式下写数据表

（4）扩展模式下写数据表（如图 4－7－35 所示）。

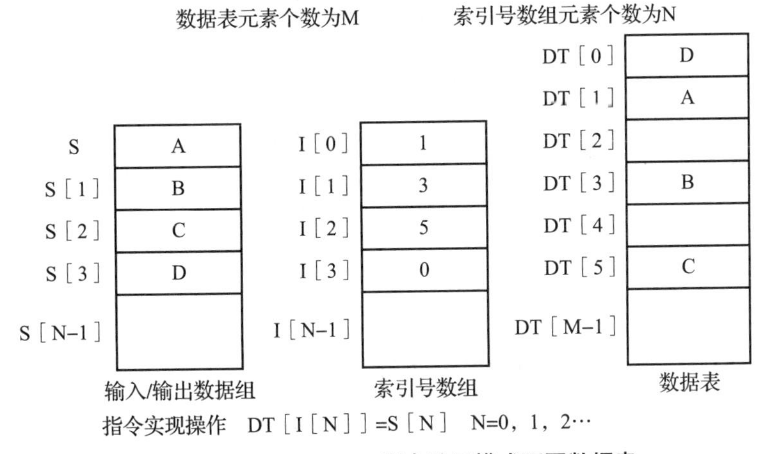

图 4－7－35　XMOVB 指令扩展模式下写数据表

XMOVB 指令一般应用于数控机床的数据运算，比如刀库程序中数据处理等。

（1）指令格式（如图 4－7－36 所示）。

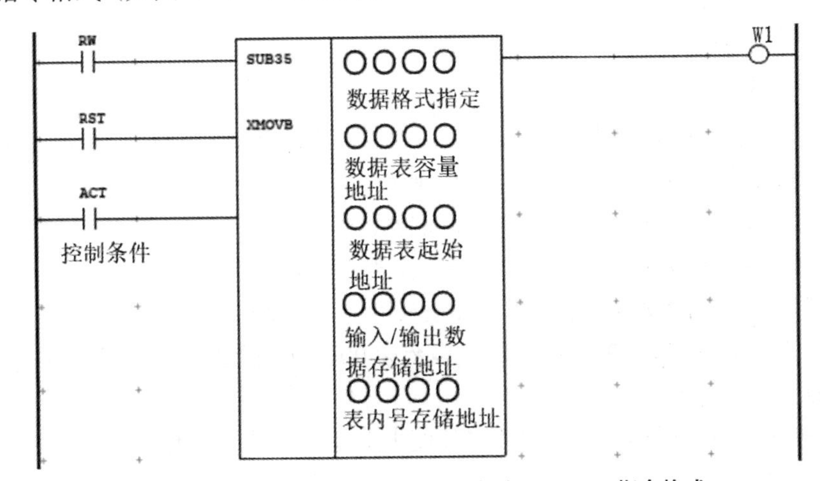

图 4－7－36　二进制变地址数据传送 XMOVB 指令格式

（2）控制条件。

1）读、写指令（RW）。

RW=0：从数据表中读数据。

RW=1：从数据表中写数据。

2）重置（RST）。

RST=0：非重置状态。

RST=1：重置，W1=0。

3）执行指令（ACT）。

ACT=0：不执行 XMOVB，不改变 W1 状态。

ACT=1：执行 XMOVB。

（3）参数。

1）数据格式指定（如图 4－7－37 所示）。

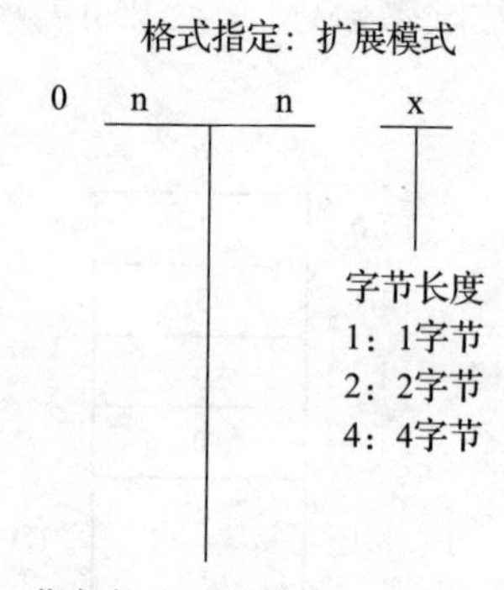

图 4－7－37　数据格式指定

基本模式下，该参数指定数据表中元素的长度。

0001：1 字节数据。

0002：2 字节数据。

0004：4 字节数据。

在扩展模式下，除了在第一位上设定 1、2、4 字节的长度外还需要设定参数的第 2、3 位，用于决定读取的元素个数，第 4 位保持 0。

0nn1：读取 nn 个数据表元素，单个元素长度为 1 字节。

0nn2：读取 nn 个数据表元素，单个元素长度为 2 字节。

0nn4：读取 nn 个数据表元素，单个元素长度为 4 字节。

元素个数 nn 的范围为 00 ～ 99，但是设定为 00、01 时效果与基本模式下一样。

2）数据表容量地址。

设定数据表容量，根据指定元素数据长度来选择，其设定范围为：

1 字节元素：1 ～ 255。

2 字节元素：1 ～ 16 384。

4 字节元素：1 ～ 16 384。

3）数据表起始地址。

这样数据表总共占用的连续字节存储空间是元素字节数乘以数据表元素个数。

4）输入 / 输出数据存储地址。

用于输入还是用于输出由输入信号决定，参数设定为元素字节数 ×nn（索引数据个数）的连续存储空间起始地址。

5）索引存储地址。

该地址存储需要进行读写数据的索引号，注意数据表的起始索引号为 0，在扩展的指令格式中，该地址为连续索引号存储空间的起始地址，注意索引号不能超过数据表的总个数，否则将导致 W1=1。

（4）输出（W1）。

W1=0：无错误。

W1=1：发现错误。

出现错误主要有以下几种情况：

1）如果索引号地址中的索引号超出了设定在数据表容量地址中存储数据表元素个数导致 W1=1，读和写操作将不予执行。

2）在扩展模式中，如果有一个或者多个索引号超出了数据表的总个数导致 W1=1，这时候正确的索引号对应的输出地址中将能够执行输出 / 输入操作，而异常索引号的输出地址将不执行输出 / 输入操作。

（5）指令实例（如图 4－7－38 所示）。

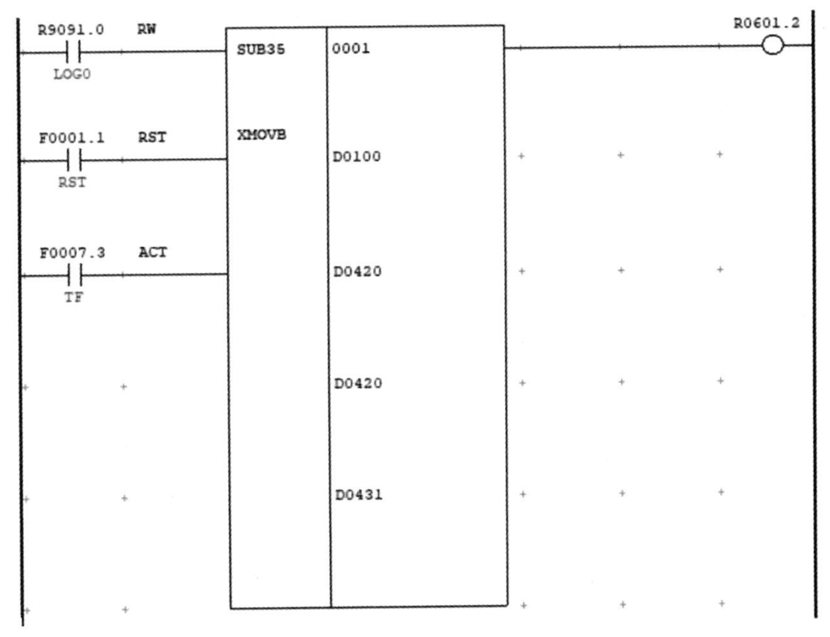

图 4－7－38　二进制变址数据传送 XMOVB 指令实例

二、FANUC 0i Mate-TD 数控车床四工位刀架控制 PMC 程序

FANUC 0i Mate-TD 数控车床四工位刀架控制 PMC 程序如图 4－7－39 所示。

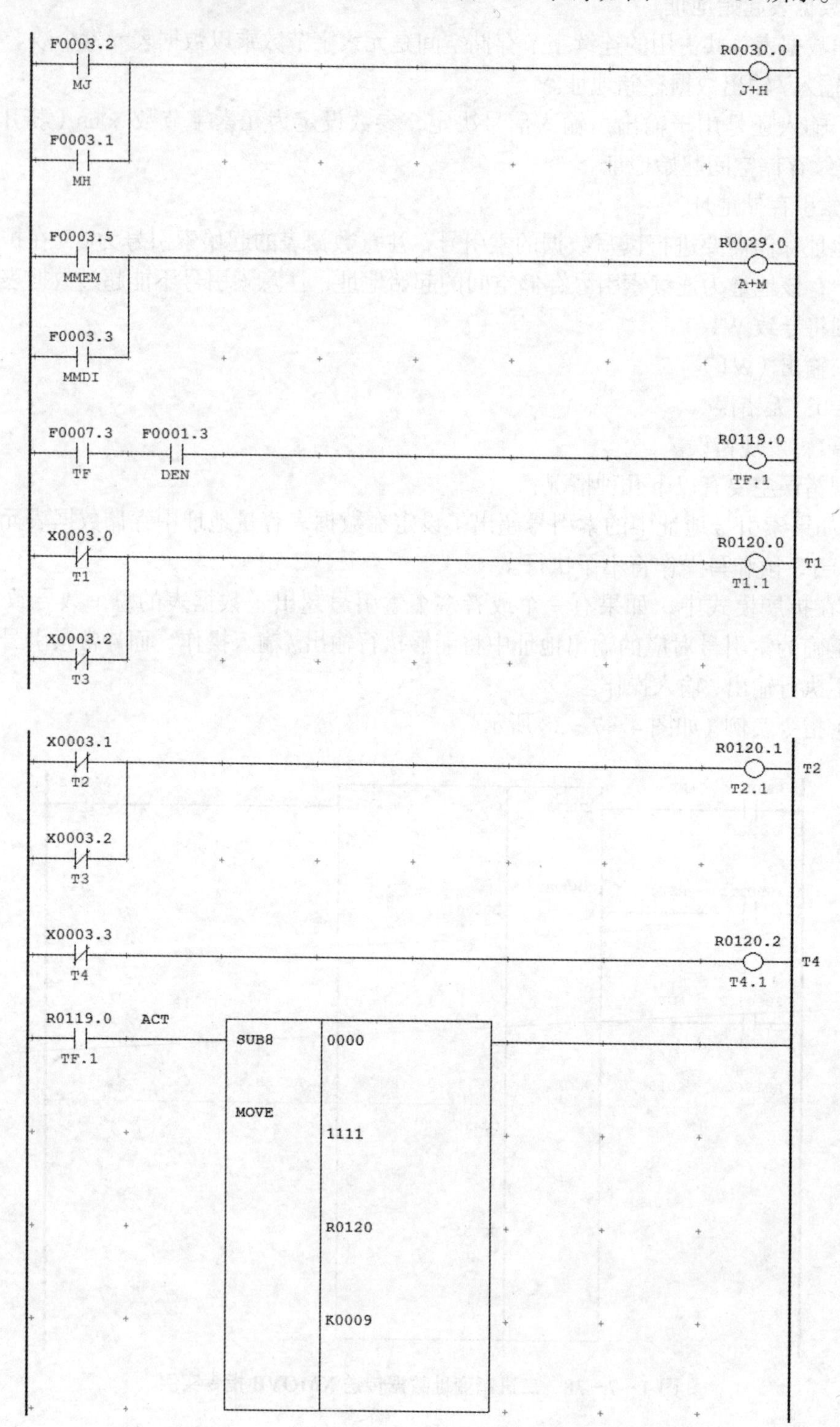

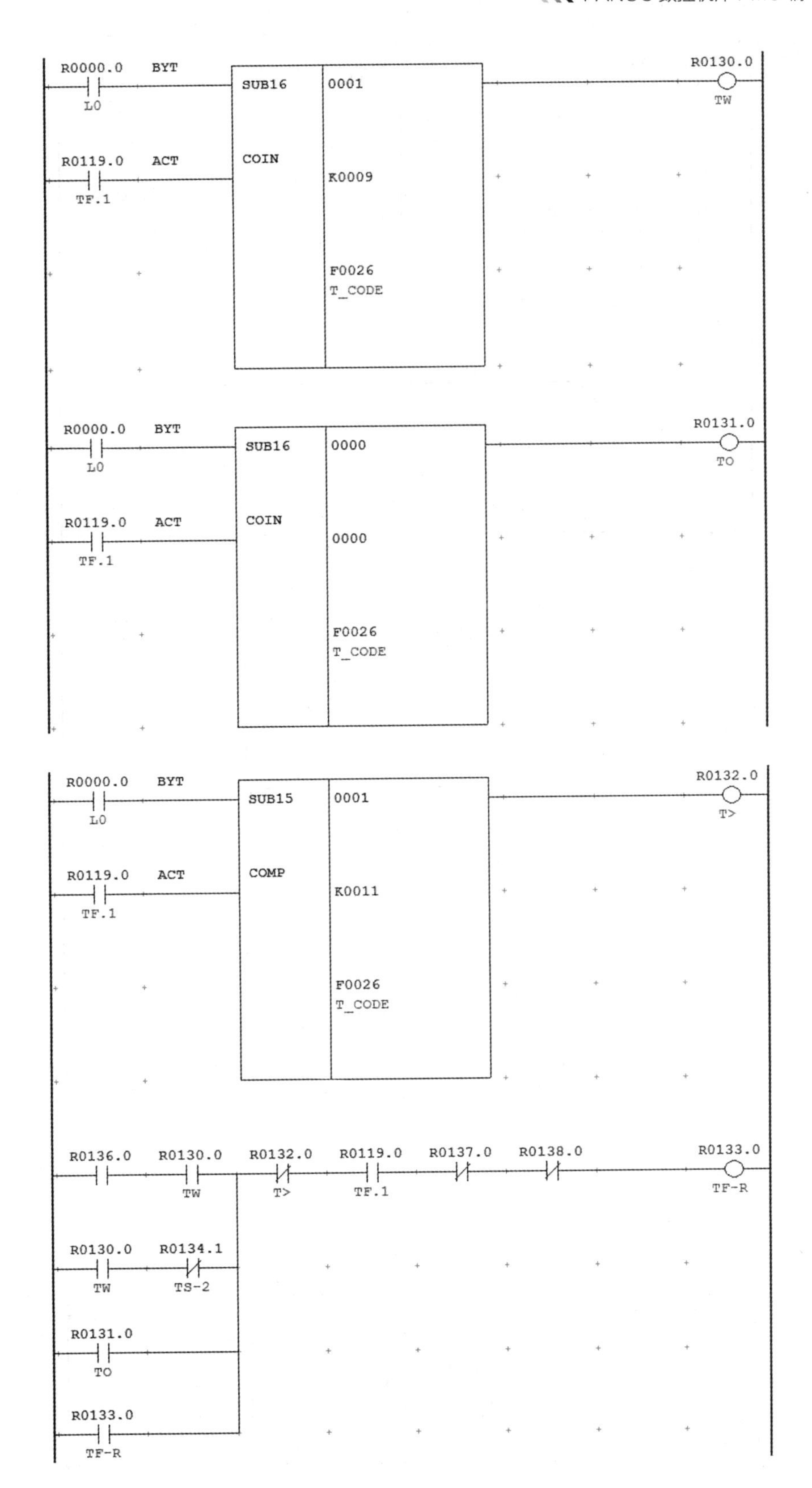
R0000.0 BYT
L0
R0119.0 ACT
TF.1
SUB16 0001
COIN
K0009
F0026
T_CODE
R0130.0
TW
R0000.0 BYT
L0
R0119.0 ACT
TF.1
SUB16 0000
COIN
0000
F0026
T_CODE
R0131.0
TO
R0000.0 BYT
L0
R0119.0 ACT
TF.1
SUB15 0001
COMP
K0011
F0026
T_CODE
R0132.0
T>
R0136.0 R0130.0 R0132.0 R0119.0 R0137.0 R0138.0
TW T> TF.1
R0133.0
TF-R
R0130.0 R0134.1
TW TS-2
R0131.0
TO
R0133.0
TF-R

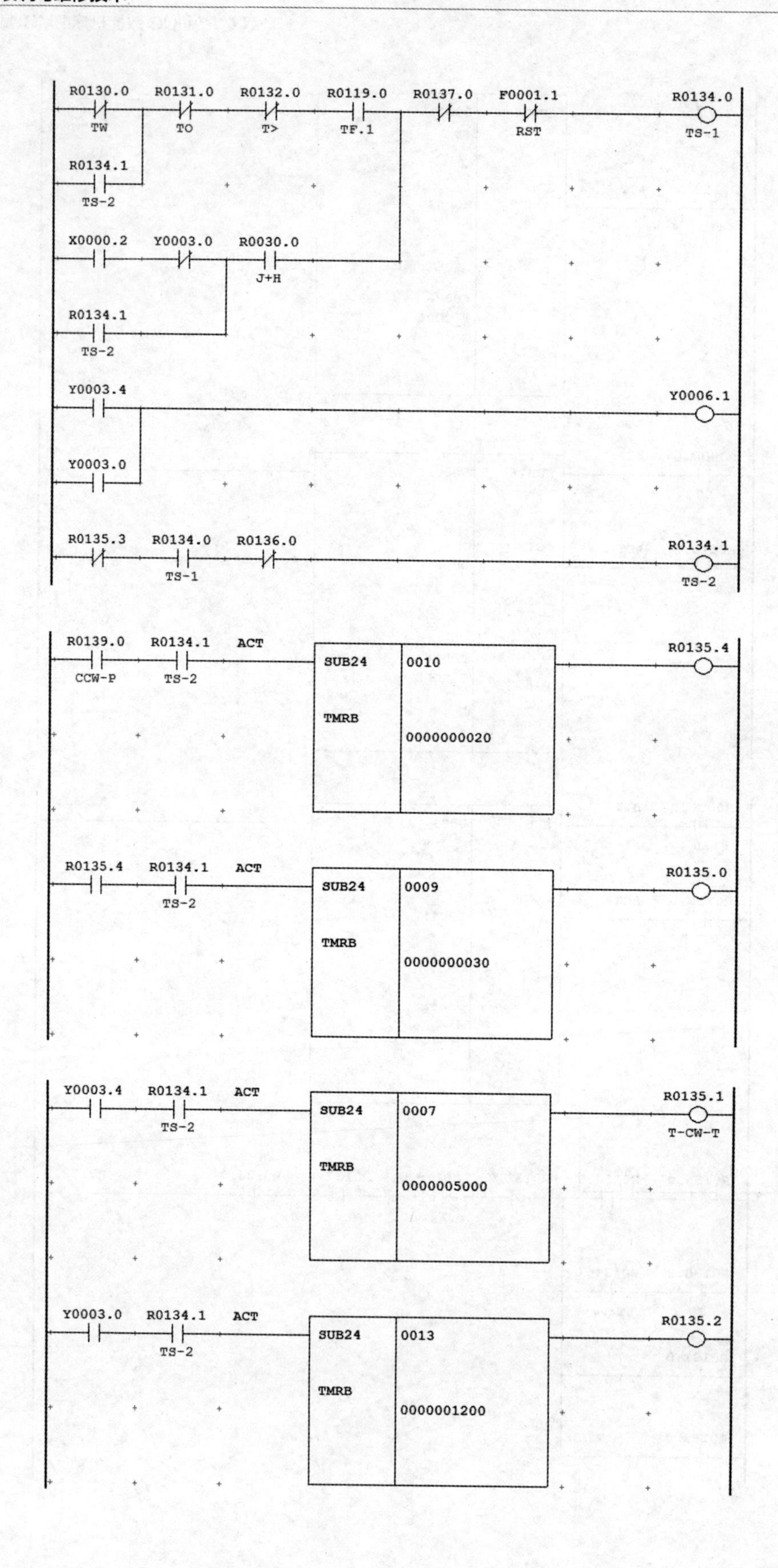
R0130.0
TW
R0131.0
TO
R0132.0
T>
R0119.0
TF.1
R0137.0
F0001.1
RST
R0134.0
TS-1
R0134.1
TS-2
X0000.2
Y0003.0
R0030.0
J+H
R0134.1
TS-2
Y0003.4
Y0006.1
Y0003.0
R0135.3
R0134.0
TS-1
R0136.0
R0134.1
TS-2
R0139.0
CCW-P
R0134.1
TS-2
ACT
SUB24
0010
TMRB
0000000020
R0135.4
R0135.4
R0134.1
TS-2
ACT
SUB24
0009
TMRB
0000000030
R0135.0
Y0003.4
R0134.1
TS-2
ACT
SUB24
0007
TMRB
0000005000
R0135.1
T-CW-T
Y0003.0
R0134.1
TS-2
ACT
SUB24
0013
TMRB
0000001200
R0135.2

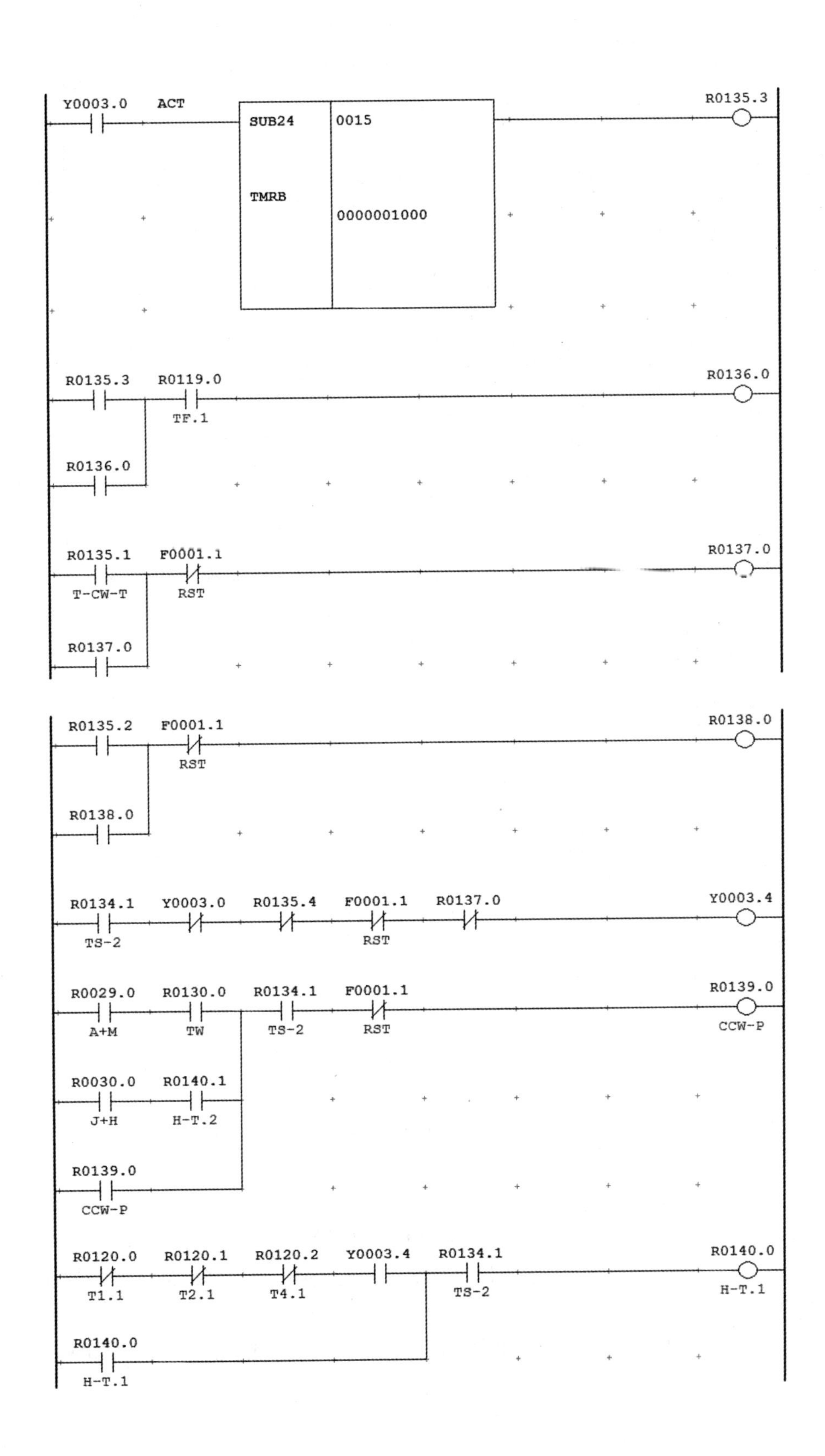
Y0003.0
ACT
SUB24
0015
TMRB
0000001000
R0135.3
R0135.3
R0119.0
TF.1
R0136.0
R0136.0
R0135.1
T-CW-T
F0001.1
RST
R0137.0
R0137.0
R0135.2
F0001.1
RST
R0138.0
R0138.0
R0134.1
TS-2
Y0003.0
R0135.4
F0001.1
RST
R0137.0
Y0003.4
R0029.0
A+M
R0130.0
TW
R0134.1
TS-2
F0001.1
RST
R0139.0
CCW-P
R0030.0
J+H
R0140.1
H-T.2
R0139.0
CCW-P
R0120.0
T1.1
R0120.1
T2.1
R0120.2
T4.1
Y0003.4
R0134.1
TS-2
R0140.0
H-T.1
R0140.0
H-T.1

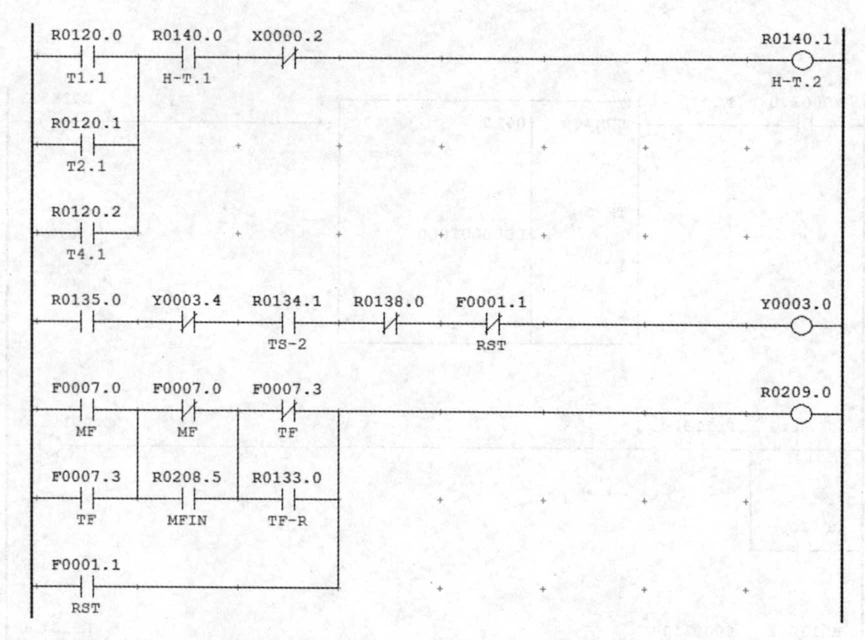

图 4－7－39　FANUC 0i Mate-TD 数控车床四工位刀架控制 PMC 程序

任务实施

一、任务训练

步骤 1：查找实训中心数控车床刀架相关资料，记录数控车床刀架输入与输出信号，写出数控车床刀架控制要求。

步骤 2：画出数控车床刀架控制流程图。

步骤 3：设计数控车床刀架 PMC 程序。

步骤 4：将设计程序编译后输入程序数控实训设备。

步骤 5：设定刀架控制定时器的参数。

步骤 6：调试刀架 PMC 程序。

例如：输入换刀程序 T×××× 时，前面的 ×× 表示刀具号，后面的 ×× 表示刀具用的刀具补偿号。当刀具不换刀时，以上述数控车床刀架 PMC 程序为例，其操作步骤如下：

首先按功能键【SYSTEM】，再多次按软键【+】，直到出现梯形图页面，进入梯形图页面。

按软键【PMCMNT】，进入信号诊断页面。输入 Y2.4，按【搜索】键，查找线圈刀架正转输出信号是否有输出。如果有，则 PMC 程序没有问题，继续查找外围线路故障；如果没有，则根据梯形图查找哪些条件不满足，进行 PMC 程序修改或者查找输出信号没有输出的原因。

例如：在执行 T0303 时，换刀电动机正转不停，以上述数控车床刀架 PMC 程序为例，其操作步骤如下：

首先检查某信号刀不能定位还是所有刀都不能定位。在机床操作面板上，手动换刀或在 MDI 方式下编制程序：“O1000 T0101；G04 X500；T0202；G04 X500；T0303；G04 X500；T0404；”。把每一把刀都换一遍，若碰到旋转不停的，记下该刀的刀号，在程序中将该换刀指令删除，或把光标移动到下一个程序段再重新运行程序，或手动换刀。如果所有刀都转不停，则说明编码器或霍尔开关电源可能有故障。如果是某一把刀转不停，则检查编码器相应信号的接线或调整编码器位置。松开编码器压板上的 4XM4 螺钉，转动编码器位置，使编码的到位信号与系统的刀位信号一致，再拧紧 4XM4 螺钉，试运转，如果刀架旋转超过目标位置或不到位，再微调编码器到合适的位置。

二、任务考核

（1）能够正确应用 NUME、NUMEB、EQB、RNGB 等功能指令。

（2）能够正确设定可变定时器的时间。

（3）能够正确画出数控车床刀架控制流程图。

（4）试设计和调试数控车床刀架电气控制和 PMC 程序。

对于经济型数控车床，经常配备四工位刀架，刀架由普通电动机驱动，刀架正反向旋转，每个工位上安装一把刀位，分别由 4 个霍尔开关检测。输入信号为 X0.0、X0.1、X0.2、X0.3（动断信号），输出信号 YY0.4 和 YY0.5 控制中间继电器 KA9 和 KA10，KA9 和 KA10 分别控制 KM3、KM4 接触器接通与断开，从而控制刀架正反转动作。试画出电气控制原理图，并设计与调试 PMC 程序。

4.7－1　FANUC 数控车床辅助功能（冷却、排屑、照明、润滑）

4.7－2　冷却 PLC

4.7－3　数控车床三色灯 PMC 程序编制

4.7－4　FANUC 数控车床冷却功能 PMC 编写与调试

4.7－5　FANUC 数控车床 PMC 备份与恢复

项目五　数控机床精度检测与维护

项目引入

数控机床精度是确保能见度性能的基本，按时开展精度查验和保养是机床应用、维护工作的关键内容。机床精度的维护保养，要保证严格遵守机床的安全操作规程和维护保养技术规范。对机床精度开展查验时，需留意单项工程精度，并且必须留意各类精度的内在联系。任一单项精度超出规定值，都必须调节。本项目将学习数控机床精度检测与维护。

育人目标

学生应掌握典型数控机床的结构与组成，十字滑台的装配方法，直线度、平行度、垂直度等的检测方法，维护保养内容和设备安全操作规程；熟悉数控机床精度概念；了解几何精度、定位精度、丝杠螺母间隙及螺距误差度对零件加工精度的影响；掌握典型数控机床几何精度的检测方法、检测工具的使用方法，以及数控机床几何精度检测的相关标准；能合理制订设备的保养计划、验收标准并正确执行；具有较强的团队协作和沟通能力。

职业素养

通过本项目的学习和训练，帮助学生感受到保证数控机床精度的重要性，激发学生学好知识、报效祖国的信念，培养责任意识和安全意识，养成认真负责的工作态度和求真务实的科学精神。

任务一　十字滑台装配与精度检测

任务描述

亚龙十字滑台实训设备（如图 5－1－1 所示），主要是为解决数控机床机械拆装项目的实训而特别设计的。在传统的数控机床机械拆装实训中，一般采用真实机床，教学成本高，机床部件重，很难开展大范围拆装与精度检测教学。

根据机床拆装的核心技能要求，学生主要是拆装传动部件，例如滚珠丝杠、直线导轨、联轴器、伺服电动机等，该设备把这些部件集成到十字滑台上，这样既节约了成本，又训练了核心技能。为了保证精度与刚性，十字滑台模块整体为高刚性的铸铁结构，采用树脂砂造型并经过时效处理，导轨采用H级直线导轨，用与真实机床相同的压块结构进行直线度调节，并装有接近式传感器，可以进行回零、硬限位调试以及精度测试。该设备装有滚轮，可以自由移动。设备采用模块化结构，可以完成机械传动部件中的滚珠丝杠、直线导轨、滚珠丝杠支架的拆装实训，以及导轨平行度、直线度、双轴垂直度等精密检测技术的实训，和各实验台配合可以完成机电联调与数控机床机械装配核心技能的训练。

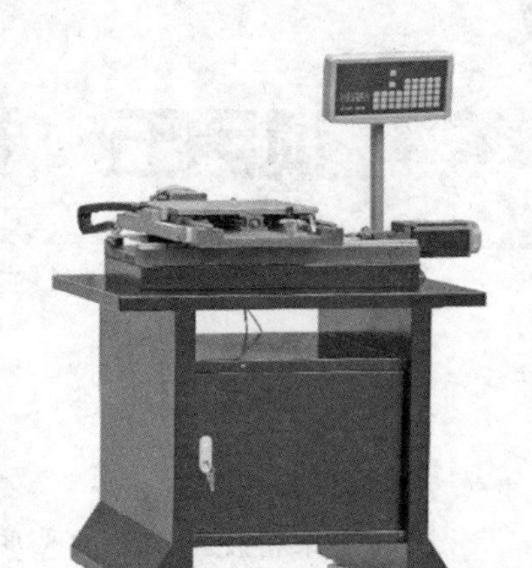

图 5-1-1　亚龙十字滑台实训设备

5.1-1　从动轨的安装与检测

5.1-2　两导轨间等高与平行度检测

5.1-3　丝杠两端轴承座对基准轨在竖直方向上的平行度检测

5.1-4　十字滑台装配与精度检测

任务目标

1. 掌握十字滑台的装配方法。
2. 掌握十字滑台的精度检测方法，包括直线度、平行度、垂直度检测。

任务实习

一、十字滑台结构

十字滑台结构如图 5-1-2 所示。

二、十字滑台装配图

1. Z 轴底座装配图

Z 轴底座装配图如图 5-1-3 所示，Z 轴底座装配明细见表 5-1-1。

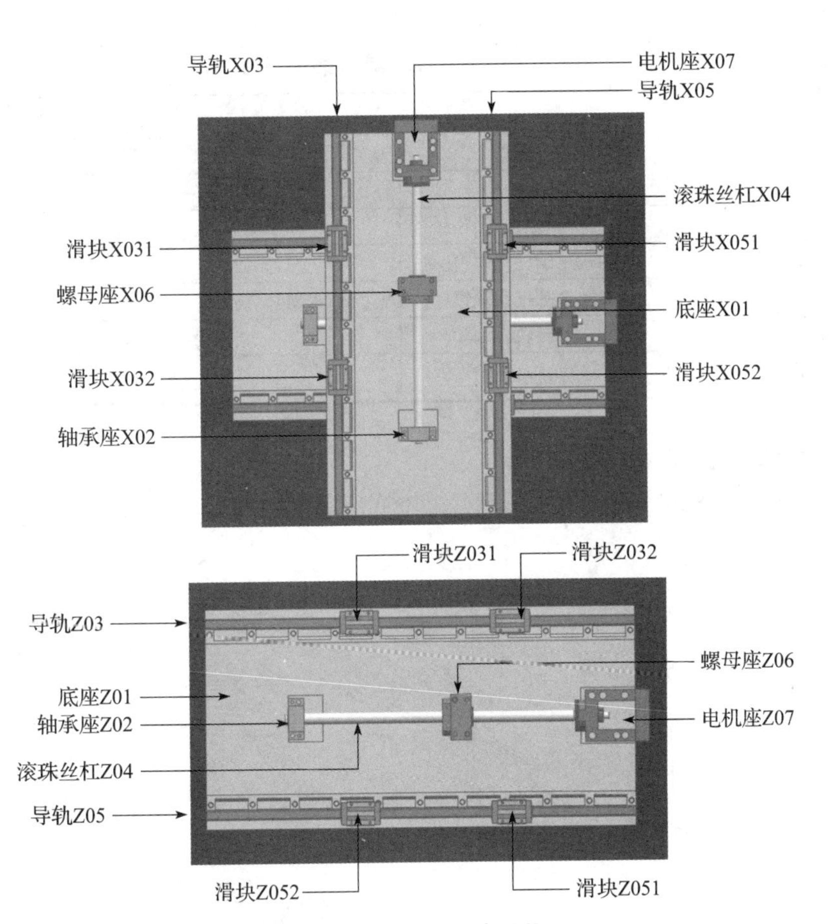

图 5-1-2　十字滑台结构

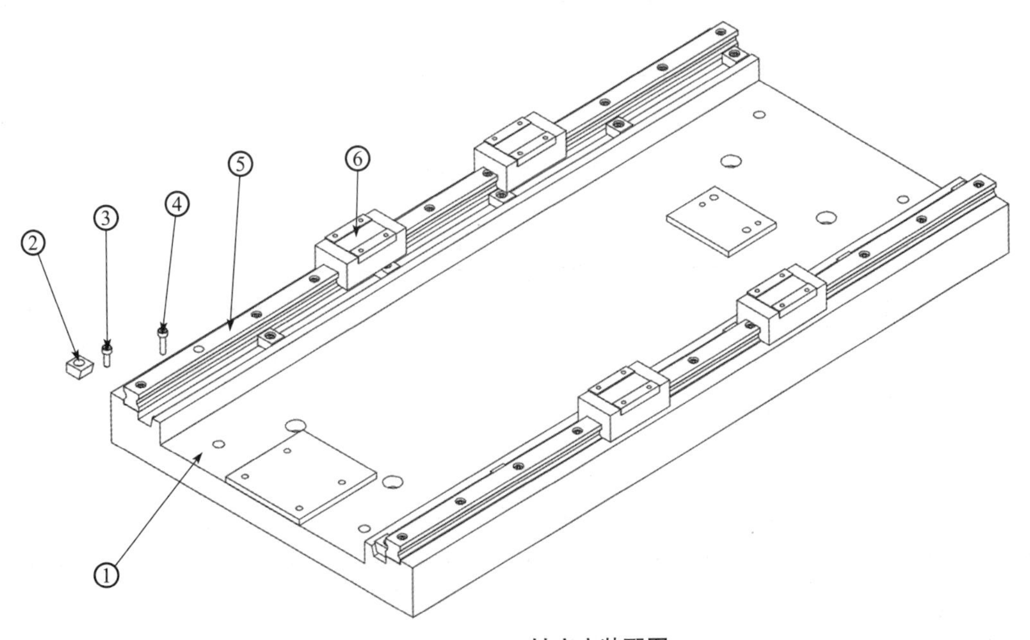

图 5-1-3　Z 轴底座装配图

表 5－1－1　Z 轴底座装配明细

明细表			
序号	零件名称	规格型号	数量
1	Z 向底座	YL	1
2	斜压块	YL	18
3	内六角圆柱头螺钉	M4×12	18
4	内六角圆柱头螺钉	M4×16	22
5	导轨		2
6	导轨滑块		4

2. X 轴底座装配图

X 轴底座装配图如图 5－1－4 所示，X 轴底座装配明细见表 5－1－2。

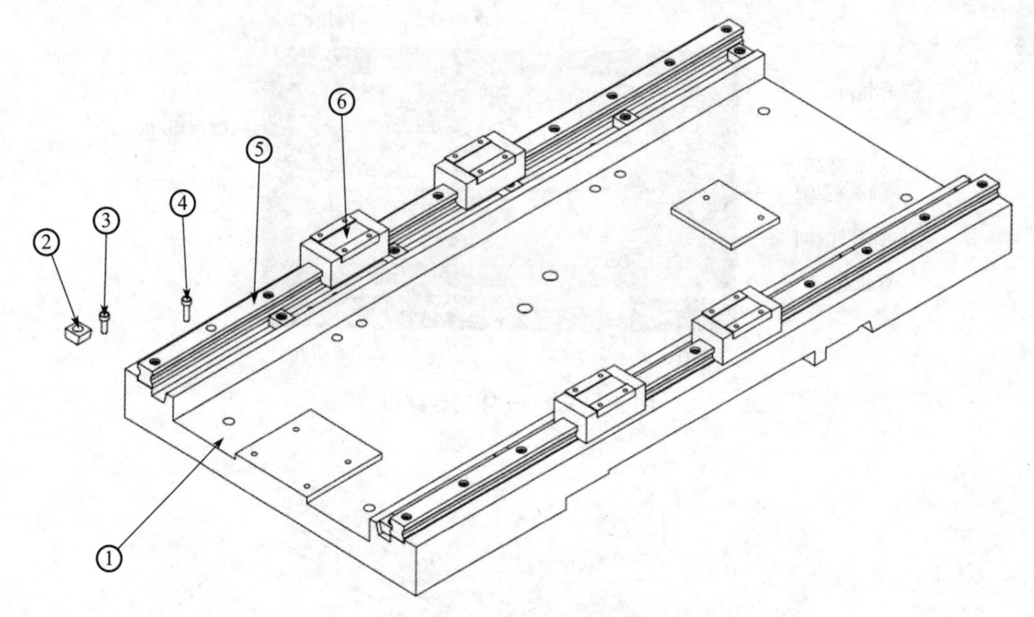

图 5－1－4　X 轴底座装配图

表 5－1－2　X 轴底座装配明细

明细表			
序号	零件名称	规格型号	数量
1	X 向底座	YL	1
2	斜压块	YL	18
3	内六角圆柱头螺钉	M4×12	18
4	内六角圆柱头螺钉	M4×16	22
5	导轨		2
6	导轨滑块		4

3. 滚珠丝杠组件装配

滚珠丝杠组件爆炸图如图 5－1－5 所示，其装配明细见表 5－1－3。

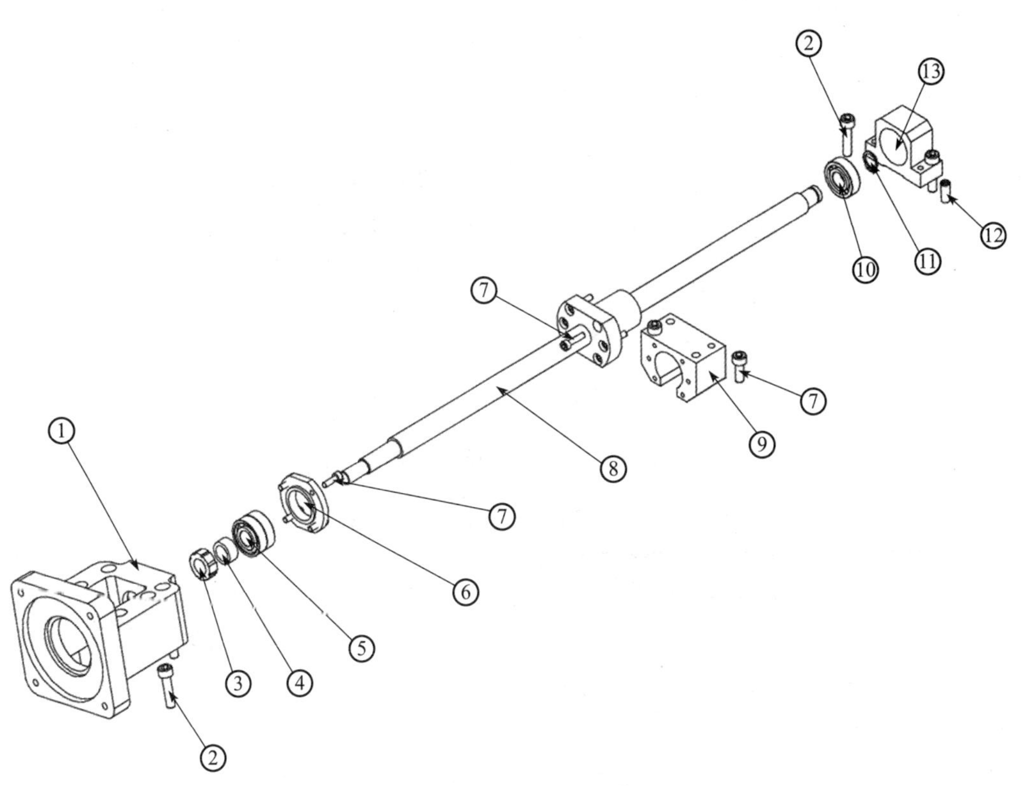

图 5－1－5　滚珠丝杠爆炸图

表 5－1－3　滚珠丝杠组件装配明细

明细表			
序号	零件名称	规格型号	数量
1	电机座	YL	1
2	内六角圆柱头螺钉	M6×25	6
3	锁紧螺母	M12×1	1
4	隔套	M01-01202	1
5	轴承	7001ACTA/P5/DBB	2
6	压盖	M01-01203	1
7	内六角圆柱头螺钉	M4×12	12
8	丝杆	HT300-01201	1
9	滚珠丝杠螺母副		1
10	轴承	6004/2RZ/P5	1
11	挡圈	A 型 ϕ12	1
12	圆锥销	A6×22	6
13	轴承座	YL	1

4. 机械单元装配图

机械单元装配图如图 5－1－6 所示，其装配明细见表 5－1－4。

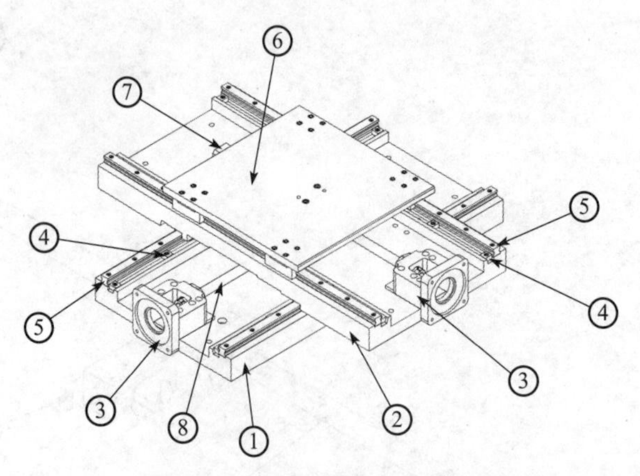

图 5-1-6　机械单元装配图

表 5-1-4　机械单元装配明细

明细表			
序号	零件名称	规格型号	数量
1	Z 向底座	YL	1
2	X 向底座	YL	1
3	电机座	YL	2
4	斜压块	YL	28
5	导轨	YL	4
6	滑台面	YL	1
7	轴承座	YL	2
8	滚珠丝杠	HT300-01201	2

5. X 轴完整装配图（如图 5-1-7 所示）

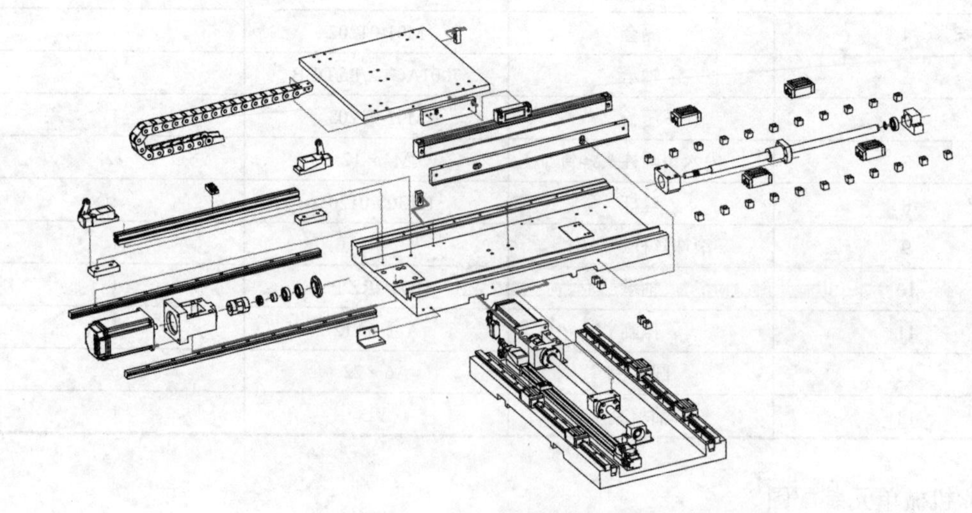

图 5-1-7　X 轴完整装配图

三、十字滑台精度检测项目

1. 检测导轨 1 与大理石平尺的上平面平行度

导轨 1 与大理石平尺的上平面平行度检测工具、调整方法和允许误差见表 5－1－5，具体方法参考图 5－1－8。

表 5－1－5　导轨 1 与大理石平尺的上平面平行度检测工具、调整方法和允许误差

检测工具	调整方法	允许误差
检测专用垫铁、磁性表座、指示百分表（圆头）、大理石平尺、内六角扳手	将百分表的触头指向大理石平尺上平面，以导轨两侧的最低处作为基准，移动百分表检测，通过导轨 1 上的内六角圆柱头螺钉调整平行度	≤ 0.1mm

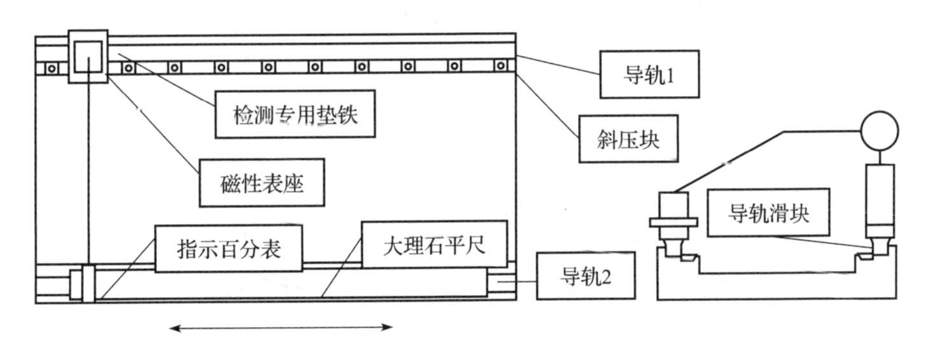

图 5－1－8　导轨 1 与大理石平尺的上平面平行度检测

2. 检测导轨 1 与大理石平尺的侧平面平行度

导轨 1 与大理石平尺的侧平面平行度检测工具、调整方法和允许误差见表 5－1－6，具体方法参考图 5－1－9。

表 5－1－6　导轨 1 与大理石平尺的侧平面平行度检测工具、调整方法和允许误差

检测工具	调整方法	允许误差
检测专用垫铁、磁性表座、杠杆百分表、大理石平尺、橡皮锤、内六角扳手	将百分表的触头指向大理石平尺侧平面，使用橡皮锤将大理石平尺两端归零，以导轨 1 远离大理石平尺一侧为基准，移动百分表检测，通过斜压块的内六角圆柱头螺钉调整平行度	≤ 0.1mm

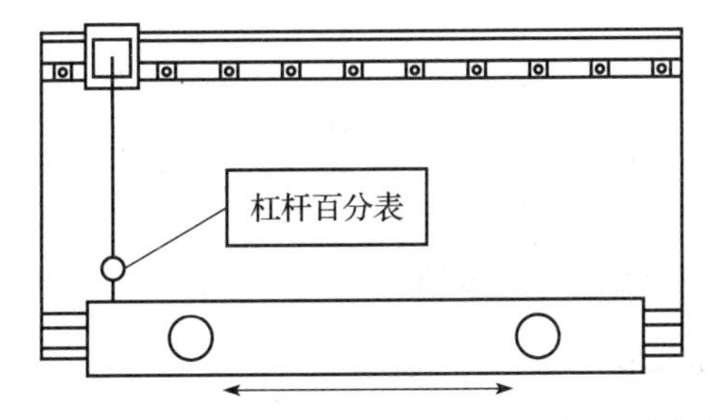

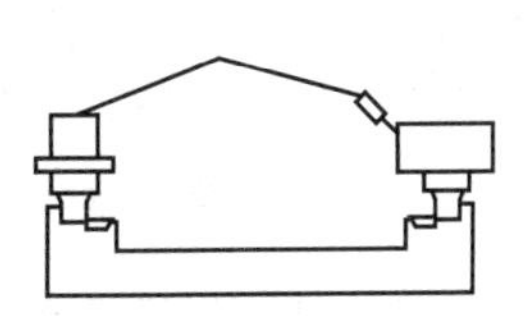

图 5－1－9　导轨 1 与大理石平尺的侧平面平行度检测

3. 检测导轨 2 与导轨 1 的上平面平行度

导轨 2 与导轨 1 的上平面平行度检测工具、调整方法和允许误差见表 5－1－7，具体方法参考图 5－1－10。

表 5－1－7　导轨 2 与导轨 1 的上平面平行度检测工具、调整方法和允许误差

检测工具	调整方法	允许误差
检测专用垫铁、磁性表座、杠杆百分表、内六角扳手	将百分表的触头指向导轨 1 滑块的上平面，以导轨 2 两侧的最低处作为基准，同步推动滑块与百分表检测，通过导轨 2 上的内六角圆柱头螺钉调整平行度	≤ 0.1mm

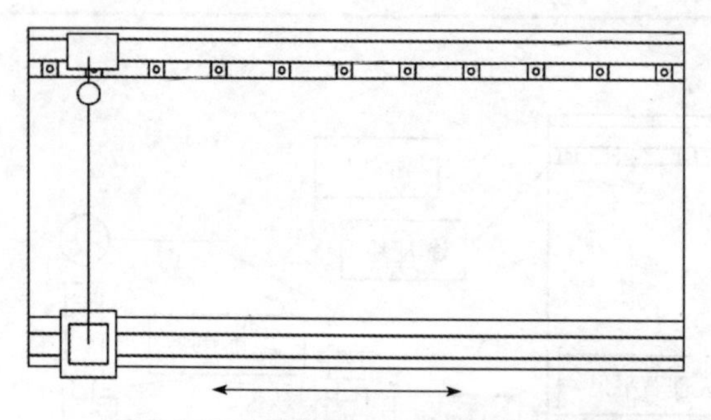
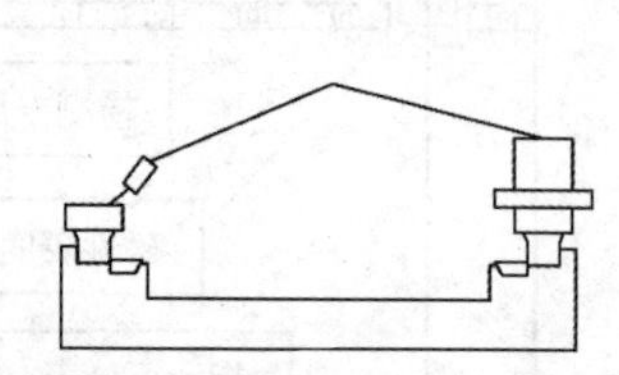

图 5－1－10　导轨 2 与导轨 1 的上平面平行度检测

4. 检测导轨 2 与导轨 1 的侧平面平行度

导轨 2 与导轨 1 的侧平面平行度检测工具、调整方法和允许误差见表 5－1－8，具体方法参考图 5－1－11。

表 5－1－8　导轨 2 与导轨 1 的侧平面平行度检测工具、调整方法和允许误差

检测工具	调整方法	允许误差
检测专用垫铁、磁性表座、杠杆百分表、内六角扳手	将百分表的触头指向导轨 1 滑块的侧平面，以导轨 2 两侧远离导轨 1 的一侧为基准，同步推动滑块与百分表检测，通过导轨 2 上的斜压块的内六角圆柱头螺钉调整平行度	≤ 0.1mm

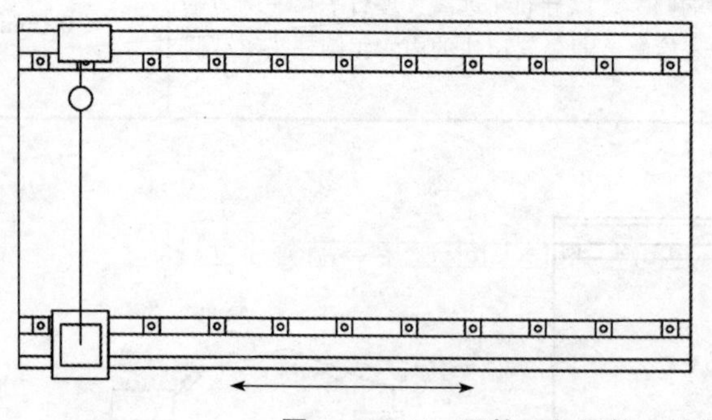
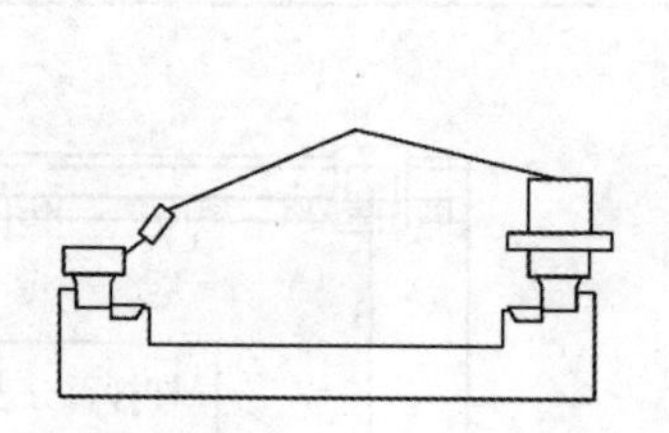

图 5－1－11　导轨 2 与导轨 1 的侧平面平行度检测

5. 检测滚珠丝杠与导轨 1 的上母线平行度

滚珠丝杠与导轨 1 的上母线平行度检测工具、调整方法和允许误差见表 5－1－9，具

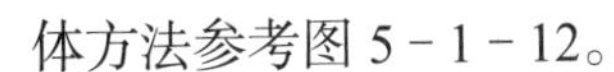

体方法参考图 5-1-12。

表 5-1-9　滚珠丝杠与导轨 1 的上母线平行度检测工具、调整方法和允许误差

检测工具	调整方法	允许误差
检测专用垫铁、磁性表座、杠杆百分表、铜皮、内六角扳手	将百分表的触头指向滚珠丝杠的上母线，移动百分表检测，在电机座或轴承座的基准面上垫铜皮调整平行度	≤ 0.1mm

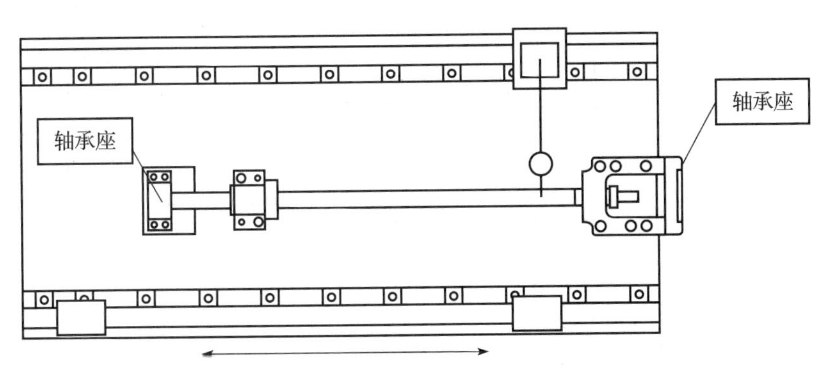

图 5-1-12　滚珠丝杠与导轨 1 的上母线平行度检测

6. 检测滚珠丝杠与导轨 1 的侧母线平行度

滚珠丝杠与导轨 1 的侧母线平行度检测工具、调整方法和允许误差见表 5-1-10，具体方法参考图 5-1-13。

表 5-1-10　丝杆与导轨 1 的侧母线平行度检测工具、调整方法和允许误差

检测工具	调整方法	允许误差
检测专用垫铁、磁性表座、杠杆百分表、橡皮锤、内六角扳手	将百分表的触头指向滚珠丝杠的侧母线，移动百分表检测，用橡皮锤敲电机座或轴承座调整平行度	≤ 0.1mm

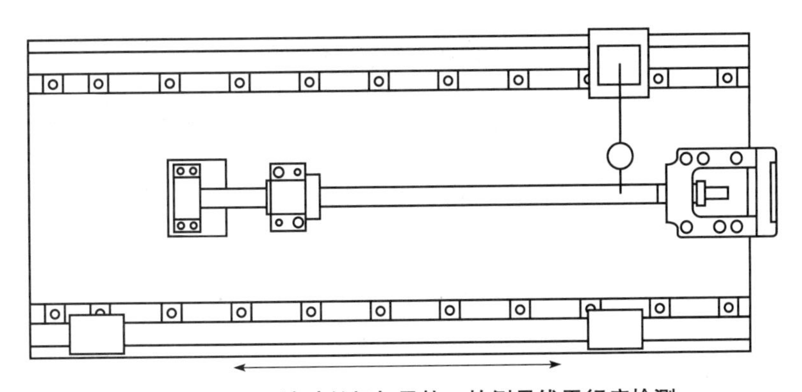

图 5-1-13　滚珠丝杠与导轨 1 的侧母线平行度检测

7. 检测滚珠丝杠的轴向窜动

滚珠丝杠的轴向窜动检测工具、调整方法和允许误差见表 5-1-11，具体方法参考图 5-1-14。

表 5-1-11　滚珠丝杠的轴向窜动检测工具、调整方法和允许误差

检测工具	调整方法	允许误差
检测专用垫铁、磁性表座、指示百分表（平头）、ϕ6 钢球、内六角扳手	在滚珠丝杠的轴端放上一个钢球，将百分表的触头指向钢球，转动滚珠丝杠检测，通过预紧滚珠丝杠螺母副调整轴向窜动	≤ 0.02mm

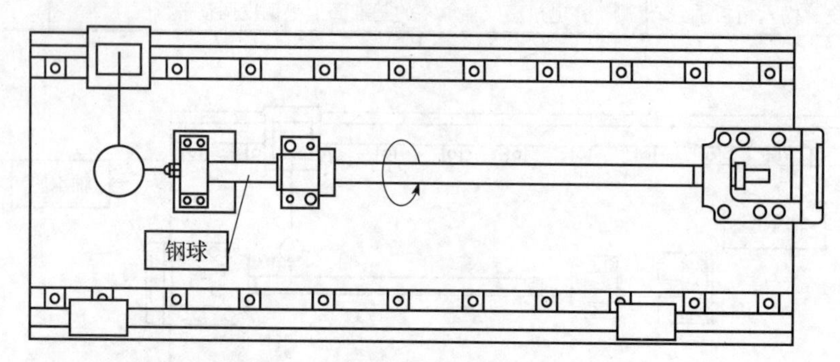

图 5-1-14　滚珠丝杠的轴向窜动检测

8. 检测 X 轴与 Z 轴的垂直度

X 轴与 Z 轴的垂直度检测工具、调整方法和允许误差见表 5-1-12，具体方法参考图 5-1-15。

表 5-1-12　X 轴与 Z 轴的垂直度检测工具、调整方法和允许误差

检测工具	调整方法	允许误差
磁性表座、指示百分表（圆头）、大理石方尺、橡皮锤、内六角扳手	将百分表指向大理石方尺一侧，用橡皮锤将两端归零，再将百分表指向与归零平面垂直的一侧，将 X 轴底座沿 Z 轴推动检验，通过调整图 5-1-15 圆圈放大图中的斜压块的内六角圆柱头螺钉调整垂直度	≤ 0.1mm

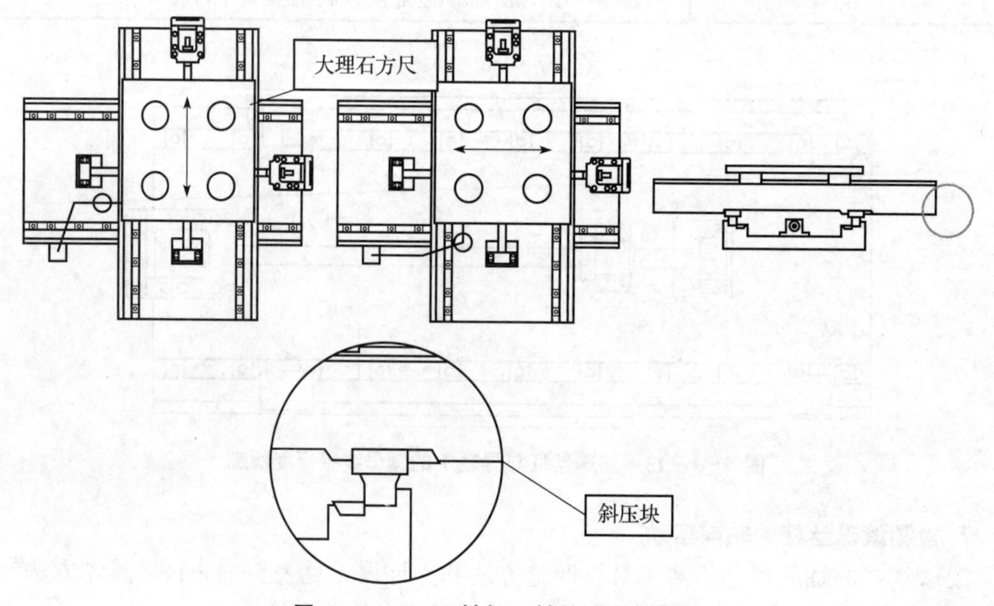

图 5-1-15　X 轴与 Z 轴的垂直度检测

四、十字滑台安装步骤

（1）X 轴底座安装步骤见表 5-1-13。

表 5-1-13　X 轴底座安装步骤

步骤	作业描述	工具	图示
1	将 X 轴底座安装在 Z 轴的导轨滑块上，将 X 轴底座与滑块以及螺母座 Z06 的螺纹孔和销孔对齐		
2	底座内侧，使用 8 个 M4×12 内六角圆柱头螺钉将 X 轴底座与导轨滑块进行固定	3mm 内六角扳手	
3	底座外侧，使用 8 个 M4×16 内六角圆柱头螺钉将 X 轴底座与导轨滑块进行固定	3mm 内六角扳手	
4	使用 2 个 M6×15 内六角圆柱头螺钉将 X 轴底座与螺母座 Z06 固定但不拧紧，等敲入圆锥销后再拧紧	5mm 内六角扳手	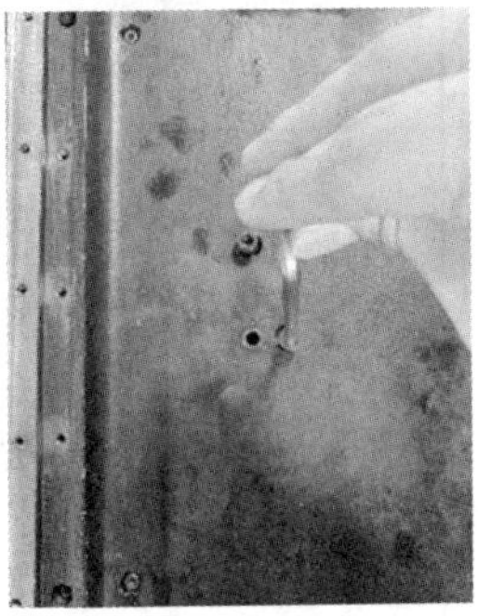

续表

步骤	作业描述	工具	图示
5	使用2个圆锥销通过X轴底座敲入螺母座Z06内	铜棒	
6	使用M4×16内六角圆柱头螺钉将4个斜压块固定在X轴底座下方，但不要完全拧紧	3mm内六角扳手	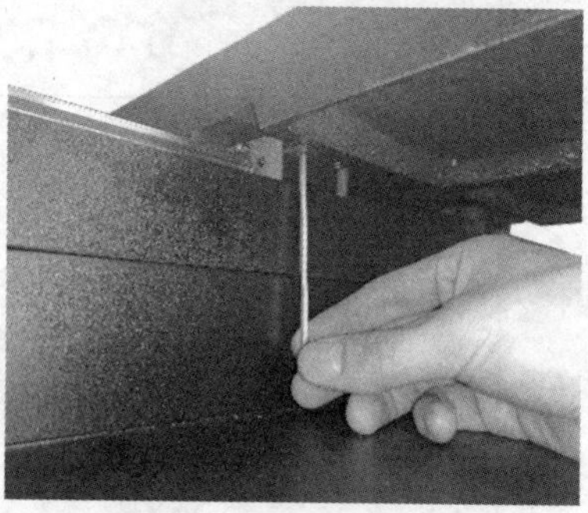

（2）X03导轨装配与精度检测步骤见表5－1－14。

表5－1－14　X03导轨装配与精度检测步骤

步骤	作业描述	工具	图示
1	将导轨X03和导轨X05安装在X轴底座上（注意导轨上的箭头朝内），每根导轨使用11个M4×16内六角圆柱头螺钉从一个方向顺序固定，其中导轨X05不要完全拧紧	3mm内六角扳手	
2	在导轨X03一侧使用9个M4×12内六角圆柱头螺钉将9个斜压块从一个方向顺序固定，但是不要完全拧紧		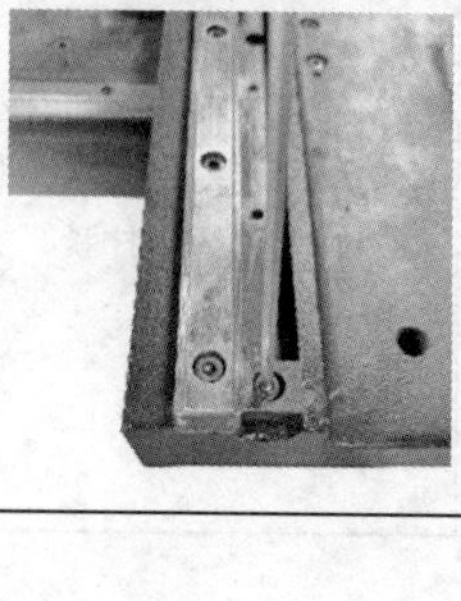

续表

步骤	作业描述	工具	图示
3	将滑块 X031 取下	假轨	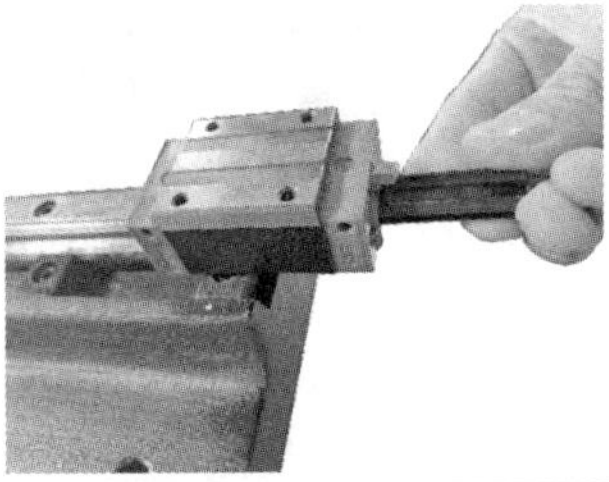
4	在滑块 X051 和滑块 X052 上放上大理石平尺，使用 4 个 M4×15 内六角圆柱头螺钉将检测专用垫铁安装在滑块 X032 上，磁性表座吸附在检测专用垫铁上并安装好指示百分表（圆头）	大理石平尺、检测专用垫铁、3mm 内六角扳手、指示百分表（圆头）、磁性表座	
5	百分表接触到大理石平尺表面，至少压下一圈，并将指针调到零位		
6	移动百分表检测导轨 X03 上平面的平行度，根据误差调整导轨 X03 上的内六角圆柱头螺钉		
7	将大理石平尺横放，将杠杆百分表安装在磁性表座上，杠杆百分表接触到大理石平尺侧面至少压下半圈，并将指针调到零位	杠杆百分表、大理石平尺、橡皮锤、3mm 内六角扳手、磁性表座	
8	用橡皮锤调整大理石平尺使两端对零，然后移动百分表检测导轨 X03 侧平面的平行度，根据误差调整导轨 X03 的斜压块上的内六角圆柱头螺钉		

（3）X05导轨装配与精度检测步骤见表5-1-15。

表5-1-15　X05导轨装配与精度检测步骤

步骤	作业描述	工具	图示
1	取下大理石平尺，使用4个M4×15内六角圆柱头螺钉将检测专用垫铁安装在滑块X052上，磁性表座吸附在检测专用垫铁上并安装好杠杆百分表	检测专用垫铁、磁性表座、杠杆百分表、3mm内六角扳手	
2	杠杆百分表接触滑块X032的上平面，至少压下半圈，并将指针调到零位		
3	同步移动百分表和滑块X032检测导轨X05上平面的平行度，根据误差调整导轨X05上的内六角圆柱头螺钉		
4	杠杆百分表接触滑块X032的侧平面，至少压下半圈，并将指针调到零位		 
5	同步移动百分表和滑块X032检测导轨X05侧平面的平行度，根据误差调整导轨X05斜压块上的内六角圆柱头螺钉		

（4）传动部件装配与精度检测步骤见表 5-1-16。

表 5-1-16　传动部件装配与精度检测步骤

步骤	作业描述	工具	图示
1	使用轴承安装器和橡皮锤将两个 7001 角接触轴承以背靠背的方式敲入电机座 X07 中	轴承安装器、橡皮锤	 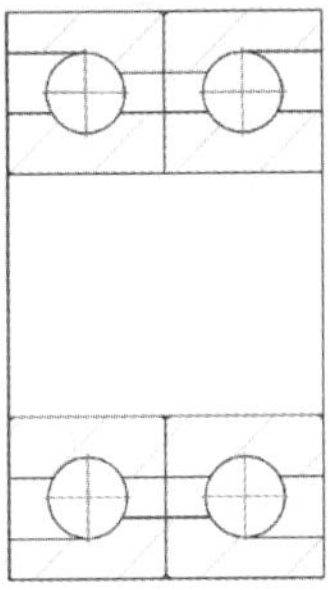
2	使用轴承安装器和橡皮锤将一个 6001 深沟球轴承直接敲入轴承座 X02 中，轴承的位置需要后期调整		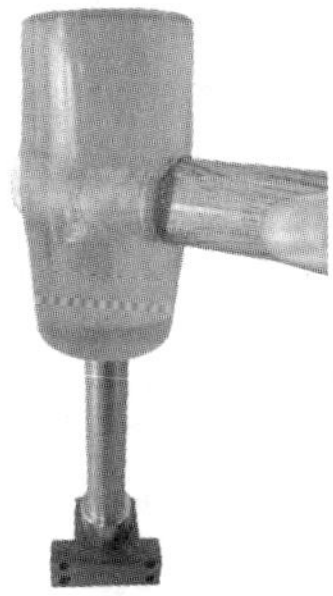
3	使用 4 个 M6×30 内六角圆柱头螺钉将电机座 X07 暂时固定在 X 轴底座上，但不要拧紧	5mm 内六角扳手	
4	将滚珠丝杠 X04 装入轴承座 X02 的深沟球轴承内		
5	使用 4 个 M4×12 内六角圆柱头螺钉将压盖安装在电机座 X07 上，同时将滚珠丝杠 X04 另一头装入电机座 X07 并推到底	3mm 内六角扳手	

续表

步骤	作业描述	工具	图示
6	使用2个M6×25内六角圆柱头螺钉将轴承座X02暂时固定在X轴底座，但不要拧紧	5mm内六角扳手	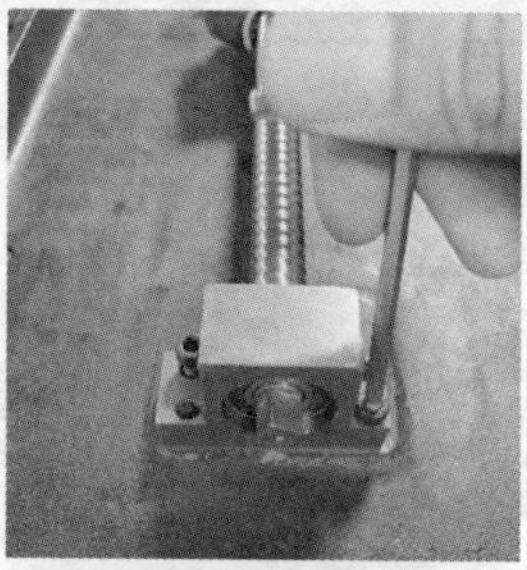
7	使用卡簧钳将卡簧安装在滚珠丝杠X04的卡簧槽内	卡簧钳	
8	将隔套放入电机座X07的滚珠丝杠尾端		
9	使用勾扳手将锁紧螺母固定在滚珠丝杠X04尾端螺纹上，顶住隔套	勾扳手	
10	将3个顶丝隔120°拧入锁紧螺母中	1.5mm内六角扳手	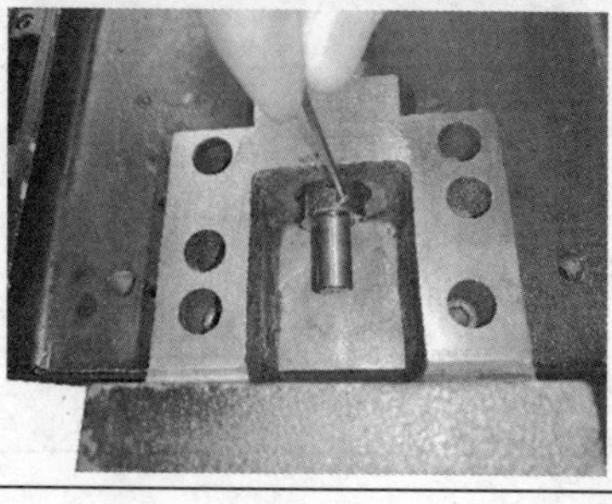

续表

<table>
<tr><th>步骤</th><th>作业描述</th><th>工具</th><th>图示</th></tr>
<tr><td>11</td><td>杠杆百分表接触滚珠丝杠 X04 的上母线，将指针调到零位</td><td>杠杆百分表</td><td></td></tr>
<tr><td>12</td><td>移动百分表检测滚珠丝杠 X04 上母线的平行度，根据误差在电机座 X07 或轴承座 X02 下垫铜皮进行调整</td><td>铜皮</td><td></td></tr>
<tr><td>13</td><td>杠杆百分表接触滚珠丝杠 X04 的侧母线，将指针调到零位</td><td>杠杆百分表</td><td></td></tr>
<tr><td>14</td><td>移动百分表检测滚珠丝杠 X04 侧母线的平行度，根据误差使用橡皮锤敲电机座 X07 或轴承座 X02 进行调整</td><td>橡皮锤</td><td></td></tr>
<tr><td>15</td><td>将 2 个圆锥销敲入电机座 X07（圆圈）中，并拧紧螺钉</td><td rowspan="2">铜棒、
5mm 内六角扳手</td><td></td></tr>
<tr><td>16</td><td>将 2 个圆锥销敲入轴承座 X02 中，并拧紧螺钉</td><td></td></tr>
</table>

（5）X轴与Z轴的垂直度检测步骤见表5－1－17。

表5－1－17　X轴与Z轴的垂直度检测步骤

步骤	作业描述	工具	图示
1	使用几颗M4×12内六角圆柱头螺钉将工作台暂时固定在4个滑块上	3mm内六角扳手、大理石方尺、磁性表座、指示百分表（圆头）、橡皮锤	
2	将大理石方尺放置在工作台上，磁性表座吸附在Z轴底座上并安装指示百分表（圆头），百分表接触到大理石平尺一侧至少压下一圈，并将指针调到零位		
3	推动滑台，用橡皮锤调整大理石方尺使两端对零		
4	将百分表触头接触大理石方尺相邻的垂直面至少压下一圈，并将指针调到零位		
5	推动滑台，检测垂直度，根据误差调整X轴底座下方斜压块的内六角圆柱头螺钉		 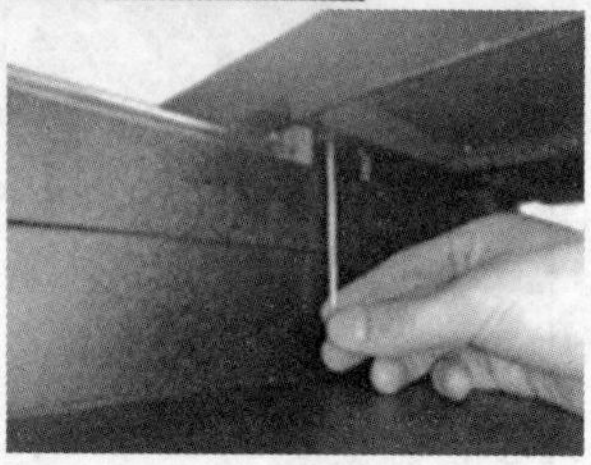

（6）工作台安装步骤见表 5－1－18。

表 5－1－18　工作台安装步骤

步骤	作业描述	工具	图示
1	使用 16 个 M4×12 内六角圆柱头螺钉将工作台固定在 4 个滑块上	3mm 内六角扳手	
2	使用滚珠丝杠摇手，使螺母座 X06 和工作台的孔对齐	滚珠丝杠摇手	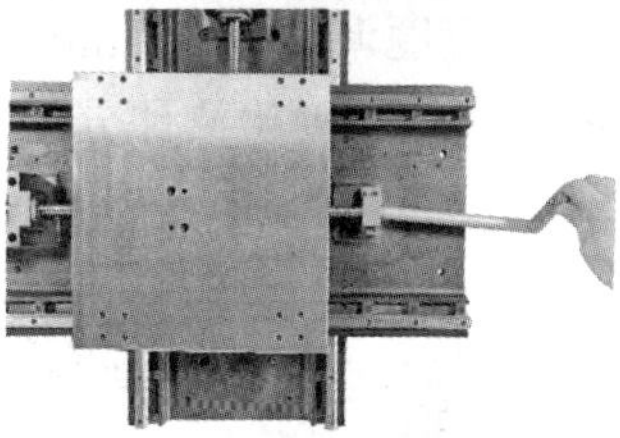
3	使用 2 个 M6×20 内六角圆柱头螺钉固定工作台和螺母座 X06，等敲入圆锥销后再拧紧	5mm 内六角扳手	
4	将 2 个圆锥销通过工作台敲入螺母座 X06	铜棒	

任务实施

一、任务训练

（1）Z 轴底座安装。
（2）Z03 导轨装配与精度检测。
（3）Z05 导轨装配与精度检测。
（4）Z 轴传动部件装配与精度检测。
（5）X 轴底座安装。

（6）X03 导轨装配与精度检测。

（7）X05 导轨装配与精度检测。

（8）X 轴传动部件装配与精度检测。

（9）X 轴与 Z 轴的垂直度检测。

（10）工作台安装。

二、任务考核

（1）十字滑台的结构认知。

（2）十字滑台的装配与精度检测。

根据装配图、现场的零部件和工量具，组装十字滑台单元，并测量、调整垂直度和平行度。垂直度调整在 0.1mm/280mm 以内，线轨平行度调整在 0.1mm/280mm 以内。十字滑台的装配与精度检测评分见表 5－1－19。

表 5－1－19　十字滑台的装配与精度检测评分表

项目	配分	评分点	配分	扣分说明	得分	项目得分
十字滑台的装配与精度检测	80	线轨平行度调整在 0.1mm/280mm 以内	60	1. 平行度精度大于标准，每超差 0.01mm，扣 5 分 2. 未清洁擦拭零件表面扣 3 分 3. 用力不当，有猛敲、猛打现象扣 5 分 4. 工、量具使用方法不正确扣 5 分 5. 装配工艺不合理一处扣 3 分 6. 工艺过程记录不够简洁明了扣 5 分		
		垂直度调整在 0.1mm/280mm 以内	20	1. 垂直度大于标准，每超差 0.01mm，扣 5 分 2. 工、量具使用方法不正确扣 5 分 3. 装配工艺不合理一处扣 3 分 4. 工艺过程记录不够简洁明了扣 5 分		
职业素养与安全	20	操作规范	5			
		工具、仪器、仪表使用情况	5			
		竞赛现场安全、文明情况	5			
		团队分工协作情况	5			

任务二　球杆仪对数控机床精度的检测

任务描述

数控机床综合了自动化技术、伺服驱动、精密测量和精密机械等领域的技术成果，数控机床的精度是衡量机床性能的一项重要指标，因此需要对误差进行快速识别和精确修正，以此来提高数控机床的精度。如图 5-2-1 所示，球杆仪就是用于数控机床两轴联动精度快速检测与机床故障分析的一种综合误差参数测量工具，它可以快速、直观地检测出加工中心的圆度、反向间隙、伺服增益、垂直度、直线度、周期误差等，在数控机床检测领域得到了广泛的应用。本任务将讲解球杆仪对数控机床精度的检测方法。

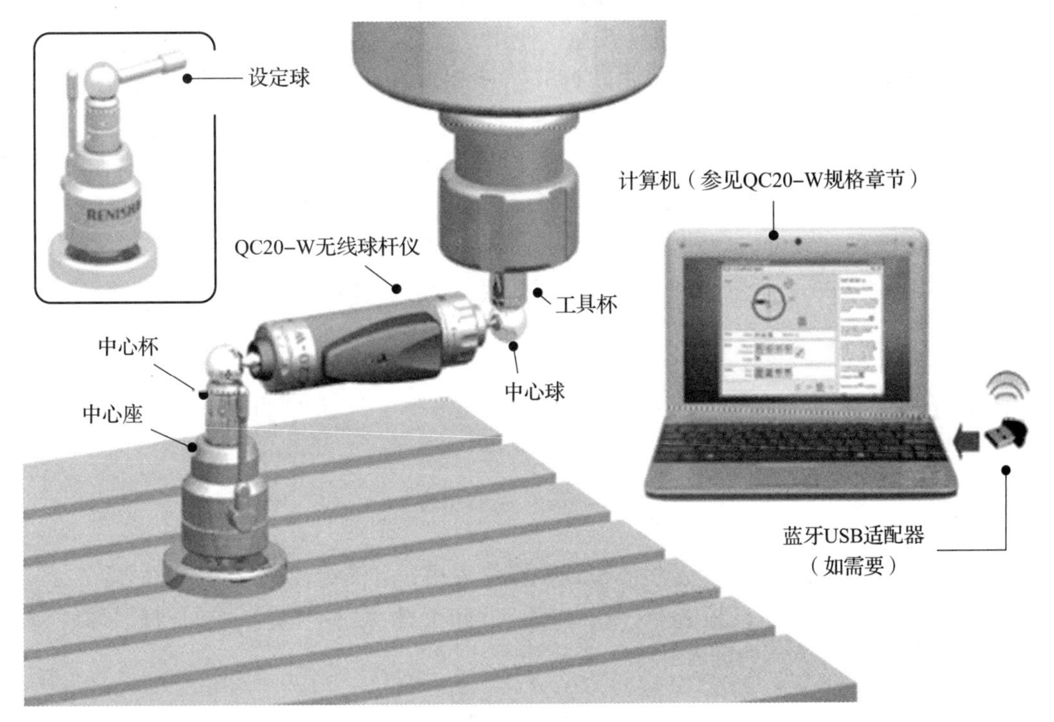

图 5-2-1　雷尼绍球杆仪

任务目标

掌握球杆仪的使用方法。

任务实习

一、球杆仪的检测原理

球杆仪主要由仪感器、磁性杯、磁性中心架、球节、磁性工具杯、球杆传递器等组成，具有操作简单、携带方便的特点。工作时，将球杆仪两端的精密球体，一端通过磁体架固定在基础的工作台上，另一端则固定在机床的主轴上，然后测量两轴插补运动形成的圆形轨迹。为了保证得出理想的圆形轨迹，可以自己编制程序，使机床做半径等于球杆长度的任一平面内的圆形运动，传感器能够检测出半径的长度变化，也能够检测出机器偏离理想轨道的偏差，然后将得到的数据进行优化，通过调试修正误差，最终改善机床的性能。

二、球杆仪的使用

以雷尼绍球杆仪 QC20 为例介绍球杆仪的使用。

（1）安装球杆仪软件。

1）开启计算机电源，等待它启动进入 Windows，然后把光盘装入 CD 驱动器。安装程序将自动运行。若安装程序未自动运行，可以从计算机任务栏中选择“开始 / 运行”，进入“运行”对话框。单击“浏览”按钮，使用“浏览”对话框打开安装光盘上的 Setup.exe 文件。选择 Setup.exe，然后单击“打开”按钮。在“运行”对话框中单击“确定”按钮。

2）向导将显示一系列对话框，自动逐步引导用户完成安装过程。跟随屏幕上的每个指示，单击“下一步”按钮，进入下一阶段。单击“取消”按钮即可退出安装程序。

（2）进入球杆仪软件。

1）可按图 5－2－2 所示步骤来运行本球杆仪软件。

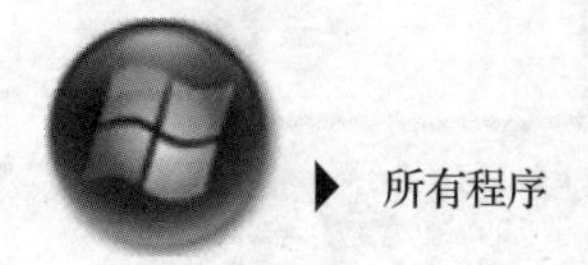

图 5－2－2　软件步骤

2）双击选项，可以选择快速检测模式、操作者模式、高级模式或配置模式等。

（3）打开球杆仪箱子，检查球杆仪球座、拆卸工具、3.6V 电池、加长杆、球杆精密仪器、蓝牙接收设备等，如图 5－2－3 所示。

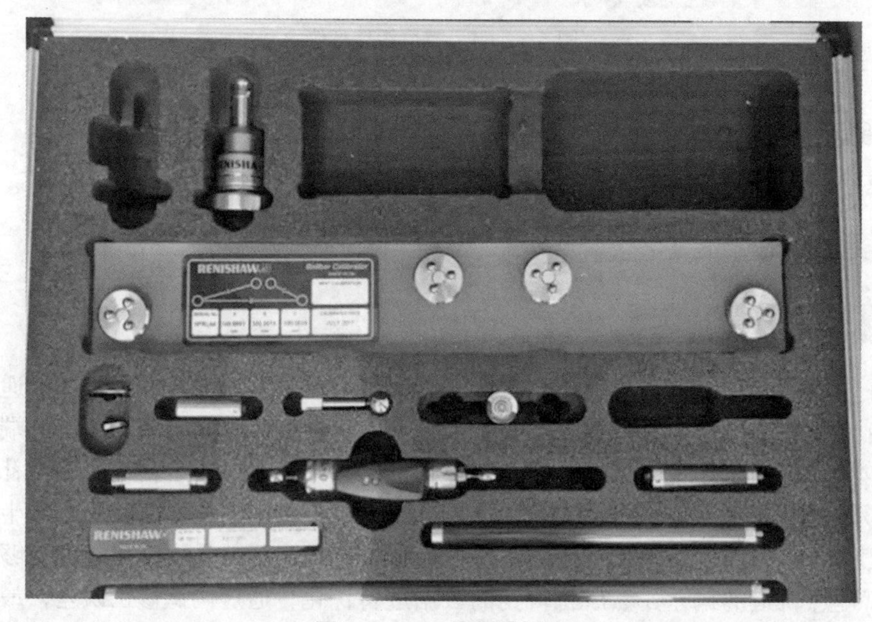

图 5－2－3　检查球杆仪

（4）清洁工作台，加高工作台，将球杆仪放置在工作台中间，球头放置在球座上，磁性球杆安装在刀柄上，如图 5－2－4 所示。

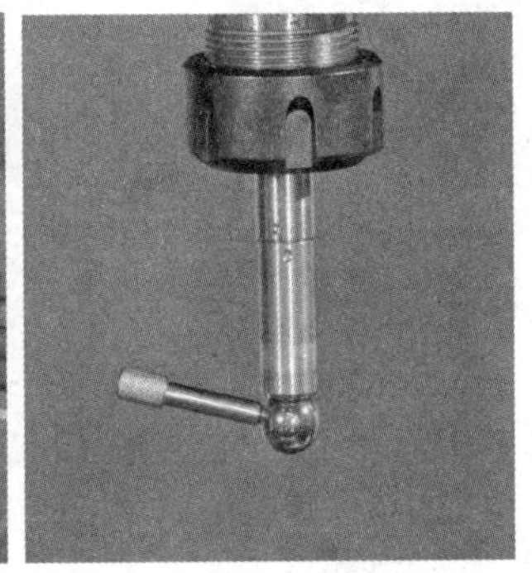

图 5－2－4　安装磁性球杆、球座仪、球头

（5）设定工件坐标系。

将磁性球杆对准球头，Z 轴缓慢下移，球杆与球头吸紧后，锁紧球座。设定工件坐标系为 G54，如图 5－2－5 所示。

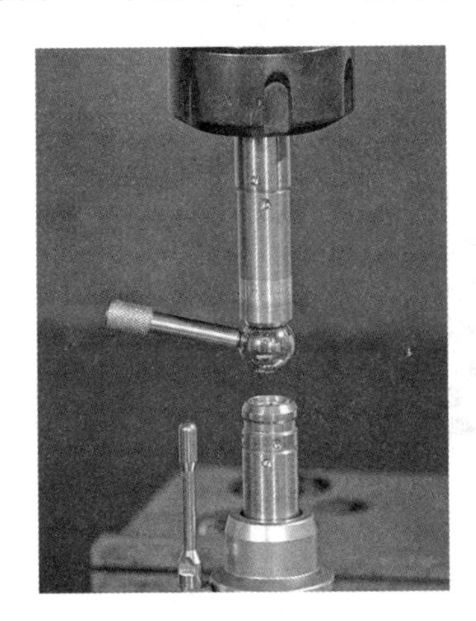
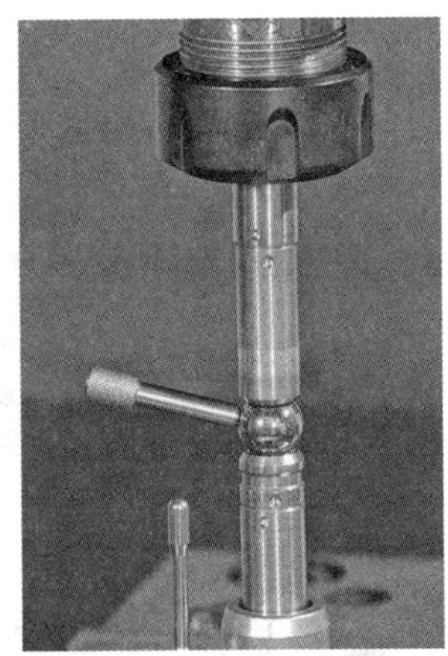

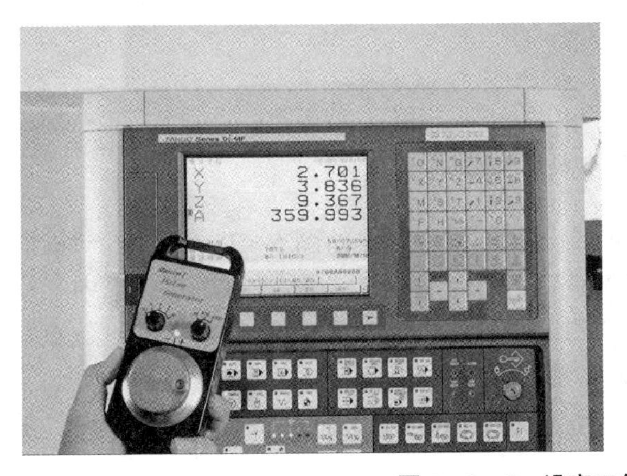

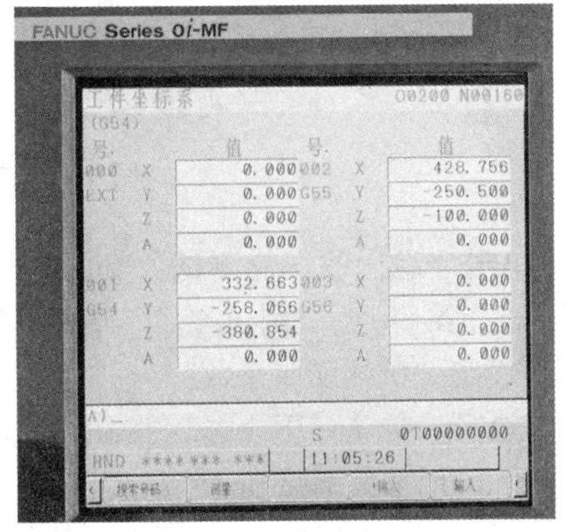

图 5－2－5　设定工件坐标系

（6）工件坐标系建立好后，将 Z 轴缓慢抬起，取下球头，如图 5－2－6 所示。

图 5－2－6　取下球头

（7）打开雷尼绍球杆仪软件，选择快速检测模式，如图 5－2－7 所示。

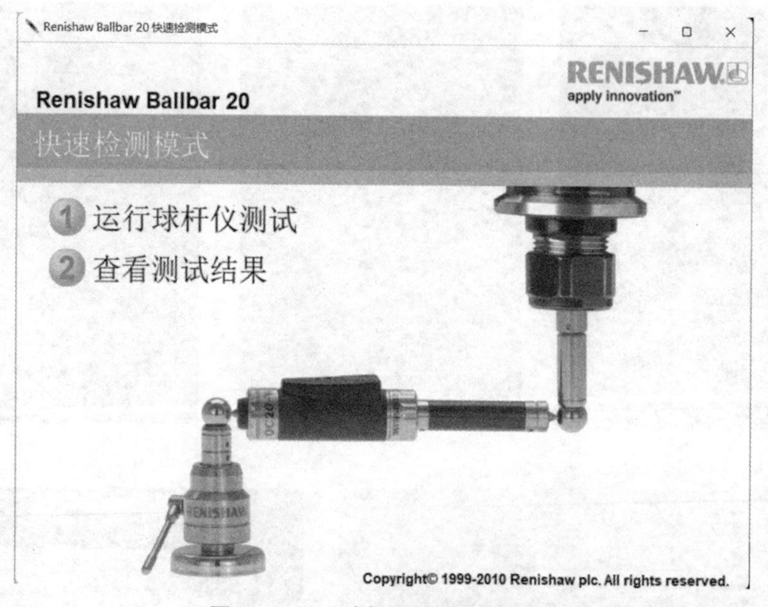

图 5－2－7　球杆仪快速检测模式

单击“运行球杆仪测试”，进入“测试设定 -1”窗口，如图 5－2－8 所示。“机器类型”选择第一项，“测试平面”选择“XY”，“进给率”设定为“1000.0”，选中“校准规”，设定“机器膨胀系数”为“11.7”，“测试半径”设定为球杆仪长度，“测试位置”输入“XY”。单击“下一步”按钮，进入“测试设定 -2”窗口，如图 5－2－9 所示，“弧度”为 360° 采集圆弧和 45° 越程圆弧，“运行”选择逆时针方向的数据采集运行 1，随后是顺时针方向的数据采集运行 2。

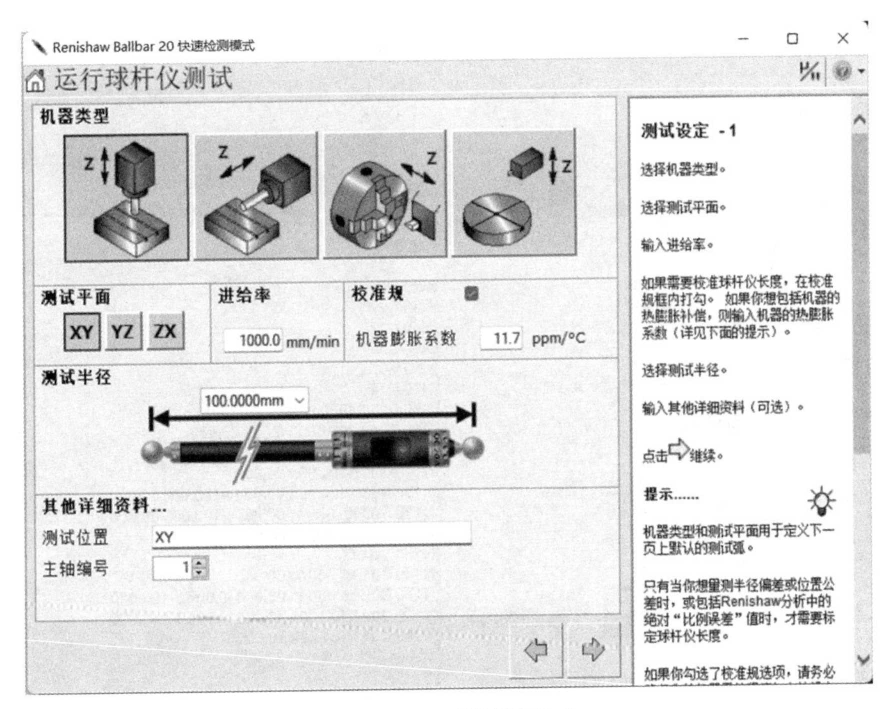

图 5－2－8　测试设定 -1

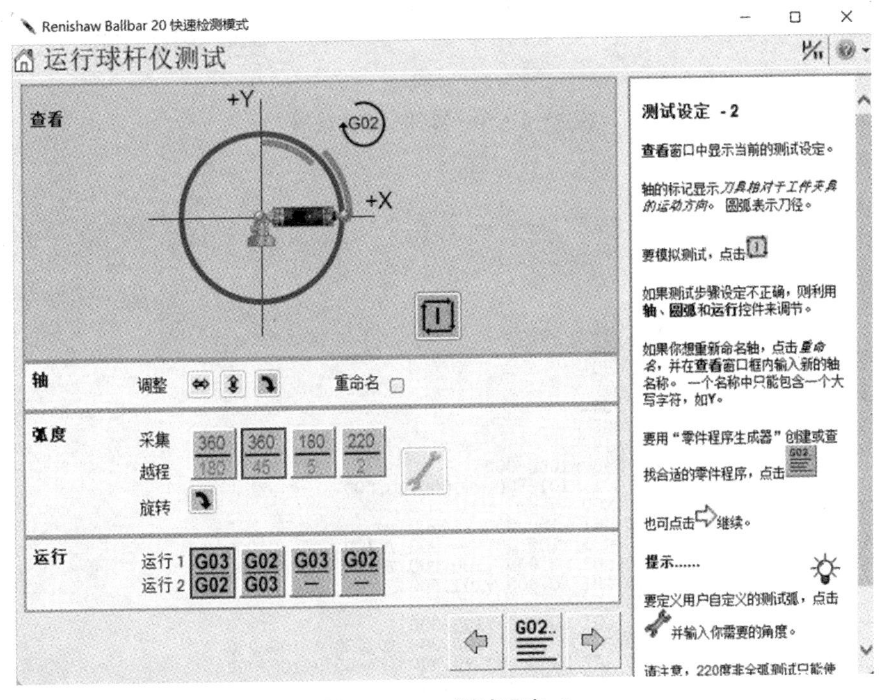

图 5－2－9　测试设定 -2

单击G02按钮进入“零件程序生成器”窗口，如图 5－2－10 所示，设定“数控程序号”为“200”，选中“排除报警文本”，单击程序“生成”按钮，自动生成球杆仪运行测试程序，保存程序。测试程序 txt 文本如图 5-2-11 所示。

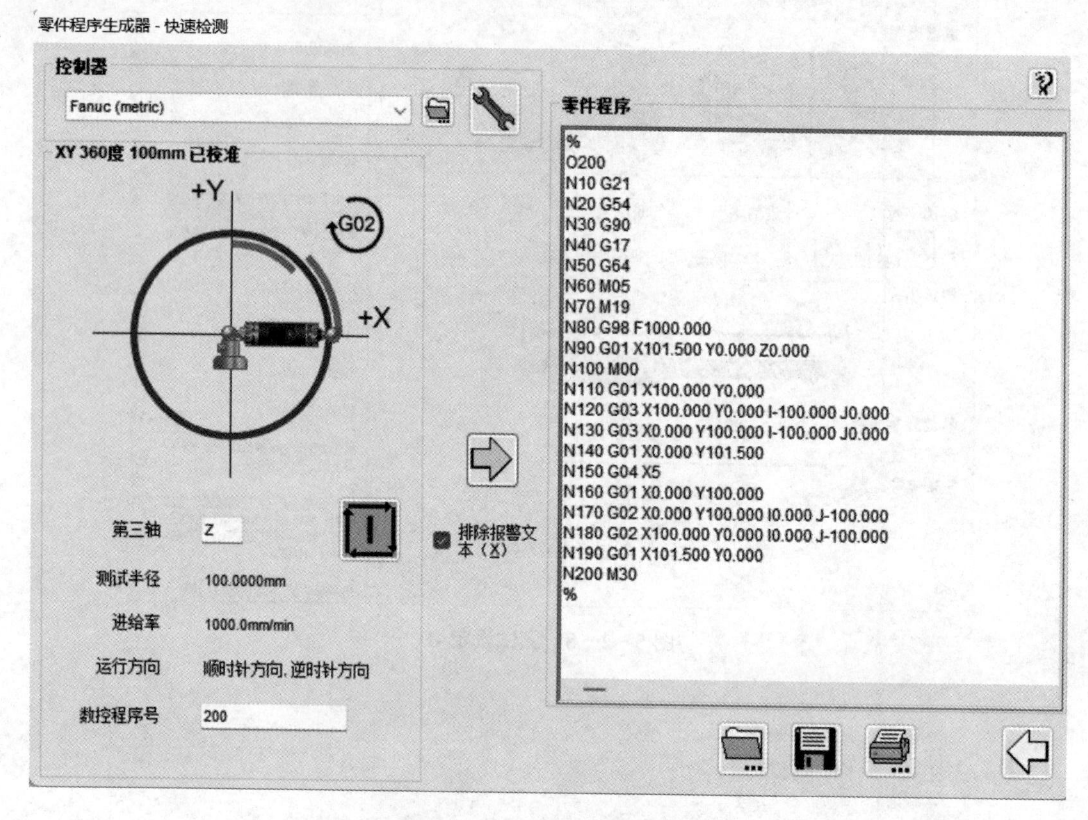

图 5-2-10　零件程序生成器

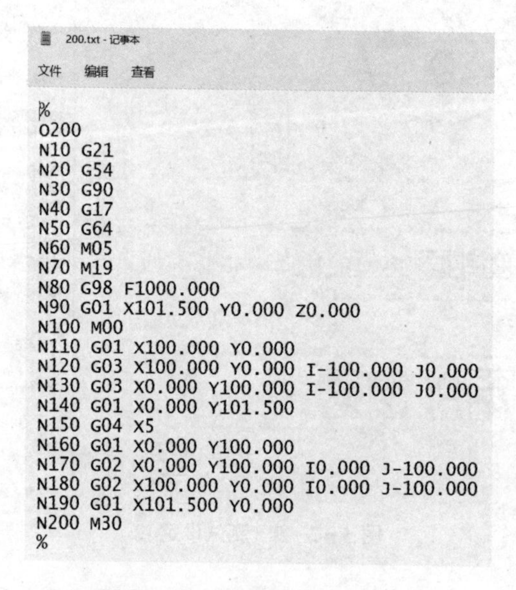

200.txt - 记事本

文件　编辑　查看

```
%
O200
N10 G21
N20 G54
N30 G90
N40 G17
N50 G64
N60 M05
N70 M19
N80 G98 F1000.000
N90 G01 X101.500 Y0.000 Z0.000
N100 M00
N110 G01 X100.000 Y0.000
N120 G03 X100.000 Y0.000 I-100.000 J0.000
N130 G03 X0.000 Y100.000 I-100.000 J0.000
N140 G01 X0.000 Y101.500
N150 G04 X5
N160 G01 X0.000 Y100.000
N170 G02 X0.000 Y100.000 I0.000 J-100.000
N180 G02 X100.000 Y0.000 I0.000 J-100.000
N190 G01 X101.500 Y0.000
N200 M30
%
```

图 5-2-11　测试程序 txt 文本

（8）低速空跑球杆仪程序，如图 5－2－12 所示，查看轨迹。空跑时禁止将球杆仪精密仪器放置在上面。

图 5－2－12　低速空跑球杆仪程序

（9）球杆仪连接。

将电池装入球杆仪，沿着“1”的方向旋转端盖，启动球杆仪，LED 指示灯应显示为绿色，如图 5－2－13 所示，表示球杆仪已启动但是还未与计算机建立通信。如果 LED 指示灯显示为黄色，表示电池电量不足，在继续作业之前，必须更换电池。

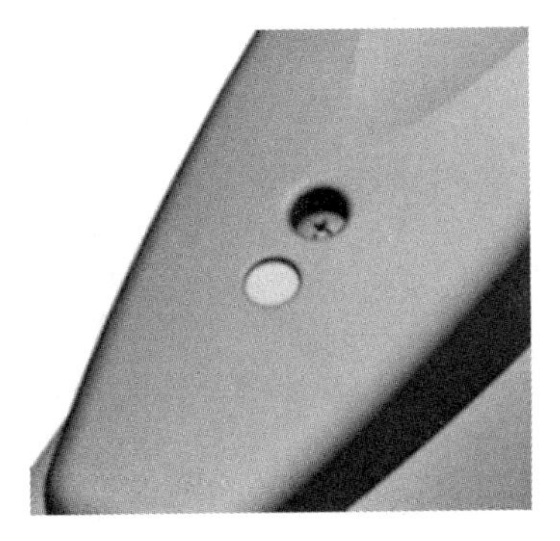

图 5－2－13　球杆仪指示灯

单击数字读数旁的下拉菜单并选择“QC20-W”，如图 5－2－14 所示。

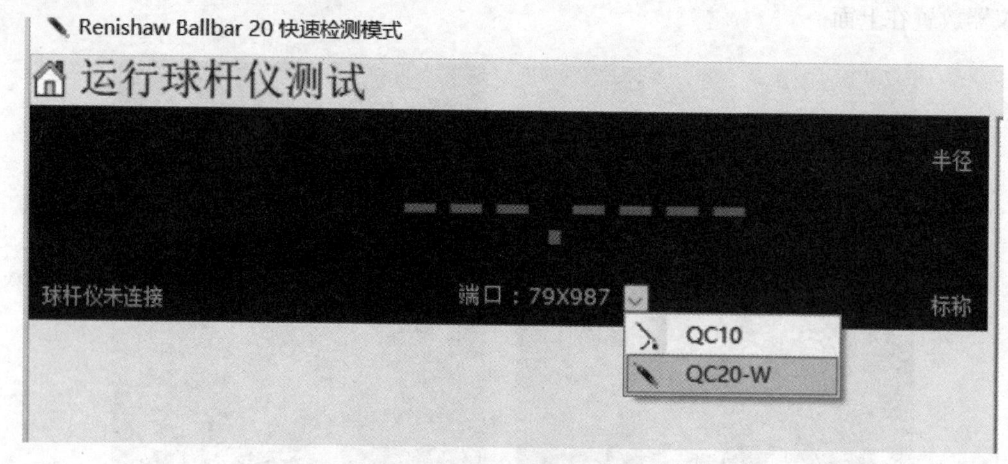

图 5－2－14　选择球杆仪

出现一个显示所有先前连接到计算机的 QC20-W 装置的对话框。通过序列号选择需要的 QC20-W 装置，如图 5－2－15 所示。如果是第一次使用该软件，本窗口将为空白。

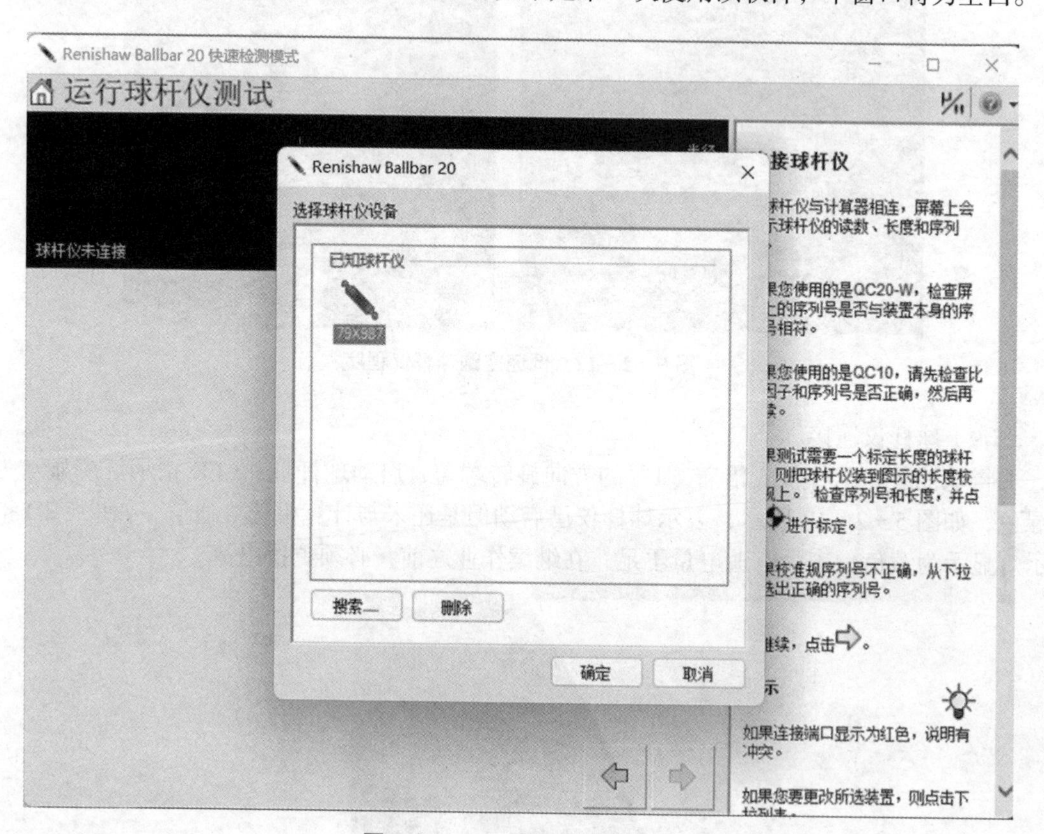

图 5－2－15　选择球杆仪设备

连接成功后，球杆仪 LED 指示灯为蓝色，如图 5－2－16 所示。

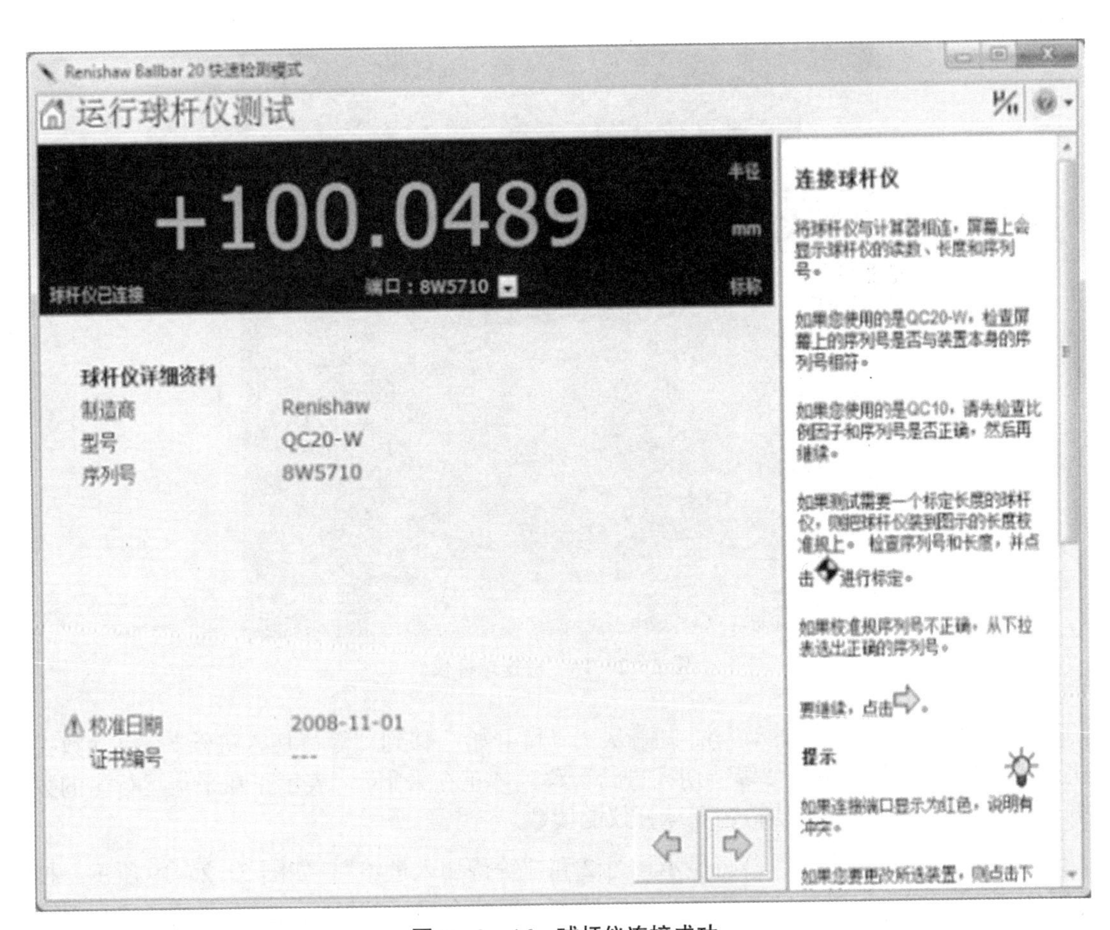

图 5-2-16　球杆仪连接成功

校准球杆仪，如图 5-2-17 所示。

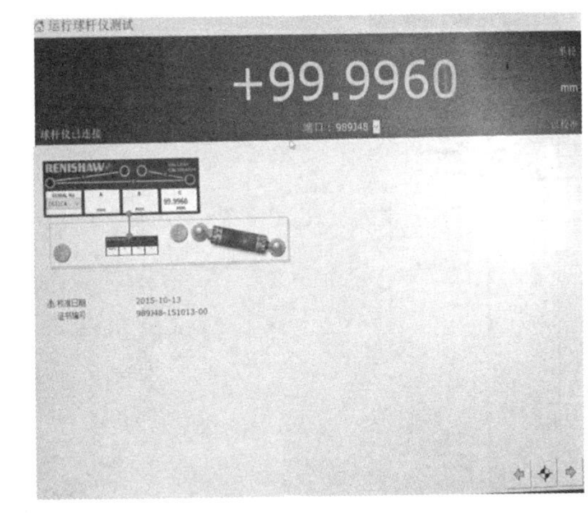

图 5-2-17　校准球杆仪

（10）正式运行测试。

将球杆仪放入机床上的杯中，如图 5-2-18 所示。

图 5-2-18　放置球杆仪

单击▣按钮，“当前活动”箭头➡从“等待开始”移到“等待切入进给”。启动数控机床零件程序。➡箭头从“等待切入进给”移到“正在采集”。表示正在采集运行 1 的数据，屏幕显示球杆仪的运动轨迹和球杆仪的读数。

完成运行测试 1 后，屏幕将显示运行 2 和“等待切入进给”，如图 5-2-19 所示。接着运行数控程序进行第二部分测量。运行结束，屏幕会显示球杆仪已经采集的轨迹。保存测试结果。

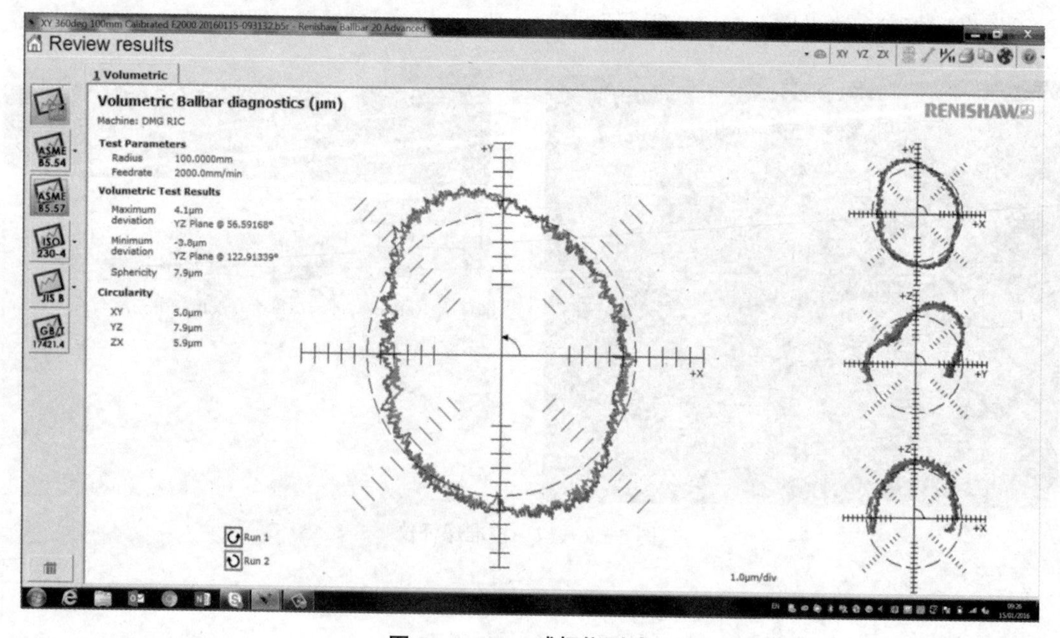

图 5-2-19　球杆仪测试 1

（11）测量结果查看与分析。

雷尼绍球杆仪软件可以按照多种国际标准分析采集数据，并自动诊断机器误差。雷尼绍球杆仪软件只对顺时针和逆时针 360° 数据采集圆弧测试有效。

在软件开始窗口选择“查看测试结果”即可查看测试结果，如图 5－2－20 所示。

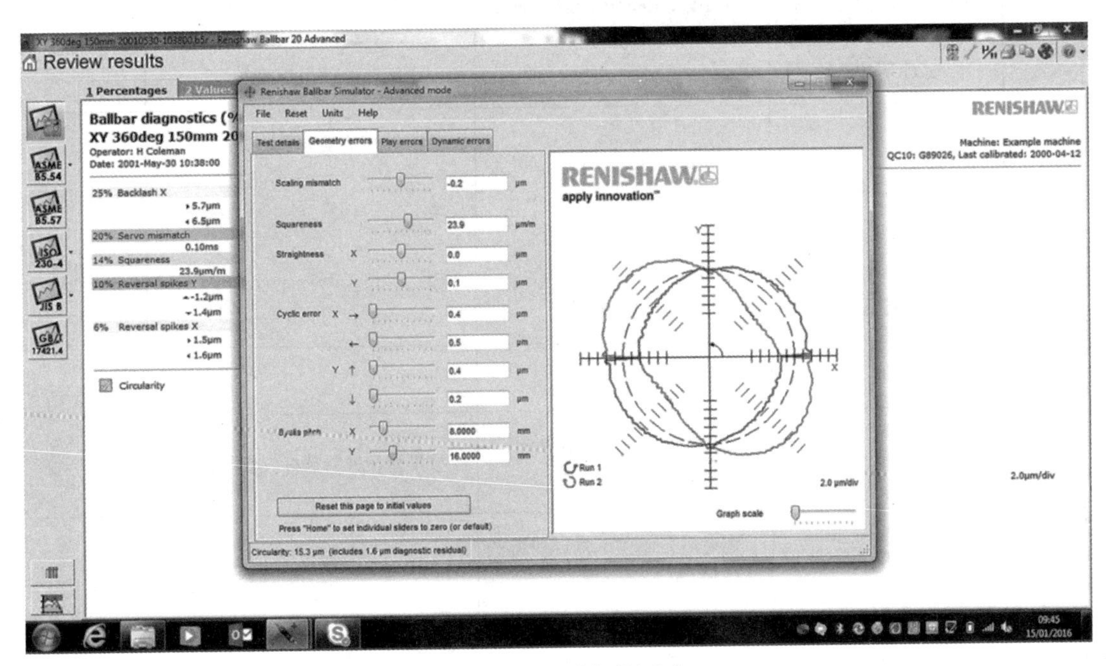

图 5－2－20　球杆仪测试 2

任务实施

按照表 5－2－1 中第二列“检测项目”和第三列“要求”，使用球杆仪对机床某指定位置按 GB/T 17421.4 或 ISO230-4 标准要求测量 X-Y 平面圆度（假定机床温度为 20℃，膨胀系数为 11.7）。并根据表 5－2－2 的要求填写和保存数据。

表 5－2－1　数控机床几何精度测量项目

序号	检测项目	要求
1	编制 X-Y 平面测试程序（可以借鉴仪器帮助手册中的已有程序），并输入数控系统	半径为 100mm，进给速度为 1 000mm/min
2	设定球杆仪测试中心	在机床上建立测试程序的坐标系原点
3	测试程序调试	不安装球杆仪运行测试程序
4	蓝牙连接调试	使用外置 USB 蓝牙模块将球杆仪与电脑连接起来
5	配置校准规	配置校准规 30 ～ 100mm 中任意一种
6	安装球杆仪并测试	将球杆仪检测结果数据存放在 D:\选手文件夹\下面
7	按 GB/T 17421.4 分析圆度误差	

表 5－2－2 运动精度检测记录

序号	检测项目	检测内容	设定数据	结果记录
1	编制X-Y平面测试程序（可以借鉴仪器帮助手册中的已有程序），并输入数控系统	半径为100mm，进给速度为1 000mm/min		
2	设定球杆仪测试中心	在机床上建立测试程序的坐标系原点	记录设定的坐标系原点： X： Y： Z：	
3	测试程序调试	空运行测试程序		
4	蓝牙连接调试	将球杆仪与电脑连接起来		
5	配置校准规	配置校准规 30 ～ 100mm 中任意一种	校准规校准后球杆仪实际长度：	
6	安装球杆仪并测试	测量后存储测试报告到选手文件夹		
7	按 GB/T 17421.4 分析圆度误差		记录圆度误差值： G（CW）顺时针圆度 G（CCW）逆时针圆度	
8	给出该处 X-Y 平面垂直度误差		记录垂直度：	

任务三 雷尼绍测头基于 FANUC 系统加装及调试

任务描述

如图 5－3－1 所示，机床测头是一种可安装在 CNC 机床等大多数数控机床上，使数控机床在加工循环中不需人为介入就能直接对刀具或工件的尺寸及位置进行自动测量，并根据测量结果自动修正工件或刀具的偏置量的革新式机床测量设备。本任务将讲解雷尼绍测头基于 FANUC 系统的加装及调试。

图 5－3－1　机床测头

任务目标

掌握机床测头的使用方法。

任务实习

一、机床测头

在机床上手动设定工件和切削刀具时（如图 5－3－2 所示），将无法避免以下问题：

（1）非生产时间延长。对于大多数机床用户来说，每个工件的设定时间为 10min 以上，每把刀具为 5min 以上。

（2）操作人员失误及其造成的偏差。

（3）手动计算和数据传输导致的错误。

千分表

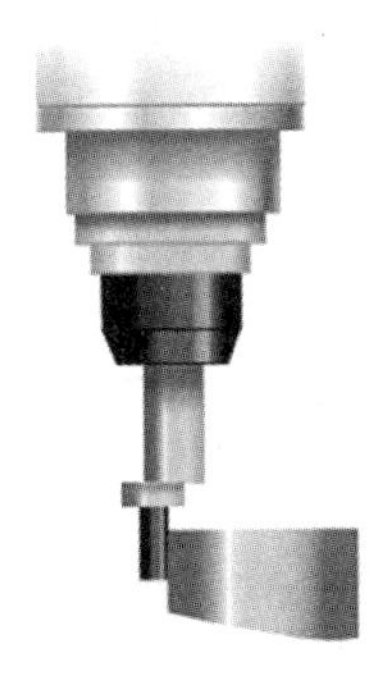

寻边器

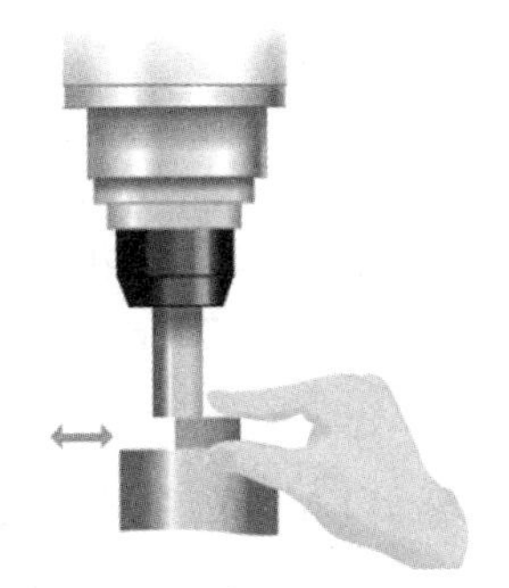

工作台上的块规

机外对刀装置

图 5－3－2　在机床上手动设定工件和切削刀具

机床测头是一种装备在数控机床上的测量设备。机床测头按功能可分为工件检测测头和刀具检测测头两种；按信号传输方式可分为硬线连接式、感应式、光学式和无线电式检测测头四种。在加工循环中不需人为介入，机床测头就能直接对刀具、工件的尺寸或方位进行测量，并根据测量作用自动批改工件或刀具的偏置量，使机床能加工出更高精度的零件。

机床测头对数控机床的作用：

（1）能自动识别机床精度误差，自动补偿机床精度。

（2）代替人工进行自动分中、寻边、测量，自动修正坐标系，自动刀补。

（3）可在机床上直接对大型复杂零件进行曲面测量。

（4）能提升现有机床的加工能力和精度，实现大型单件产品在线修正一次完成，不必再二次装夹返工修补。

（5）比对测量结果并出报告。

（6）提高生产效率和制造品质，确保产品合格率。

（7）降低零件基准的制造成本及外型加工工序。

（8）减少机床辅助时间，降低制造成本。

二、雷尼绍测头基于 FANUC 系统加装及调试

1. 确定输入 / 输出点及代码（见表 5－3－1）

表 5－3－1 输入 / 输出点及代码

序号	确定内容	确定步骤	用途
1	输出点	查看指定输出点 Y___ 位置	Y___ 输出点用于开启、关闭测头
2	G31 跳转信号（测头状态）输入点	查看指定输入点 X___ 位置	X___ 是机床系统接收外部测头信号的输入点，实现 G31 跳转信号功能
3	M 代码 1	例如：M88，确定 M 代码已预先定义译码，与编程保持一致	测头开启
4	M 代码 2	例如：M89，确定 M 代码已预先定义译码，与编程保持一致	测头关闭

2. 接线

雷尼绍 PRIMO 测头基于 FANUC 系统接线，如图 5－3－3 所示。

3. 测头检验（见表 5－3－2）

测头工作模式如图 5－3－4 所示。

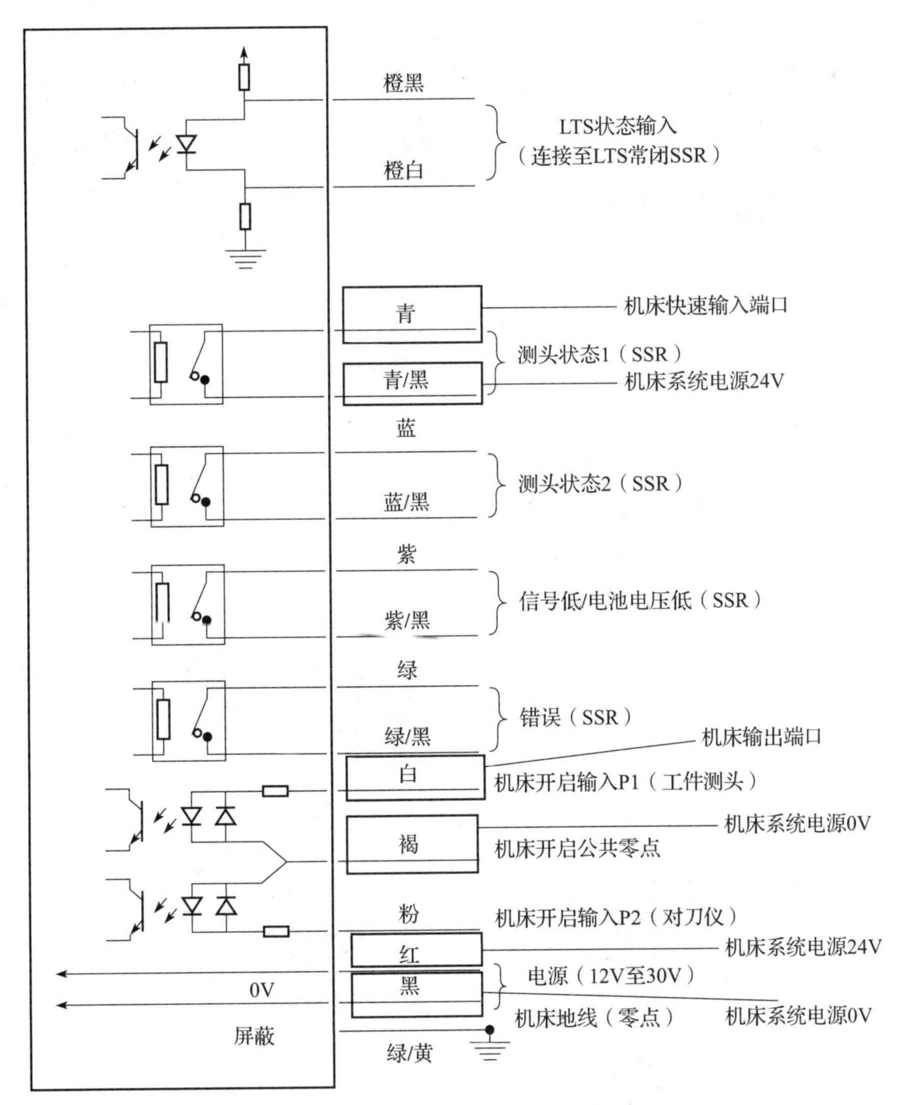

图 5-3-3　PRIMO 测头基于 FANUC 系统接线示意图

表 5-3-2　测头检验

验证项	验证方法
输出	1. MDI 方式下输入“开启 M 代码”，循环启动。 2. 直接查看此时 Y 输出点是否有 0/1 变化，或查看梯图 Y 输出点通断变化，有则代表有输出，梯图编写正确；查看测头灯是否闪烁绿灯，若是则表示接线正确
输入	方法 1：测头开启后，触发测头，查看此时 X11.7 是否有 0/1 变化。 方法 2：MDI 方式下输入“G91G31X50F50”，循环启动，触发测头，查看机床进给是否停止

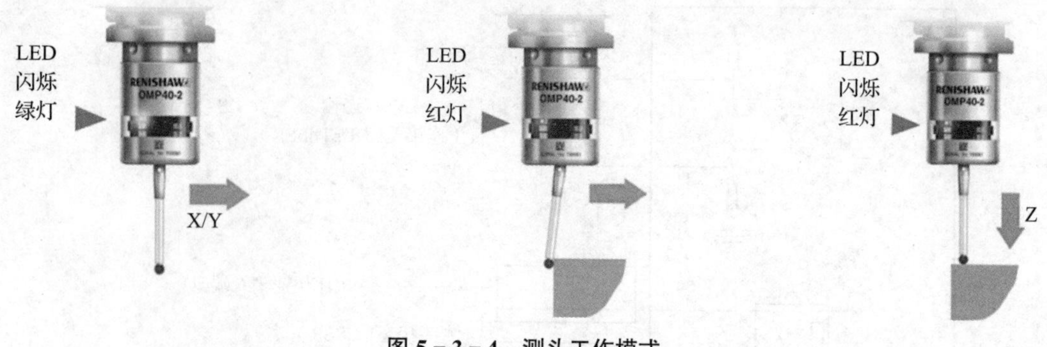

图 5-3-4　测头工作模式

4. 雷尼绍测头找正

初次组装工件测头时需要注意调整测针未工作状态下的偏摆量。将测头安装至机床主轴，手动旋转主轴上的测头，通过千分表观察，分别调整两个方向上的两对顶丝，调整好后用适当的力拧紧，通常使测球的圆跳动值保持在 0.01mm 内，如图 5-3-5 所示。

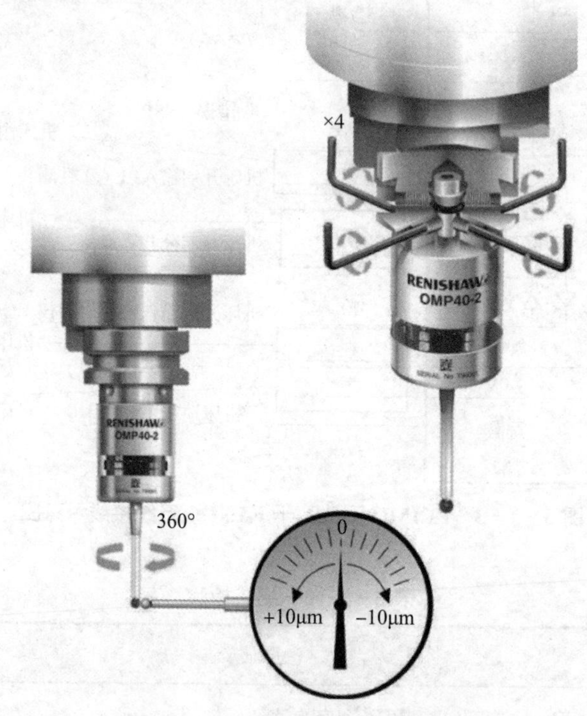

图 5-3-5　测针对中调整示意图

小型测头对心调整步骤：

（1）分别观察相对两螺钉朝向千分表时的压表数据，两边的数据差值的一半即为调整量。

（2）先将压表较少的一端的螺钉适当松开，再将压表较多的一端的螺钉顺时针向内拧，同时观察千分表，转过步骤（1）的调整量，重复上述动作，直到两边差值小于 0.03mm。

5. 测头径向标定与测量

工件测头只是与机床通信的测量系统的一个组件。系统的每个部分都能产生一个测针碰触位置与报告给机床的位置之间的常数值。如果测头未经标定，该常数值将在测量中显示为不确定量。标定测头即是允许测头测量软件对该常数值进行补偿。

任务实施

按照表 5－3－3 加装智能制造工件测头，并进行环规校准训练。

表 5－3－3　工件测头加装项目

序号	项目	要求
1	放置测头接收器	将测头接收器固定于电气柜顶部合适位置
2	测头电气连接	（1）连接测头接收器电源线。 （2）连接“工件测头开启”信号线至 PLC 输出点 Y10.7，并在 PLC 中编辑 M88 开启测头 /M89 关闭测头的梯形图。 连接“测头状态”信号线至数控系统测量输入点 X11.7。 （3）在 MDI 下开启测头，输入测量信号测试指令“ G91G31X50F50”，待机床运动后，用手触碰测头测针，以模仿机床碰到了测针，观察机床能否正确停止
3	测针对中调整	利用百分表或千分表调整测针圆跳动，使之不超过 0.03mm
4	测头径向标定	（1）用磁铁固定或利用工作台上的台虎钳轻夹自备环规，保持上表面平行于工作台面。 （2）将测头装至机床主轴，并手动定位至环规中心位置，测球低于环规上表面。 （3）测头开启代码：M88。 （4）MDI 编写并执行测头标定宏程序：G65P9901M102.D。 D：环规准确直径；标定结果位于 #500、#501、#502、#503。 （5）测头关闭代码：M89
5	环规直径测量	（1）同序号 4 的步骤（1）、（2）。 （2）测头开启代码：M88。 （3）MDI 下执行 G65P9901M2.D_S。 D：环规准确直径； S：更新的工件坐标系编号。 注：#100 存储环规直径测量值。 并将环规直径值存储到 #610，编写 #610=#100 并执行。 （4）测头关闭代码：M89

注意事项：确认测量程序路线无误后，测量时必须保证运行每一个程序的进给倍率为 100%，以确保测头标定、测量的准确性。

任务四 数控机床精度检验

任务描述

机床加工精度是衡量机床性能的一项重要指标。影响机床加工精度的因素很多，有机床本身的精度，还有因机床及工艺系统变形而在加工中产生的振动、机床磨损以及刀具磨损等。在上述各因素中，机床本身的精度是一个重要的因素。机床的精度包括几何精度、传动精度、定位精度以及工作精度等，不同类型的机床对这些方面的精度要求是不一样的。几何精度和定位精度反映了机床本身的制造精度，在这两项精度检验合格的基础上，再进行零件的切削加工检验，以此考核机床的工作精度和性能。

任务目标

1. 了解数控机床安装要求。
2. 认识并能正确使用数控机床精度检测常用的工具。
3. 掌握常见 ISO 标准、GB 标准，以及常见的数控机床几何精度检测项目及要求。
4. 能够正确检查数控机床几何精度典型项目。

任务实习

一、数控机床精度类型

机床的精度包括几何精度、传动精度、定位精度以及工作精度等，不同类型的机床对这些方面的要求是不一样的。

1. 几何精度

机床的几何精度是指机床某些基础零件工作面的几何精度，综合反映机床关键零部件经组装后的综合几何形状误差，它指的是机床在不运动（如主轴不转，工作台不移动）或运动速度较低时的精度。它规定了决定加工精度的各主要零部件间以及这些零部件的运动轨迹之间的相对位置允差，如床身导轨的直线度、工作台面的平面度、主轴的回转精度、刀架溜板移动方向与主轴轴线的平行度等。在机床上加工的工件表面形状，是由刀具和工件之间的相对运动轨迹决定的，而刀具和工件是由机床的执行件直接带动的，因此机床的几何精度是保证加工精度最基本的条件。

2. 传动精度

机床的传动精度是指机床传动链始末端之间的相对运动精度，这方面的误差就称为该传动链的传动误差。例如车床在车削螺纹时，主轴每转一转，刀架的移动量应等于螺纹的导程，但实际上，主轴与刀架之间传动链中的齿轮、丝杠及轴承等存在着误差，使得刀架的实际移距与要求的移距之间有误差，这个误差将直接造成工件的螺距误差。为了保证工件的加工精度，不仅要求机床有必要的几何精度，而且还要求传动链有较高的传动精度。

3. 定位精度

机床的定位精度是指机床主要部件在运动终点所达到的实际位置的精度，实际位置与预期位置之间的误差称为定位误差。数控机床的定位精度又可以理解为机床的运动精度。普通机床由于手动进给，定位精度主要取决于读数误差，而数控机床的移动是靠数字程序指令实现的，故定位精度取决于数控系统误差和机械传动误差。机床各运动部件的运动是在数控装置的控制下完成的，各运动部件在程序指令控制下所能达到的精度直接反映了加工零件所能达到的精度，因此定位精度是一项很重要的检测内容。

机床的几何精度、传动精度和定位精度通常是在没有切削载荷以及机床不运动或运动速度较低的情况下检测的，故一般称为机床的静态精度。静态精度主要取决于机床上主要零部件，如主轴、轴承、丝杠螺母、齿轮以及床身等的制造精度和它们的装配精度。

4. 工作精度

静态精度只能在一定程度上反映机床的加工精度，因为机床在实际工作状态下，还有一系列因素会影响加工精度。例如，由于切削力、夹紧力的作用，机床的零部件会产生弹性变形；在机床内部热源（如电动机、液压传动装置的发热，轴承、齿轮等零件的摩擦发热等）以及环境温度变化的影响下，机床零部件将产生热变形；由于切削力和运动速度的影响，机床会产生振动；机床运动部件以工作速度运动时，由于相对滑动面之间的油膜以及其他因素的影响，其运动精度也与低速下测得的精度不同。所有这些都将引起机床静态精度的变化，影响工件的加工精度。机床在外载荷、温升及振动等工作状态下的精度，称为机床的动态精度。动态精度除与静态精度有密切关系外，还在很大程度上取决于机床的刚度、抗振性和热稳定性等。目前，生产中一般是通过切削加工出的工件精度，即机床的工作精度来考核机床的综合动态精度的。工作精度是各种因素对加工精度影响的综合反映。

二、数控机床安装水平的调整

在机床安装就位，经全面通电试验，各项功能正常运转后，即可调整机床床身的水平。数控机床安装水平的调整目的是取得机床的静态稳定性，且安装水平是机床几何精度检验和工作精度检验的前提条件。

在机床摆放粗调的基础上，用地脚螺栓、垫铁对机床床身的水平进行精调，要求水平仪读数不超过0.02/1 000mm。找正水平后移动机床上的立柱、工作台等部件，观察各坐标全行程范围内机床水平的变化情况。机床安装水平的调整主要以调整垫铁为主。

1. 安装水平检验要求

（1）机床应以床身导轨作为安装水平的检验基础，并用水平仪和桥板或专用检具在床身导轨两端、接缝处和立柱连接处按导轨纵向和横向进行测量。

（2）应将水平仪按床身的纵向和横向，放在工作台上或溜板上，并移动工作台或溜板，在规定的位置进行测量。

（3）应以机床的工作台或溜板作为安装水平检验的基础，并用水平仪按机床纵向和横向放置在工作台或溜板上进行测量，但工作台或溜板不应移动位置。

（4）应以水平仪在床身导轨纵向上移动测量，并将水平仪读数依次排列在坐标纸上，画垂直平面内直线度偏差曲线，应以偏差曲线两端点连线的斜率作为该机床的纵向安装水平。横向安装水平应以横向水平仪的读数值来计量。

（5）应以水平仪在设备技术文件规定的位置上进行测量。

2. 机床调平时的注意事项

（1）每一地脚螺栓近旁，应至少有一组垫铁；机床底座接缝处的两侧应各垫一组垫铁。

（2）垫铁应尽量靠近地脚螺栓和底座主要受力部位的下方。

（3）要求在床身处于自由状态下调整水平，不应采用紧固地脚螺栓局部加压等方法，强制机床变形使之达到精度要求。

（4）各支承垫铁全部起作用后，再压紧地脚螺栓。

（5）机床调平后，垫铁伸入机床底座底面的长度应超过地脚螺栓的中心，垫铁端面应露出机床底面的外缘，平垫铁宜露出 10 ～ 30mm，斜垫铁宜露出 10 ～ 50mm。若用螺栓调整垫铁，应留有再调整的余量。

三、几何精度检测注意事项

（1）进行几何精度检测时必须在机床地基完全稳定、地脚螺栓处于压紧状态下进行，同时应对机床的水平进行调整。

（2）数控机床的几何精度检测应注意机床的预热。按国家标准，机床通电后，机床各坐标轴往复运动几次，主轴按中等的转速运转十多分钟后才能进行精度检测。

（3）在检测几何精度时，应尽量消除测量方法及测量工具引起的误差，如检验棒的弯曲、表架的刚性等因素造成的精度误差。

（4）有一些几何精度项目是相互影响的，因此对数控机床的各项几何精度检测工作应在精调后一次完成，不允许调整一项检测一项。

（5）目前，检测机床几何精度的常用检测工具有精密水平仪、精密方箱、直角尺、平尺、平行光管、千分表、测微仪、高精度检验棒等。检测工具的精度必须比所测的几何精度高一个等级，否则测量的结果是不可信的。

考虑到地基可能随时间而变化，一般要求机床使用半年后，再复校一次几何精度。

四、数控机床的几何精度的检验内容

数控机床的几何精度是综合反映机床主要零部件组装后线和面的形状误差、位置或位移误差。根据 GB/T 17421.1—1998《机床检验通则　第 1 部分：在无负荷或精加工条件下机床的几何精度》的说明，数控机床的几何精度的检验内容有如下几类。

1. 直线度

（1）一条线在一个平面或空间内的直线度，如数控卧式车床床身导轨的直线度。

（2）部件的直线度，如数控升降台、铣床工作台纵向基准 T 形槽的直线度。

（3）运动的直线度，如立式加工中心 X 轴轴线运动的直线度。

长度测量方法有平尺和指示器法、钢丝和显微镜法、准直望远镜法和激光干涉仪法。

角度测量方法有精密水平仪法、自准直仪法和激光干涉仪法。

2. 平面度（如立式加工中心工作台面的平面度）

测量方法有平板法、平板和指示器法、平尺法、精密水平仪法和光学法。

3. 平行度、等距度、重合度

（1）线和面的平行度，如数控卧式车床顶尖轴线对主刀架溜板移动的平行度。

（2）运动的平行度，如立式加工中心工作台面和 X 轴轴线间的平行度。

（3）等距度，如立式加工中心定位孔与工作台回转轴线的等距度。

（4）同轴度或重合度，如数控卧式车床工具孔轴线与主轴轴线的重合度。

测量方法有平尺和指示器法、精密水平仪法、指示器和检验棒法。

4. 垂直度

（1）直线和平面的垂直度，如立式加工中心主轴轴线和 X 轴轴线运动间的垂直度。

（2）运动的垂直度，如立式加工中心 Z 轴轴线和 X 轴轴线运动间的垂直度。

测量方法有平尺和指示器法、角尺和指示器法、光学法（如自准直仪、光学角尺、放射器）。

5. 旋转

（1）径向跳动，如数控卧式车床主轴轴端的卡盘定位锥面的径向跳动，或主轴定位孔的径向跳动。

（2）周期性轴向窜动，如数控卧式车床主轴的周期性轴向窜动。

（3）端面跳动，如数控卧式车床主轴的卡判定位端面的跳动。

测量方法有指示器法、检验棒和指示器法、钢球和指示器法。

五、精度检测量具的认识和使用

1. 精密水平仪

精密水平仪用于机械工作台或平板的水平检验，以及倾斜角度的测量。如图 5－4－1 所示为常用的两款精密水平仪。使用精密水平仪前应将其表面的灰尘、油污等清洁干净，并检验其外观是否有受损痕迹，再用手沿测量面检查是否有毛头，检验各零件装置是否稳固。使用中应避免与粗糙面产生滑动摩擦，不可接近旋转或移动的物件，避免造成意外而卷入。使用完毕后应用酒精将精密水平仪底部和各部位擦拭干净，给精密水平仪底部与未涂装的部分涂抹一层防锈油，防止生锈造成精密水平仪底部产生凹凸面，还要将其存放在温、湿度变化小的恒温场所。

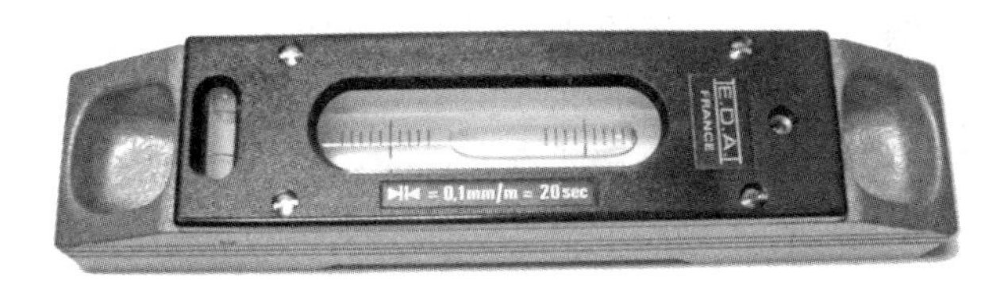

（a）精密气泡水平仪　　（b）电子式精密水平仪

图 5－4－1　精密水平仪

测量时将精密水平仪放置于待测物上，并确认精密水平仪的基座与待测物面稳固贴合，并等到精密水平仪的气泡不再移动时再读取其数值。被测平面的高度差按如下公式计算：

高度差 = 水平仪的读数值（格）× 水平仪的基座的长度（mm）× 水平仪精度（mm/m）

2. 杠杆式百分表 / 千分表

杠杆式百分表 / 千分表是利用精密齿条齿轮机构制成的表式通用长度测量工具。杠杆式百分表由测量杆、测头、刻度圆盘、指针等组成，如图 5－4－2 所示。它常用于狭窄间隙、沟槽内部、孔壁直线度（同心度）、移转高度、外垂直面、工件高度或孔径、多部位工件面的检测以及狭槽中心对中操作等。杠杆百分表的分度值为 0.01mm，测量范围不大于 1mm，它的表盘刻度是对称的。若增加齿轮放大机构的放大比，使圆表盘上的分度值为 0.001mm 或 0.002mm（圆表盘上有 200 个或 100 个等分刻度），则这种表式测量工具称为千分表。二者的原理是相同的。

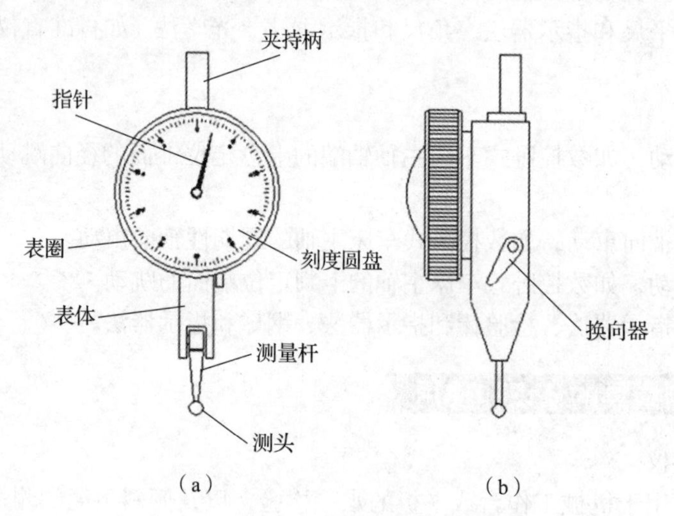

图 5－4－2　杠杆百分表结构示意图

带有测头的测量杆，相对于刻度圆盘作平行直线运动，并把直线运动转变为回转运动传送到长针上，此长针会把测量杆的运动量显示到圆形表盘上。长针回转一次等于测杆的 1mm，长针最小分度为 0.01mm。刻度圆盘上的转数指针，以长针的一回旋（1mm）为一个刻度。

（1）盘式指示器的指针随量轴的移动而改变，因此测定时只需读指针所指的刻度，如图 5－4－2（b）所示为测量段的高度例图，测量时首先让测头端子接触下段，把指针调到“0”位置，然后把测头调到上段，读指针所指的刻度即可。

（2）一个刻度是 0.01mm，若长针指到 10，台阶高差是 0.1mm。

（3）若所量物体为 4mm 或 5mm，在长针不断地回转时，最好看短针所指的刻度，然后加上长针所指的刻度。

检测前应将杠杆式百分表安装于辅助工具中，将测定子与被测物设定成约 10°，以便使用如表 5－4－1 所示的角度修正系数修正测量结果。修正方法为：正确值 = 测定值 × 修正系数。例如杠杆式百分表读数为 0.05、设定角度为 10° 时，查表得修正系数为 0.98，则正确值 = 0.05 × 0.98 = 0.049。

表 5-4-1 角度修正系数

角度	修正系数	角度	修正系数	角度	修正系数
10°	0.98	30°	0.87	50°	0.64
20°	0.94	40°	0.77	60°	0.5

正式测量前应移动杠杆式百分表使其有适当的压入量，归零后才能进行检测。使用夹具固定杠杆式百分表时，其重心应在基准台之上，避免出现重点落在固定座之外的情况。

在使用杠杆式百分表之前，应检查其是否在有效期限之内，并确认各部分机械性能是否良好。用夹具夹持时应确保固定，避免掉落。在使用过程中用力应合适，避免碰撞，维持使用环境温度，不要将杠杆式百分表直接暴露在油或水中，以及灰尘大及肮脏的地方。使用后应将其谨慎从支架取下，避免碰撞，并放置在避免阳光直射的适当位置。整体用干净的绒布擦拭，表芯部分擦拭干净后可敷上薄层低黏度仪表油来保养。

3. 使用注意事项

（1）杠杆式千分表应固定在可靠的表架上，测量前必须检查杠杆式千分表是否夹牢，并多次提拉杠杆式千分表测量杆，使其与工件接触，观察其重复指示值是否相同。

（2）测量时，不准用工件撞击测头，以免影响测量精度或撞坏杠杆式千分表。为保持一定的起始测量力，测头与工件接触时，测量杆应有 0.3 ～ 0.5mm 的压缩量。

（3）测量杆上不要加油，以免油污进入表内，影响千分表的灵敏度。

（4）杠杆式千分表测量杆与被测工件表面必须垂直，否则会产生误差。

（5）杠杆式千分表的测量杆轴线与被测工件表面的夹角愈小，误差就愈小。如果由于测量需要，α 角无法调小时（当 $\alpha>15°$），即应对进行修正。从图 5-4-3 中可知，当平面上升距离为 a 时，杠杆式千分表摆动的距离为 b，即杠杆式千分表的读数为 b，因为 $b>a$，所以指示读数增大。具体修正计算式为：$a=b\cos\alpha$。

例：用杠杆式千分表测量工件时，测量杆轴线与工件表面夹角 α 为 30°，测量读数为 0.048mm，求正确测量值。

$$a=b\cos\alpha=0.048\times\cos30°\approx0.048\times0.866\approx0.041\,6\ (\text{mm})$$

4. 移转高度测量

利用杠杆式百分表平移或转移高度到工件面，从而可从精密高度规或块规上获得标准高度。测量时精密高度规、杠杆式百分表及工件三者均应放在同一平台，以保证测量精度，如图 5-4-4 所示。

5. 杠杆式百分表测量

杠杆式百分表体积较小，适用于零件上孔的轴心线与底平面的平行度的检查，如图 5-4-5 所示。将工件底平面放在平台上，使测量头与 A 端孔表面接触，左右慢慢移动表座，找出工件孔径最低点，调整指针至零位，将表座慢慢向 B 端推进。也可以将工件转换方向，再使测量头与 B 端孔表面接触，A、B 两端指针最低点和最高点在全程上读数的最大差值，就是全部长度上的平行度误差。

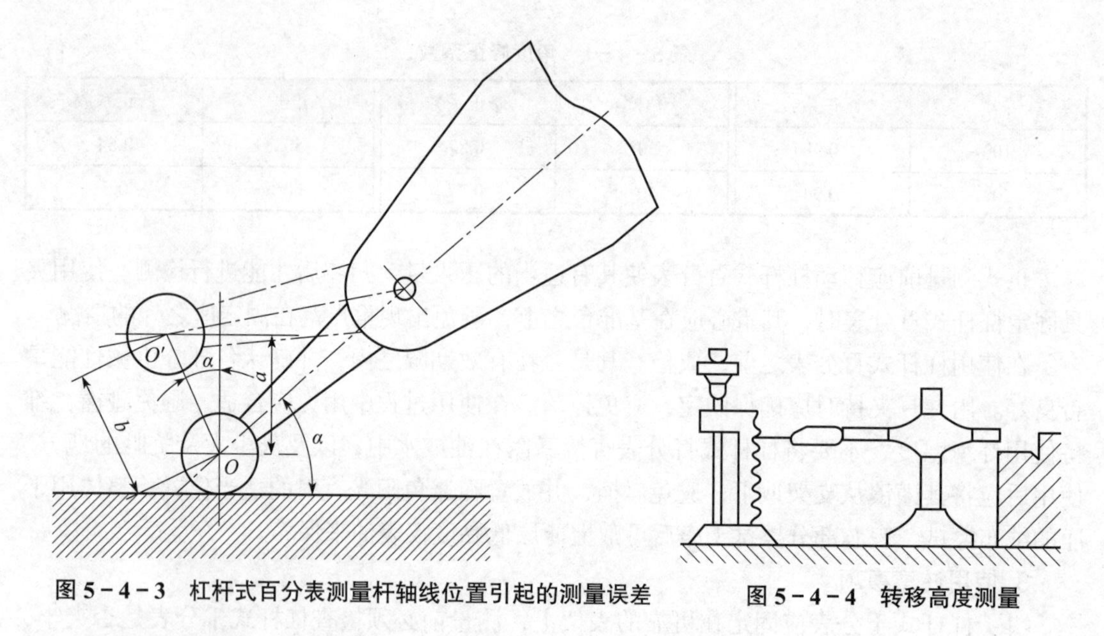

图 5-4-3 杠杆式百分表测量杆轴线位置引起的测量误差　　图 5-4-4 转移高度测量

6. 槽内壁检验

杠杆式百分表测量杆最大可弯折 240°，其可弯折的杆臂最适合探测槽垂直面的直线度、平行度或垂直度，如图 5-4-6 所示。

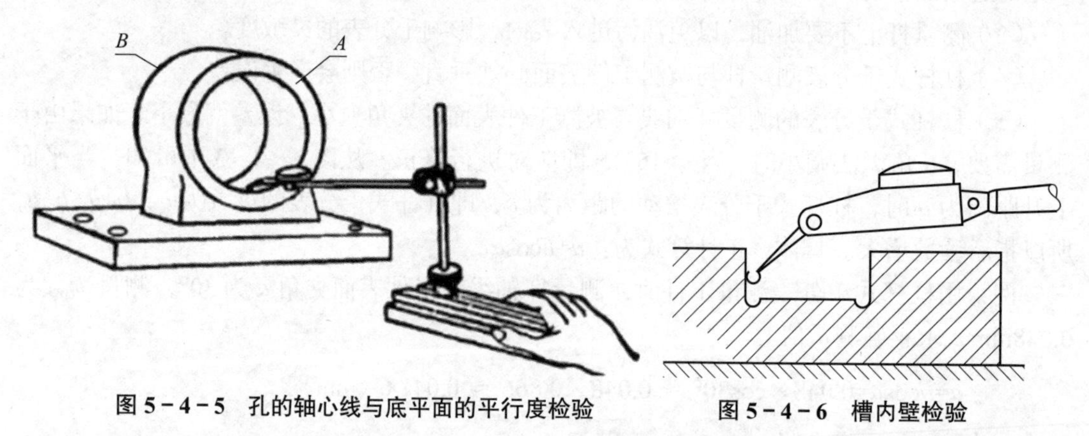

图 5-4-5 孔的轴心线与底平面的平行度检验　　图 5-4-6 槽内壁检验

7. 外垂直面检验

使用垂直形杠杆式百分表检验工作物的垂直面，可以确定工作平面与垂直面间的几何关系，如图 5-4-7 所示。使用垂直形杠杆式百分表检验能提供观察杠杆式百分表最适宜的位置。

8. 多部位工件面的同时检查

当工件的几处被检表面的位置非常靠近，且必须与工作中心轴比较时的误差检验，如偏心量与圆度的检验，使用杠杆式百分表比较合适，其所占空间位置较为狭小。同时使用几个杠杆式百分表并使其朝向相同，可实现工件多部位的一次检验，如图 5-4-8 所示。

9. 用杠杆式百分表检验键槽的直线度

用杠杆式百分表检验键槽的直线度如图 5-4-9 所示。在键槽上插入检验块，将工件放在V形垫铁上，百分表的测头触及检验块表面进行调整，使检验块表面与轴心线平行。调整好平行度后，将测头接触 A 端平面，调整指针至零位，将表座慢慢向 B 端移动，在全程上检验。百分表在全程上读数的最大代数差值就是水平面内的直线度误差。

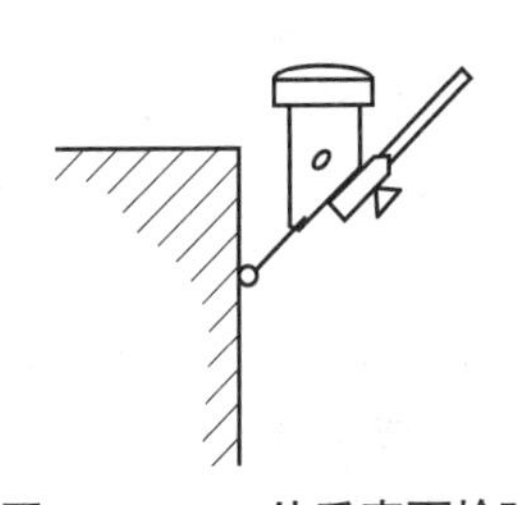

图 5-4-7　外垂直面检验

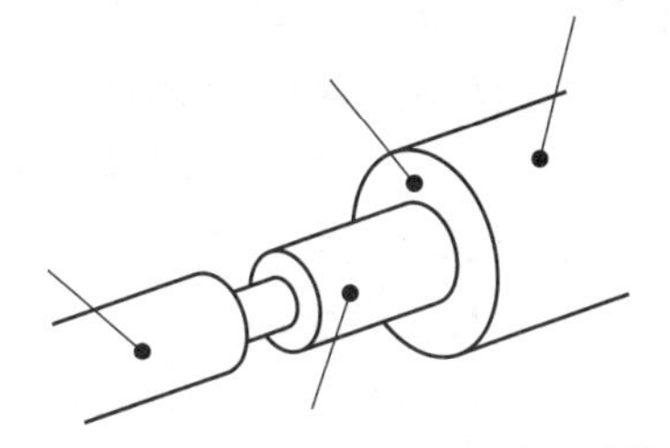

图 5-4-8　多部位工件面的同时检查

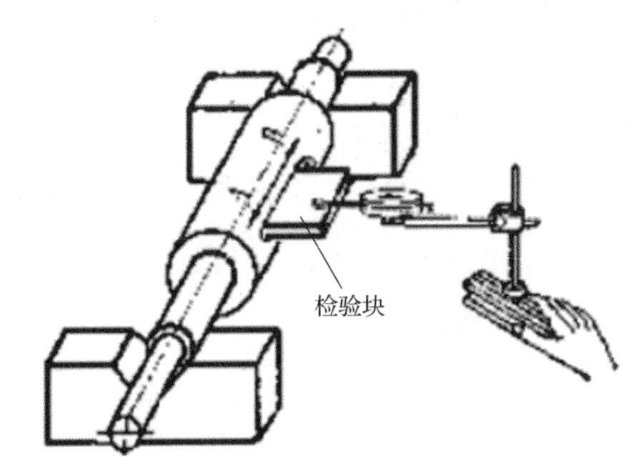

图 5-4-9　键槽直线度的检验方法

10. 车床主轴轴向窜动检验

在主轴锥孔内插入一根短锥检验棒，在检验棒中心孔处放一颗钢珠，将杠杆式千分表固定在车床上，使杠杆式千分表平测头顶在钢珠上（图 5-4-10 中位置 A），沿主轴轴线加一力 F，旋转主轴进行检验，杠杆式千分表读数的最大差值，就是主轴轴向窜动的误差。

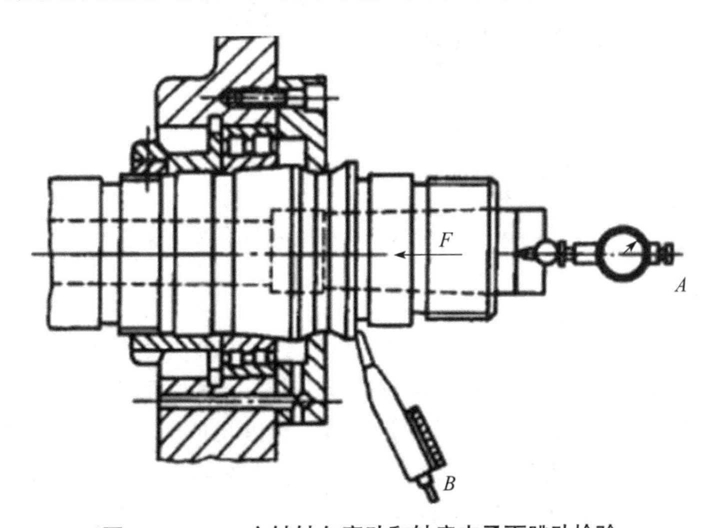

图 5-4-10　主轴轴向窜动和轴肩支承面跳动检验

11. 车床主轴轴肩支承面跳动的检验

将杠杆式千分表固定在车床上，并使其测头顶在主轴轴肩支承面靠近边缘处（图 5－4－10 中位置 *B*），沿主轴轴线加一力 *F*，旋转主轴检验。杠杆式千分表的最大读数差值就是主轴轴肩支承面的跳动误差。

检验主轴的轴向窜动和轴肩支承面跳动时外加一轴向力 *F*，是为了消除主轴轴承轴向间隙对测量结果的影响。其大小一般等于 1/2 ～ 1 倍主轴的重力。

12. 内外圆同轴度的检验

在排除内外圆本身的形状误差时，可用圆跳动量来计算。以内孔为基准时，可把工件装在两顶尖的心轴上，用杠杆式百分表检验（如图 5－4－11 所示）。杠杆式百分表在工件转一周的读数，就是工件的圆跳动量。以外圆为基准时，把工件放在 V 形垫铁上，用杠杆式百分表进行检验，如图 5－4－12 所示。这种方法可测量不能安装在心轴上的工件。

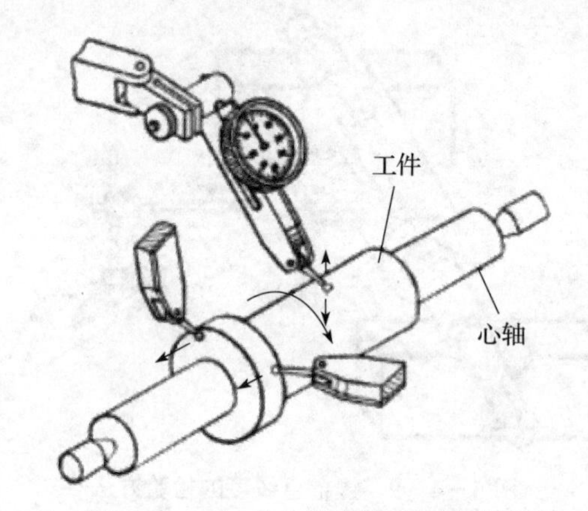

图 5－4－11　在心轴上检验圆跳动量

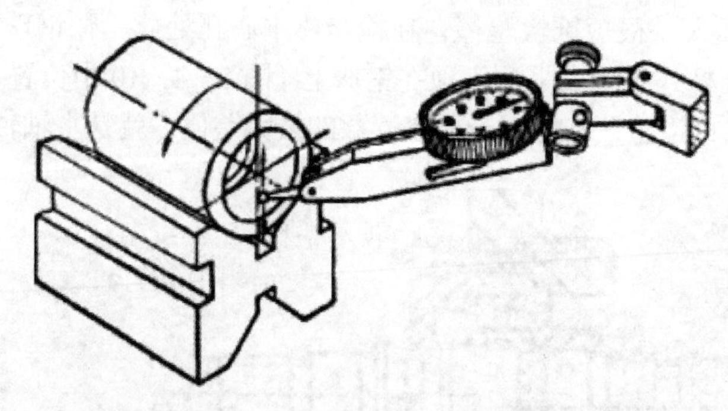

图 5－4－12　在 V 形垫铁上检验圆跳动量

13. 齿向精度检验

如图 5－4－13 所示，将锥齿轮套入测量心轴，心轴装夹于分度头上，校正分度头主轴使其处于准确的水平位置，然后在游标高度尺上装一杠杆式百分表，用杠杆式百分表找出测量心轴上母线的最高点，并调整零位，将游标高度尺连同杠杆式百分表降下一个心轴半径尺寸，此时杠杆式百分表的测头零位正好处于锥齿轮的中心位置。再用调好零位的杠杆式百分表去测量齿轮处于水平方向的某一个齿面，使该齿大小端的齿面最高点都处在杠杆式百分表的零位上。此时，该齿面的延伸线与齿轮轴线重合。然后摇动分度盘依次进行分齿，并测量大小端读数是否一致，若读数一致，说明该齿侧齿向精度是合格的，否则，该项精度有误差。一侧齿测量完毕后，将杠杆式百分表测头改为反方向，用同样的方法测量轮齿另一侧的齿向精度。

14. 大理石方尺

大理石方尺是具有垂直平行的框式组合，适用于高精度机械和仪器检验及机床之间垂直度检查的重要工具，如图 5－4－14 所示。

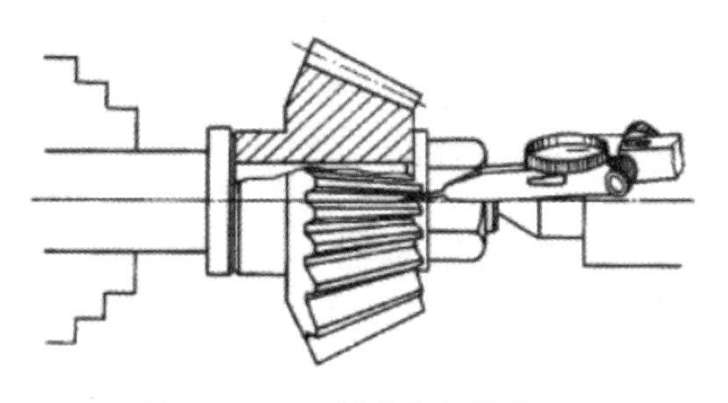

图 5－4－13　检查齿向精度

图 5－4－14　大理石方尺

六、调整机床水平

（1）粗调机床水平。机床就位后，先在床身下将 6 个垫铁装上，粗调一下机床水平。

（2）机床通电，检验各项功能。

（3）调机床水平。用最低速把工作台移至 *X*、*Y* 轴行程的中间位置，将水平仪放在工作台面上中间部位，分别与 *X* 轴垂直和平行。在两个方向上观察，调整床身最外边的 4 个支承，使机床在两个方向上都达到水平要求（0.040/1000）。调整机床中间的两个支承点的螺钉，使之能起支承作用（支承力不可过大，防止破坏机床水平位置）。

七、数控车床几何精度检测

5.4－1　数控车床几何精度检测（一）

5.4－2　数控车床几何精度检测（二）

1. 床身导轨的直线度和平行度

（1）纵向导轨调平后，床身导轨在垂直平面内的直线度。

检验工具：精密水平仪。

检验方法如下：

如图 5－4－15 所示，精密水平仪沿 *Z* 轴方向放在溜板上，沿导轨全长等距离地在各位置上检验，记录精密水平仪的读数，用作图法计算出床身导轨在垂直平面内的直线度误差。

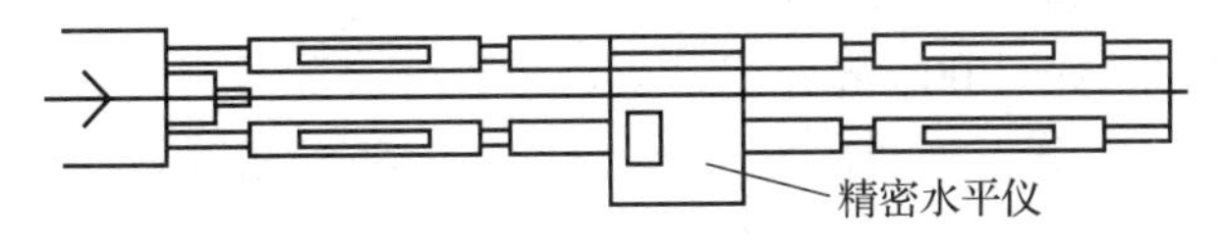

图 5－4－15　检测直线度

（2）横向导轨调平后，床身导轨的平行度。

检验工具：精密水平仪。

检验方法如下：

如图 5－4－16 所示，精密水平仪沿 *X* 轴方向放在溜板上，在导轨上移动溜板，记录精密水平仪读数，其读数最大值即为床身导轨的平行度误差。

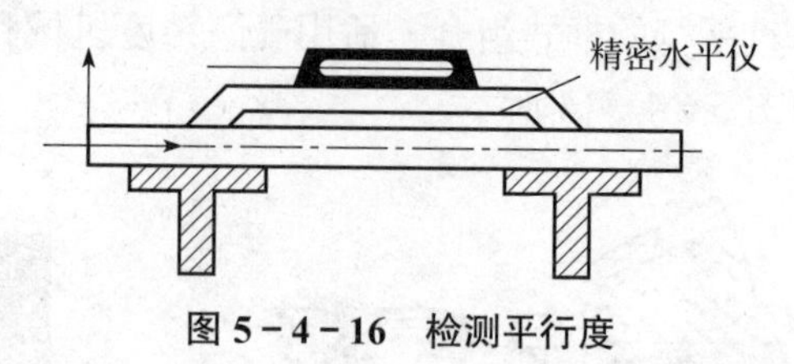

图 5－4－16　检测平行度

2. 溜板在水平面内移动的直线度

检验工具：指示器、检验棒、百分表和平尺。

检验方法如下：

如图 5－4－17 所示，将检验棒顶在主轴和尾座顶尖上，再将百分表固定在溜板上，百分表水平触及检验棒母线，全程移动溜板，调整尾座，使百分表在行程两端读数相等，检测溜板在水平面内移动的直线度误差。

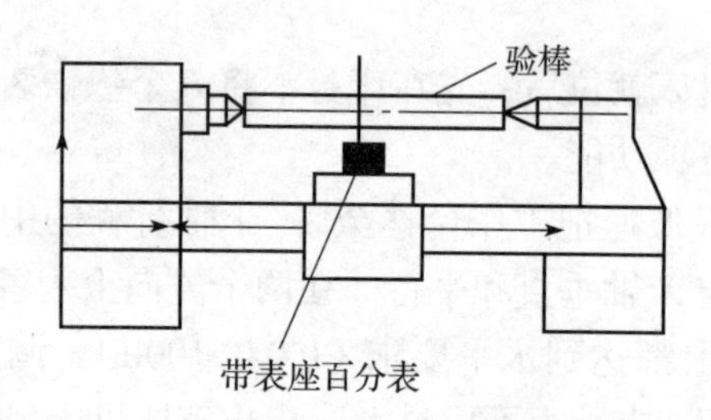

图 5－4－17　溜板在水平面内移动的直线度

3. 尾座移动对溜板移动的平行度

尾座移动对溜板移动的平行度包括垂直平面内尾座移动对溜板移动的平行度和水平面内尾座移动对溜板移动的平行度。

检验工具：百分表。

检验方法如下：

如图 5－4－18 所示，使用两个百分表，其中一个百分表作为基准，保持溜板和尾座的相对位置。将尾座套筒伸出后，按正常工作状态锁紧，同时使尾座尽可能地靠近溜板，把安装在溜板上的第二个百分表相对于尾座套筒的端面调整为零，溜板移动时也要手动移动尾座，直至第二个百分表的读数为零，使尾座与溜板相对距离保持不变。按此法使溜板和尾座全行程移动，只要第二个百分表的读数始终为零，第一个百分表就会相应指示出平行度误差。或沿行程在每隔 300mm 处记录第一个百分表读数，百分表读数的最大差值即为平行度误差。第一个百分表分别在图 5－4－18 中 *a*、*b* 位置测量，误差单独计算。

4. 主轴跳动

主轴跳动包括主轴的轴向窜动和主轴的轴肩支承面的跳动。

检验工具：百分表和专用装置。

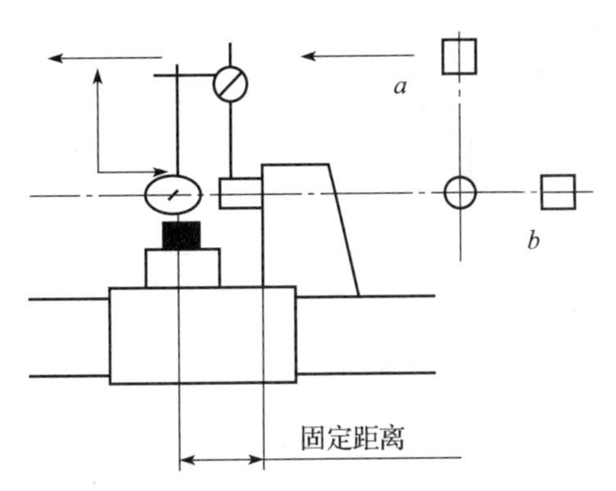

图 5-4-18　尾座移动对溜板移动的平行度

检验方法如下：

如图 5-4-19 所示，用专用装置在主轴线上加力 F（F 的值为消除轴向间隙的最小值），把百分表安装在机床固定部件上，然后使百分表测头沿主轴轴线分别触及专用装置的钢球和主轴轴肩支承面；旋转主轴，百分表读数最大差值即为主轴的轴向窜动误差和主轴轴肩支承面的跳动误差。

5. 主轴定心轴颈的径向跳动

检验工具：百分表。

检验方法如下：

如图 5-4-20 所示，把百分表安装在机床固定部件上，使百分表测头垂直于主轴定心轴颈并触及主轴定心轴颈，旋转主轴，百分表读数最大差值即为主轴定心轴颈的径向跳动误差。

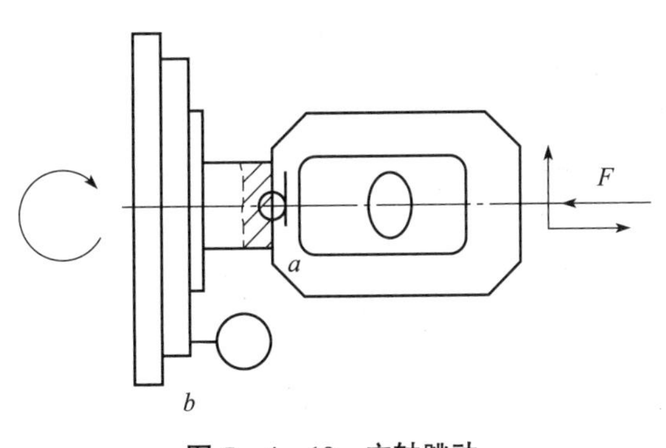

图 5-4-19　主轴跳动

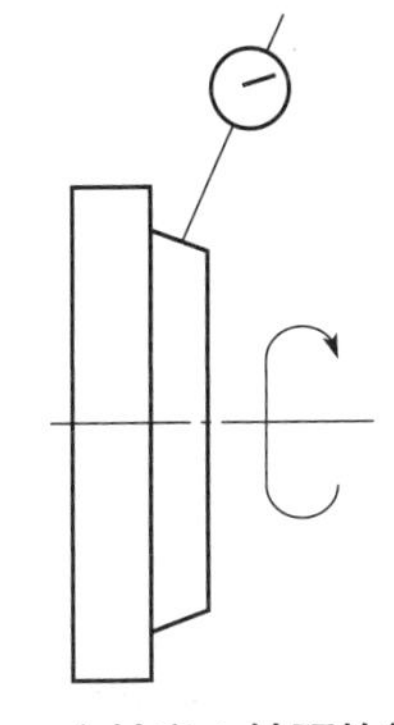

图 5-4-20　主轴定心轴颈的径向跳动

6. 主轴锥孔轴线的径向跳动

检验工具：百分表和验棒。

检验方法如下：

如图 5-4-21 所示，将检验棒插在主轴锥孔内，把百分表安装在机床固定部件上，使百分表测头垂直触及被测表面，旋转主轴，记录百分表的最大读数差值，在 a、b 处分别测量。标记检验棒与主轴的圆周方向的相对位置，取下检验棒，同向分别旋转检验棒 90°、180°、270° 后将其重新插入主轴锥孔，在每个位置分别检测。取 4 次检测的平均值即为主轴锥孔轴线的径向跳动误差。

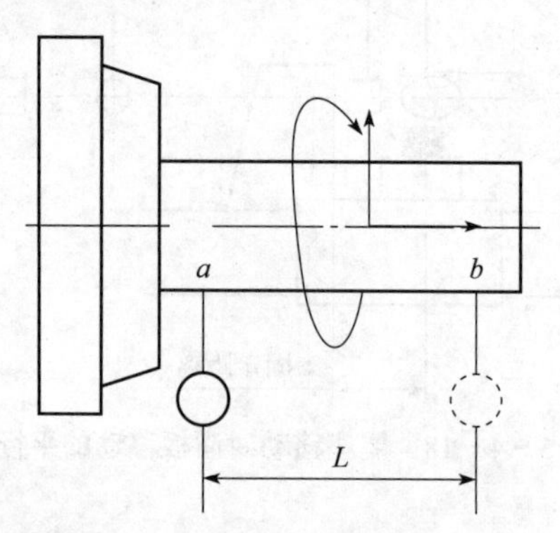

图 5－4－21　主轴锥孔轴线的径向跳动

7. 主轴轴线（对溜板移动）的平行度

检验工具：百分表和验棒。

检验方法如下：

如图 5－4－22 所示，将验棒插在主轴锥孔内，把百分表安装在溜板（或刀架）上，然后：（1）使百分表测头在垂直平面内垂直触及被测表面（验棒），移动溜板，记录百分表的最大读数差值及方向；旋转主轴 180°，重复测量一次，取两次读数的算术平均值作为在垂直平面内主轴轴线对溜板移动的平行度误差；（2）使百分表测头在水平平面内垂直触及被测表面（验棒），按步骤（1）重复测量一次，即得在水平平面内主轴轴线（对溜板移动）的平行度误差。

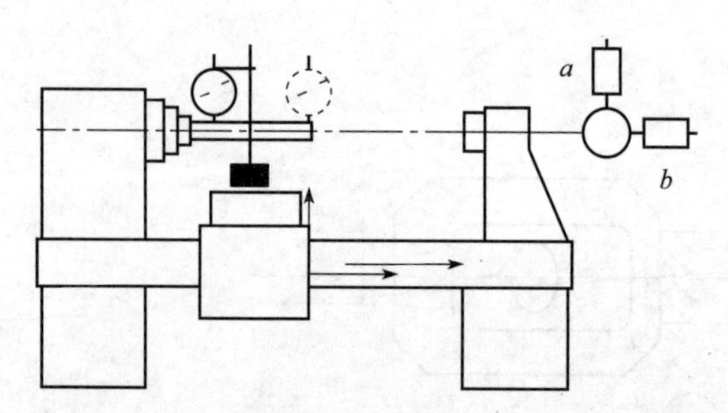

图 5－4－22　主轴轴线（对溜板移动）的平行度

8. 主轴顶尖的跳动

检验工具：百分表和专用顶尖。

检验方法如下：

如图 5－4－23 所示，将专用顶尖插在主轴锥孔内，把百分表安装在机床固定部件上，使百分表测头垂直触及被测表面，旋转主轴，记录百分表的最大得数差值。

9. 尾座套筒轴线（对溜板移动）的平行度

检验工具：百分表。

检验方法如下：

如图 5－4－24 所示，将尾座套筒伸出有效长度后，按正常工作状态锁紧。将百分表安装在溜板（或刀架上），然后：（1）使百分表测头在垂直平面内垂直触及被测表面（尾座筒套），移动溜板，记录百分表的最大读数差值及方向；即得在垂直平面内尾座套筒轴线（对溜板移动）的平行度误差；（2）使百分表测头在水平平面内垂直触及被测表面（尾座套筒），按步骤（1）重复测量一次，即得在水平平面内尾座套筒轴线（对溜板移动）的平行度误差。

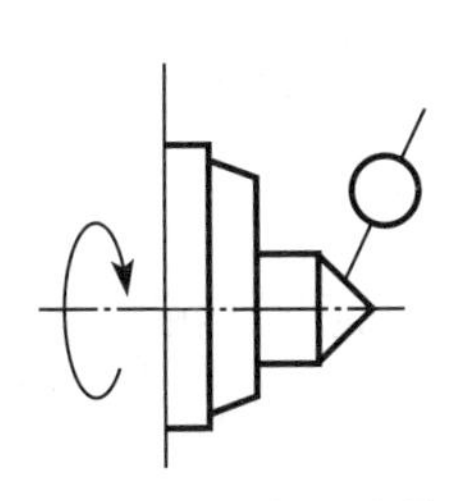

图 5－4－23　主轴顶尖的跳动

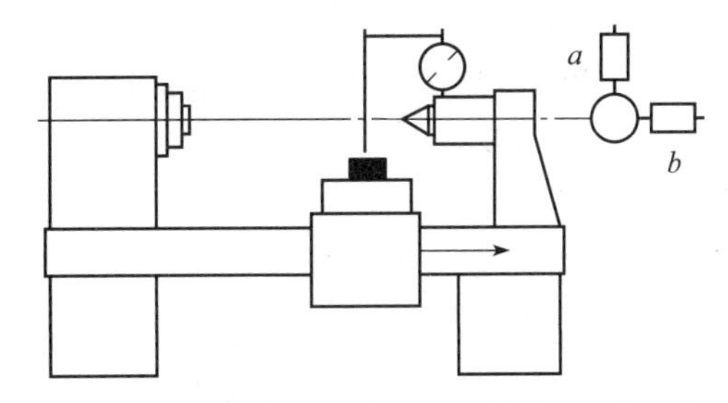

图 5－4－24　尾座套筒轴线（对溜板移动）的平行度

10. 尾座套筒锥孔轴线（对溜板移动）的平行度

检验工具：百分表和验棒。

检验方法如下：

如图 5－4－25 所示，尾座套筒不伸出并按正常工作状态锁紧，将验棒插在尾座套筒锥孔内，指示器安装在溜板（或刀架）上，然后：（1）把百分表测头在垂直平面内垂直触及被测表面（尾座套筒），移动溜板，记录百分表的最大读数差值及方向；取下验棒，旋转验棒 180° 后重新插入尾座套孔，重复测量一次，取两次读数的算术平均值作为在垂直平面内尾座套筒锥孔轴线（对溜板移动）的平行度误差；（2）使百分表测头在水平平面内垂直触及被测表面，按步骤（1）重复测量一次，即得在水平平面内尾座套筒锥孔轴线（对溜板移动）的平行度误差。

11. 床头和尾座两顶尖的等高度

检验工具：百分表和验棒。

检验方法如下：

如图 5－4－26 所示，将验棒顶在床头和尾座两顶尖上，把百分表安装在溜板（或刀架）上，使百分表测头在垂直平面内垂直触及被测表面（验棒），然后移动溜板至行程两端，移动小拖板（X 轴），记录百分表在行程两端的最大读数值的差值，即为床头和尾座两顶尖的等高度。

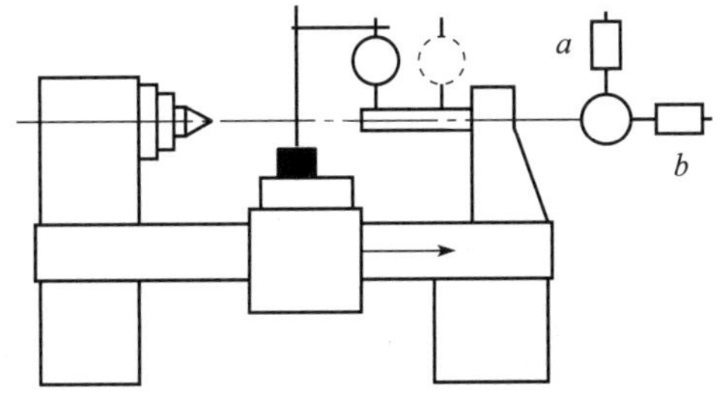

图 5－4－25　尾座套筒锥孔轴线（对溜板移动）的平行度

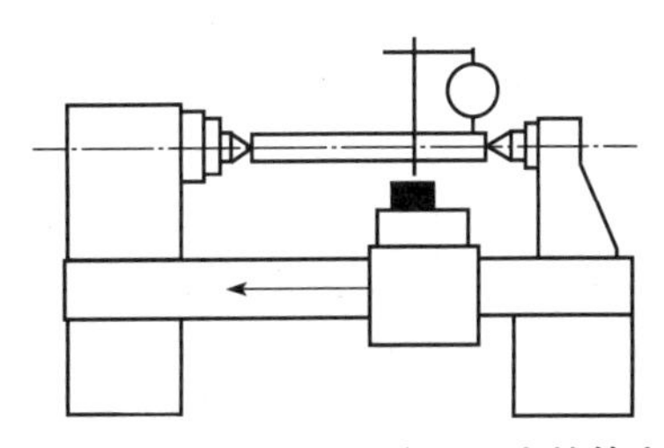

图 5－4－26　床头和尾座两顶尖的等高度

12. 刀架横向移动对主轴轴线的垂直度

检验工具：百分表、圆盘和平尺。

检验方法如下：

如图 5－4－27 所示，将圆盘安装在主轴锥孔内，百分表安装在刀架上，使百分表测头在水平平面内垂直触及被测表面（圆盘），再沿 X 轴向移动刀架，记录百分表的最大读数差值及方向。将圆盘旋转 180°，重新测量一次，取两次读数的算术平均值作为刀架横向移动对主轴轴线的垂直度误差。

13. 刀架转位的重复定位精度、刀架转位 X 轴方向回转重复定位精度

检验工具：百分表和验棒。

检验方法如下：

如图 5－4－28 所示，把百分表安装在机床固定部件上，使百分表测头垂直触及被测表面（检具），在回转刀架的中心行程处记录读数，用自动循环程序使刀架退回，转位 360°，最后返回原来的位置，记录新的读数。误差为回转刀架至少回转三周的最大和最小读数差值。对回转刀架的每一个位置重复进行检验，每一个位置的百分表都应调到零，刀架转位，检测 Z 轴方向回转重复定位精度。

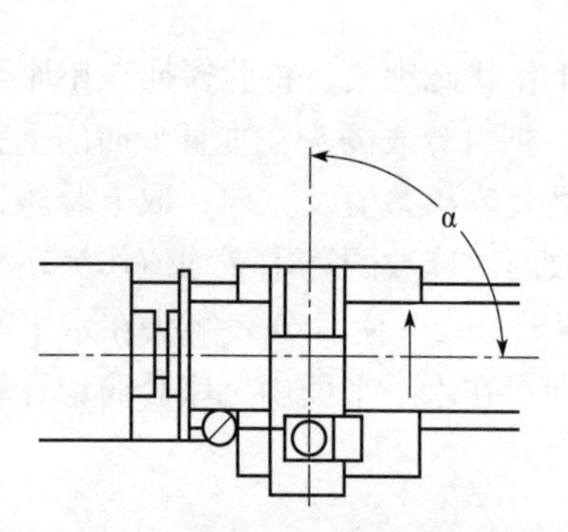

图 5－4－27　刀架横向移动对主轴轴线的垂直度

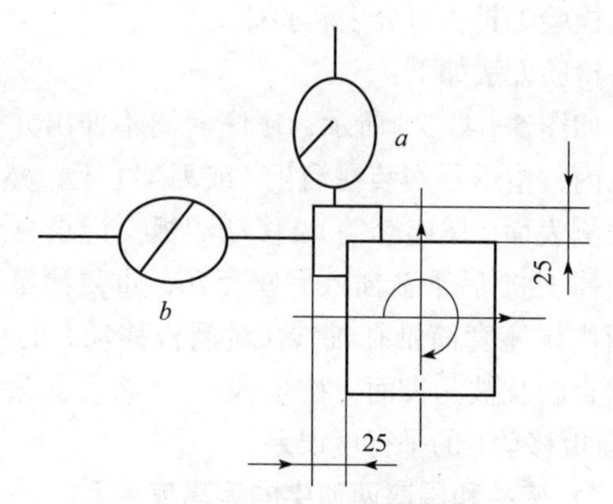

图 5－4－28　刀架转位精度

14. 重复定位精度、反向差值、定位精度

检验工具：激光干涉仪或步距规，如图 5－4－29 所示。

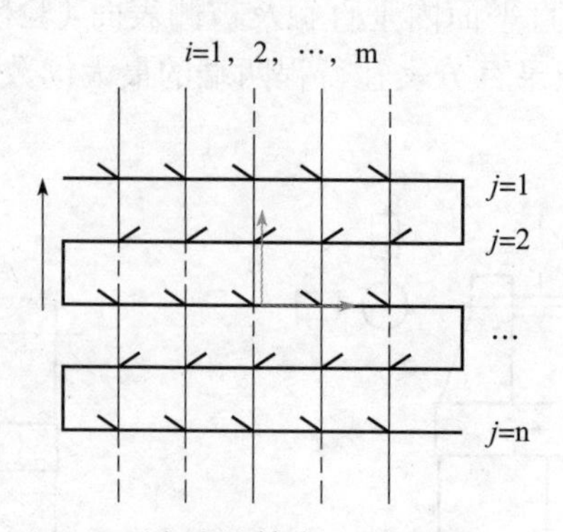

图 5－4－29　重复定位精度、反向差值、定位精度

检验方法如下：

步距规测量定位精度操作简单，在批量生产中被广泛采用。

无论采用哪种测量仪器，在全程上的测量点数应不少于5点，测量间距的计算公式为：

$$Pi=iP+k$$

P 为测量间距；k 为各目标位置时取不同的值，以获得全测量行程上各目标位置的不均匀间隔，从而保证周期误差被充分采样。

15. 工作精度检验

（1）精车圆柱试件的圆度（靠近主轴轴端，检验试件的半径变化）。

检测工具：千分尺。

检验方法如下：

精车试件（试件材料为45钢，正火处理，刀具材料为YT30）外圆 D，试件如图5－4－30所示，用千分尺测量靠近主轴轴端的检验试件的半径变化，取半径变化最大值近似作为圆度误差；用千分尺测量每一个环带直径之间的变化，取最大差值作为该项误差。

（2）精车端面的平面度。

检测工具：平尺、量块。

检验方法如下：

精车试件端面（试件材料为HT150，200HB，刀具材料为YG8），试件如图5－4－31所示，使刀尖回到车削起点位置，把指示器安装在刀架上，指示器测头在水平平面内垂直触及圆盘中间，负X轴向移动刀架，记录指示器的读数及方向；用终点时读数减起点时读数再除以2即为精车端面的平面度误差。数值为正，则平面是凹的。

（3）螺距精度。

检测工具：丝杠螺距测量仪。

检验方法如下：

可取外径为50mm，长度为75mm，螺距为3mm的丝杠作为试件进行检测（加工完成后的试件应充分冷却）。工件如图5－4－32所示。

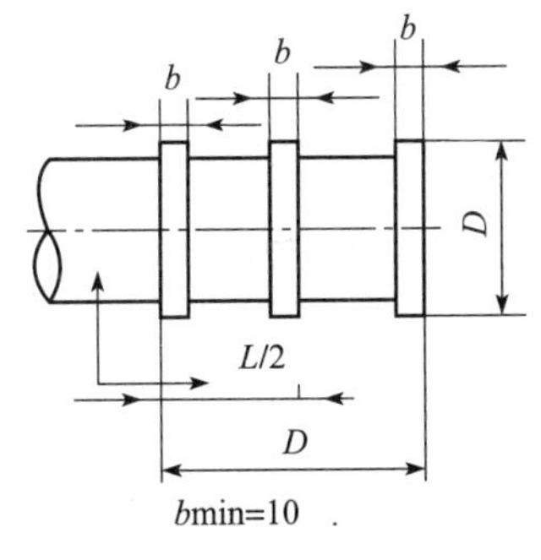

图5－4－30　试件1

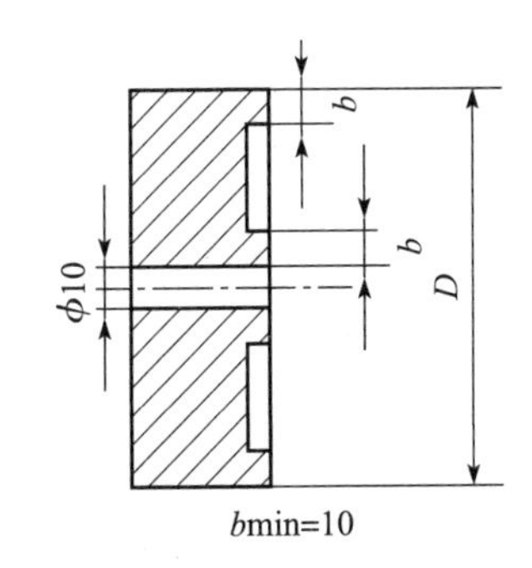

图5－4－31　试件2

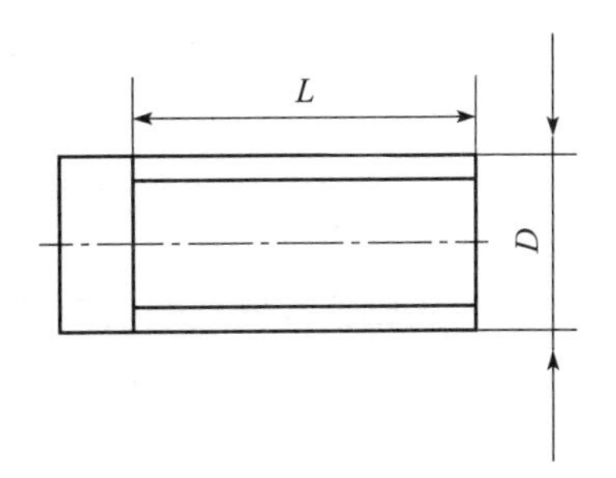

图5－4－32　工件

八、数控铣床几何精度检测

1. 机床调平

检验工具：精密水平仪。

检验方法如下：

如图 5－4－33 所示，将工作台置于导轨行程中间位置，将两个水平仪分别沿 X 和 Y 坐标轴置于工作台中央，调整机床垫铁高度，使水平仪水泡处于读数中间位置。分别沿 X 和 Y 坐标轴全行程移动工作台，观察水平仪读数的变化，调整机床垫铁的高度，使工作台沿 Y 和 X 坐标轴全行程移动时水平仪读数的变化范围小于 2 格，且读数处于中间位置。

2. 检测工作台面的平面度

检测工具：百分表、平尺、可调量块、等高块和精密水平仪。

检验方法如下：

用平尺检测工作台面的平面度误差的原理：在规定的测量范围内，当所有点被包含在与该平面的总方向平行并相距给定值的两个平面内时，则认为该平面是平的。

如图 5－4－34 所示，首先在检验面上选 *A*、*B*、*C* 点作为零位标记，将三个等高量块放在这三点上，这三个量块的上表面就确定了与被检面作比较的基准面。将平尺置于点 *A* 和点 *C* 上，并在检验面点 *E* 处放一可调量块，使其与平尺的小表面接触。此时，量块的 A、B、C、E 的上表面均在同一表面上。再将平尺放在点 *B* 和点 *E* 上，即可找到点 *D* 的偏差。在 *D* 点放一可调量块，并将其上表面调到由已经就位的量块上表面所确定的平面上。将平尺分别放在点 *A* 和点 *D* 及点 *B* 和点 *C* 上，即可找到被检面上点 *A* 和点 *D* 及点 *B* 和点 *C* 之间的各点偏差。其余各点之间的偏差可用同样的方法找到。

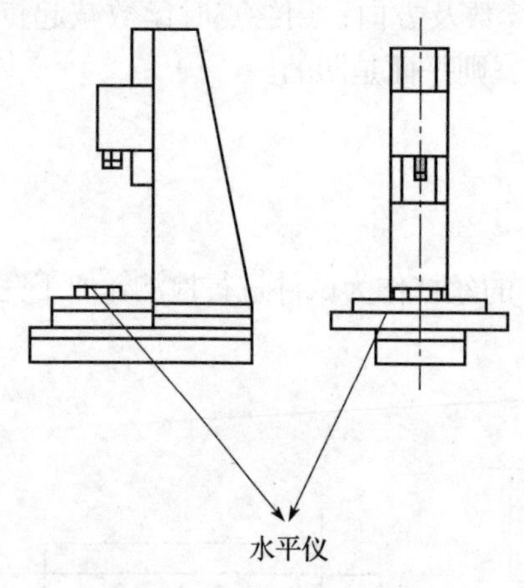

图 5－4－33　机床调平

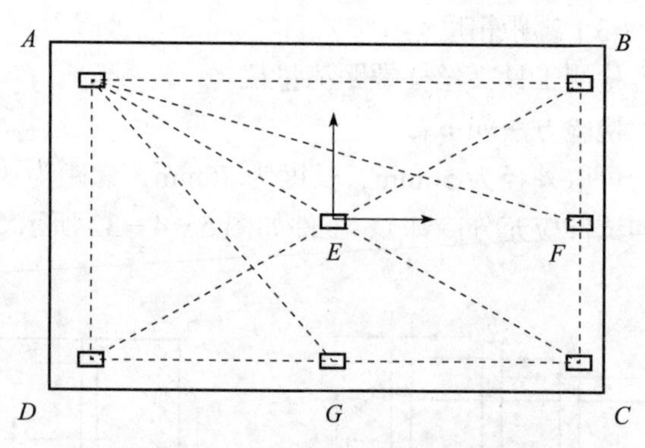

图 5－4－34　检测工作台面的平面度

3. 主轴锥孔轴线的径向跳动

检验工具：验棒、百分表。

检验方法如下：

如图 5－4－35 所示，将验棒插在主轴锥孔内，百分表安装在机床固定部件上，百分表测头垂直触及被测表面，旋转主轴，记录百分表的最大读数差值，在 *a*、*b* 处分别测量。

标记验棒与主轴的圆周方向的相对位置，取下验棒，同向分别旋转验棒 90°、180°、270° 后重新插入主轴锥孔，在每个位置分别检测。取 4 次检测的平均值为主轴锥孔轴线的径向跳动误差。

4. 主轴轴线对工作台面的垂直度

检验工具：平尺、可调量块、百分表和表架。

检验方法如下：

如图 5－4－36 所示，将带有百分表的表架装在轴上，并将百分表的测头调至平行于主轴轴线，被测平面与基准面之间的平行度偏差可以通过百分表测头在被测平面上的摆动测得。主轴旋转一周，百分表读数的最大差值即为垂直度偏差。

分别在 X–Z、Y–Z 平面内记录百分表在相隔 180° 的两个位置上的读数差值。为消除测量误差，可在第一次检验后将检具相对于轴转过 180° 再重复检验一次。

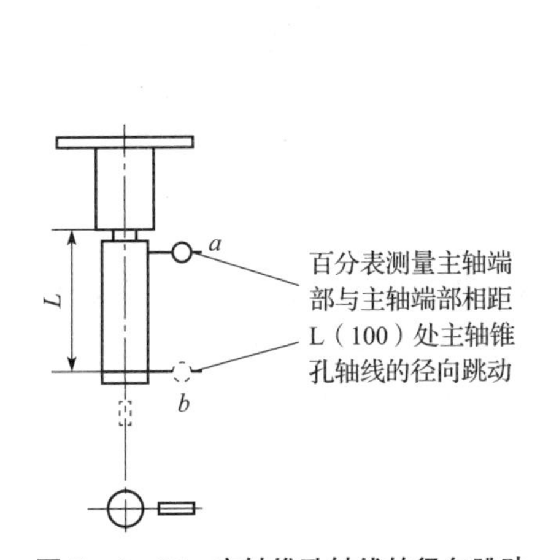

图 5－4－35　主轴锥孔轴线的径向跳动

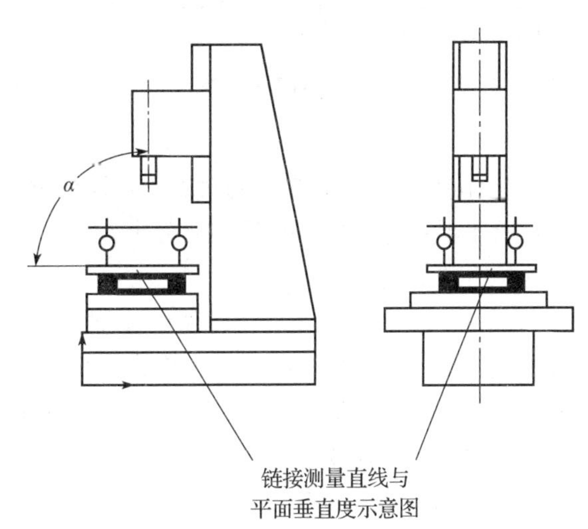

图 5－4－36　主轴轴线对工作台面的垂直度

5. 主轴竖直方向移动对工作台面的垂直度

检验工具：等高块、平尺、角尺和百分表。

检验方法如下：

如图 5－4－37 所示，将等高块沿 Y 轴向放在工作台上，平尺置于等高块上，将角尺置于平尺上（在 Y–Z 平面内），指示器固定在主轴箱上，指示器测头垂直触及角尺，移动主轴箱，记录指示器读数及方向，其读数最大差值即为在 Y–Z 平面内主轴箱垂直移动对工作台面的垂直度误差；同理，将等高块、平尺、角尺置于 X–Z 平面内重新测量一次，指示器读数最大差值即为在 X-Z 平面内主轴箱垂直移动对工作台面的垂直度误差。

6. 主轴套筒竖直方向移动对工作台面的垂直度

检验工具：等高块、平尺、角尺和百分表。

检验方法如下：

如图 5－4－38 所示，将等高块沿 Y 轴向放在工作台上，平尺置于等高块上，将角尺置于平尺上，并调整角尺位置使角尺轴线与主轴轴线同轴；将百分表固定在主轴上，百分表测头在 Y–Z 平面内垂直触及角尺，移动主轴，记录百分表读数及方向，其读数最大差值即为在 Y–Z 平面内主轴垂直移动对工作台面的垂直度误差；同理，使百分表测头在 X–Z 平面内垂直触及角尺重新测量一次，百分表读数最大差值即为在 X–Z 平面内主轴箱垂直移动对工作台面的垂直度误差。

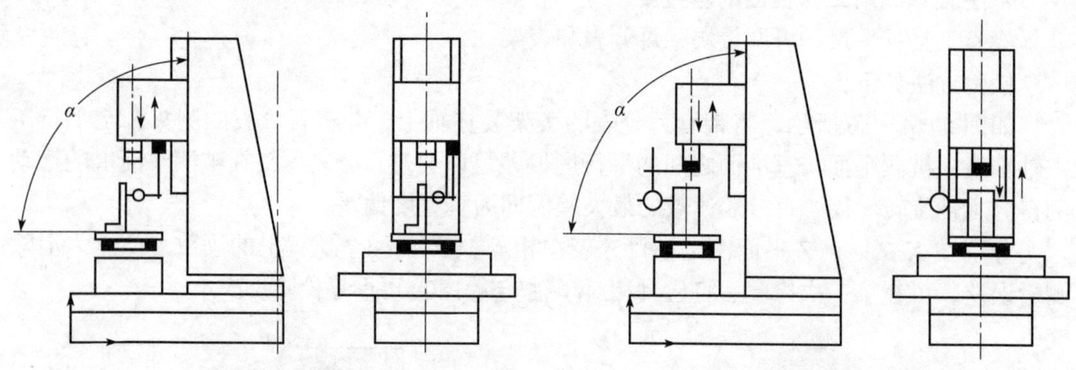

图 5－4－37 主轴竖直方向移动对工作台面的垂直度

图 5－4－38 主轴套筒竖直方向移动对工作台面的垂直度

7. 工作台 X 向或 Y 向移动对工作台面的平行度

检验工具：等高块、平尺和百分表。

检验方法如下：

如图 5－4－39 所示，将等高块沿 Y 轴向放在工作台上，平尺置于等高块上，使指示器测头垂直触及平尺，Y 轴向移动工作台，记录指示器读数，其读数最大差值即为工作台 Y 轴向移动对工作台面的平行度；将等高块沿 X 轴向放在工作台上，X 轴向移动工作台，重复测量一次，其读数最大差值即为工作台 X 轴向移动对工作台面的平行度。

8. 工作台 X 向移动对工作台 T 形槽的平行度

检验工具：百分表。

检验方法如下：

如图 5－4－40 所示，把百分表固定在主轴箱上，使百分表测头垂直触及基准（T 型槽），X 轴向移动工作台，记录百分表读数，其读数最大差值即为工作台沿 X 轴向移动对工作台面基准（T 型槽）的平行度误差。

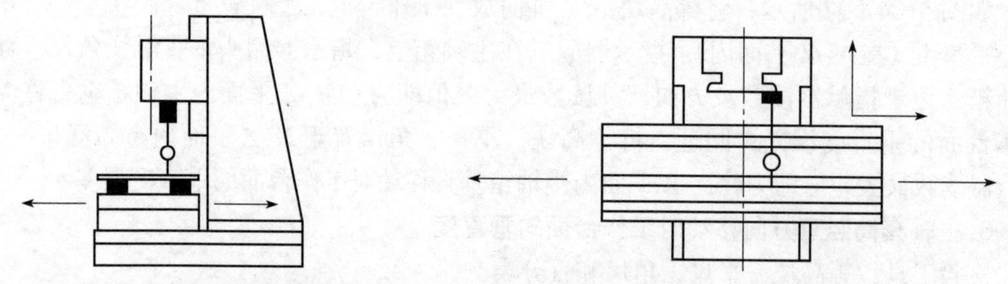

图 5－4－39 工作台 X 向或 Y 向移动对工作台面的平行度

图 5－4－40 工作台 X 向移动对工作台 T 形槽的平行度

9. 工作台 X 向移动对 Y 向移动的工作垂直度

检验工具：角尺和百分表。

检验方法如下：

如图 5－4－41 所示，工作台处于行程中间位置，将角尺置于工作台上，把百分表固定在主轴箱上，使百分表测头垂直触及角尺（Y 轴向），Y 轴向移动工作台，调整角尺位置，使角尺的一个边与 Y 轴轴线平行，再将百分表测头垂直触及角尺另一边（X 轴向），X 轴向移动工作台，记录百分表读数，其读数最大差值即为工作台 X 轴向移动对 Y 轴向移动的工作垂直度误差。

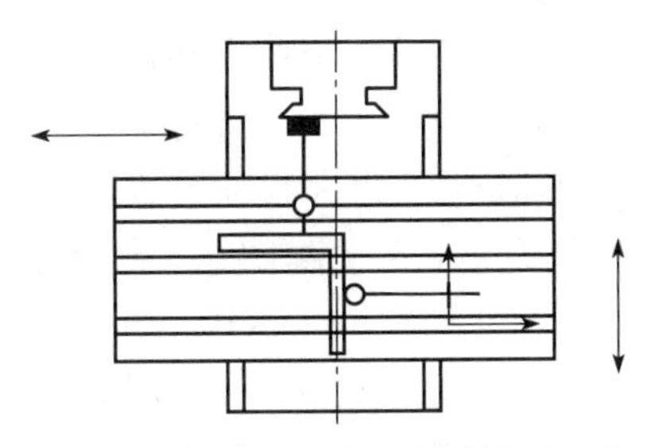

图 5－4－41　工作台 X 向移动对 Y 向移动的工作垂直度

九、几何误差产生原因分析

普遍认为数控机床的几何误差由以下几方面原因引起：

1. 机床的原始制造误差

机床的原始制造误差是指由组成机床各部件工作表面的几何形状、表面质量、相互之间的位置误差所引起的机床运动误差，是数控机床几何误差产生的主要原因。

2. 机床的控制系统误差

机床的控制系统误差包括机床轴系的伺服误差（轮廓跟随误差）、数控插补算法误差。

3. 热变形误差

热变形误差是指由于机床的内部热源和环境热扰动导致机床的结构热变形而产生的误差。

4. 切削负荷造成工艺系统变形所导致的误差

切削负荷造成工艺系统变形所导致的误差主要包括机床、刀具、工件和夹具变形所导致的误差。这种误差又称为“让刀”，会造成加工零件的形状畸变，尤其当加工薄壁工件或使用细长刀具时，这一误差更为严重。

5. 机床的振动误差

在切削加工时，数控机床由于工艺的柔性和工序的多变，其运行状态很可能落入不稳定区域，从而激起强烈的颤振，导致加工工件的表面质量恶化和几何形状误差。

6. 检测系统的测试误差

（1）测量传感器的制造误差及其在机床上的安装误差引起的测量传感器反馈系统本身的误差。

（2）机床零件和机构误差以及在使用中的变形导致测量传感器出现的误差。

7. 外界干扰误差

环境和运行工况的变化所引起的随机误差。

8. 其他误差

如编程和操作错误带来的误差。

数控机床的系统误差是机床本身固有的误差，具有可重复性。数控机床的几何误差是其主要组成部分，也具有可重复性。可采用“离线检测—开环补偿”技术加以修正和补偿，使其减小，达到强化机床加工精度的目的。随机误差具有随机性，必须采用“在线检测—闭环补偿”的方法来消除其对机床加工精度的影响，但该方法对测量仪器、测量环境要求严格，难以推广。

针对误差的不同类型，误差补偿方式可分为两大类。随机误差补偿要求“在线检测”，把误差检测装置直接安装在机床上，在机床工作的同时测出相应位置的误差值，用此误差值实时地对加工指令进行修正。随机误差补偿对机床的误差性质没有要求，能够同时对机床的随机误差和系统误差进行补偿。但需要一套完整的高精度测量装置和相关的设备，成本太高，经济效益不好。系统误差补偿是用相应的仪器预先对机床进行检测，即通过“离线检测”得到机床工作空间指令位置的误差值，把它们作为机床坐标的函数。机床工作时，根据加工点的坐标，调出相应的误差值进行修正。要求机床的稳定性好，保证机床误差的确定性，以便于修正，经补偿后的机床精度取决于机床的重复性和环境条件变化。数控机床在正常情况下，重复精度远高于其空间综合误差，故系统误差补偿可有效地提高机床的精度，甚至可以提高机床的精度等级。

十、数控机床定位精度测量与补偿

机床定位精度是指机床主要部件在运动终点所达到的实际位置的精度。实际位置与预期位置之间的误差称为定位误差。

重复定位精度是指在数控机床上反复运行同一程序代码，所得到的位置精度的一致程度。重复定位精度受伺服系统特性、进给传动环节的间隙与刚性以及摩擦特性等因素的影响。一般情况下，重复定位精度是呈正态分布的偶然性误差，会影响一批零件加工的一致性，是一项非常重要的精度指标。

1. 螺距误差和反向间隙

滚珠丝杠螺母机构如图 5－4－42 所示。在丝杠 1 和螺母 2 上各加工有圆弧形螺旋槽，将它们套装起来形成螺旋形滚道，在滚道内装满滚珠 3。当丝杠相对螺母旋转时，丝杠的旋转面通过滚珠推动螺母轴向移动，同时滚珠沿螺旋形滚道滚动，使丝杠和螺母之间的滑动摩擦转化为滚珠与丝杠、螺母之间的滚动摩擦。螺母螺旋槽的两端用回珠管 4 连接起来，使滚珠能够从一端重新回到另一端，构成一个闭合的循环回路。

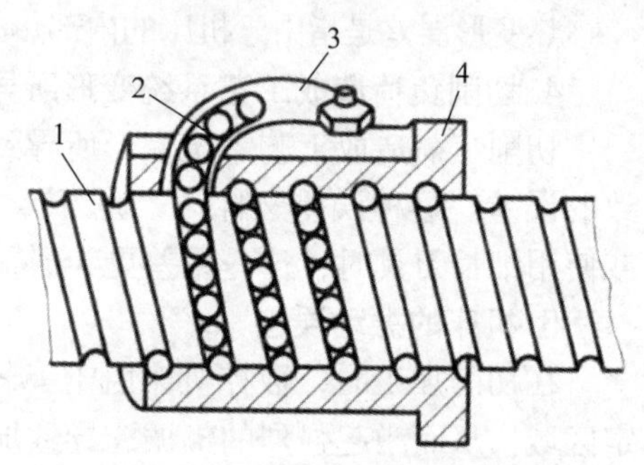

图 5－4－42　滚珠丝杠螺母机构

1—丝杠；2—螺母；3—滚珠；4—回珠管

由于滚珠丝杠副在加工和安装过程中存在误差，因此滚珠丝杠副将回转运动转换为直线运动时存在以下两种误差。

（1）螺距误差。

螺距误差是指丝杠导程的实际值与理论值的偏差。例如，P Ⅱ滚珠丝杠的螺距公差为 0.012/300mm。数控机床的螺距误差产生的原因如下：

1）滚珠丝杠副处在进给系统传动链的末级。丝杠和螺母存在多种误差，如螺距累积误差、螺纹滚道型面误差、直径尺寸误差等，其中最主要的是丝杠的螺距累积误差造成的机床目标值偏差。

2）滚珠丝杠在装配过程中，由于采用了双支撑结构，使丝杠轴向拉长，造成丝杠螺距误差增加，因此产生机床目标值偏差。

3）机床装配过程中，丝杠轴线与机床导轨平行度的误差会引起机床目标值偏差。

（2）反向间隙。

反向间隙是指丝杠和螺母无相对转动时，丝杠和螺母之间的最大窜动。由于螺母结构本身存在游隙以及其受轴向载荷后会发生弹性变形，因此滚珠丝杠螺母机构存在轴向间隙。该轴向间隙在丝杠反向转动时表现为丝杠转动 α 角，而螺母未移动，形成了反向间隙。为了保证丝杠和螺母之间的灵活运动，必须有一定的反向间隙。但反向间隙过大将严重影响机床精度。因此，数控机床进给系统所使用的滚珠杠副必须有可靠的轴向间隙调节机构。另外，在电动机与丝杠连接与传动方式中，采用同步带传动和齿轮传动中的间隙也是产生数控机床反向间隙差值的原因之一。

（3）误差测量方法。

螺距误差的测量与补偿有两种方式，分别为手动测量与补偿、自动测量与补偿。手动测量与补偿借助步距规与千分表进行测量，然后再将检测的计算值输入数控系统参数中。自动测量与补偿一般采用激光干涉仪与补偿软件对机床轴线进行检测与自动补偿。如果严格按照 GB/T 17421.2—2016 所规定的方法进行检测，手动方式很难实施，容易出错，且效率低，因此目前主要以自动测量与补偿方式为主。反向间隙的测量除借助千分表 / 百分表外，也可使用激光干涉仪。

2. 数控机床软件补偿原理

（1）螺距误差补偿。

数控机床螺距误差补偿的基本原理是在机床坐标系中，在无补偿的条件下，在轴线测量行程内将测量行程分为若干段，测量出各自目标位置 P_i 的平均位置偏差 $\overline{X_i}\uparrow$，把平均位置偏差反向叠加到数控系统的插补指令上，如图 5－4－43 所示。指令要求沿 X 轴运动到目标位置 P_i，目标实际位置为 P_{ij}，该点的平均位置偏差为 $\overline{X_i}\uparrow$。将该值输入系统，则 CNC 系统在计算时自动将目标位置 P_i 的平均位置偏差 $\overline{X_i}\uparrow$ 叠加到插补指令上，实际运动位置为 $P_{ij}=P_i+\overline{X_i}\uparrow$，使误差部分抵消，实现误差的补偿。数控系统可进行螺距误差的单向和双向补偿。

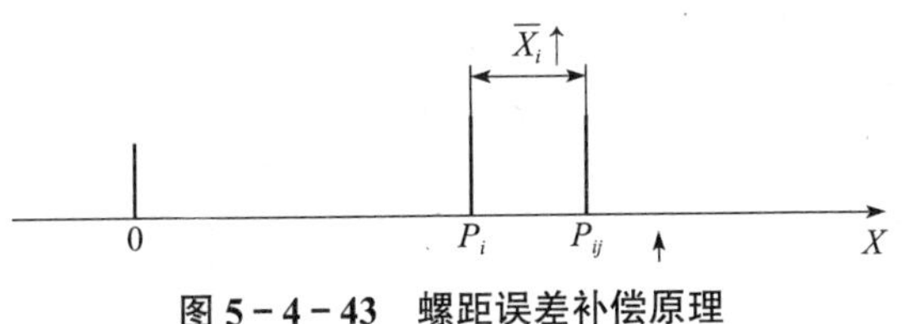

图 5－4－43　螺距误差补偿原理

（2）反向间隙补偿。

反向间隙补偿又称为齿隙补偿。机械传动链在改变转向时，反向间隙伺服电动机空转而工作台实际上不运动，称为失动。反向间隙补偿的原理是在无补偿的条件下，在轴线测量行程内将测量行程等分为若干段，测量出各目标位置 P_i 的平均反向差值 $\overline{B}$，作为机床的补偿参数输入系统。CNC 系统在控制坐标反向运动时，自动先让该坐标轴反向运动 $\overline{B}$ 值，然后按指令进行运动。如图 5－4－44 所示，工作台正向移动到 0 点，然后反向移动到 P_i 点。反向时，电动机（丝杠）先反向移动 $\overline{B}$，后移动到 P_i 点。在该过程中，CNC 系统实际指令运动值 $L=P_i+\overline{B}$。

反向间隙补偿在坐标轴处于任何方式时均有效。在系统进行了双向螺距补偿时，双向螺距的补偿值已经包含了反向间隙，此时不需要设置反向间隙的补偿值。

（3）误差补偿的适用范围。

误差补偿的适用范围从数控机床进给传动装置的结构和数控系统的三种控制方法可知，误差补偿对半闭环控制系统和开环控制系统具有显著的效果，可明显提高数控机床的

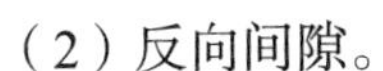

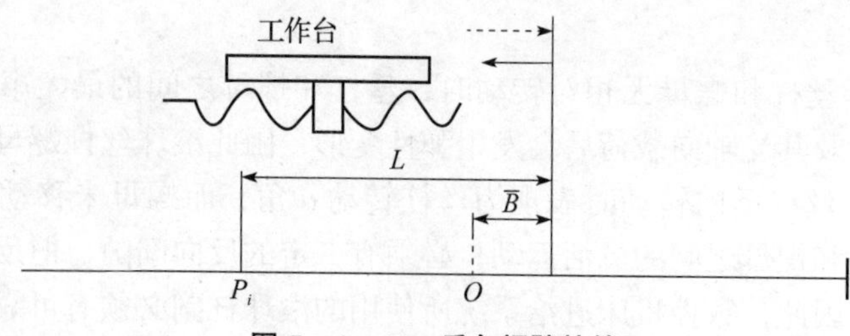

图 5-4-44　反向间隙补偿

定位精度和重复定位精度。对于全闭环数控系统，由于其控制精度高，采用误差补偿的效果不显著，但也可进行误差补偿。

任务实施

一、精度测量

5.4-3　数控铣床几何精度检测（一）

5.4-4　数控铣床几何精度检测（二）

依据 GB/T 18400.2—2010（ISO10791—2：2001）加工中心检验条件第 2 部分中的部分测量标准以及 GB/T 17421.1—2023 通用标准，利用所提供的工具、量具、检具，按照表 5-4-2 检测数控机床常见的几何精度，并记录检测值。

表 5-4-2　数控机床常见几何精度测量记录表

序号	检测项目	工量检具	检测步骤
1	G1：X 轴轴线运动的直线度 （1）在 Z-X 垂直平面内。 （2）在 X-Y 水平平面内。	大理石、平尺、等高块、无纺布、磁性表座、千分表	1. 工量检具选择正确。将工作台面、等高块和大理石平尺擦拭干净。 2. 大理石平尺尽量放置在工作台中央，磁性表座吸在主轴箱上，装上千分表。 （1）在 Z-X 垂直平面内。 1）将等高块放置工作台上，大理石平尺垂直放置在等高块上。 2）表头垂直接触平尺表面（千分表表杆与接触面夹角 <15°），吃表量合适。 3）移动 X 轴，使大理石平尺两端对零（≤ 0.01），垫塞尺调整。 4）移动 X 轴，在 Z-X 垂直平面内准确读取表盘数据，并记录实测值。 （2）在 X-Y 水平平面内。 1）大理石平尺水平放置在等高块上（可直接放置在工作台上）。 2）表头垂直接触平尺表面（千分表表杆与接触面夹角 <15°），吃表量合适。 3）移动 X 轴，使大理石平尺两端对零（≤ 0.01），垫塞尺调整。 4）移动 X 轴，在 X-Y 水平平面内准确读取表盘数据，并记录实测值。

续表

序号	检测项目	工量检具	检测步骤
2	G2：Y 轴轴线运动的直线度 （1）在 Z-Y 垂直平面内。 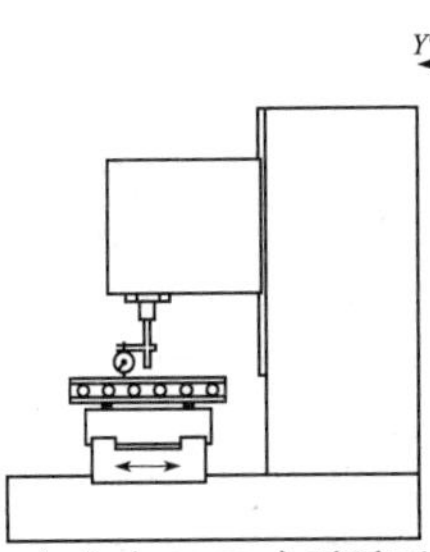 （2）在 X-Y 水平平面内。 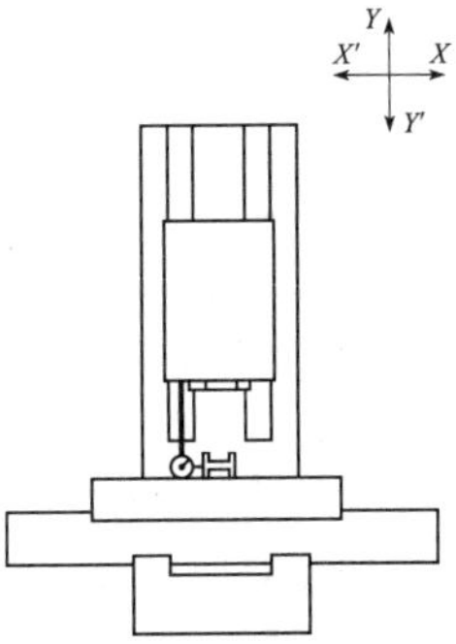	大理石平尺、等高块、无纺布、磁性表座、千分表	1. 工量检具选择正确。将工作台面、等高块和大理石平尺擦拭干净。 2. 大理石平尺尽量放置在工作台中央，磁性表座吸在主轴箱上，装上千分表。 （1）在 Z-Y 垂直平面内。 1）将等高块放置工作台上，大理石平尺垂直放置在等高块上。 2）表头垂直接触平尺表面（千分表表杆与接触面夹角 <15°），吃表量合适。 3）移动 Y 轴，使大理石平尺两端对零（≤ 0.01），垫塞尺调整。 4）移动 Y 轴，在 Z-Y 垂直平面内准确读取表盘数据，并记录实测值。 （2）在 X-Y 水平平面内。 1）大理石平尺水平放置在等高块上（可直接放置在工作台上）。 2）表头垂直接触平尺表面（千分表表杆与接触面夹角 <15°），吃表量合适。 3）移动 Y 轴，使大理石平尺两端对零（≤ 0.01），垫塞尺调整。 4）移动 Y 轴，在 X-Y 水平平面内准确读取表盘数据，并记录实测值。
3	G3：Z 轴轴线运动的直线度 （1）在平行于 X 轴轴线的 Z-X 垂直平面内。 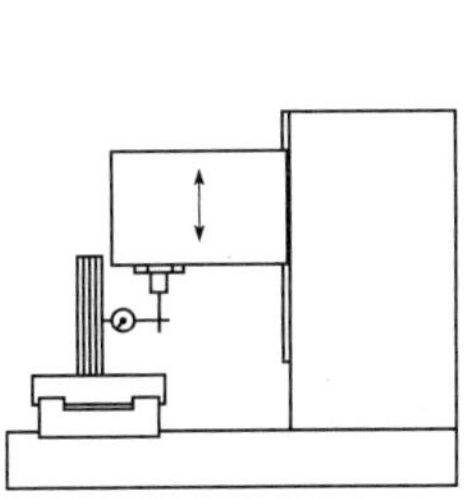 （2）在平行于 Y 轴轴线的 Y-Z 水平平面内。 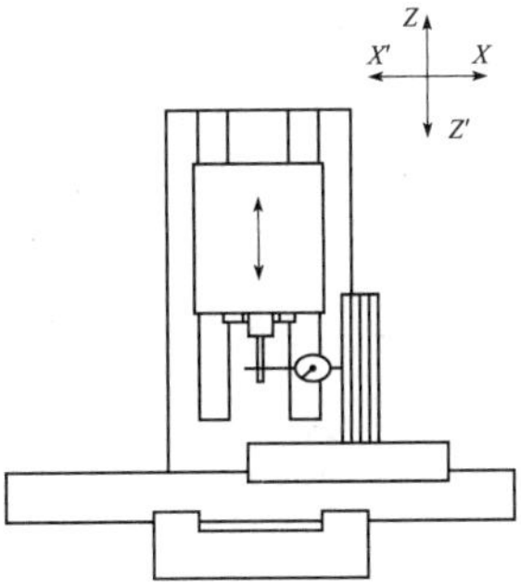	大理石方尺、等高块、无纺布、磁性表座、千分表	1. 工量检具选择正确。将工作台面、等高块和大理石方尺擦拭干净。 2. 将方尺置于工作台中央，磁性表座吸在主轴箱上，装上千分表。 （1）在平行于 X 轴轴线的 Z-X 垂直平面内。 1）将等高块放置工作台上，大理石方尺垂直放置在等高块上。 2）表头垂直接触方尺表面（千分表表杆与接触面夹角 <15°），吃表量合适。 3）移动 Z 轴，使大理石方尺两端对零（≤ 0.01），垫塞尺调整。 4）移动 Z 轴，在 Z-X 垂直平面内准确读取表盘数据，并记录实测值。 （2）在平行于 Y 轴轴线的 Z-Y 水平平面内。 1）大理石方尺垂直放置在等高块上（可直接放置在工作台上）。 2）表头垂直接触在方尺表面（千分表表杆与接触面夹角 <15°），吃表量合适。 3）移动 Z 轴，使大理石平尺两端对零（≤ 0.01），垫塞尺调整。 4）移动 Z 轴，在 Y-Z 水平平面内准确读取表盘数据，并记录实测值。

续表

序号	检测项目	工量检具	检测步骤
4	G7：Z 轴轴线运动和 X 轴轴线运动间的垂直度 （1）移动 X 轴。 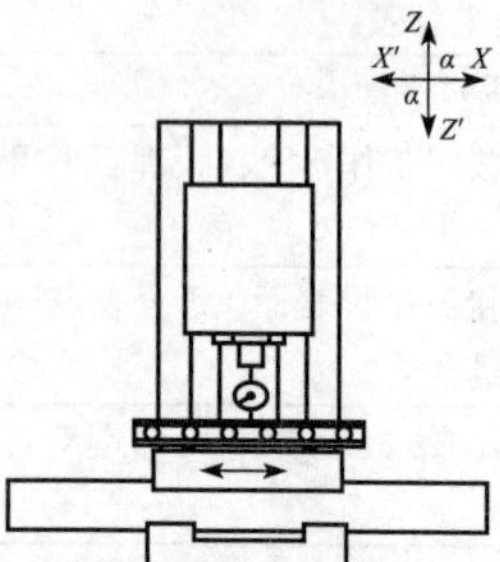 （2）移动 Z 轴。 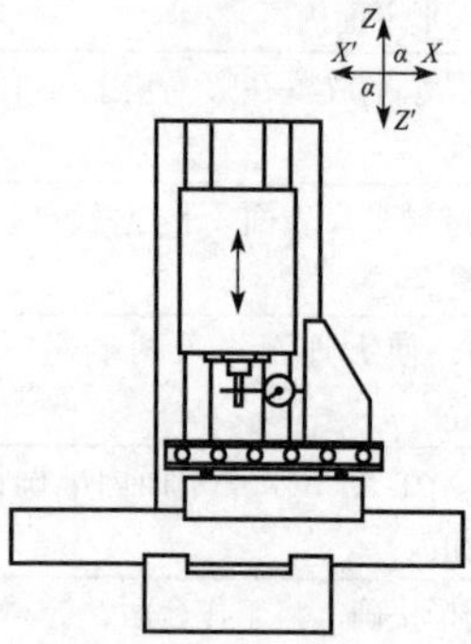	大理石平尺、角尺、方尺、等高块、无纺布、磁性表座、千分表	1. 工量检具选择正确。 2. 将工作台面和大理石方尺擦拭干净。 3. 把大理石方尺沿 X 轴方向竖直放置在工作台上。（新机床可以不用放等高块） 4. 磁性表座吸在主轴箱上，装上千分表。 5. 表头垂直接触方尺 X 方向表面（千分表表杆与接触面夹角 <15°），吃表量合适。 6. 移动 X 轴，使大理石方尺两端对零（≤ 0.01），垫塞尺调整。 7. 表头垂直接触方尺竖直表面（千分表表杆与接触面夹角 <15°），吃表量合适。 8. 移动 Z 轴，在 Z–X 水平平面内准确读取表盘数据，并记录实测值。
5	G8：Z 轴轴线运动和 Y 轴轴线运动间的垂直度 （1）移动 Y 轴。 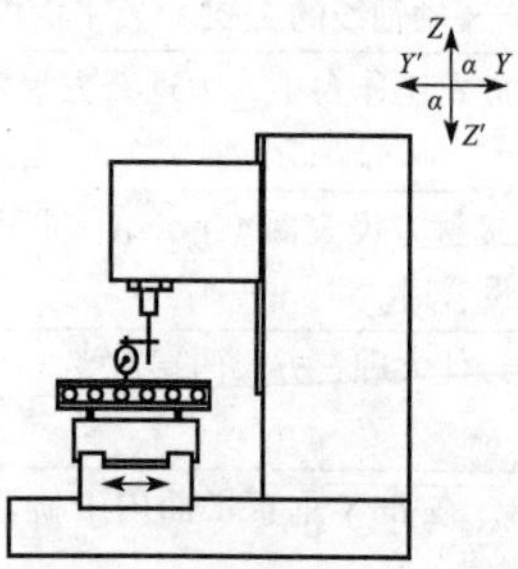 （2）移动 Z 轴。 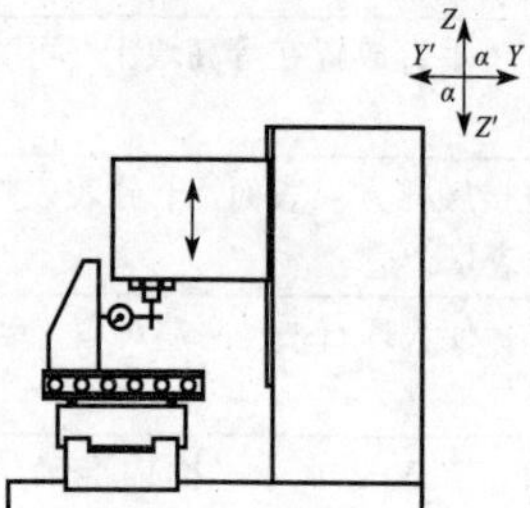	大理石方尺、等高块、无纺布、磁性表座、千分表	1. 工量检具选择正确。 2. 将工作台面和大理石方尺擦拭干净。 3. 把大理石方尺沿 Y 轴方向竖直放置在工作台上（新机床可以不用放等高块）。 4. 磁性表座吸在主轴箱上，装上千分表。 5. 表头垂直接触方尺 Y 方向表面（千分表表杆与接触面夹角 <15°），吃表量合适。 6. 移动 Y 轴，使大理石方尺两端对零（≤ 0.01），垫塞尺调整。 7. 表头垂直接触方尺竖直表面（千分表表杆与接触面夹角 <15°），吃表量合适。 8. 移动 Z 轴，在 Z–Y 水平平面内准确读取表盘数据，并记录实测值。

续表

序号	检测项目	工量检具	检测步骤
6	G9：Y 轴轴线运动和 X 轴轴线运动间的垂直度 （1）移动 X 轴。 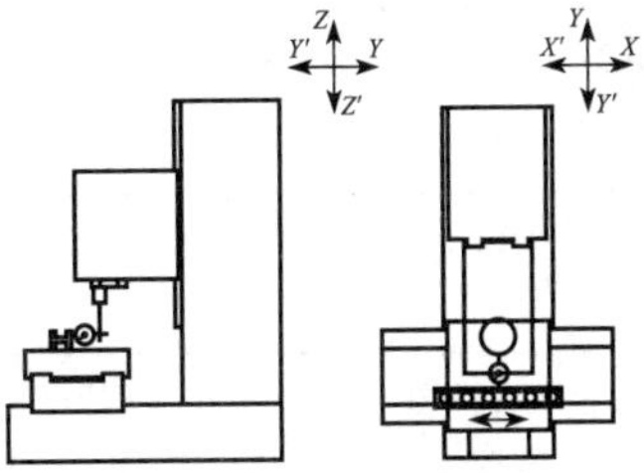 （2）移动 Y 轴。 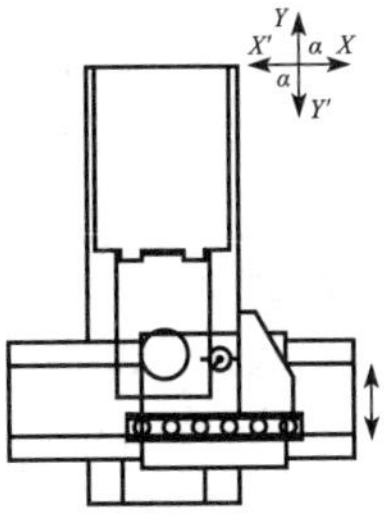	大理石平尺、角尺、方尺、等高块、无纺布、磁性表座、千分表	1. 工量检具选择正确。
			2. 将工作台面和大理石方尺擦拭干净。
			3. 把大理石方尺水平放置在工作台上。
			4. 磁性表座吸在主轴箱上，装上千分表。
			5. 表头垂直接触方尺沿 X 轴运动表面（千分表表杆与接触面夹角 <15°），吃表量合适。
			6. 移动 X 轴，使大理石方尺两端对零（用皮榔头保证）。
			7. 表头垂直接触方尺沿 Y 轴运动表面（千分表表杆与接触面夹角 <15°），吃表量合适。
			8. 移动 Y 轴，在 X–Y 平面内准确读取表盘数据。
			9. 在赛卷记录表指定位置，准确记录实测值。
7	G11 （1）主轴锥孔的径向跳动靠近主轴端部。 （2）主轴锥孔的径向跳动距主轴端部 300mm 处。 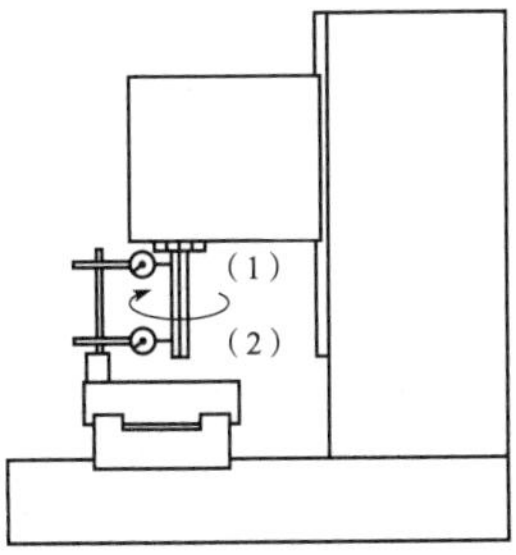	主轴检验棒、无纺布、磁性表座、千分表	1. 工量检具选择正确。擦拭主轴锥孔、主轴检验棒和工作台表面，将检验棒插入主轴锥孔中。
			2. 磁性表座吸在工作台上，装上千分表。
			3. 表头垂直接触靠近主轴端的检验棒表面，并找到母线最高点（千分表表杆与接触面夹角 <15°，钟式表应垂直测量面），吃表量合适。
			4. 手动、匀速转动主轴两圈以上，准确读取表盘数据并记录。
			5. 移出千分表，拔出主轴检验棒，旋转 90°，重新插入主轴锥孔，重复步骤 3 和 4。
			6. 移出千分表，拔出主轴检验棒，旋转 180°，重新插入主轴锥孔，重复步骤 3 和 4。
			7. 移出千分表，拔出主轴检验棒，旋转 270°，重新插入主轴锥孔，重复步骤 3 和 4。
			8. 计算四次测量数据的平均值，在赛卷记录表指定位置，准确记录靠近主轴端部的实测值。
			9. 表头垂直接触距主轴 300mm 处的检验棒表面，并找到母线最高点（千分表表杆与接触面夹角 <15°，钟式表应垂直测量面），吃表量合适。
			10. 重复步骤 5、6、7，计算四次测量数据的平均值，在赛卷记录表指定位置，准确记录距主轴 300mm 处的实测值。

续表

序号	检测项目	工量检具	检测步骤
8	G12：主轴轴线和 Z 轴轴线运动间的平行度 （1）在平行于 Y 轴轴线的 Y–Z 垂直平面内。 （2）在平行于 X 轴轴线的 Z–X 垂直平面内。	主轴检验棒、无纺布、磁性表座、千分表	1. 工量检具选择正确。擦拭主轴锥孔、主轴检验棒和工作台表面，将检验棒插入主轴锥孔中。 2. 磁性表座吸在工作台上，装上千分表。 3. 表头在平行于 Y 轴线的 Y–Z 垂直平面内，并接触靠近主轴端的检验棒表面，找到母线最高点（千分表表杆与接触面夹角 <15°，钟式表应垂直测量面），吃表量合适。 4. 移动 Z 轴 300mm，准确读取表盘数据并记录（矢量值）。 5. 旋转主轴检验棒 180°，重复步骤 4（若拔出检验棒转 180° 不得分，直接用手转动检验棒扣 0.1 分）。 6. 计算两次测量数据的平均值即为 Y–Z 垂直平面内平行度误差（平均值 =| 两次测量数据的矢量值之和 /2|），并在赛卷记录表指定位置，准确记录 Z–X 平面内的实测值。 7. 表头在平行于 X 轴线的 Z–X 垂直平面内，并接触靠近主轴端的检验棒表面，找到母线最高点（千分表表杆与接触面夹角 <15°，钟式表应垂直测量面），吃表量合适。 8. 移动 Z 轴 300mm，准确读取表盘数据并记录（矢量值）。 9. 旋转主轴检验棒 180°，重复步骤 5（若拔出检验棒转 180° 不得分，直接用手转动检验棒扣 0.1 分）。 10. 计算两次测量数据的平均值即为 Z–X 垂直平面内平行度误差（平均值 =|$\frac{1}{2}$两次测量数据的矢量值和 |），在赛卷记录表指定位置，准确记录 Z–X 平面内的实测值。
9	G13：主轴轴线和 X 轴轴线运动间的垂直度	大理石平尺、等高块、无纺布、磁性表座、千分表	1. 工量检具选择正确。 2. 将工作台面、等高块和大理石平尺擦拭干净。 3. 将等高块放工作台上，大理石平尺沿 X 轴垂直放在等高块上。 4. 磁性表座吸在主轴箱上，装上千分表。 5. 表头垂直接触大理石平尺表面（千分表表杆与接触面夹角 <15°），吃表量合适。 6. 移动 X 轴，使大理石平尺两端对零，垫塞尺调整。 7. 擦拭主轴锥孔端面，将磁力表座吸在主轴锥孔端面上，装上千分表，表针垂直压在平尺基准面上。 8. 移动 X 轴，使主轴中心线对准平尺的中间位置，旋转主轴 180° 进行检验，准确读取表盘数据（两个测量点的间距不足 300mm 不得分）。 9. 在赛卷记录表指定位置，准确记录实测值。

续表

序号	检测项目	工量检具	检测步骤
10	G14：主轴轴线和 Y 轴轴线运动间的垂直度	大理石平尺、等高块、无纺布、磁性表座、千分表	1. 工量检具选择正确。 2. 将工作台面、等高块和大理石平尺擦拭干净。 3. 将等高块放工作台上，大理石平尺沿 X 轴垂直放在等高块上。 4. 磁性表座吸在主轴箱上，装上千分表。 5. 表头垂直接触大理石平尺表面（千分表表杆与接触面夹角 <15°），吃表量合适。 6. 移动 Y 轴，使大理石平尺两端对零，垫塞尺调整。 7. 擦拭主轴锥孔端面，将磁力表座吸在主轴锥孔端面上，装上千分表，表针垂直压在平尺基准面上。 8. 移动 Y 轴，使主轴中心线对准平尺的中间位置，旋转主轴 180° 进行检验，准确读取表盘数据（两个测量点的间距不足 300mm 不得分）。 9. 在赛卷记录表指定位置，准确记录实测值。

二、任务考核

（1）数控机床的安装要求。

（2）常用的数控机床精度检测工具及其正确使用方法。

（3）ISO 标准、GB 标准中常见的数控机床几何精度检测项目及要求。

（4）数控机床几何精度典型项目的检查。

参考文献

[1] 周兰，陈少艾 . FANUC 0i-D/0i Mate-D 数控系统链接调试与 PMC 编程 [M]. 北京：机械工业出版社，2018.

[2] 曹健. 数控机床装调与维修 [M]. 2 版. 北京：清华大学出版社，2016.

[3] 韩鸿鸾. 数控机床电气系统装调与维修一体化教程 [M]. 2 版. 北京：机械工业出版社，2021.